"十三五"国家重点出版物出版规划项目
现 代 机 械 工 程 系 列 精 品 教 材
"十二五"普通高等教育本科国家级规划教材
普通高等教育"十一五"国家级规划教材
荣获第二届全国高等学校优秀教材一等奖

特种加工

第 7 版

白基成　刘晋春　等编著
郭永丰　杨晓冬
朱　荻　主　审

机械工业出版社

本书为"十三五"国家重点出版物出版规划项目——现代机械工程系列精品教材、"十二五"普通高等教育本科国家级规划教材、普通高等教育"十一五"国家级规划教材。本书第1版曾荣获第二届全国高等学校优秀教材一等奖。

本书主要阐述电火花加工，电火花线切割加工，电化学加工，激光加工，电子束和离子束加工，超声加工，增材制造，其他特种加工，特殊、复杂、典型难加工零件的特种加工，微细加工、精微机械加工及精微特种加工，纳米技术和纳米加工等特种加工方法的基本原理、基本设备、基本工艺规律、主要特点和适用范围。

本书在第6版的基础上，每章增加了"本章教学重点"和"导入案例"，以引出问题，便于读者了解章节知识结构和重点，带着问题学习知识，提高学习的目的性和积极性；为增强读者对特种加工的感性认知，使读者能更快、更深入地了解和掌握特种加工技术，本书以植入二维码的形式，增加了大量的录像片段和演示动画；为便于读者巩固所学知识、拓展知识内容，在每章最后，仍以植入二维码的形式，增加了"知识扩展"，并附有"思考题和习题"。

本书为高等工科院校机械类专业特种加工课程的教材，也可供从事机械制造方面工作的工程技术人员和技术工人参考。

图书在版编目（CIP）数据

特种加工/白基成等编著. —7版. —北京：机械工业出版社，2021.5
（2024.6重印）

"十三五"国家重点出版物出版规划项目　现代机械工程系列精品教材
"十二五"普通高等教育本科国家级规划教材　普通高等教育"十一五"国家级规划教材

ISBN 978-7-111-67986-8

Ⅰ.①特… Ⅱ.①白… Ⅲ.①特种加工-高等学校-教材　Ⅳ.①TG66

中国版本图书馆CIP数据核字（2021）第063500号

机械工业出版社（北京市百万庄大街22号　邮政编码100037）
策划编辑：刘小慧　　责任编辑：刘小慧　王海霞
责任校对：陈　越　　封面设计：张　静
责任印制：郜　敏
三河市宏达印刷有限公司印刷
2024年6月第7版第6次印刷
184mm×260mm・19印张・476千字
标准书号：ISBN 978-7-111-67986-8
定价：59.00元

电话服务　　　　　　　　　　网络服务
客服电话：010-88361066　　　机　工　官　网：www.cmpbook.com
　　　　　010-88379833　　　机　工　官　博：weibo.com/cmp1952
　　　　　010-68326294　　　金　书　网：www.golden-book.com
封底无防伪标均为盗版　　　　机工教育服务网：www.cmpedu.com

《特种加工》教材编审委员会

荣誉主任 刘晋春

主　　任 朱　荻

执行主任 白基成

委　　员（按姓氏笔画排序）

　　　　　　王　彤　王成勇　叶　军　江开勇　闫永达　刘志峰
　　　　　　刘永红　刘志东　刘小慧　余祖元　李　勇　李涤尘
　　　　　　吴蒙华　吴　强　肖荣诗　张德远　张海鸥　张建华
　　　　　　张永康　张文武　张明岐　陈雪峰　陈远龙　杨晓冬
　　　　　　赵万生　赵　波　段辉高　贾振元　袁军堂　郭建梅
　　　　　　郭艳玲　郭永丰　徐均良　黄　婷　葛文庆

秘　　书 李政凯　韦东波

再版前言

在我国"十四五"开局之年和庆祝中国共产党成立 100 周年之际,《特种加工》第 7 版迎来了它的出版。在其出版之后,又迎来了党的二十大胜利召开。党的二十大报告中指出"深入实施科教兴国战略、人才强国战略、创新驱动发展战略"。特种加工以其独特的技术优势在现代制造领域占有不可或缺的重要位置,并且其本身从出现到发展都充满了各种创新思维和实践,其重要性不仅体现在技术本身,也体现在对创新人才的培养。特种加工技术与传统机械加工技术有机结合,取长补短,已产生 1+1>2 的成效,在制造国之大器和国之重器中发挥了重要作用,在加速我国由制造大国向制造强国过渡方面做出了重要贡献!例如:开挖地铁、深山隧道的盾构掘进机和填海造岛的挖泥船,其直径大至十余米刀盘的硬质合金刀头,都是用电火花、线切割、电解磨削等特种加工方法制造的;火箭、导弹、宇宙飞船、大飞机等发动机中的高强度、耐高温、复杂扭曲叶片,目前主要依赖电火花、电化学等特种加工工艺实现。

我国于 1960 年从苏联引入电火花、电火花线切割等技术,又于 1962 年在国内外首先编写出《特种加工》教材,逐渐为国内很多高校采用,教育部也在我国机械类专业的教学计划内设立了特种加工课程。2021 年我国特种加工领域的创始人之一、教材主编刘晋春教授荣获首届全国教材建设先进个人奖。同时,作为国家级规划教材,白基成教授等主编的《特种加工》第 6 版荣获黑龙江省首届教材建设优秀教材特等奖。这些褒奖是对本书的鼓励,也是对教材编著组全体成员莫大的鞭策!

在过去所取得成绩的基础上,《特种加工》教材编著组汇集国内特种加工领域的专家学者,集思广益,并根据更多特种加工科研人员的创新性思维和实践成果,与时俱进,进行《特种加工》第 7 版的修订与出版,以此答谢广大读者和科技人员对我们的支持和期望!

随着国际上各种特种加工方法在生产中的应用日益广泛,已形成庞大的特种加工科技人才队伍。在此背景下,我国已有越来越多的工科院校陆续开设了特种加工课程。但是现在仍有一些工程技术人员和大专院校师生对特种加工知之甚少。以下是特种加工中五道简单、基本的测试题,若您能答对三题以上,则可认为您对特种加工已有所了解;若只能答对两道题以下,说明您对特种加工还知之甚少。作为有志于从事机械制造业的人员,本着与时俱进的要求,您迫切需要知识更新,学习特种加工新技术。

题 1 在淬火钢、硬质合金表面,可用哪些方法加工孔(有三种以上的方法)?可用哪些方法加工螺纹孔?

题 2 有哪些方法可以在合金钢上加工出方孔、五角孔、五角星孔或任意截面的孔(有两种以上的方法)?

题 3 有哪些方法可以在不锈钢上加工出直径为 1mm 或 0.1mm,甚至 0.05mm 的小孔(有两种以上的方法)?有哪些方法可以加工出直径为 1mm、深 100mm 以上的小深孔?

题 4 有哪些方法可以在玻璃、陶瓷或不锈钢上加工出小孔、方孔或型孔(有两种以上的方法)?

题 5 有哪些方法可以在模具钢上切割出宽 0.2mm 左右、深 100mm 以上的窄缝?有哪些方法可以切割出螺旋曲面或正弦曲面?

本书主要讲授电火花加工、电火花线切割加工、电化学加工、激光加工、电子束和离子束加工、超声加工、增材制造、化学加工、磨料流加工以及特殊、复杂、典型难加工零件的特种加工，微细、精微加工与纳米加工等特种加工方法的基本原理、基本设备、基本工艺规律、主要特点和适用范围等内容。

在第6版的基础上，每章前增加了"本章教学重点"和"案例导入"，以引出问题，便于读者了解章节知识结构和重点，带着问题学习知识，提高学习的目的性和积极性。本书采用双色印刷，并借助置入的二维码，增加了大量的录像片段和演示动画，以增强读者对特种加工技术的感性认识，从而更快、更深入地了解和掌握其技术特点。同时，每章后增加了"知识扩展"，以便于读者巩固所学知识，拓展知识内容，提高实践能力。此外，为强化思政教育，方便专业知识与课程思政元素的有机结合，本书通过列举引导性思考问题，并借助思政视频案例二维码，将思政元素融入到各个章节当中，加深学生对思政元素的理解。

本书另配有教师版多媒体课件，提供了大量的知识扩展和备课素材以及典型的讲课教案，帮助教师备课和更深入地掌握特种加工技术，提高课堂教学水平。读者可在机械工业出版社教育服务网（www.cmpedu.com）注册后，下载多媒体课件使用。

本书可作为普通高等工科院校机械设计制造及其自动化专业和其他相近专业的教材，也可作为研究生课程的参考教材和从事机械制造工作的工程技术人员及技术工人的参考书。

本书由哈尔滨工业大学机电工程学院白基成、刘晋春、郭永丰、杨晓冬等编著，由中国科学院院士、南京航空航天大学朱荻教授主审。

本次修订分工是：

第一章　概论，白基成、刘晋春；

第二章　电火花加工，白基成、刘晋春、刘永红、李政凯；

第三章　电火花线切割加工，白基成、迟关心、刘志东、王彤；

第四章　电化学加工，郭永丰、刘晋春、陈远龙、王燕青；

第五章　激光加工，杨晓冬、张永康、黄婷、韦东波；

第六章　电子束和离子束加工，白基成、段辉高、王燕青；

第七章　超声加工，郭永丰、刘晋春、张德远、王玉魁；

第八章　增材制造，杨晓冬、李涤尘、郭艳玲、张海鸥、李朝将；

第九章　其他特种加工，郭永丰、吴蒙华、韦东波、王秀枝；

第十章　特殊、复杂、典型难加工零件的特种加工，白基成、王玉魁、唐佳静；

第十一章　微细加工、精微机械加工及精微特种加工，白基成、刘晋春、李勇、余祖元；

第十二章　纳米技术和纳米加工，刘晋春、白基成、闫永达、李政凯。

在本书的编写过程中，《特种加工》教材编审委员会的全体委员给予了很大的帮助。

参加本书多媒体升级的人员有：白基成、韦东波、迟关心、杭观荣、王燕青、李政凯。

由于本书涉及的内容较为广泛，且技术更新较快，书中难免有不足和欠妥之处，恳请广大读者批评指正。对本书的意见和建议，可与以下编著者联系，我们将在重印或下一版时进一步改进。

联系方式：哈尔滨市南岗区西大直街92号　哈尔滨工业大学421信箱　白基成

邮政编码：150001

电子邮箱：白基成，jichengbai@hit.edu.cn

编著者
于哈尔滨

本书课程思政元素

本书课程思政元素从"科学世界观和方法论""家国情怀"和"个人品格"三个方面切入，综合党和国家在制造领域对学校及专业人才培养方面的目标与要求，遵循"从实践中来，到实践中去"的根本宗旨，坚守"起于课程、立足行业、建设强国"的编写初衷，构建完善的理论知识框架和立体化教学资源平台。通过讲述各种特种加工方法的诞生原理，引入国家发展历史过程中各领域重大工程，让学生深刻领悟特种加工技术承担的责任和使命，震撼于中国制造业水平的高超。同时，让学生深刻理解在中国共产党的领导下人们征服自然，攻克技术难题的决心和勇气，增强其专业兴趣和民族自豪感，努力把学生培养成知识、能力、素质兼备的全面发展的人才。

基于本书内容及编排风格，将不同思政元素分散融入到各个章节当中，方便专业知识与课程思政元素的有机结合，加深学生对思政元素的理解，具体详见下表。

章节	主要内容	引导性思考	课程思政元素	思政案例
第一章	绪论	1. 特种加工，"特"在何处？ 2. "以柔克刚"思想如何产生？ 3. 特种加工为何与航空航天等领域密不可分？	逆向思维 突破陈规 家国情怀和民族担当	
第二章	电火花加工	1. 电火花加工技术未来发展趋势是什么？ 2. 电极进给速度为何与蚀除速度要吻合？ 3. 如何应对国外在多轴电火花加工机床方面对我国的技术封锁？	探索精神 顺应时代发展要求 民族志气	
第三章	电火花线切割加工	1. 钢丝锯与电火花线切割有何相似之处？ 2. 脉冲电源为何追求节能化？ 3. 慢走丝线切割技术瓶颈何在？	创新精神 生态文明发展观 工匠精神	
第四章	电化学加工	1. 化学反应何以转变为"特种加工"？ 2. 高性能电解液应满足哪些技术与环保要求？ 3. 电化学加工分哪些种类？	学以致用 绿色制造 求同存异	
第五章	激光加工	1. 激光形成的物理原理是什么？ 2. 聚焦后的激光能量密度为何如此之高？ 3. 激光加工过程中注意事项有哪些？	遵循自然规律 量变到质变 安全生产意识	

（续）

章节	主要内容	引导性思考	课程思政元素	思政案例
第六章	电子束和离子束加工	1. 如何制造出纳米尺度的刀具？ 2. 电子束加工有何技术瓶颈？ 3. 电子束加工与离子束加工技术特点有何区别？	科学精神 工匠精神 术业有专攻	
第七章	超声加工	1. 超声加工陶瓷材料应用在那些关键领域？ 2. 超声加工可以与哪些加工技术复合利用？ 3. 超声加工的技术劣势是什么？	创新实践 开拓精神 自我剖析	
第八章	增材制造	1. 空间异形复杂结构如何实现？ 2. "盖房子"与传统加工有何区别？ 3. 如何从3D打印到4D打印、5D打印？	逻辑思维 类比观察意识 科技强国	
第九章	其他特种加工	1. 铝合金表面微弧氧化有何优势？ 2. 水滴石穿与水射流加工说明什么道理？ 3. 磁性磨料电解研磨为何能够改善工艺效果？	敢于创造 坚持不懈 合作共赢	
第十章	特殊、复杂、典型难加工零件的特种加工	1. 精密群孔加工精度如何保障？ 2. 阵列电极加工阵列结构有何优势？ 3. 薄壁低刚度零件加工需要注意什么？	工匠精神 团结就是力量 求真务实	
第十一章	微细加工、精微机械加工及精微特种加工	1. 国外精密微加工设备快速发展对我们有何启发？ 2. 集成电路领域中微细加工方法有哪些？ 3. 微细电火花加工机床由卧式主轴演化为立式主轴说明什么？	顽强拼搏 服务社会 大胆探索	
第十二章	纳米技术和纳米加工	1. 纳米结构为何表现出许多特有的物理化学特性？ 2. 纳米技术发展历程表明什么？ 3. 微机电系统主要应用在哪些高端科技领域？	量变到质变 突破极限 民族自豪感	

目　录

再版前言
本书课程思政元素
本书所用主要符号

第一章　概论 …………………………… 1
　　本章教学重点 ………………………… 1
　　导入案例 ……………………………… 1
　　第一节　特种加工的产生及发展 …… 2
　　第二节　特种加工的分类 …………… 4
　　第三节　特种加工对材料可加工性和结构
　　　　　　工艺性等的影响 …………… 6
　　知识扩展 ……………………………… 7
　　思考题和习题 ………………………… 8

第二章　电火花加工 …………………… 9
　　本章教学重点 ………………………… 9
　　导入案例 ……………………………… 9
　　第一节　电火花加工的基本原理及分类 … 10
　　第二节　电火花加工的机理 ………… 14
　　第三节　电火花加工中的一些基本规律 … 17
　　第四节　电火花加工用的脉冲电源 … 27
　　第五节　电火花加工的自动进给调节系统 … 34
　　第六节　电火花加工机床 …………… 41
　　第七节　电火花穿孔成形加工 ……… 43
　　第八节　短电弧加工 ………………… 55
　　第九节　其他电火花加工 …………… 61
　　知识扩展 ……………………………… 70
　　思考题和习题 ………………………… 70

第三章　电火花线切割加工 …………… 72
　　本章教学重点 ………………………… 72
　　导入案例 ……………………………… 72
　　第一节　电火花线切割加工的原理、特点及
　　　　　　应用范围 …………………… 73
　　第二节　电火花线切割加工设备 …… 76
　　第三节　电火花线切割控制系统和编程
　　　　　　技术 ………………………… 81
　　第四节　影响电火花线切割工艺指标的
　　　　　　因素 ………………………… 86
　　第五节　电火花线切割加工工艺及其扩展
　　　　　　应用 ………………………… 92
　　知识扩展 ……………………………… 96
　　思考题和习题 ………………………… 96

第四章　电化学加工 …………………… 98
　　本章教学重点 ………………………… 98
　　导入案例 ……………………………… 98
　　第一节　电化学加工的原理及分类 … 99
　　第二节　电解加工 …………………… 104
　　第三节　电解磨削 …………………… 131
　　第四节　电铸、涂镀及复合镀加工 … 140
　　知识扩展 ……………………………… 148
　　思考题和习题 ………………………… 148

第五章　激光加工 ……………………… 149
　　本章教学重点 ………………………… 149
　　导入案例 ……………………………… 149
　　第一节　激光加工的原理和特点 …… 150
　　第二节　激光加工的基本设备 ……… 154
　　第三节　激光加工工艺及其应用 …… 159
　　知识扩展 ……………………………… 164
　　思考题和习题 ………………………… 164

第六章　电子束和离子束加工 ………… 166
　　本章教学重点 ………………………… 166
　　导入案例 ……………………………… 166
　　第一节　电子束加工 ………………… 167
　　第二节　离子束加工 ………………… 173
　　知识扩展 ……………………………… 180
　　思考题和习题 ………………………… 180

第七章　超声加工 ……………………… 182
　　本章教学重点 ………………………… 182
　　导入案例 ……………………………… 182

第一节　超声加工的基本原理和特点……… 183
　　第二节　超声加工设备及其组成部分……… 186
　　第三节　超声加工的速度、精度、表面质量
　　　　　　及其影响因素……………………… 191
　　第四节　超声加工的应用…………………… 193
　　知识扩展……………………………………… 199
　　思考题和习题………………………………… 199

第八章　增材制造………………………… 201
　　本章教学重点………………………………… 201
　　导入案例……………………………………… 201
　　第一节　光敏树脂液相固化成形…………… 202
　　第二节　选择性激光粉末烧结成形………… 205
　　第三节　薄片分层叠加成形………………… 208
　　第四节　熔丝堆积成形……………………… 211
　　知识扩展……………………………………… 213
　　思考题和习题………………………………… 213

第九章　其他特种加工……………………… 214
　　本章教学重点………………………………… 214
　　导入案例……………………………………… 214
　　第一节　化学加工…………………………… 215
　　第二节　等离子体加工……………………… 223
　　第三节　磨料流加工………………………… 225
　　第四节　水射流切割………………………… 228
　　第五节　磁性磨料研磨加工和磁性磨料
　　　　　　电解研磨加工……………………… 230
　　第六节　铝合金微弧氧化表面陶瓷化处理
　　　　　　技术………………………………… 232
　　知识扩展……………………………………… 236
　　思考题和习题………………………………… 236

第十章　特殊、复杂、典型难加工
　　　　　零件的特种加工…………… 237
　　本章教学重点………………………………… 237
　　导入案例……………………………………… 237

　　第一节　航天、航空工业中小深孔、斜孔、
　　　　　　群孔零件的特种加工……………… 238
　　第二节　排孔、小方孔筛网的特种加工…… 240
　　第三节　薄壁、弹性、低刚度零件的特种
　　　　　　加工………………………………… 243
　　知识扩展……………………………………… 247
　　思考题和习题………………………………… 247

第十一章　微细加工、精微机械加工及
　　　　　　精微特种加工……………… 248
　　本章教学重点………………………………… 248
　　导入案例……………………………………… 248
　　第一节　产生微细加工、精微机械加工及
　　　　　　精微特种加工的社会需求………… 249
　　第二节　微细加工的特点、方法及应用…… 250
　　第三节　精微机械加工……………………… 253
　　第四节　精微特种加工……………………… 256
　　第五节　微细加工立体复合工艺…………… 265
　　第六节　微细加工中的集成电路与印制
　　　　　　电路板制作技术…………………… 268
　　知识扩展……………………………………… 272
　　思考题和习题………………………………… 272

第十二章　纳米技术和纳米加工……… 273
　　本章教学重点………………………………… 273
　　导入案例……………………………………… 273
　　第一节　纳米技术概述……………………… 273
　　第二节　纳米级测量和扫描探针测量
　　　　　　技术………………………………… 274
　　第三节　纳米级精密加工和原子操纵……… 278
　　第四节　微型机械、微型机电系统及其
　　　　　　制造技术…………………………… 285
　　知识扩展……………………………………… 287
　　思考题和习题………………………………… 288

参考文献…………………………………… 289

本书所用主要符号

A　振幅，加工面积
a　加速度，离子的有效质量分数，热扩散率
B　宽度，分隔符
b　宽度
C　电容，热容，双曲线常数
c　比热容，波速
C_B　B 的浓度或称 B 的物质的量浓度
D，d　直径
E　光子能量，原子能级
e　电子电量
F　偏差值，作用力，法拉第常数
f　脉冲频率，焦距
G　重力，计数方向
g　重力加速度
H　磁场强度，高度
h　深度，高度，厚度，普克朗常数
I　电流，纸带孔符号
I_0　光强度，同步孔符号
i　电流密度
i_a　切断电流密度
i_e　放电电流，加工电流
$\hat{i}_e$　脉冲电流幅值或称脉冲峰值电流
$\bar{i}_e$　平均放电电流
J　能量密度，计数长度
K　质量电化学当量，传热系数，某种常数，腐蚀系数
K_a、K_c、K_u　与工艺参数有关的常数
K_R　与材料有关的常数
L　电感，长度
l　长度
m　质量
$\bar{P}$　平均功率
p　压力，能量密度
q　蚀除量，流量
q'　单个脉冲蚀除量
q_a　正极（阳极）蚀除量

q_c　负极（阴极）蚀除量
q_g　气体流量
q_l　液体流量
q_q　汽化热
q_r　熔化热
R　电阻，半径
S　火花放电间隙，顺圆，位移量
S_B　最佳火花放电间隙
S_m　物理因素造成的机械间隙
T　温度
T_f　沸点
T_r　熔点
t　时间
t_c　充电时间
t_e　放电时间，电流脉冲宽度（简称电流脉宽）
t_i　（电压）脉冲宽度（简称脉宽）
t_0　脉冲间隔（简称脉间）
t_p　脉冲周期
u　电压
u_d　火花击穿电压
u_e　火花放电维持电压
$\bar{u}_e$　平均电压
$\hat{u}_i$　开路电压，空载电压或脉冲峰值电压
U　电位差
U_a　阳极电压
U_c　阴极电压
U_R　欧姆电压
U'　平衡电极电位
U^0　标准电极电位
V　体积
v　进给速度
v_A　加工速度（以长度表示）
v_a　正（阳）极蚀除速度
v_c　阴极进给速度，负（阴）极蚀除速度
v_d　工具电极的进给速度
v_{dA}　空载时工具电极的进给速度
v_{d0}　短路时工具电极的回退速度

v_E 工具损耗速度

v_m 加工速度（以质量表示）

v_g 工件蚀除速度

v_n 法向进给速度

v_s 走丝速度

v_W 加工速度（以体积表示）

W 宽度，能量，功

W_M 单个脉冲能量

Z 加工指令，加工余量，气液混合比

Δ 加工间隙（一般指电解加工）

Δ_a 切断间隙（电解加工）

Δ_b 端面平衡间隙（电解加工）

Δ_f 端面间隙（电解加工）

Δ_n 法向间隙（电解加工）

Δ_0 起始间隙（电解加工）

Δ_s 侧面间隙（电解加工）

α 落料角，两轴间夹角

β 刃口斜度

δ 放电间隙

η 效率，电流效率

θ 工具电极的相对损耗，角度，旋转运动，发散角，入射角

λ 波长，热导率

λ_0 中心波长

$\Delta\lambda$ 光源的谱线宽度

ρ 密度，电阻率

σ 电导率

τ 时间常数

ω 体积电化学当量，角频率

φ 有效脉冲利用率

第一章 概论

本章教学重点

知识要点	相关知识	掌握程度
特种加工的产生及发展	特种加工产生的历史背景及发展情况	掌握特种加工的特点及其与传统切削加工技术的区别
特种加工的分类	常用特种加工方法的分类、主要特点及适用范围	熟悉主要特种加工方法的能量形式及加工原理
特种加工对材料可加工性和结构工艺性等的影响	材料的可加工性，零件的典型工艺路线，新产品的试制模式，产品零件的结构设计，结构工艺性的衡量标准及微纳制造	掌握特种加工对材料可加工性和结构工艺性等的影响

导入案例

众所周知，传统机械加工方法的主要原理是：①以硬切软；②用机械能和切削力进行加工，把多余的材料切除掉。随着材料科学技术的发展，工件材料越来越硬，尤其是金刚石和聚晶金刚石，作为世界上最硬的材料之一，非常适合制作拉丝模、量具和刀具（图1-1），但是，其硬度高达10000HV左右，是硬质合金的80～120倍，已很难甚至无法再用传统机械加工的"比硬度"、切削力来加工了。硬质合金也与此类似，它虽不如金刚石硬，但仍比普通钢铁硬，已被广泛用作模具和切削刀具材料，可以切削加工淬火钢和很多合金钢。当它被大量用作模具和刀具材料时，使得过去行之有效的"以硬切软"的切削加工原理在哲理上走入了"停止发展"的"死胡同"。物极必反，这迫使人们开始创新性思考：如何能实现"以柔克刚"，不靠切削力来加工此类高硬材料。通过多年来的创新性思考、逆向思维，人们先后创造出很多种"以柔克刚""以软切硬"，不靠机械能、不用切削力，而用电、光、声、化学等其他能量来实现先进加工技术，如电火花加工、电火花线切割加工、电化学加工、电解加工、电铸电镀涂镀加工、激光加工、超声波加工、电子束或离子束加工、增材制造等，它们统称为特种加工。加工时，大部分特种加工方法的工具和工件并不接触，因此基本上没有加工力，就可以加工低刚度、薄壁、弹性和微细零件。一些加工方法，如激光加工、电子束加工等甚至不使用工具，因此没有工具磨损、影响加工精度等问题。有些特种加工技术，如电铸、涂镀和快速成形及增材制造等，不是做将材料切除的"减法"，而是做将材料按需要堆积的"加法"，这又是一种创新性的逆向思维。本章将针对特种加工技术的产生及发

图1-1 聚晶金刚石铣刀

展、分类及适用范围、对材料可加工性和结构工艺性等的影响展开介绍和论述。

第一节　特种加工的产生及发展

　　传统的机械加工已有很久的历史，它对人类生产和物质文明的发展起到了极大的作用。例如，18 世纪 70 年代就发明了蒸汽机，但苦于制造不出有配合要求、高精度的蒸汽机气缸，因而无法推广应用。直到有人创造出和改进了气缸镗床，解决了蒸汽机主要部件的精加工工艺问题，才使蒸汽机获得了广泛应用，引起了世界性的第一次工业革命。这一事实充分说明了加工方法对新产品的研制、推广以及社会经济的发展等起着重要作用。随着新材料、新结构的不断出现，情况将更是如此。

　　但是，从第一次工业革命以来，一直到第二次世界大战以前，在这段长达 150 多年都靠机械切削加工（包括磨削加工）的漫长年代里，并没有产生对特种加工的迫切需求，也没有发展特种加工的充分条件，人们的思想还一直局限在自古以来用硬的工具来加工软的工件，用机械能量和切削力来去除多余的金属，以达到加工要求这一传统观念中。

　　直到 1943 年，苏联的鲍·洛·拉扎连柯（Б. Р. Лазаленко）夫妇在研究电气开关触点遭受电火花放电腐蚀损坏的有害现象和原因时，发现电火花的瞬时高温可使局部的金属熔化、气化而被蚀除掉，从而变有害的电火花腐蚀为有用的电火花加工方法，可用铜杆在淬火钢上加工出小孔和去除折断在工件中的断钻头和断丝锥，开创和发明了用软的工具来加工具有任何硬度的金属材料的方法，首次摆脱了传统的切削加工方法，直接利用电能和热能来去除金属，获得了"以柔克刚"的效果。

　　第二次世界大战后，特别是进入 20 世纪 50 年代以来，为满足生产发展和科学试验的需要，很多工业部门，尤其是国防工业部门，要求尖端科学技术产品向高精度、高速度、高温、高压、大功率、小型化等多方向发展，它们所使用的材料越来越难加工，零件形状越来越复杂，加工精度、表面粗糙度和某些特殊要求也越来越高，因而对机械制造部门提出了下列新的要求：

　　(1) 解决各种难切削材料的加工问题　如硬质合金、钛合金、耐热钢、不锈钢、淬火钢、金刚石、宝石、石英、陶瓷以及锗、硅等各种高硬度、高强度、高韧性、高脆性的金属及非金属材料的加工。

　　(2) 解决各种特殊复杂表面的加工问题　如喷气涡轮机扭曲叶片，整体涡轮，发动机机匣，锻模和注塑模的内、外立体成型表面，各种冲模、冷拔模上特殊截面的型孔，枪和炮管内的螺旋形膛线，喷油器、栅网、喷丝头上的小孔、异形小孔、窄缝等的加工。

　　(3) 解决各种超精、光整或具有特殊要求的零件的加工问题　如对表面质量和精度要求很高的航天航空陀螺仪、伺服阀、细长轴、薄壁零件、弹性元件等低刚度零件的加工，以及计算机、微电子工业中大批量精密、微细元器件、集成电路、各种芯片等的生产制造。

　　要解决上述一系列工艺问题，仅仅依靠传统的切削加工方法很难实现，甚至根本无法实现。为此，人们相继探索、研究新的加工方法。特种加工就是在这种前提条件下产生和发展起来的。但是，社会需求等外因是条件，能解决社会需求的可能性等内因是根本，事物发展的根本原因在于事物的内部。特种加工之所以能产生和发展，其内因就在于它具有传统切削加工所不具有的本质和特点。

传统切削加工的本质和特点：一是靠刀具材料比工件材料硬；二是靠机械能和切削力把工件上多余的材料切除掉。一般情况下，这是行之有效的方法。但是，当工件材料越来越硬，加工表面越来越复杂时，原来行之有效的方法便转化为限制生产率和影响加工质量的不利因素了。于是，人们开始探索用软的工具加工硬的材料，不仅用机械能，还使用电、化学、光、声等能量进行加工。到目前为止，人们已经发现和发明了多种这类加工方法。为区别于现有的金属切削加工，这类新的加工方法统称为特种加工，国外也称为非传统加工（Non-Traditional Machining，NTM）或非常规机械加工（Non-Conventional Machining，NCM）。总结一下，特种加工与切削加工的区别如下：

1) 不是依靠机械能，而是主要利用其他形式的能量（如电、化学、光、声、热等）去除金属材料。

2) 不是依靠"比硬度"以硬切软，而是工具硬度可以低于被加工材料的硬度，如激光、电子束等加工时甚至没有成形的工具。

3) 主要不是依靠切削力来去除工件材料，加工过程中，工具和工件之间不存在显著的机械切削力，如电火花、线切割、电解加工时工具与工件甚至不接触。

正因为具有上述特点，所以总体而言，特种加工工艺可以加工任何硬度、强度、韧性、脆性的金属或非金属材料，且专长于加工复杂、微细表面和低刚度工件。同时，有些特种加工方法还可用以进行超精加工、镜面光整加工和纳米级（原子级）和集成电路芯片加工。

我国的特种加工技术起步较早。在发明电火花加工工艺10年后，即20世纪50年代中期，我国工厂就已设计研制出电火花穿孔机床、电火花表面强化机。中国科学院电工研究所、原机械工业部机床研究所、原航空工业部625研究所、哈尔滨工业大学、原大连工学院等相继成立电加工研究室和开展电火花加工的科研工作。20世纪50年代末，营口电火花机床厂开始成批生产电火花强化机和电火花机床，成为我国第一家电加工机床专业生产厂。此后，上海第八机床厂、苏州第三光学仪器厂、苏州长风机械厂和汉川机床厂等也专业生产电火花加工机床。

20世纪60年代初，中国科学院电工研究所研制成功我国第一台靠模仿形电火花线切割机床，这是我国电火花线切割加工的第一只"春燕"。20世纪60年代末，上海电表厂的张维良工程师在阳极-机械切割的基础上发明出我国独创的往复高速走丝线切割机床，复旦大学苏步青教授团队研制出与之配套的电火花线切割3B代码的数控系统。从此，电火花、线切割加工技术在我国如雨后春笋一般迅速发展。

20世纪50年代末，电解加工也开始在原兵器工业部得到采用，用来加工炮管内的螺旋形膛线等。以后逐步用于加工航空工业中的喷气发动机叶片和汽车、拖拉机行业中的型腔模具等。

当时，我国曾出现超声波热，把超声技术用于强化工艺过程和加工。为此，成立了上海超声仪器厂和无锡超声电子仪器厂。

1960年，哈尔滨工业大学在派遣教师刘晋春去苏联电火花加工发明人拉扎连柯院士处学习电火花加工技术的基础上，最早在国内编写出《特种加工》教材，并开设了特种加工课程和实验。随后，陆纪培和赵家齐也参与了本教材的主编，又经修订成为39所院校统编教材和机械设计制造及其自动化专业的通用教材。2006年经教育部审批，成为普通高等教育"十一五"国家级规划教材，并列入机械制造工艺及自动化专业的教学计划，创建了特种加工课程。

1979年我国成立了全国性的电加工学会。1981年我国高校间成立了特种加工教学研究会,这对特种加工的普及和提高起到了很大的促进作用。我国幅员辽阔、人口众多,在工业化进程中,特种加工技术既有广大的社会需求,又有巨大的发展潜力。目前,我国特种加工机床生产企业有数百家,生产的主要产品有电加工机床、激光加工机床、快速成形机床等,其中,电加工机床产量最大,其次是激光加工机床。同时,我国电加工机床总拥有量也居世界前列。自1997年至今,我国电火花加工机床的总产量由最初的几千台迅速上升至超过10万台,其中,往复快走丝电火花线切割机床约占70%,电火花穿孔、成形机床约占15%。我国大功率激光切割加工设备的年产量在千台以上,激光切割在整个激光应用市场约占28%的份额(应用最多、产量最大的是激光打标机,这里未做统计)。值得一提的是,我国特种加工机床的出口量整体呈现稳步上升趋势。有人做过分析,我国的大小家电,如电冰箱、洗衣机、小五金、打火机等,之所以能价廉物美地大量占领东南亚、东西欧、英美等市场,与江苏、浙江、广东、福建等沿海地区的特种加工、电加工技术和模具工业非常普及发达,能以高生产率、低成本大量制造上述产品有关。我国已有多名科技人员获电火花、线切割、超声波、电化学加工等领域的多项国家级发明奖。但是,由于我国原有的工业基础较为薄弱,因此,特种加工设备的设计和制造水平以及特种加工技术的整体水平与国际先进水平相比还有不小的差距,我国大量生产的电加工机床往往是技术含量较低、售价和利润也较低的劳动力密集型产品,高档技术密集型的电加工机床每年还需要从国外进口。这些都有待于我们去努力改变,特种加工这一先进制造技术,在促进我国从制造大国发展成制造强国的过程中,必将发挥出应有的重大作用。

第二节　特种加工的分类

目前对特种加工的分类还没有明确的规定,一般可按表1-1所列的能量来源和作用形式以及加工原理来划分。

表1-1　常用特种加工方法分类表

特种加工方法		能量来源和作用形式	加工原理	英文缩写
电火花加工	电火花成形加工	电能、热能	熔化、气化	EDM
	电火花线切割加工	电能、热能	熔化、气化	WEDM
	短电弧加工	电能、热能	熔化、气化	SEDM
电化学加工	电解加工	电化学能	金属离子阳极溶解	ECM
	电解磨削	电化学能、机械能	阳极溶解、磨削	EGM(ECG)
	电解研磨	电化学能、机械能	阳极溶解、研磨	ECH
	电铸	电化学能	金属离子阴极沉积	EFM
	涂镀	电化学能	金属离子阴极沉积	EPM
激光加工	激光切割、打孔	光能、热能	熔化、气化	LBM
	激光打标记	光能、热能	熔化、气化	LBM
	激光处理、表面改性	光能、热能	熔化、相变	LBT
电子束加工	切割、打孔、焊接	电能、热能	熔化、气化	EBM
离子束加工	蚀刻、镀覆、注入	电能、动能	原子撞击	IBM
等离子弧加工	切割(喷镀)	电能、热能	熔化、气化(涂覆)	PAM
超声加工	切割、打孔、雕刻	声能、机械能	磨料高频撞击	USM

(续)

特种加工方法		能量来源和作用形式	加工原理	英文缩写
化学加工	化学铣削	化学能	腐蚀	CHM
	化学抛光	化学能	腐蚀	CHP
	光刻	光能、化学能	光化学腐蚀	PCM
快速成形	液相固化法	光能、化学能	增材法加工	SL
	粉末烧结法	光能、热能		SLS
	纸片叠层法	光能、机械能		LOM
	熔丝堆积法	电能、热能、机械能		FDM

在发展过程中,也形成了某些介于常规机械加工和特种加工工艺之间的过渡性加工工艺。例如,在研磨、珩磨过程中引入超声振动或低频振动的切削,在切削过程中通以低电压、大电流的导电切削、加热切削以及低温切削等。这些加工方法是在切削加工的基础上发展起来的,目的是改善切削条件,基本上还属于切削加工。

在特种加工范围内,还有一些属于减小表面粗糙度值或改善表面性能的工艺,前者如电解抛光、化学抛光、离子束抛光等;后者如电火花表面强化、镀覆、刻字,激光表面处理、改性,电子束曝光,离子镀、离子束注入掺杂等。

为满足半导体大规模集成电路芯片生产发展的需要,电子束、离子束加工就是近年来提出的超精微加工,即所谓原子、分子单位的纳米加工方法。

此外,还有一些不属于尺寸加工的特种加工,如液中放电成形加工、电磁成形加工、爆炸成形加工及放电烧结等,本书对此未予阐述。

本书主要讲述电火花加工、电解加工、电解磨削、超声加工、激光加工、电子束加工、离子束加工、水射流切割和快速成形等特种加工方法的基本原理、基本设备、基本工艺规律、主要特点及适用范围。表 1-2 所列为上述特种加工方法的综合比较。

表 1-2 几种常用特种加工方法的综合比较

加工方法	可加工材料	工具损耗率(%)最低/平均	材料去除率/(mm³/min)平均/最高	可达到的尺寸精度/mm 平均/最高	可达到的表面粗糙度值 $Ra/\mu m$ 平均/最小	主要适用范围
电火花成形加工	任何导电的金属材料,如硬质合金、耐热钢、不锈钢、淬火钢、钛合金等	0.1/10	30/3000	0.03/0.003	10/0.04	从数微米的孔、槽到数米的超大型模具、工件等,如圆孔、方孔、异形孔、深孔、微孔、弯孔、螺纹孔以及冲模、锻模、压铸模、塑料模、拉丝模,还可进行刻字、表面强化、涂覆加工
电火花线切割加工		较小(可补偿)	20/500[①] mm²/min	0.02/0.002	5/0.04	切割各种冲模、塑料模、粉末冶金模等二维及三维直纹面组成的模具及工件。可直接切割各种样板、磁钢、硅钢片冲片。也常用于铂、钨、半导体材料或贵重金属的切割
短电弧加工		1/10	1000/10⁵	0.5/0.1	500/50	水泥、煤、矿石磨辊、大型钢轧辊的修复和再制造加工

(续)

加工方法	可加工材料	工具损耗率（%）最低/平均	材料去除率/(mm³/min) 平均/最高	可达到的尺寸精度/mm 平均/最高	可达到的表面粗糙度值 $Ra/\mu m$ 平均/最小	主要适用范围
电解加工	任何导电的金属材料，如硬质合金、耐热钢、不锈钢、淬火钢、钛合金等	不损耗	100/10000	0.1/0.01	1.25/0.16	从细小零件到成吨的超大型工件及模具，如仪表微型小轴、齿轮上的毛刺，涡轮叶片、炮管膛线，螺旋花键孔等各种异形孔，锻造模、铸造模，以及抛光、去毛刺等
电解磨削		1/50	1/100	0.02/0.001	1.25/0.04	硬质合金等难加工材料的磨削，如硬质合金刀具、量具、轧辊、小孔、深孔、细长杆的磨削，以及超精光整研磨、珩磨
超声加工	任何脆性材料	0.1/10	1/50	0.03/0.005	0.63/0.16	加工、切割脆硬材料，如玻璃、石英、宝石、金刚石、陶瓷半导体单晶锗、硅等。可加工型孔、型腔、小孔、深孔以及用于切割等
激光加工	任何材料	不损耗（这三种加工，没有成形的工具）	瞬时去除率很高，受功率限制，平均功率不高	0.01/0.001	10/1.25	精密加工小孔、窄缝及成形切割、刻蚀，如加工金刚石拉丝模、钟表宝石轴承、化纤喷丝孔，在镍、不锈钢板上打小孔，切割钢板、石棉、纺织品、纸张等，还可进行焊接、热处理
电子束加工					1.25/0.2	在各种难加工材料上打微孔、切缝、蚀刻、曝光以及焊接等，现常用于制造中、大规模集成电路的微电子器件
离子束加工			很低②	1.0/0.01μm	/0.01	对零件表面进行超精密、超微量加工、抛光、蚀刻、掺杂、镀覆、注入等表面改性等
水射流切割	钢铁、石材	无损耗	>300	0.2/0.1	20/5	下料、成形切割、剪裁
快速成形		增材加工，无可比性		0.3/0.1	10/5	快速制作样件、模具

① 电火花线切割加工的金属去除率按惯例均以 mm²/min 为单位。但单向走丝和往复走丝机床间的指标差异较大。
② 这类工艺主要用于精微和超精微加工，不能单纯地比较材料去除率。

第三节 特种加工对材料可加工性和结构工艺性等的影响

由于上述各种特种加工工艺的特点以及应用的逐渐广泛，机械制造工艺技术领域发生了许多变革，例如，对材料的可加工性、工艺路线的安排、新产品的试制过程、产品零件结构设计、零件结构工艺性好坏的衡量标准等产生了一系列的影响，归纳起来主要有以下六方面。

（1）提高了材料的可加工性 以往认为金刚石、硬质合金、淬火钢、石英、玻璃、陶瓷等材料都是很难加工的，现在已广泛采用金刚石、聚晶（人造）金刚石、硬质合金制造的刀具、工具、拉丝模具，可用电火花、电解、激光等多种方法来对它们进行加工。材料的可加工性不再与硬度、强度、韧性、脆性等成直接、比例关系。对电火花和线切割加工而言，淬火钢比未淬火钢更易加工。特种加工

1.1【耐热合金叶片电解加工】

方法使材料的可加工范围从普通材料发展到硬质合金、超硬材料和特殊材料。

(2) 改变了零件的典型工艺路线　以往除磨削外，其他切削加工、成形加工等都必须安排在淬火热处理工序之前。而特种加工的出现，改变了这种一成不变的程序格式。由于特种加工基本上不受工件硬度的影响，而且为了避免加工后淬火引起热处理变形，一般都是先淬火后加工。最典型的是电火花线切割加工、电火花成形加工和电解加工等。

(3) 改变了试制新产品的模式　以往试制新产品时，必须先设计、制造相应的刀具、夹具、量具、模具以及二次工装，现在采用数控电火花线切割加工，可以直接加工出各种标准和非标准直齿轮（包括非圆齿轮、非渐开线齿轮）、微型电动机定子、转子硅钢片，各种变压器铁心，各种特殊、复杂的二次曲面体零件等。这样可以省去设计和制造相应刀具、夹具、量具、模具及二次工装的时间，大大缩短了试制周期。快速成形技术更是试制新产品的必要手段，改变了过去传统的产品试制模式。

(4) 对产品零件的结构设计产生了很大的影响　主要表现为由部件拼镶结构改为整体式结构，例如，各种变压器的山形硅钢片硬质合金冲模，过去由于不易制造，往往采用拼镶结构，而采用电火花线切割加工以后，可做成整体结构。喷气发动机涡轮也由于电加工的出现而可以采用扭曲叶片带冠整体结构，大大提高了发动机的性能。特种加工使产品零件可以更多地采用整体式结构。

1.2【整体叶轮电解套料加工】　1.3【电火花线切割加工的应用-地震仪形状记忆合金传感器的加工】

(5) 需要重新衡量传统结构工艺性的好坏　过去认为方孔、小孔、深孔、弯孔、窄缝等是工艺性很差的结构，是设计和工艺技术人员非常忌讳的，有的甚至是"禁区"。特种加工改变了这种情况。对于电火花穿孔、电火花线切割工艺来说，加工方孔和加工圆孔的难易程度是一样的。喷油器小孔，喷丝头小异形孔，涡轮叶片上的大量小冷却深孔、窄缝、静压轴承、静压导轨的内油囊型腔，采用电加工后变难为易了。以前如果淬火前忘记钻定位销孔、铣槽等，则淬火后工件只能报废，现在却可通过电火花打孔、切槽进行补救。以前很多不可修复的废品，现在都可用特种加工方法来修复。例如，啮合不良的齿轮，可用电火花跑合；尺寸磨小的轴、磨大的孔以及工作中磨损的轴和孔，可用电刷镀修复。特种加工使现代产品结构中可以大量采用小孔、小深孔、小斜孔、深槽和窄缝。

(6) 特种加工已经成为微细加工和纳米加工的主要手段　近年来出现并快速发展的微细加工和纳米加工技术，主要是电子束、离子束、激光、电火花、电化学等电物理、电化学特种加工技术。学习和掌握了特种加工技术，设计和工艺技术人员就能在产品设计中采用制造更易、性能更好、尺寸结构更小的，甚至是微细结构和集成电路芯片等。

但特种加工技术也有一些不足之处，例如，电火花加工的生产率较低；电化学加工存在废渣和有害气体污染环境的问题；激光加工的机理和工艺规律还有待深入研究等[2]。

知识扩展

概论的图片集锦

【第一章　概论的图片集锦】

思考题和习题

1-1　从特种加工的产生和发展方面，举例分析科学技术中有哪些事例是"物极必反"？（提示：例如，高空、高速飞行时，螺旋桨推进器被喷气推进器所取代等。）有哪些事例是"坏事有时变为好事"？（提示：金属锈蚀转变为电化学加工；电子束加工需要在真空中进行，很不方便，但它可以防止金属表面氧化，实现"洁净、清洁"加工等。）

1-2　试举出几个特种加工工艺对材料的可加工性和结构工艺性产生重大影响的实例。

1-3　常规加工工艺和特种加工工艺之间有何关系？应该如何正确处理常规加工和特种加工之间的关系？

1-4　试从每种特种加工方法从无到有，从不完善逐步发展到较为完善，如何触类旁通、扩大应用范围等方面，写出一篇或多篇科普性论文。指出发展过程中的难点、创新点，以启发人们的创新性思维和科学发展观。例如，如何从电火花加工发展出线切割加工？电化学（电解）抛光发展成电解加工，有哪些技术创新点？激光从原理到多种工艺应用，有哪些创新性思维？超声波具备哪些性能，使它既可用于加工，又可用于清洗、探伤，并且在医疗中被广泛用于CT？"滴水穿石"如何发展成水刀、水射流切割技术？

思政思考题

1. 特种加工，"特"在何处？
2. "以柔克刚"思想如何产生？
3. 特种加工为何与航空航天等领域密不可分？

中国创造：
鲲龙 AG600

重点内容讲解视频

第二章 电火花加工

本章教学重点

知识要点	相关知识	掌握程度
电火花加工的基本原理及分类	电火花加工的原理、应具备的条件及设备组成；电火花加工的特点及应用；电火花加工工艺方法的分类以及各类加工方法的特点和用途	了解电火花加工的基本概念、类型及适用范围 掌握电火花加工的特点及其应具备的条件
电火花加工的机理	电火花放电微观过程的四个阶段	掌握电火花放电的微观过程
电火花加工中的一些基本规律	极性效应、吸附效应、传热效应、面积效应；影响材料放电腐蚀和加工精度的主要因素；电火花加工的加工速度和工具的损耗速度；电火花加工的表面质量	掌握电火花加工的基本规律，深入了解电火花加工的本质
电火花加工用的脉冲电源	对脉冲电源的要求，脉冲电源的特点及分类，RC 电路脉冲电源，晶体管脉冲电源及各种派生脉冲电源	掌握不同脉冲电源的原理和特点及适用范围
电火花加工的自动进给调节系统	自动进给调节系统的作用、技术要求和分类，自动进给调节系统的基本组成，电-液压式自动进给调节系统，电-机械式自动进给调节系统	掌握电火花加工伺服进给策略和调节系统的设计方法
电火花加工机床	电火花穿孔成形加工机床的主机、脉冲电源、自动进给调节系统、工作液循环及净化系统	熟悉电火花穿孔成形加工机床的组成及各部件的作用
电火花穿孔成形加工	冲模、型腔模、小孔及异形小孔的电火花加工和多轴联动电火花加工	掌握电火花穿孔成形加工工艺方法
短电弧加工	短电弧加工的特点和使用范围，短电弧加工的基本工艺参数，短电弧加工机床，短电弧加工的规准选择和应用实例	掌握短电弧加工的特点和使用范围
其他电火花加工	电火花小孔磨削，电火花铲膜硬质合金小模数齿轮滚刀，电火花共轭同步回转加工螺纹，电火花双轴回转展成法磨削凹凸球面、球头，聚晶金刚石等高阻抗材料的电火花加工，金属电火花表面强化和刻字	了解一些其他电火花加工工艺方法

导入案例

目前世界上最硬材料金刚石刀具（图 2-1a）的刃磨、整体涡轮密集复杂型腔曲面

（图2-1b）的加工、涡轮叶片薄壁侧面大量方形窄缝（图2-1c）冷却孔的加工、喷丝板上大量异形小孔（图2-1d）的加工等，应采用何种工艺技术方法来实现？

  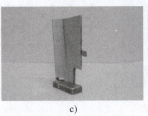 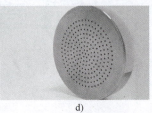

a)　　　　　　　　　b)　　　　　　　　　c)　　　　　　　　　d)

图 2-1　电火花加工的应用

能"以柔克刚"、没有切削力，并已广泛用于航空航天、模具、电子等工业领域的电火花加工这一先进制造技术，是如何从无到有地把坏事变成好事、有害变成有用而产生和发展起来的？这一过程，充满了创新性思维和实践！

电器插头或开关在接通和断开时，其触点之间往往会产生蓝色的电火花，而把触点接触表面烧毛、烧蚀成粗糙不平的凹坑，逐渐使电器损坏，甚至会引起故障或火灾。长期以来，这种电火花腐蚀现象一直是非常有害的。人们一直在研究消除和减少电火花的方法，但事物都是一分为二的，有害和有利、缺点和优点是可以相互转化的。只要掌握规律，在一定条件下，可以把坏事转化为好事，把有害变为有用。正是创新性思维和实践，把这种有害的电火花腐蚀变成了有用的电火花加工新工艺、新技术。

苏联科学院有位博士生在论文课题"如何消灭电火花烧蚀电气触点"中研究发现：电火花无法消灭，但电火花瞬时局部产生的高温在5000℃以上，足以使任何高熔点、高硬度的金属材料熔化、气化而被去除掉。虽然每一个电火花只能去除很少的金属，但每秒钟有成千上万个电火花，去除金属的速度是相当可观的，可以创造条件，利用这一电火花烧蚀现象作为难加工金属的加工方法。这一创新性的逆向思维，导致了电火花加工新技术的发明，该博士生后来被评为院士，他就是闻名世界的鲍·洛·拉扎连柯（Б. Р. Лазаленко）教授。

电火花加工（Electrospark Machining）在日本和欧美又称为放电加工（Electrical Discharge Machining，EDM），人们在20世纪40年代开始研究电火花加工并逐步将其应用于生产。它是在加工过程中，使工具和工件之间不断产生脉冲性的火花放电，靠放电时局部、瞬时产生的高温把金属蚀除下来。因放电过程中可以见到火花，所以我国称之为电火花加工，在俄罗斯还称其为电蚀加工（Electroerosion Machining）。

本章将对电火花加工的基本原理、分类、工艺规律、脉冲电源、自动进给系统、机床装备、适用范围和应用等内容展开介绍和论述。

第一节　电火花加工的基本原理及分类

一、电火花加工的原理和设备组成

电火花加工的原理是利用工具和工件（正、负电极）之间脉冲性局部火花放电时的电腐蚀现象来蚀除多余的金属，以达到对零件的尺寸、形状及表面质量预定的加工要求。要达

到这一目的,必须创造以下条件,解决下列三个主要问题:

1)必须使工具电极和工件被加工表面之间保持一定的放电间隙,这一间隙的大小与加工条件有关,通常为 0.01~0.1mm。如果间隙过大,则极间电压不能击穿极间工作液介质,因而不会产生火花放电;如果间隙过小,很容易形成短路,同样也不能产生火花放电。为此,在电火花加工过程中,必须具有工具电极的自动进给和调节装置,使其与工件的加工表面之间保持一定的放电间隙。

2)火花放电必须是瞬时的脉冲性放电(图2-2)。放电间隙加上电压后,延续一段时间 t_i,需停歇一段时间 t_0,延续时间 t_i 一般为 1~1000μs,停歇时间 t_0 一般为 20~100μs,这样才能使放电所产生的热量来不及传导扩散到其余部分,而把每一次的放电蚀除点分别局限在很小的范围内,否则会像持续电弧放电那样,使表面烧伤而无法用于尺寸加工。为此,电火花加工必须采用脉冲电源。图2-2上部为脉冲电源的空载电压、火花放电电压、短路电压波形,其下部对应为空载电流、火花放电电流和短路电流。图中 t_i 为(电压)脉冲宽度;t_0 为脉冲间隔;t_d 为击穿延时;t_e 为放电时间(电流脉冲宽度);t_p 为脉冲周期;$\hat{u}_i$ 为脉冲峰值电压或空载电压,一般为 80~100V;$\hat{i}_e$ 为脉冲峰值电流;$\hat{i}_s$ 为短路峰值电流。

3)火花放电必须在有一定绝缘性能的液体介质中进行,如煤油、皂化液或去离子水等。液体介质又称工作液,它们必须具有较高的绝缘强度(电阻率为 $10^3 \sim 10^7 \Omega \cdot cm$),以利于产生脉冲性的火花放电。同时,液体介质还应能把电火花加工过程中产生的金属小屑、炭黑、小气泡等电蚀产物从放电间隙中悬浮排除出去,并且应对电极和工件表面有较好的冷却作用。

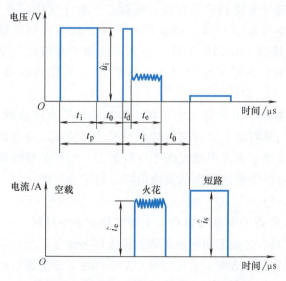

图 2-2 晶体管脉冲电源电压、电流波形

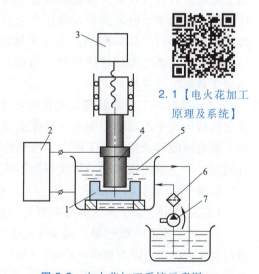

图 2-3 电火花加工系统示意图
1—工件 2—脉冲电源 3—自动进给调节装置
4—工具 5—工作液 6—过滤器 7—工作液泵

以上这些问题的综合解决,是通过图2-3所示的电火花加工系统来实现的。工件1与工具4分别与脉冲电源2的两输出端相连接。自动进给调节装置3(此处为电动机及丝杠螺母机构)使工具和工件间经常保持一个很小的放电间隙,当脉冲电压加到两极之间时,便在

当时的条件下，在工具端面和工件加工表面间某一间隙相对最小处或绝缘强度最低处击穿液体介质，在该局部产生火花放电，由此产生的瞬时高温使工具和工件表面都被蚀除掉一小部分金属，各自形成一个小凹坑。图 2-4a 所示为单个脉冲放电后的电蚀坑。脉冲放电结束后，经过一段间隔时间（即脉冲间隔 t_0），使工作液恢复绝缘后，第二个脉冲电压又加到两极上，又会在当时极间距离相对最小或绝缘强度最低处击穿放电，又电蚀出一个小凹坑。图 2-4b 所示为多次脉冲放电后的电极表面。这样，随着高频地、连续不断地重复放电，工具电极不断地向工件进给，放电点不断转移，就可将工具的形状复制在工件上，加工出所需要的零件，整个加工表面将由无数个小凹坑所组成。

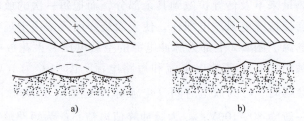

图 2-4　电火花加工表面局部放大图

二、电火花加工的特点及应用

1. 电火花加工的主要优点

（1）适用于任何难切削导电材料的加工　由于加工中材料的去除是靠放电时的电热作用实现的，材料的可加工性主要取决于材料的导电性和热学特性，如熔点、沸（气化）点、比热容、热导率、电阻率等，而几乎与其力学性能（硬度、强度等）无关。从而可以突破传统切削加工对刀具的限制，实现用软的工具加工硬韧的工件，甚至可以加工像聚晶金刚石、立方氮化硼之类的超硬材料。目前，电极材料多采用纯铜（俗称紫铜）、黄铜或石墨，因此工具电极较容易加工。

（2）可以加工特殊及复杂形状的表面和零件　由于加工中工具电极和工件不直接接触，没有机械加工中的宏观切削力，因此适宜加工低刚度工件及进行微细加工。由于可以简单地将工具电极的形状复制到工件上，因此特别适用于表面形状复杂工件的加工，如复杂型腔模具的加工等。数控技术的采用使得用形状简单的电极加工形状复杂的零件也成为可能。

2. 电火花加工的局限性

1）主要用于加工金属等导电材料，在一定条件下也可以加工半导体和非导体材料。

2）加工速度一般较慢。通常在安排工艺时，多采用切削加工来去除大部分余量，然后再进行电火花加工，以求提高生产率。但已有研究结果表明，采用特殊水基不燃性工作液进行电火花加工，其生产率不亚于切削加工。近年来的短电弧加工，其生产率甚至可高于切削加工。

3）存在电极损耗。电极损耗多集中在尖角或底面处，影响了成形精度。但近年来，粗加工时已能将电极相对损耗比控制在 0.1% 以下甚至更小。

由于电火花加工具有许多传统切削加工所无法比拟的优点，因此其应用领域日益扩大，目前已广泛用于机械（特别是模具制造）、航天、航空、电子、电机、电器、精密机械、仪器仪表、汽车、拖拉机、轻工等行业，以解决难加工导电材料及复杂形状零件的加工问题。

加工范围已包括小至几微米的小轴、孔、缝,大到几米的超大型模具和零件。

三、电火花加工工艺方法分类

按工具电极和工件相对运动的方式以及用途的不同,大致可分为电火花穿孔、成形加工、短电弧加工、电火花线切割加工、电火花磨削和镗磨、电火花共轭同步回转加工、电火花高速小孔加工、电火花表面强化与刻字七大类。前六类属于电火花成形、尺寸加工,是用于改变工件形状或尺寸的加工方法;第七类则属于表面加工方法,用于改善或改变工件的表面性质。其中,以电火花穿孔成形加工和电火花线切割应用最为广泛。表 2-1 所列为电火花加工工艺方法分类及各类加工方法的特点和用途。

表 2-1 电火花加工工艺方法分类及各类加工方法的特点和用途

类别	工艺方法	特 点	用 途	备 注
Ⅰ	电火花穿孔成形加工(详见第 43~55 页)	1. 工具和工件间只有一个相对的伺服进给运动 2. 工具为成形电极,与被加工表面有相同的截面和相反的形状	1. 型腔加工:加工各类型腔模及各种复杂的型腔零件 2. 穿孔加工:加工各种冲模、挤压模、粉末冶金模,各种异形孔及微孔等	约占电火花机床总数的 30%,典型机床有 D7125、D7140 等电火花穿孔成形机床
Ⅱ	短电弧加工(详见第 55~61 页)	1. 低电压、大电流、长脉宽,粗加工 2. 工具和工件间必须有较大的相对运动	1. 对各种大轧辊、航空耐热钢等进行表面预加工 2. 对钢锭、难加工材料等进行切割、下料	约占电火花机床总数的 1%,典型机床有 DHC 26330W
Ⅲ	电火花线切割(详见第 72~96 页)	1. 线状电极顺电极丝轴线垂直单向或双向移动 2. 工具与工件在两个水平方向同时做相对伺服进给的数控运动	1. 切割各种冲模及具有直纹面的零件 2. 下料、截割和窄缝加工	约占电火花机床总数的 60%,典型机床有 DK7725、DK7740 数控电火花线切割机床
Ⅳ	电火花磨削和镗削(详见第 62~64 页)	1. 工具与工件有相对旋转运动 2. 工具与工件间有径向和轴向进给运动	1. 加工高精度、表面粗糙度值小的孔,如拉丝模、挤压模、微型轴承内环、钻套等 2. 加工外圆、小模数滚刀等	约占电火花机床总数的 3%,典型机床有 D6310 电火花小孔内圆磨床等
Ⅴ	电火花共轭同步回转加工(详见第 64~67 页)	1. 成形工具与工件均做旋转运动,两者的角速度相等或成整倍数,相应地,接近的放电点有切向相对运动 2. 工具相对工件可做纵、横向进给运动	以同步回转、展成回转、倍角速度回转等不同方式,加工各种复杂型面的零件,如高精度的异形齿轮,精密螺纹环规,高精度、高对称度、表面粗糙度值小的内、外回转体表面等	少于电火花机床总数的 1%。典型机床有 JN-2、JN-8 内外螺纹加工机床
Ⅵ	电火花高速小孔加工(详见第 53、54 页)	1. 采用细管(>φ0.3mm)电极,管内冲入高压水基工作液 2. 细管电极旋转 3. 穿孔速度较高(60mm/min)	1. 线切割穿丝预孔 2. 深径比很大的小孔,如喷嘴等	约占电火花机床总数的 2%。典型机床有 D703A 电火花高速小孔加工机床
Ⅶ	电火花表面强化与刻字(详见第 68~70 页)	1. 工具在工件表面上振动 2. 工具相对工件移动	1. 模具、刀具、量具刃口表面强化和镀覆 2. 电火花刻字、打印记	约占电火花机床总数的 2%~3%。典型设备有 D9105 电火花强化器等

第二节　电火花加工的机理

火花放电时，在微小的电火花加工放电间隙中，电极表面的金属材料究竟是怎样被蚀除下来的？[⊖]这一微观物理过程即所谓的电火花加工的机理，也就是电火花加工的物理本质。了解这一微观过程，有助于掌握电火花加工的基本规律，从而对脉冲电源、进给装置、机床设备等提出合理的要求。从大量的实验资料来看，每次电火花腐蚀的微观过程都是电场力、磁力、热力、流体动力、电化学和胶体化学等综合作用的过程。这一过程大致可分为以下四个连续的阶段：极间工作液（介质）电离、击穿，形成放电通道；工作液热分解、电极材料熔化、气化热膨胀；电极材料抛出；极间工作液消电离，如图 2-5 和图 2-6 所示。

2.2【电火花加工过程与机理】

一、极间工作液电离、击穿，形成放电通道

图 2-5 所示为矩形波脉冲放电时的电压和电流波形。当 80~100V 的脉冲电压施加于工具电极与工件之间时（图 2-5 中 0~1 段和 1~2 段），两极之间立即形成一个电场。电场强度与电压成正比，与距离成反比，即当极间电压升高或极间距离减小时，极间电场强度也将随着增大。由于工具电极和工件的微观表面是凸凹不平的，极间距离又很小，因而极间电场强度是很不均匀的，两极间离得最近的凸出点或尖端处的电场强度一般为最大。

工作液中不可避免地含有某种杂质（如金属微粒、碳粒子、胶体粒子等），也有一些自由电子，使工作液呈现一定的电导率。在电场作用下，这些杂质将使极间电场更不均匀。当阴极表面某处的电场强度增加到 10^5V/mm，即 100V/μm 左右时，就会产生场致电子发射，由阴极表面向阳极逸出电子。在电场作用下，电子向阳极高速运动并撞击工作液中的分子或中性原子，产生碰撞电离，又形成带负电的粒子（主要是电子）和带正电的粒子（正离子），导致带电粒子雪崩式增多，使介质击穿而形成放电通道，如图 2-6a 所示。

从雪崩式电离开始，到建立放电通道的过程非常迅速，时间一般小于 0.1μs，间隙电阻从绝缘状态迅速降低到几分之一欧姆，间隙电流迅速上升到最大值（从几安到几百安）。由于通道直径很小，因此通道中的电流密度可高达 10^5~10^6A/cm² （10^3~10^4A/mm²）。间隙电压则由击穿电压迅速下降到火花维持电压（一般约为 25V），电流则由 0 上

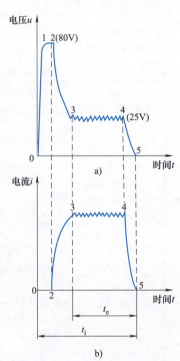

图 2-5　矩形波脉冲放电时的电压和电流波形
a）电压波形　b）电流波形

[⊖] 日本著名学者、电火花加工前辈斋藤长男教授曾说过：苏联拉扎连柯院士发明开创了电火花加工技术，至今在日本已形成了电火花加工和机床制造产业，建立了一支由工人、技师、工程师、科技人员、科学家组成的队伍，使成千上万的日本人获得就业机会，我们深表感激。但微小的电火花放电间隙里瞬息万变，到底还蕴藏着什么科技秘密和发展潜力，至今还是一个谜。

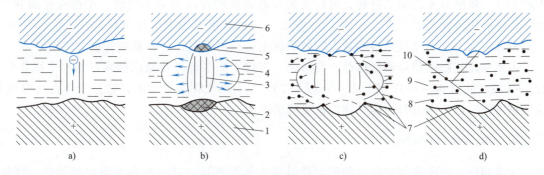

图 2-6 放电间隙状况示意图

1—正极 2—从正极上熔化并抛出金属的区域 3—放电通道 4—气泡 5—在负极上熔化并抛出金属的区域 6—负极 7—翻边凸起 8—在工作液中凝固的微粒 9—工作液 10—放电形成的凹坑

升到某一峰值电流（图 2-5a、b 中 2~3 段至 3~4 段）。

放电通道是由带正电（正离子）的粒子和带负电的粒子（电子）以及中性粒子（原子或分子）组成的等离子体。带电粒子高速运动相互碰撞，产生大量的热，使通道温度相当高，通道中心温度高达 10000℃ 以上。由于放电时电流产生磁场，磁场又反过来对电子流产生向心的磁压缩效应，同时还受到周围介质惯性动力压缩效应的作用，通道瞬间扩展受到很大的阻力，故放电开始阶段通道截面很小，而通道内由瞬时高温热膨胀形成的初始压力可达数十兆帕。高压高温的放电通道以及随后瞬时气化形成的气体（以后发展成气泡）急速扩展，产生一个强烈的冲击波向四周传播。在放电过程中，同时还伴随着一系列派生现象，其中有热效应、电磁效应、光效应、声效应以及频率范围很宽的电磁波辐射和局部爆炸冲击波等。

关于通道的结构，一般认为是单通道，即在一次放电时间内只存在一个放电通道；少数人认为可能有多通道，即在一次放电时间内可能同时存在几个放电通道，理由是单次脉冲放电后电极表面有时会出现几个电蚀坑。最近的实验表明，单个脉冲放电时有可能先后出现多次击穿（即一个脉冲内间隙击穿后，有时产生短路或开路，接着又产生击穿放电），另外，也会出现通道受某些随机因素的影响而产生游移、徙动的现象，因而在单个脉冲周期内会先后出现多个或形状不规则的电蚀坑，但同一时间内只存在一个放电通道，因为形成通道后，间隙电压降至 25V 左右，不可能再击穿别处形成第二个通道。

二、工作液热分解、电极材料熔化、气化热膨胀

极间工作液一旦被电离、击穿、形成放电通道后，脉冲电源就会使通道间的电子高速奔向正极，同时使正离子奔向负极。电能变成动能，动能通过碰撞又转变为热能，于是在通道内，正极和负极表面分别形成瞬时热源，温度均达到 5000℃ 以上。通道高温首先把工作液气化，进而发生热裂分解［如煤油等碳氢化合物工作液，高温后裂解为 H_2（体积分数为 40%）、C_2H_2（体积分数为 30%）、CH_4（体积分数为 15%）、C_2H_4（体积分数为 10%）小气泡和游离碳等；水基工作液则热分解为 H_2、O_2 的气态分子甚至原子等］。正、负极表面的高温除使工作液气化、热分解外，也使金属材料熔化，直至沸腾气化。这些热分解后的工作液和气化后的金属蒸气，瞬时体积猛增，迅速热膨胀，就像火药、爆竹点燃后那样具有爆

炸的特性。观察电火花加工过程，可以见到放电间隙间冒出很多小气泡，工作液逐渐变黑，并听到轻微而清脆的爆炸声，如图 2-6b 所示。从超高速摄影中可以见到，这一阶段各种小气泡最后成为一个大气泡充满在放电间隙中放电通道的周围，并不断向外扩大。

主要靠此热膨胀和局部微爆炸，使熔化、气化了的电极材料抛出蚀除，相当于图 2-5 中的 3~4 段，此时 80~100V 的空载电压降为 25V 左右的火花维持电压，它由于含有高频成分而呈锯齿状；电流则上升为锯齿状的放电峰值电流。

三、电极材料抛出

通道和正、负极表面放电点的瞬时高温使工作液气化、热分解和金属材料熔化、气化，热膨胀产生很高的瞬时压力。通道中心的压力最高，使气体不断向外膨胀，形成一个扩张的气泡。气泡上下、内外的瞬时压力并不相等，压力高处的熔融金属液体和蒸气就被排挤、抛出而进入工作液中。

在表面张力和内聚力的作用下，抛出的材料具有最小的表面积，冷凝时凝聚成细小的圆球颗粒（直径为 0.1~300μm，随脉冲能量而异），如图 2-6c 所示。

实际上，熔化和气化了的金属在抛离电极表面时会向四处飞溅，除绝大部分抛入工作液中收缩成小颗粒外，有一小部分飞溅、镀覆、吸附在对面的电极表面上。这种互相飞溅、镀覆以及吸附的现象，在某些条件下可以用来减少或补偿工具电极在加工过程中的损耗。

半裸在空气中进行电火花加工时，可以见到橘红色甚至蓝白色的火花四溅，它们就是被抛出的金属高温熔滴、小屑。

观察铜打钢电火花加工后的电极表面，可以看到钢上粘有铜，铜上粘有钢的痕迹。如果进一步分析电加工后的产物，在显微镜下可以看到除了游离碳、大小不等的铜和钢的球状颗粒之外，还有一些钢包铜、铜包钢、互相飞溅包容的颗粒，此外，还有少数由气态金属冷凝成的中心带有空泡的空心球状颗粒产物。

实际上，金属材料的蚀除、抛出过程远比上述复杂。放电过程中工作液不断气化，正极受电子撞击，负极受正离子撞击，电极材料不断熔化，气泡不断扩大。当放电结束后，气泡温度不再升高，但工作液的惯性作用使气泡继续扩展，致使气泡内压力急剧降低，甚至降到大气压以下，形成局部真空，使在高压下溶解在熔化和过热液态金属材料中的气体析出，以及液态金属本身在低压下再沸腾。压力的骤降，使熔融金属材料及其蒸气从小坑中再次爆沸飞溅而被抛出。

熔融材料抛出后，在电极表面形成单个脉冲的放电痕，其剖面放大示意图如图 2-7 所示。熔化区未被抛出的材料冷凝后残留在电极表面，形成熔化凝固层，在四周形成稍凸起的翻边。熔化凝固层下面是热影响层，再往下是无变化的金属材料基体。

总之，材料的抛出是热爆炸力、电磁动力、流体动力等综合作用的结果，对这一复杂的抛出机理的认识还在不断深化之中。

正、负极分别受电子、正离子撞击所获得的能

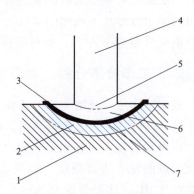

图 2-7 单个脉冲放电痕剖面放大示意图
1—无变化区 2—热影响层 3—翻边凸起
4—放电通道 5—气化区
6—熔化区 7—熔化凝固层

量、热量不同；不同电极材料的熔点、气化点不同；脉冲宽度、脉冲电流大小不同，正、负电极上被抛出材料的数量也会不同，目前还无法定量计算。

四、极间工作液消电离

随着脉冲电压降为零，脉冲电流也迅速降为零，图 2-5 中的 4~5 段标志着一次脉冲放电结束。但此后仍应有一段间隔时间，使极间工作液消电离，即放电通道中的带电粒子复合为中性粒子，恢复本次放电通道处极间工作液的绝缘强度，以免总是在同一处发生放电而导致电弧放电。这样可以保证在两极相对最近处或电阻率最小处形成下一击穿放电通道，如图 2-6d 所示。

如果加工过程中产生的电蚀产物（如金属微粒、碳粒子、气泡等）来不及排除、扩散出去，就会改变极间工作液的成分和降低绝缘强度。脉冲火花放电时产生的热量如不及时传出，带电粒子的自由能不易降低，将大大减小复合的概率，使消电离过程不充分，结果将使下一个脉冲放电通道不能顺利地转移到其他部位，而始终集中在某一部位，使该处介质局部过热而破坏消电离过程，脉冲火花放电将恶性循环地转变为有害的稳定电弧放电，同时工作液局部高温分解后可能积炭，在该处聚成焦粒而在两极间搭桥，使加工无法进行下去，并会烧伤电极对。

由此可见，为了保证电火花加工过程的正常进行，在两次脉冲放电之间一般都应有足够的脉冲间隔时间 t_0，这一时间的选择，不仅要考虑介质本身消电离所需的时间（与脉冲能量有关），还要考虑电蚀产物排离出放电区域的难易程度（与脉冲爆炸力大小、放电间隙大小、抬刀过程及加工面积有关）。

到目前为止，人们对于电火花加工微观过程的了解还是很不够的，诸如工作液成分的影响、间隙介质的击穿、放电间隙内的状况、正负电极间能量的转换与分配、材料的抛出，以及电火花加工过程中热场、流场、力场的变化，通道结构及其高频振荡等，都还需要进行进一步研究。

第三节 电火花加工中的一些基本规律

一、影响材料放电腐蚀的主要因素

电火花加工过程中，材料放电腐蚀的规律是十分复杂的。研究影响材料放电腐蚀的因素，对于应用电火花加工方法，提高电火花加工的生产率，降低工具电极的损耗是极为重要的。影响材量放电腐蚀即电蚀量的参数如下。

1. 极性效应

在电火花加工过程中，无论是正极还是负极，都会受到不同程度的电蚀。即使两电极使用相同材料，如钢电极加工钢，正、负极的电蚀量也是不同的。这种单纯由于极性不同而使电蚀量不同的现象称为极性效应。如果两电极材料不同，则极性效应更加复杂。在生产中，我国通常把工件接脉冲电源正极（工具电极接负极）的加工称为正极性加工；反之，工件接脉冲电源负极（工具电极接正极）的加工称为负极性加工，又称反极性加工。

产生极性效应的原因很复杂，对这一问题的笼统解释是：在火花放电过程中，正、负极表面分别受到负电子和正离子的轰击和瞬时热源的作用，两极表面所分配到的能量不一样，因而熔化、气化抛出的电蚀量也不一样。这是因为电子的质量和惯性均很小，容易获得很高的加速度和速度，在击穿放电的初始阶段就有大量的电子奔向正极，把能量传递给正极表面，使电极材料迅速熔化和气化；而正离子则由于质量和惯性较大，起动和加速较慢，在击穿放电的初始阶段，大量的正离子来不及到达负极表面，到达负极表面并传递能量的只有一小部分正离子。所以在用短脉冲加工时，电子的轰击作用大于离子的轰击作用，正极的蚀除速度大于负极的蚀除速度，这时工件应接正极。当采用长脉冲（即放电持续时间较长）加工时，质量和惯性大的正离子将有足够的时间加速，到达并轰击负极表面的离子数将随放电时间的延长而增多；由于正离子的质量大，对负极表面的轰击破坏、发热作用强，同时自由电子挣脱负极时要从负极获取逸出功，而正离子到达负极后与电子结合释放位能和热能，故负极的蚀除速度将大于正极，这时工件应接负极。因此，当采用短脉冲（如纯铜电极加工钢时，$t_i<10\mu s$）精加工时，应选用正极性加工；而采用长脉冲（如纯铜电极加工钢时，$t_i>80\mu s$）粗加工时，则应采用负极性加工，可以得到较高的蚀除速度且电极损耗较少。

能量在两极上的分配对两个电极电蚀量的影响是一个极为重要的因素，而电子和正离子对电极表面的轰击则是影响能量分配的主要因素，因此，电子轰击和离子轰击无疑是影响极性效应的重要因素。但是，近年来的生产实践和研究结果表明，正极表面能吸附工作液中分解游离出来的带有负电荷的碳微粒，形成熔点和气化点较高的一层薄炭黑膜，可以保护正极，减少电极损耗。例如，当脉冲宽度为 $12\mu s$、脉冲间隔为 $15\mu s$ 时，正极的蚀除速度往往大于负极，应采用正极性加工。当脉冲宽度不变时，逐步把脉冲间隔缩短（应配之以抬刀，以防止拉弧），有利于炭黑膜在正极上的形成，就会使负极的蚀除速度大于正极而可以改用负极性加工。这实际上是极性效应和正极吸附炭黑之后对正极的保护作用的综合效果。

由此可见，极性效应是一个较为复杂的问题。除了脉冲宽度、脉冲间隔的影响外，脉冲峰值电流、放电电压、工作液以及电极对的材料等都会影响极性效应。

从提高加工生产率和减少工具损耗的角度来看，极性效应越显著越好，故在电火花加工过程中必须充分利用极性效应。当用交变脉冲电流加工时，单个脉冲的极性效应便可相互抵消，从而增加了工具的损耗。因此，电火花加工一般都采用单向脉冲直流电源，而不能采用交流电源。

为了充分地利用极性效应，最大限度地减少工具电极的损耗，应合理选用工具电极的材料，根据电极对材料的物理性能、加工要求选用最佳的电参数，正确地选用极性，使工件的蚀除速度最高、工具损耗尽可能小。

2. 电参数对电蚀量的影响

电参数主要是指电压脉冲宽度 t_i、电流脉冲宽度（简称电流脉宽）t_e、脉冲间隔 t_0、脉冲频率 f、脉冲峰值电流 $\hat{i}_e$、脉冲峰值电压 $\hat{u}_i$ 和极性等。

研究结果表明，在电火花加工过程中，无论是正极还是负极，单个脉冲的蚀除量 q' 与单个脉冲能量 W_M 在一定范围内都成正比关系。某一段时间内的总蚀除量 q 约等于这段时间内各单个有效脉冲蚀除量的总和，故正、负极的蚀除速度与单个脉冲能量、脉冲频率成正比。用公式表示为

$$\left. \begin{array}{l} q_a = K_a W_M f \varphi t \\ q_c = K_c W_M f \varphi t \end{array} \right\} \tag{2-1}$$

$$\left. \begin{aligned} v_a &= \frac{q_a}{t} = K_a W_M f \varphi \\ v_c &= \frac{q_a}{t} = K_c W_M f \varphi \end{aligned} \right\} \tag{2-2}$$

式中 q_a、q_c——正极、负极的总蚀除量（mm）；

v_a、v_c——正极、负极的蚀除速度，即工件生产率或工具损耗速度（mm³/min）；

W_M——单个脉冲能量（J）；

f——脉冲频率（Hz）；

t——加工时间（min）；

K_a、K_c——与电极材料、脉冲参数、工作液等有关的工艺系数；

φ——有效脉冲利用率。

（以上符号中，下标 a 表示正极、c 表示负极）。

单个脉冲放电所释放的能量取决于极间放电电压、放电电流和放电持续时间，所以单个脉冲放电能量为

$$W_M = \int_0^{t_e} u(t) i(t) \mathrm{d}t \tag{2-3}$$

式中 t_e——单个脉冲实际放电时间（μs）；

$u(t)$——放电间隙中随时间而变化的电压（V）；

$i(t)$——放电间隙中随时间而变化的电流（A）；

W_M——单个脉冲放电能量（J）。

由于火花放电间隙的电阻的非线性特性，击穿后间隙上的火花维持电压是一个与电极对材料及工作液种类有关的数值（如在煤油中用纯铜电极加工钢时约为 25V，用石墨电极加工钢时约为 30V）。火花维持电压与脉冲峰值电压、极间距离以及放电电流大小等的关系不大，因而正、负极的电蚀量正比于平均放电电流和电流脉宽；对于矩形波脉冲电流，实际上正比于脉冲峰值电流。在通常的晶体管脉冲电源中，脉冲峰值电流近似为一矩形波，故当用纯铜电极加工钢时，单个脉冲能量为

$$W_M = (25 \sim 35) \hat{i}_e t_e \tag{2-4}$$

式中 $\hat{i}_e$——脉冲峰值电流（A）；

t_e——电流脉宽（μs）。

由此可见，提高电蚀量和生产率的途径在于：提高脉冲频率 f，增加单个脉冲能量 W_M，或者增大平均放电电流 $\bar{i}_e$（对于矩形脉冲即为脉冲峰值电流 $\hat{i}_e$）和电流脉冲宽度 t_e，减小脉冲间隔 t_0，设法提高工艺系数 K_a、K_c。当然，实际生产时应考虑到这些因素之间的相互制约关系和对其他工艺指标的影响，例如脉冲间隔时间过短，将产生电弧放电；随着单个脉冲能量的增加，加工表面粗糙度值也随之增大。

3. 金属材料热学常数对电蚀量的影响

所谓热学常数，是指熔点、沸点（气化点）、热导率、比热容、熔化热、气化热等。表 2-2 所列为几种常用材料的热学常数。

每次脉冲放电时，通道内及正、负极放电点都瞬时获得大量热能。而正、负极放电点所

获得的热能，除一部分由于热传导散失到电极其他部分和工作液中外，其余部分将依次消耗在以下方面：①使局部金属材料温度升高，直至达到熔点（单位质量金属材料升高1℃或1K所需的热量即为该金属材料的比热容）；②熔化金属材料（熔化单位质量材料所需的热量即为该金属的熔化热）；③使熔化的金属液体继续升温至沸点（单位质量材料升高1℃或1K所需的热量即为该熔融金属的比热容）；④使熔融金属气化（每气化1kg材料所需的热量称为该金属的气化热）；⑤将金属蒸气继续加热成过热蒸气（1kg金属蒸气的温度升高1℃或1K所需的热量即为该金属蒸气的比热容）。

表 2-2 常用材料的热学常数

热学常数	材料				
	铜	石墨（碳）	钢	钨	铝
熔点 T_r/℃	1083	3727	1535	3410	657
比热容 c/[J/(kg·K)]	393.56	1674.7	695.0	154.91	1004.8
熔化热 q_r/(J/kg)	179258.4	—	209340	159098.4	385185.6
沸点 T_f/℃	2595	4830	3000	5930	2450
气化热 q_q/(J/kg)	5304256.9	46054800	6290667	—	10894053.6
热导率 λ/[W/(m·K)]	3.998	0.800	0.816	1.700	2.378
热扩散率 α/(cm²/s)	1.179	0.217	0.150	0.568	0.92
密度 ρ/(g/cm³)	8.9	2.2	7.9	19.3	2.54

注：1. 热导率为0℃时的值。
2. 热扩散率 $\alpha = \lambda/c\rho$。

显然，当脉冲放电能量相同时，金属的熔点、沸点、比热容、熔化热、气化热越高，电蚀量将越少，即越难加工；另一方面，热导率越大的金属，由于较多地把瞬时产生的热量传导散失到其他部位，因而减少了本身的蚀除量。而且当单个脉冲能量一定时，脉冲峰值电流 $\hat{i}_e$ 越小，即电压脉冲宽度 t_i 越大，散失的热量也越多，从而使电蚀量减少；相反，电压脉冲宽度 t_i 越小，脉冲峰值电流 $\hat{i}_e$ 越大，热量由于过于集中而来不及传导扩散，虽使散失的热量减少，但抛出的金属中气化部分比例增大，多耗用了很多气化热，电蚀量也会减少。因此，电极的蚀除量与电极材料的热导率以及其他热学常数、放电持续时间和单个脉冲能量都有密切关系。

4. 工作液对电蚀量的影响

在电火花加工过程中，工作液的作用是：形成火花击穿放电通道，并在放电结束后迅速恢复间隙的绝缘状态；对放电通道产生压缩作用；帮助电蚀产物抛出和排除；对工具、工件产生冷却作用。因而，工作液对电蚀量也有较大的影响。介电性能好、密度和黏度大的工作液有利于压缩放电通道，提高放电的能量密度，强化电蚀产物的抛出效应；但黏度大不利于电蚀产物的排出，影响了正常放电。目前，电火花成形加工主要采用油类作为工作液。粗加工时采用的脉冲能量大，加工间隙也较大，爆炸排屑抛出能力强，往往选用介电性能、黏度较大的全损耗系统用油（即机油），且全损耗系统用油的燃点较高，大能量加工时着火燃烧的可能性小；而在中、精加工时，放电间隙比较小，排屑比较困难，故一般均选用黏度小、流动性好、渗透性好的煤油作为工作液。

由于油类工作液有气味，容易燃烧，尤其是在大能量粗加工时，工作液高温分解产生的烟气很大，故寻找一种像水那样流动性好、不产生炭黑、不燃烧、无色无味、价廉的工作液一直是人们努力的目标。水的绝缘性能较差，黏度较低，在相同加工条件下，与煤油相比，水的放电间隙较大，排屑效果较好，但对通道的压缩作用差，蚀除量较少，且易锈蚀机床，但通过采用各种添加剂，可以改善其性能，且研究成果表明，水基工作液在粗加工时的加工速度可大大高于煤油，但在大面积精加工中取代煤油还有一段距离。

5. 影响电蚀量的其他因素

还有一些其他因素对电蚀量也有影响。首先是加工过程的稳定性，对稳定性影响最大的是电火花加工的自动进给和调节系统，以及加工参数的选择和调节。加工过程不稳定将干扰甚至破坏正常的火花放电，使有效脉冲利用率降低。加工深度、加工面积的增加，或加工型面复杂程度的增加，都不利于电蚀产物的排出，会影响加工稳定性，降低加工速度，严重时将造成结炭拉弧，使加工难以进行。为了改善排屑条件，提高加工速度和防止拉弧，常采用强迫冲油和工具电极定时抬刀等措施。

如果加工面积较小，而采用的加工电流较大，也会使局部电蚀产物浓度过高，放电点不能分散转移，放电后的余热来不及传播扩散而积累起来，从而造成过热，形成电弧，破坏加工的稳定性。

电极材料对加工过程的稳定性也有影响。钢电极加工钢时不易稳定，纯铜、黄铜电极加工钢时则比较稳定。脉冲电源的波形及其前后沿陡度影响着输入能量的集中或分散程度，对电蚀量也有很大影响。

电火花加工过程中，电极材料瞬时熔化或气化而抛出，如果抛出速度很高，就会冲击另一电极表面而使其蚀除量增大；如果抛出速度较低，则当喷射到另一电极表面时，会反粘和涂覆在电极表面，减少其蚀除量。此外，正极上形成的炭黑膜将起"保护"作用，可大大降低正极的蚀除量，因此，粗加工低损耗时应采用"负极性"，即工件接脉冲电源负极。

二、电火花加工的加工速度和工具的损耗速度

电火花加工时，工具和工件同时遭到不同程度的电蚀，单位时间内工件的电蚀量称为加工速度，亦即生产率；单位时间内工具的电蚀量称为损耗速度。它们是一个问题的两个方面。

1. 加工速度

一般采用体积加工速度 $v_W(\text{mm}^3/\text{min})$，它等于被加工掉的体积 V 除以加工时间 t，即

$$v_W = V/t \tag{2-5}$$

有时为了测量方便，也采用质量加工速度 v_m，单位为 g/min。

根据前面对电蚀量的讨论，提高加工速度的途径在于提高脉冲频率 f，增加单个脉冲能量 W_M，以及设法提高工艺系数 K_a、K_c。同时，还应考虑这些因素间的相互制约关系和对其他工艺指标的影响。

提高脉冲频率靠缩短脉冲停歇时间来实现，但脉冲停歇时间过短，会使加工区工作液来不及消电离、排出电蚀产物及小气泡来恢复其介电性能，以致形成破坏性的稳定电弧放电，使电火花加工过程不能正常进行。

增加单个脉冲能量主要靠加大脉冲电流和增加脉冲宽度来实现。单个脉冲能量的增加可

以提高加工速度，但同时会使表面粗糙度值增大和降低加工精度，因此一般只用于粗加工和半精加工的场合。

提高工艺系数 K_a、K_c 的途径很多，例如合理选用电极材料、电参数和工作液，改善工作液的循环过滤方式等，从而提高有效脉冲利用率 φ，达到提高工艺系数 K 的目的。

电火花成形加工的加工速度，粗加工（加工表面粗糙度值为 $Ra10\sim20\mu m$）时可达 $200\sim1000 mm^3/min$，半精加工（$Ra2.5\sim10\mu m$）时降至 $20\sim100 mm^3/min$，精加工（$Ra0.32\sim2.5\mu m$）时一般都在 $10 mm^3/min$ 以下。随着表面粗糙度值的减小，加工速度显著下降。加工速度与加工电流 i_e 有关，对于电火花成形粗加工，一个较好的脉冲电源，其每安培加工电流的加工速度应约为 $10 mm^3/min$。

2. 工具相对损耗

在生产实际中，衡量工具电极是否耐损耗时，不能只看工具的损耗速度 v_E，还要看同时能达到的加工速度 v_W。因此，采用相对损耗或称损耗比 θ 作为衡量工具电极耐损耗能力的指标，即

$$\theta = \frac{v_E}{v_W} \times 100\% \tag{2-6}$$

式中的加工速度和损耗速度若均以 mm^3/min 为单位计算，则 θ 为体积相对损耗；如以 g/min 为单位计算，则 θ 为质量相对损耗。

在电火花加工过程中，为了减少工具电极的相对损耗，必须很好地利用电火花加工过程中的各种效应。这些效应主要包括极性效应、吸附效应、传热效应等。它们之间是相互影响、综合作用的。因此，应注意以下几点：

（1）正确选择极性和脉冲宽度　一般在短脉冲精加工时采用正极性加工（即工件接电源正极），而在长脉冲粗加工时则采用负极性加工。人们曾对不同脉冲宽度和加工极性的关系做过许多实验，得出了图 2-8 所示的实验曲线。实验用的工具电极为 $\phi 6mm$ 的纯铜，加工工件为钢，工作液为煤油，采用矩形波脉冲电源，加工电流峰值为 10A。由图可见，负极性加工时，纯铜电极的相对损耗随脉冲宽度的增大而减小，当脉冲宽度大于 $120\mu s$ 后，电极相对损耗将小于 1%，可以实现低损耗加工（相对损耗小于 1% 的加工）。如果采用正极性加工，则不论采用哪一档脉冲宽度，电极的相对损耗都难以低于 10%。然而在脉冲宽度小于 $15\mu s$ 的窄脉宽范围内，正极性加工的工具电极相对损耗比负极性加工小。

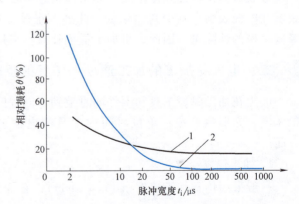

图 2-8　电极相对损耗与极性、脉冲宽度的关系
1—正极性加工　2—负极性加工

（2）利用吸附效应　用煤油之类的碳氢化合物做工作液时，在放电过程中将发生热分解，产生大量的炭微粒，它能和金属结合形成金属碳化物的胶团。中性的胶团在电场作用下可能与其可动层（胶团的外层）脱离，而成为带负电荷的炭胶粒，它在电场作用下会向正

极移动，并吸附在正极表面。如果电极表面的瞬时温度为 400℃ 左右，且能保持一定时间，则能形成具有一定强度和厚度的化学吸附炭层，通常称之为炭黑膜。由于炭的熔点和气化点很高，故炭黑膜可对正极起到保护和补偿损耗的作用，从而实现低损耗加工。

由于炭黑膜只能在正极表面形成，因此，要利用炭黑膜的补偿作用来实现电极的低损耗，就必须采用负极性加工。为了保持合适的温度场和吸附炭黑的时间，应增大脉冲宽度。实验表明，当峰值电流、脉冲间隔一定时，炭黑膜厚度随脉冲宽度的增加而增大；而当脉冲宽度和峰值电流一定时，炭黑膜厚度随脉冲间隔的增大而减小。这是由于脉冲间隔加大，电极为正的时间相对变短，且引起放电间隙中介质消电离作用增强，放电通道分散，电极表面温度降低，使吸附效应减弱。反之，当脉冲间隔减小时，电极损耗随之减少。但过小的脉冲间隔将使放电间隙来不及消电离和使电蚀产物来不及扩散，从而造成拉弧烧伤。

影响吸附效应的除上述电参数外，还有冲、抽油的过程。采用强迫冲、抽油有利于间隙内电蚀产物的排出，从而可使加工稳定。但强迫冲、抽油会使吸附、镀覆效应减弱，从而增加了电极的损耗。因此，在加工过程中采用冲、抽油时，要注意控制冲、抽油压力和流速不要过大。

（3）利用传热效应　对电极表面温度场分布的研究表明，电极表面放电点的瞬时温度不仅与瞬时放电的总热量（与放电能量成正比）有关，而且与放电通道的截面面积有关，还与电极材料的导热性能有关。因此，在放电初期限制脉冲电流的增长率（di/dt）对减少电极损耗是有利的，这样能使电流密度不致太高，也就能使电极表面温度不致过高而遭受较大的损耗。脉冲电流增长率太高，对在热冲击波作用下易脆裂工具电极（如石墨）的损耗的影响尤为显著。另外，由于所采用工具电极的导热性能一般都比工件好，如果采用较大的脉冲宽度和较小的脉冲电流进行加工，则导热作用能使电极表面温度较低而减少损耗，但同时工件表面的温度仍比较高而被蚀除。

（4）减少工具电极损耗，选用合适的电极工具材料　钨、钼的熔点和沸点较高，损耗小，但其机械加工性能不好，价格又贵，所以除线切割外很少采用。铜的熔点虽然稍低，但其导热性好，因此损耗也较少，又能制成各种精密、复杂电极，所以常用作中、小型腔加工用的工具电极。石墨电极不仅热学性能好，而且在长脉冲粗加工时能吸附游离的碳来补偿电极的损耗，所以相对损耗很小，目前已广泛用作型腔加工的电极。铜碳、铜钨、银钨合金等复合材料不仅导热性好，而且熔点高，因而电极损耗小，但由于其价格较贵，制造成形比较困难，故一般只在精密电火花加工时采用。

上述诸因素对电极损耗的影响是综合作用的，根据实际生产经验，在煤油中采用负极性粗加工时，若脉冲峰值电流与电流脉冲宽度的比值（$\hat{i}_e/t_e$）满足以下条件，则可以获得低损耗加工：

石墨电极加工钢　　　　　$\hat{i}_e/t_e \leq 0.1 \sim 0.2 \text{A}/\mu\text{s}$　（$t_e/\hat{i}_e \geq 10 \sim 5 \mu\text{s/A}$）

铜电极加工钢　　　　　　$\hat{i}_e/t_e \leq 0.06 \sim 0.12 \text{A}/\mu\text{s}$　（$t_e/\hat{i}_e \geq 16 \sim 8 \mu\text{s/A}$）

钢电极加工钢　　　　　　$\hat{i}_e/t_e \leq 0.04 \sim 0.08 \text{A}/\mu\text{s}$　（$t_e/\hat{i}_e \geq 25 \sim 12.5 \mu\text{s/A}$）

以上低损耗条件的经验公式并不完善，其中没有包含脉冲间隔对电极损耗的影响，但只要选用合适的脉冲间隔能保持稳定加工而不出现电弧放电，在生产中就有很大的参考价值。在实际应用中，由于有的脉冲电源没有等脉冲功能，因此在以上计算公式中，常用电压脉冲

宽度 t_i 代替 t_e，以便于参数的设定。

三、影响加工精度的主要因素

和通常的机械加工一样，机床本身的各种误差、工件和工具电极的定位以及安装误差都会影响加工精度，这里主要讨论与电火花加工工艺有关的因素。

影响加工精度的主要因素有放电间隙的大小及其一致性、工具电极的损耗及其稳定性。电火花加工时，工具电极与工件之间存在着一定的放电间隙，如果加工过程中放电间隙能保持不变，则可以通过修正工具电极的尺寸对放电间隙进行补偿，以获得较高的加工精度。然而，放电间隙的大小实际上是变化的，影响着加工精度。

放电间隙可用下列经验公式来表示

$$S = K_u \hat{u}_i + K_R W_M^{0.4} + S_m \tag{2-7}$$

式中　S——火花放电间隙（指侧面单面放电间隙，μm）；

$\hat{u}_i$——开路电压（V）；

K_u——与工作液介电强度有关的常数，纯煤油为 5×10^{-2}，含有电蚀产物时 K_u 将增大；

K_R——与加工材料有关的常数，一般易熔金属的值较大，铁的 $K_R = 2.5 \times 10^2$，硬质合金的 $K_R = 1.4 \times 10^2$，铜的 $K_R = 2.3 \times 10^2$；

W_M——单个脉冲能量（J）；

S_m——考虑热膨胀、收缩、振动等影响的机械间隙，约为 $3\mu m$。

除了间隙能否保持一致外，间隙大小对加工精度也有影响，尤其是对于齿轮冲模等形状复杂的加工表面，棱角部位电场强度分布不均，间隙越大，影响越严重。因此，为了减小加工误差，应该采用较小的加工规准，缩小放电间隙，以提高仿形精度，因为放电间隙越小，可能产生的间隙变化量也越小；另外，还必须尽可能使加工过程稳定。电参数对放电间隙的影响是非常显著的，精加工时的放电间隙一般小于 0.01mm（单面），而粗加工时则可达 0.5mm 以上。

工具电极的损耗对尺寸精度和形状精度都有影响。电火花穿孔加工时，电极可以贯穿型孔而补偿电极的损耗，型腔加工时则无法采用这一方法，精密型腔加工时可采用更换电极的方法。

影响电火花加工形状精度的因素还有二次放电。二次放电是指侧面已加工表面上由于电蚀产物等的介入而再次进行的非正常放电，它集中反映在加工深度方向产生斜度和加工棱角、棱边变钝方面。

产生加工斜度的情况如图 2-9 所示，由于工具电极下端部加工时间长，绝对损耗大，而电极入口处的放电间隙则由于电蚀产物的存在和二次放电的概率大而扩大，因而产生了加工斜度，形成了所谓的"喇叭口"。

电火花加工时，工具的尖角或凹角很难精确地复制到工件上，这是因为当工具上有凹角时，工件上对应的尖角处放电蚀除的概率大，容易遭受腐蚀而成为圆角，如图 2-10a 所示。当工具上有尖角时，一则由于放电间隙的等距性，工件上只能加工出以尖角顶点为圆心、放电间隙 S 为半径的圆弧；二则工具上的尖角本身因尖端放电蚀除的概率大而损耗成圆角，如图 2-10b 所示。采用高频窄脉宽精加工时，放电间隙小，圆角半径可以明显减小，从而提高了仿形精度，可以获得圆角半径小于 0.01mm 的尖棱，这对于加工精密小模数齿轮等冲模是很重要的。

目前，电火花加工的精度可达 0.01~0.05mm。

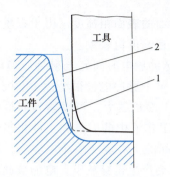

图 2-9　电火花加工时的加工斜度
1—电极无损耗时的工具轮廓线
2—电极有损耗而不考虑二次放电时的工件轮廓线

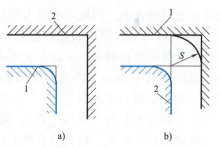

图 2-10　电火花加工时尖角变圆
1—工件　2—工具

四、电火花加工的表面质量

电火花加工的表面质量主要包括表面粗糙度、表面变质层和表面力学性能三部分。

1. 表面粗糙度

电火花加工表面和机械加工表面不同，它是由无方向性的无数小坑和凸边组成的，特别有利于保存润滑油，对于未淬火钢，电火花加工后的表面硬度还可提高；而机械加工表面则存在着切削或磨削刀痕，具有方向性。两者相比，在表面粗糙度值相同和有润滑油的情况下，电火花加工表面的润滑性能和耐磨损性能均优于机械加工表面。

与切削加工一样，电火花加工的表面粗糙度通常用轮廓算术平均偏差 Ra 表示，也有用轮廓最大高度值 R_{max} 表示的。对表面粗糙度影响最大的是单个脉冲能量。因为脉冲能量大，每次脉冲放电的蚀除量也大，放电凹坑既大又深，从而使表面粗糙度值增大。表面粗糙度和脉冲能量之间的关系，可用如下实验公式来表示

$$R_{max} = K_R t_e^{0.3} \hat{i}_e^{0.4} \tag{2-8}$$

式中　R_{max}——实测的表面粗糙度值（μm）；

K_R——常数，铜电极加工钢时常取 2.3；

t_e——脉冲放电时间（μs）；

$\hat{i}_e$——脉冲峰值电流（A）。

电火花加工的表面粗糙度和加工速度之间存在着很大的矛盾，例如，从 $Ra2.5\mu m$ 提高到 $Ra1.25\mu m$，加工速度要下降到原来的 1/10 以下。按目前的工艺水平，较大面积的电火花成形加工要达到优于 $Ra0.32\mu m$ 是比较困难的，但采用平动或摇动加工工艺，则可使表面质量大为改善。目前，电火花穿孔加工侧面的最佳表面粗糙度值为 $Ra1.25~0.32\mu m$，电火花成形加工加平动或摇动后的最佳表面粗糙度值为 $Ra0.63~0.04\mu m$，而类似电火花磨削的加工方法，其表面粗糙度值可优于 $Ra0.04~0.02\mu m$，但这时加工速度很低。因此，一般来说，先用电火花加工到 $Ra2.5~0.63\mu m$，然后再采用其他研磨方法改善其表面粗糙度比较

经济。

工件材料对加工表面的表面粗糙度也有影响，熔点高的材料（如硬质合金），在相同的能量条件下加工得到的表面粗糙度要优于熔点低的材料（如钢），但加工速度会相应下降。

精加工时，工具电极的表面粗糙度也将影响加工表面的表面粗糙度。由于石墨电极很难加工出非常光滑的表面，因此用石墨电极精加工的表面粗糙度值较大。

从式（2-8）可见，影响表面粗糙度的因素主要是脉冲放电时间 t_e 与脉冲峰值电流 $\hat{i}_e$ 的乘积，即单个脉冲能量的大小。但在实践中发现，即使单个脉冲能量很小，在电极面积较大时，R_{max} 也很难低于 $2\mu m$（约为 $Ra0.32\mu m$），而且加工面积越大，可以达到的最佳表面粗糙度越差，此现象称为"面积效应"。这是因为在煤油工作液中的工具和工件相当于电容器的两个极，具有潜布电容（寄生电容），相当于在放电间隙上并联了一个电容器，即使是精加工、小能量的单个脉冲，到达工具和工件表面时也不会产生击穿放电，电能被此潜布、寄生电容器吸收，只能起充电作用而不会引起火花放电。只有当经过多个脉冲充电到较高的电压、积累了较多的电能后，才能引起击穿放电，形成较大的放电凹坑，此现象称为"潜布电容效应"。

近年来国内外出现了混粉加工新工艺，可以较大面积地加工出 $Ra0.05\sim 0.1\mu m$ 的光亮表面。具体方法是在煤油工作液中混入硅或铝等导电微粉，使工作液的电阻率降低，放电间隙成倍扩大，潜布电容（寄生电容）成倍减小；同时，从工具到工件表面的放电通道每次都被微粉颗粒分割形成多个小的火花放电通道，到达工件表面的脉冲能量经分散后变得很小，相应地放电痕也就较小，故可以稳定地获得大面积的光亮表面，常称其为"混粉镜面加工"。

2. 表面变质层

电火花加工过程中，在火花放电的瞬时高温和工作液的快速冷却作用下，材料的表面层发生了很大变化，可以把它粗略地分为熔化凝固层和热影响层，如图 2-7 所示。

（1）熔化凝固层 位于工件表面最上层，它被放电时的瞬时高温熔化而又滞留下来，受工作液快速冷却而凝固。对于碳素钢来说，熔化凝固层在金相照片上呈现白色，故又称其为白层，它与基体金属完全不同，是一种树枝状的淬火铸造组织，与内层的结合也不牢固。它由马氏体、大量晶粒极细的残留奥氏体和某些碳化物组成。

熔化凝固层的厚度随脉冲能量的增加而变大，为 R_{max} 的 1~2 倍，但一般不超过 0.1mm。

（2）热影响层 它介于熔化凝固层和基体之间。热影响层的金属材料并没有熔化，只是受到高温的影响，使材料的金相组织发生了变化，它和基体材料之间并没有明显的界限。由于温度场分布和冷却速度的不同，对于淬火钢，热影响层包括再淬火区、高温回火区和低温回火区；对于未淬火钢，热影响层主要为淬火区。因此，淬火钢的热影响层厚度比未淬火钢大。

热影响层中靠近熔化凝固层的部分，由于受到高温作用并迅速冷却，形成了淬火区，其厚度与条件有关，一般为 R_{max} 的 2~3 倍。对于淬火钢，与淬火层相邻的部分受到温度的影响而形成高温回火区和低温回火区，回火区的厚度为 R_{max} 的 3~4 倍。

不同金属材料热影响层的金相组织结构是不同的，耐热合金的热影响层与基体差异不大。

(3) 显微裂纹　电火花加工表面由于受到瞬时高温作用并迅速冷却收缩而产生拉应力，往往会出现显微裂纹。实验表明，一般裂纹仅在熔化凝固层内出现，只有在脉冲能量很大的情况下（粗加工时），才有可能扩展到热影响层。

脉冲能量对显微裂纹的影响是非常明显的，能量越大，显微裂纹越宽、越深。脉冲能量很小时（如加工表面的表面粗糙度值小于 $Ra1.25\mu m$ 时），一般不出现微裂纹。不同工件材料对裂纹的敏感性也不同，硬质合金等硬脆材料容易产生裂纹。工件的预备热处理状态对裂纹产生的影响也很明显，加工淬火材料要比加工淬火后回火或退火的材料容易产生裂纹，因为淬火材料脆硬，原始内应力也较大。

3. 表面力学性能

（1）显微硬度及耐磨性　电火花加工后表面层的硬度一般均比较高，但对于某些淬火钢，也可能反而稍低于基体硬度。对于未淬火钢，特别是原来含碳量低的钢，热影响层的硬度都比基体材料高；对于淬火钢，热影响层中的再淬火区硬度稍高或接近于基体硬度，而回火区的硬度比基体低，高温回火区又比低温回火区的硬度低。因此，一般来说，电火花加工表面最外层的硬度比较高，耐磨性好。但对于滚动摩擦，由于是交变载荷，尤其是对于干摩擦，则因熔化凝固层和基体的结合不牢固，容易剥落而磨损。因此，有些要求高的模具需要把电火花加工后的表面变质层事先研磨掉。

（2）残余应力　电火花加工表面存在着由于瞬时先热膨胀后冷收缩作用而形成的残余应力，而且大部分表现为拉应力。残余应力的大小和分布主要与材料在加工前的热处理状态及加工时的脉冲能量有关。因此，对于表面层质量要求较高的工件，应尽量避免使用较大的加工规准。

（3）耐疲劳性能　电火花加工表面存在着较大的拉应力，还可能存在显微裂纹，因此，其耐疲劳性能大大低于机械加工表面。采用回火处理、喷丸处理等，有助于降低残余应力，或使残余拉应力转变为压应力，从而提高其耐疲劳性能。

实验表明，当表面粗糙度值在 $Ra0.32\sim0.08\mu m$ 范围内时，电火花加工表面的耐疲劳性能与机械加工表面相近，这是因为电火花精微加工表面所使用的加工规准很小，熔化凝固层和热影响层均非常薄，不会出现显微裂纹，而且表面的残余拉应力也较小。

第四节　电火花加工用的脉冲电源

电火花加工用的脉冲电源的作用是把工频交流电流转换成一定频率的单向脉冲电流，以供给电极放电间隙所需要的能量来蚀除金属。脉冲电源对电火花加工的生产率、表面质量、加工精度、加工过程的稳定性和工具电极损耗等技术经济指标有很大的影响，应给予足够的重视。

一、对脉冲电源的要求及其分类

对电火花加工用脉冲电源总的要求如下：

（1）有较高的加工速度　不但在粗加工时要有较高的加工速度［切割效率 $>10mm^3/(min\cdot A)$］，而且在精加工时也应有较高的加工速度。精加工时表面粗糙度值应小于 $Ra1.25\mu m$。

(2) 工具电极损耗少　粗加工时应实现电极低损耗（相对损耗 $\theta<1\%$），中、精加工时也要使电极损耗尽可能少。

(3) 加工过程稳定性好　在给定的各种脉冲参数下能保持稳定加工、抗干扰能力强、不易产生电弧放电、可靠性高、操作方便。

(4) 工艺范围广　不仅能适应粗、中、精加工的要求，而且要适应不同工件材料的加工要求，以及采用不同工具电极材料进行加工的要求。

脉冲电源要满足上述所有要求是困难的，一般来说，为了满足这些要求，对电火花加工脉冲电源的具体要求是：

1) 所产生的脉冲应该是单向的，没有负半波或负半波很小，这样才能最大限度地利用极性效应，提高生产率和减少工具电极的损耗。

2) 脉冲电压波形的前后沿应该较陡，这样才能减少电极间隙的变化及油污程度等对脉冲放电宽度和能量等参数的影响，使工艺过程较稳定。因此，一般常采用矩形波脉冲电源。

3) 脉冲的主要参数，如脉冲峰值电流 $\hat{i}_e$、电压脉冲宽度 t_i、脉冲间隔 t_0 等应能在很宽的范围内调节，以满足粗、中、精加工的要求。

近年来，随着微电子技术的发展，出现了可调节各种脉冲波形的电源，以适应不同工件材料和工具电极材料的需要。

4) 选择脉冲电源时，不仅要考虑工作稳定可靠、成本低、寿命长、操作维修方便和体积小等问题，还要考虑节省电能。近年来出现了节能型脉冲电源。

电火花加工用脉冲电源按其作用原理和所用的主要元件、脉冲波形等可分为多种类型，见表 2-3。

表 2-3　电火花加工用脉冲电源的分类

按主回路中主要元件种类分类	RC 电路弛张式、晶体管式、大功率集成器件式
按输出脉冲波形分类	矩形波、梳状波分组脉冲、阶梯波、高低压复合脉冲
按间隙状态对脉冲参数的影响分类	非独立式和独立式
按工作回路数目分类	单回路和多回路

此外，还可分为节能型脉冲电源、自适应控制脉冲电源和智能化脉冲电源等。

二、RC 电路脉冲电源

这类脉冲电源的工作原理是利用电容充电储存电能，而后瞬时放出，形成火花放电来蚀除金属。因为电容时而充电，时而放电，一弛一张，故又称为弛张式脉冲电源。

RC 电路是弛张式脉冲电源中应用最早，也是最简单、最基本的一种，图 2-11 所示为它的工作原理。它由两个回路组成：一个是左边的充电回路，由直流电源 E、充电电阻 R（可调节充电速度，同时能限流，以防电流过大及转变为电弧放电，故又称为限流电阻）和电容 C（储能元件）所组成；另一个回路是右边的放电回路，由电容 C、工具电极和工件及其间绝缘工作液的放电间隙

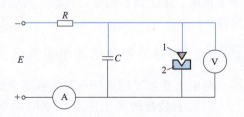

图 2-11　RC 电路脉冲电源工作原理图
1—工具电极　2—工件

所组成。

当直流电源接通后,电流经限流电阻 R 向电容 C 充电,电容 C 两端的电压按指数曲线逐步上升。由于电容两端的电压就是工具电极和工件间隙两端的电压,因此,当电容 C 两端的电压上升到等于工具电极和工件间隙的击穿电压 u_d 时,间隙就被击穿,电阻变得很小,电容器上储存的能量瞬时放出,形成较大的脉冲放电电流 i_e,如图 2-12 所示。电容上的能量释放后,电压下降到接近于零,间隙中的工作液又迅速恢复绝缘状态。此后电容器再次充电,又重复前述过程。如果间隙过大,则电容上的电压 u_c 按指数曲线上升到直流电源电压 U。

2.3【RC 电路脉冲电源工作原理图】

RC 电路充电、放电时间常数,充放电周期、频率、平均功率等的计算,可参考电工学相关书籍。

RC 电路脉冲电源的最大优点是:

1) 结构简单、工作可靠、成本低。

2) 功率小时可以获得很窄的脉冲宽度(小于 $0.1\mu s$)和很低的单个脉冲能量,可用作光整加工和精微加工。

RC 电路脉冲电源的缺点是:

1) 电能利用率很低,计算证明最大不超过 36%,因大部分电能经过电阻 R 时转化为热能损失掉了,这在大功率加工时是很不经济的。

2) 生产率低,因为电容的充电时间 t_c 比放电时间 t_e 长 50 倍以上(图 2-12),脉冲间歇系数太大。

3) 直流电源与放电间隙之间没有开关元件隔离,影响稳定性,此外还不能独立形成脉冲,需要靠放电间隙中工作液的非线性电阻绝缘性能才能形成脉冲放电。

为克服上述缺点,可采用改进型的晶体管控制的 VT-RC 脉冲电源(图 2-13),其原理是用一个大功率的晶体管 VT 代替限流电阻 R。当晶体管 VT 未导通时,电源不工作;当晶体管 VT 被触发导通时,其内阻降得很低,很快使电容 C 充电,且不会像电阻那样发热消耗电能。当电容 C 上的电压充至等于或高于间隙击穿电压时,工具与工件间即产生火花放电,

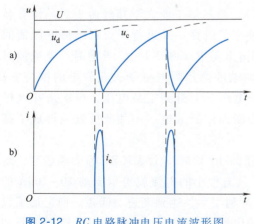

图 2-12 RC 电路脉冲电压电流波形图
a) 电压 b) 电流

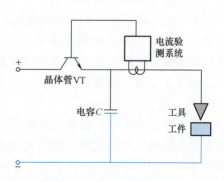

图 2-13 VT-RC 脉冲电源

电流检测回路使晶体管 VT 截止一段时间 t_0 消电离，然后再令晶体管 VT 导通使电容 C 再次快速充电，反复进行这一过程，大大提高了放电频率。

RC 电路脉冲电源主要用于小功率的精微加工或简式电火花加工机床中。

针对这些缺点，人们在实践中研制出了放电间隙和直流电源各自独立、互相隔离，能独立形成和发生脉冲的电源。这种电源可以大大减少电极间隙对物理状态参数变化的影响。为区别于前述弛张式脉冲电源，将这类脉冲电源称为独立式脉冲电源，最常用的为晶体管式脉冲电源。

三、晶体管式脉冲电源

晶体管式脉冲电源是利用功率晶体管作为开关元件来获得单向脉冲的。它具有脉冲频率高、脉冲参数容易调节、脉冲波形较好、易于实现多回路加工和自适应控制等自动化要求的优点，所以应用非常广泛，特别是在中、小型脉冲电源中，都采用晶体管式脉冲电源。

以前晶体管的功率都较小，每管导通时的电流常选在 5A 左右，因此在晶体管脉冲电源中，都采用多管分组并联输出的方法来提高输出功率。

图 2-14 所示为自振式晶体管脉冲电源原理。图中主振级 Z 为一不对称多谐振荡器，它发出一定脉冲宽度和停歇时间的矩形脉冲信号，然后经放大级 F 放大，最后推动末级功率晶体管导通或截止。末级晶体管起着开关的作用。它导通时，直流电源电压 U 即加在加工间隙上，击穿间隙工作液进行火花放电；当晶体管截止时，脉冲即行结束，间隙工作液恢复绝缘，准备下一个脉冲的到来。为了加大功率和调节粗、中、精加工规准，整个功率级由几十只大功率高频晶体管分为若干路并联（图 2-14 中只画出了一路功率级），精加工时只用其中一路或二路。为了在放电间隙短路时不致损坏晶体管，每只晶体管均串联有限流电阻 R，并可以在各管之间起均流作用。

晶体管脉冲电源加工时的电压和电流波形与 RC 电路脉冲电源截然不同，其电压空载波形为矩形，火花击穿后，极间工作电压立刻由空载电压降至 20~30V 的火花维持电压。火花维持电压在示波器上呈现为近似锯齿形的水平线，这说明它不是某一固定值，而且含有高频分量。所用示波器的频率响应越高（如 100MHz 或 200MHz），观察到的锯齿高度越大，实际上，放电电流是以极高的频率反复通、断变化着的，其通断频率以兆赫兹计（称为射频，对于收音机、电视机、近距离下可引起噪声干扰）。哈尔滨工业大学郑红博士对晶体管脉冲电源加工时引起电压降和产生高频分量的原因进行了研究，并进行了火花维持电压值的计算。她认为：由于在电源功率级电路中引入了限流电阻 R（图 2-14），导通时，电流流过电阻 R 即引起电压降，使得电源提供给电极间隙两端的电压瞬时低于火花放电的维持电压，放电电流被迫中断；但在电流刚刚中断时，间隙电压又上升到空载电压，再次击穿电极间隙，电流又导通，继而限流电阻 R 又引起电流中断而中断放电……如此反复便形成了高频放电。

近年来随着微电子技术、元器件的发展，人们采用 V-MOS 管、IGBT 等集成芯片、组件的大功率开关元器件代替一般的大功率晶体管，只需很小的电流就可以驱动 10~100A 的电流和 100~500V 的电压。为了进一步提高有效脉冲利用率，达到高速、低耗、稳定加工以及满足一些特殊需要，在晶闸管式或晶体管式脉冲电源的基础上，派生出不少新型电源和电路，如高低压复合脉冲电源、多回路脉冲电源和等电流脉冲电源等。

四、各种派生脉冲电源

1. 高低压复合脉冲电源

复合回路脉冲电源示意图如图 2-15 所示。与放电间隙并联着两个供电回路:一个为高压脉冲回路,其脉冲电压较高(300V 左右),平均电流很小,主要起击穿间隙的作用,也就是控制低压脉冲的放电击穿点,保证其前沿击穿,因而也称之为高压引燃回路;另一个是低压脉冲回路,其脉冲电压比较低(60~80V),电流比较大,起着蚀除金属的作用,所以又称之为加工回路。二极管 VD 用以阻止高压脉冲进入低压回路。所谓高低压复合脉冲,就是在每个工作脉冲电压(60~80V)波形上再叠加一个小能量的高压脉冲(300V 左右),使电极间隙先击穿引燃而后再放电加工,这大大提高了脉冲的击穿率和利用率,并使放电间隙变大、排屑良好、加工稳定,在钢打钢时显示出很大的优越性。

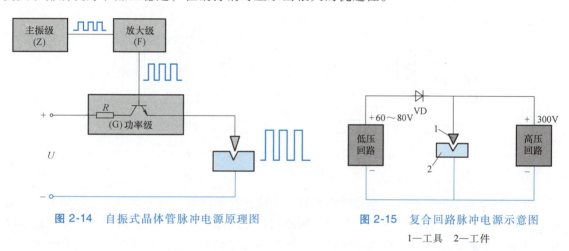

图 2-14 自振式晶体管脉冲电源原理图

图 2-15 复合回路脉冲电源示意图
1—工具 2—工件

近年来在生产实践中,在复合脉冲的形式方面,除了高压脉冲和低压脉冲同时触发加到放电间隙上之外(图 2-16a),还出现了两种高压脉冲比低压脉冲提前一段时间 Δt 触发,然后提前结束或同时结束的形式。如图 2-16b、c 所示,此提前时间 Δt 是 1~2μs。实践表明,图 2-16c 的效果最好。因为高压方波加到电极间隙上去之后,往往也需有一小段延时才能击穿,在高压击穿之前低压脉冲不起作用,而在精加工窄脉冲时,高压不提前,低压脉冲往往来不及起作用而成为空载脉冲,为此,应使高压脉冲提前触发,与低压脉冲同时结束。

2.4【高低压复合脉冲电源-高压同时触发提前结束模式】

2.5【高低压复合脉冲电源-高压提前触发结束】

2.6【高低压复合脉冲电源-高压提前触发同时结束】

2. 多回路脉冲电源

所谓多回路脉冲电源,即在加工电源的功率级并联分割出相互隔离绝缘的多个输出端,可以同时供给多个回路进行放电加工。这样可以不依靠增大单个脉冲的放电能量,即不使表面粗糙度值变大而提高生产率,这在大面积、多工具、多孔加工中很有必要,如电动机定、转子冲模加工,筛网等穿孔加工以及大型腔模加工中经常采用这种电源,如图 2-17 所示。

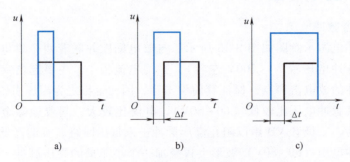

图 2-16　高低压复合脉冲的形式

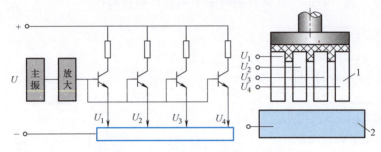

图 2-17　多回路脉冲电源和分割电极
1—工具　2—工件

多回路电源总的生产率并不与回路数目完全成正比地增加,因为多回路电源加工时,电极进给调节系统的工作状态变坏,当某一回路的放电间隙短路时,电极回升,全部回路都得停止工作。回路数越多,这种相互牵制、干扰的损失也越大,因此回路数必须选取得当,一般常采用 2~4 个回路。加工越稳定,回路数可取得越多。多回路脉冲电源中,同样还可以采用高低压复合脉冲回路。

3. 等电流脉冲电源

所谓等电流脉冲电源,是指每个脉冲在介质击穿后所释放的单个脉冲电流的能量相等。对于矩形波脉冲电流来说,由于每次放电过程的电流幅值基本相同,因而所谓等电流脉冲电源,也即意味着每个脉冲放电电流持续时间 t_e 相等。

前述的独立式、等频率脉冲电源,虽然电压脉冲宽度 t_i 和脉冲间隔 t_o 在加工过程中保持不变,但每次脉冲放电所释放的能量往往不相等。因为放电间隙的物理状态总是不断变化的,每个脉冲的击穿延时随机性很大,各不相同,结果是使实际放电的电流脉冲宽度发生变化,影响单个脉冲能量,每个脉冲形成的凹坑大小不等。等脉冲电源能自动保持电流脉冲宽度相等,用相同的脉冲能量进行加工,放电凹坑大小均匀,从而可以在保证一定表面粗糙度的情况下,进一步提高加工速度和节约电能。

通常获得等脉冲电流宽度的方法是:在间隙上加上直流电压后,利用火花击穿信号(击穿后电压突然降低)来控制脉冲电源中的一个单稳态电路,令它开始延时,并以此作为脉冲电流的起始时间。经单稳态电路延时 t_e 之后,发出信号,关断导通着的功放管,使它中断脉冲输出,切断火花通道,从而完成一次脉冲放电。与此同时,触发另一个单稳态电路，经过一定的延时（脉冲间隔 t_0）后，发出下一个信号，使功放管导通，并开始第二个脉冲周期。这样所获得的极间放电电压和电流波形如图 2-18 所示，每次的电流脉冲宽度 t_e 都相等，而电压脉冲宽度 t_i 不一定相等。

4. 高频分组脉冲和梳形波脉冲电源

高频分组脉冲和梳形波脉冲电源的波形如图 2-19 所示。这两种波形在一定程度上都具有高频脉冲加工表面粗糙度值小和低频脉冲加工速度高的双重优点，得到了普遍的重视。梳形

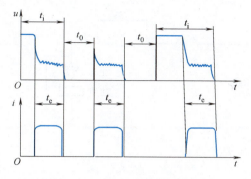

图 2-18 等脉冲电源的电压和电流波形

脉冲波与分组脉冲波的不同之处在于大脉宽期间电压不过零，始终加有一较低的正电压；其作用为当进行中、精规准负极性精加工时，使正极工具能吸附炭黑膜，从而达到更低的电极损耗。

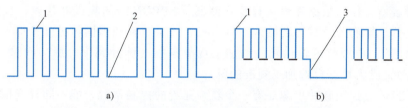

图 2-19 高频分组脉冲和梳形波脉冲电源波形
a）高频分组脉冲电源波形　b）梳形波脉冲电源波形
1—高频脉冲　2—分组间隙　3—低频低压脉冲

5. 节能型脉冲电源

在以上各种电火花加工的脉冲电源中，为了限定工作电流和防止偶尔短路，大功率开关管前都串联有限流电阻，电火花加工时，大部分电流流过此电阻时转变为热量而损失。电能利用率可简单计算如下：假如晶体管脉冲电源的工作电压为 100V，但在加工时工具和工件上的平均火花维持电压仅为 25V 左右，其余 75V 降落在限流电阻上，如图 2-20a 所示。由此可见，这一晶体管脉冲电源的电能利用率约为 25%，比 RC 电路电源的电能利用率（36%）更低。为了降温，电源柜中常用大量的冷却风扇，在能源紧缺的今天，采用节能型脉冲电源是非常必要的。

节能型脉冲电源的主回路原理如图 2-20b 所示，用电感 L 代替电阻 R 来限制电流。由于电感 L 对直流电流的阻抗很小，因此导线较粗，纯电阻很小，所以流过电流时发热很小。电感对交流和脉冲突变电流均有较大的阻抗，电感阻止电流流入，电流随时间按指数曲线增大。设计电源时，应控制开关管 VT 的导通时间 t_i，以保证电感 L 中的电流不超过额定电流。

在图 2-20b 中，在功率管 VT 导通，加上 100V 电压的瞬时，电感 L 限制电流很快增长，待达到一定的脉冲宽度 t_i 后，电流增大到设定的额定值时，功率管 VT 的控制极电位降低，使电流截止，图 2-20c 所示为电压、电流波形。在电流被切断的瞬间，电感中储存的电能如有合适的通道，将经过放电间隙反馈给电源（参见第三章的线切割加工用的节能型脉冲电源）。

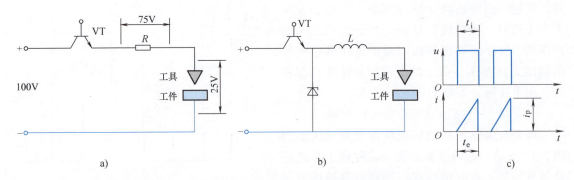

图 2-20 电火花加工晶体管脉冲电源的普通型和节能型主回路
a) 普通型　b) 节能型　c) 电压和电流波形

6. 自选加工规准电源和智能化、自适应控制电源

由于计算机、集成电路技术的发展，可以把不同材料，粗、中、精不同的电加工参数、规准做成曲线表格，作为数据库写入只读存储器（EPROM）的集成芯片内，成为脉冲电源的一个组成部分。操作人员只需要输入工具电极、工件材料和表面粗糙度等加工条件，通过软件内部"查表"，电源就可输出较佳的加工规准参数（脉冲宽度、脉冲间隙、峰值电流、电压、极性等），成为具有自选加工规准的脉冲电源。

智能化、自适应控制脉冲电源还有一个较为完善的控制系统，能不同程度地代替人工监控功能，即能根据某一给定目标（在保证一定表面粗糙度值的前提下提高生产率）来连续不断地检测放电加工状态，并与最佳模型（数学模型或经验模型）进行比较运算，然后按其计算结果控制进给速度等有关参数，以获得最佳的加工效果。这类脉冲电源实际上已是一个自适应控制系统，它的参数是随加工条件和极间状态而变化的。当工件和工具材料，粗、中、精加工规准，工作液的污染程度与排屑条件，加工深度及加工面积等条件变化时，自适应控制系统能自动地、连续不断地调节有关脉冲参数，如脉冲间隔和进给、抬刀参数等，以防止电弧放电，并达到生产率最高的最佳稳定放电状态，成为电火花加工的专家系统。

由此可知，自适应控制电源已超出一般脉冲电源的研究范围，实际上它已属于自动控制系统的研究领域。要实现脉冲电源的自适应控制，首要问题是极间放电状态的识别与检测；其次是建立电火花加工过程的预报模型，找出被控量与控制信号之间的关系，即建立所谓的评价函数；然后是根据系统的评价函数设计出控制环节。

第五节　电火花加工的自动进给调节系统

一、自动进给调节系统的作用、技术要求和分类

电火花加工与钻孔等切削加工不同，属于不接触加工。正常电火花穿孔加工时，纵向工具和工件间有一放电间隙 S，侧向有一放电间隙 S_0，S 主要影响加工速度，S_0 主要影响加工精度，如图 2-21 所示。S 过大，脉冲电压无法击穿间隙间的绝缘工作液，不会产生火花放电，必须使工具电极向下进给，直到间隙 S 等于或小于某一值（一般 $S = 0.1 \sim$

2.7【自动进给调节系统的作用】

0.01mm，与加工规准有关）时，才能击穿间隙和产生火花放电。在正常的电火花加工时，工件以 v_W 的速度不断被蚀除，间隙 S 将逐渐扩大，必须使工具电极以速度 v_d 补偿进给，以维持所需的放电间隙。理想情况下，希望动态地达到 $v_d = v_W$。如果进给速度 v_d 大于工件的蚀除速度 v_W，则间隙 S 将逐渐变小，当间隙过小时，或将引起短路时，必须减小进给速度 v_d。工具、工件间一旦短路（$S=0$），则必须使工具以较大的速度 v_d 反向快速回退，以消除短路状态。随后再重新向下进给，调节到所需的放电间隙。这是正常电火花加工所必须解决的问题。

由于火花放电间隙 S 很小，而且与加工规准、加工面积、工件蚀除速度和工作液等有关，因此很难靠人工进给，也不能像钻削那样采用机动、等速进给，而必须采用自动进给调节系统。这种不等速的自动进给调节系统也称为伺服进给系统。

自动进给调节系统的任务在于维持一定的平均放电间隙 S，保证电火花加工正常而稳定地进行，如前所述，原则上应使工具电极的进给速度 v_d 等于工件的蚀除速度 v_W，而同时又保持一个很小的、动态的、稳定的放电间隙 S，但难点是 S 和 v_W 并非常数。具体可用间隙蚀除特性曲线Ⅰ和进给调节特性曲线Ⅱ进行分析说明和研究。

在图 2-22 中，上部的横坐标为放电间隙 S 值或对应的放电间隙平均击穿电压 u_e，它与纵坐标的蚀除速度 v_W 有密切的关系。当间隙太大时，例如在图中 A 点及其右侧，$S \geq 60\mu m$ 时，极间介质不易被击穿，使火花放电率和蚀除速度等于零；只有在 A 点左侧，$S < 60\mu m$ 后，火花放电率和蚀除速度 v_W 才逐渐增大。当间隙 S 太小时，又因电蚀产物难于及时排出而使火花放电率降低、短路率提高，加工稳定性变差，蚀除速度 v_W 也将明显下降。当间隙短路，即 $S=0$ 时，火花放电率和蚀除速度 v_W 都为零。因此，必有一最佳放电间隙 S_B 对应

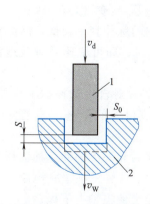

图 2-21 放电间隙、蚀除速度和进给速度
1—工具 2—工件

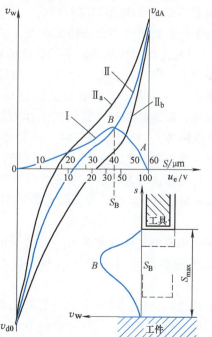

图 2-22 间隙蚀除特性与进给调节特性曲线
Ⅰ—间隙蚀除特性曲线 Ⅱ—进给调节特性曲线

2.8【间隙蚀除特性与进给调节特性曲线】

于具有最大蚀除速度的放电间隙大小的 B 点，图 2-22 中上凸的曲线 Ⅰ 即间隙蚀除特性曲线，中间蚀除速度最高，两边变低。图中右下角更直观地表示出工具与工件间的纵向放电间隙 B 和蓝色的间隙蚀除速度的特性曲线。

如果粗、精加工采用的规准不同，则图 2-22 中放电间隙 S 和蚀除速度 v_W 的对应值也不同。例如，采用精加工规准时，放电间隙 S 变小，最佳放电间隙 S_B 移向左边，最高点 B 移向左下方，曲线变低，将成为另外一条上凸的间隙蚀除特性曲线，但趋势是大体相同的（图 2-22 中并未画出，读者可自行绘制）。

自动进给调节系统的进给调节特性曲线是间隙大小或平均电压与进给频率的关系曲线，如图 2-22 中蓝色的倾斜曲线 Ⅱ 所示，右上的纵坐标 v_dA 为电极进给速度，左下为回退速度，横坐标仍为放电间隙 S 或对应的放电间隙平均电压 u_e。它在图中是一条自右上向左下倾斜的曲线，因为它是由电压-频率变换器所决定的。当间隙过大，如大于或等于 $60\mu\mathrm{m}$，为 A 点 100V 的开路电压时，工具电极将以较大的空载进给速度 v_dA 向工件进给。以后随着放电间隙的减小和火花放电率的提高，向下进给速度 v_d 也逐渐减小，直至为零。当间隙短路时，工具将反向以 v_d0 高速回退。理论上，希望进给调节特性曲线 Ⅱ 与间隙蚀除特性曲线 Ⅰ 相交于最高点 B 处。这要靠操作人员的丰富经验和精心调节才能实现，而且加工规准、加工面积等一旦变化，调节特性曲线 Ⅱ 和间隙蚀除特性曲线 Ⅰ 就有变化，又需要重新调节曲线 Ⅱ，使其与新的曲线 Ⅰ 交于最高点 B 处。只有自动寻优系统、自适应控制系统，才能自动使曲线 Ⅱ 与曲线 Ⅰ 相交于最高处的 B 点，处于加工速度最快的最佳放电状态。

实际上，通常电火花加工时，曲线 Ⅱ 很难与曲线 Ⅰ 相交于最高点 B 处，而是常交于 B 点之左或右，如图 2-22 中的黑色调节特性曲线 Ⅱ$_\mathrm{a}$ 或 Ⅱ$_\mathrm{b}$ 所示。但无论如何，整个调节系统将自动趋向于使工作点处于两条曲线的交点处，因为只有在此交点上，进给速度等于蚀除速度（$v_\mathrm{d}=v_\mathrm{W}$），才是稳定的工作点和稳定的放电间隙（在交点之右，进给速度大于蚀除速度，放电间隙将逐渐变小；反之，在交点之左时，间隙将逐渐变大）。在设计和使用自动进给调节系统时，根据粗、中、精加工规准和工件材料等的不同，应能较易地调节图 2-22 中 Ⅰ、Ⅱ 特性曲线的范围，使这两条特性曲线的工作点相交于最佳放电间隙 S_B 附近，以获得最高的加工速度（B 点附近）。此外，空载时（间隙在 A 点或更右边）应以较快的速度 v_dA 接近最高加工速度区（B 点附近），一般 $v_\mathrm{dA}=(5\sim15)v_\mathrm{dB}$，这可以用电压-频率（$V\text{-}f$）转换器来实现，使间隙平均电压高时发出较高频率的脉冲串，电压低时发出的脉冲频率较低；间隙短路时，则应以较快的速度 v_d0 回退，一般认为，当 v_d0 为 $100\mu\mathrm{m/s}$ 时，即可快速并有效地消除短路。

理解上述间隙蚀除特性曲线和调节特性曲线的概念及工作状态，对合理选择加工规准、正确操作电火花机床和设计自动进给调节系统都是很必要的，值得人们做进一步的深入研究。

以上对调节特性的分析，没有考虑进给系统在运动时的惯性滞后和外界的冲、抽油压力等各种干扰，因此只是静态的。实际上进给系统中电动机、工作台、工件的质量，电路中的电容、电感都有惯性滞后现象，往往会产生欠进给和过进给，甚至会使主轴上下振荡。

对自动进给调节系统的一般要求如下：

（1）有较广的速度调节跟踪范围　在电火花加工过程中，加工规准、加工面积等条件的变化，都会影响进给速度，调节系统应有较宽的调节范围，以适应加工的需要。

（2）有足够的灵敏度和快速性　放电加工的脉冲频率很高，放电间隙的状态瞬息万变，要求进给调节系统根据间隙状态的微弱信号相应地快速调节。为此，要求整个系统的不灵敏区、时间常数、可动部分的质量惯性要小，放大倍数应足够，过渡过程应短。

（3）有必要的稳定性　由于调节系统的电蚀速度一般不高，加工进给量也不必过大，一般每步 $1\mu m$，因此应有很好的低速性能，均匀、稳定地进给，避免低速爬行，超调量要小，传动刚度应高，传动链中不得有明显间隙，抗干扰能力要强。

此外，还要求自动进给装置体积小、结构简单可靠及维修操作方便等。

为简化设计，只要是放电间隙开路，可让工具电极以 $500\sim1000\mu m/s$ 的速度向下快速进给接近工件。一旦出现火花进入加工状态，应立刻降速至 $1\sim5\mu m/s$。一旦短路，则应立刻以 $10\sim100\mu m/s$ 的速度反向回退，重新进入开路或火花放电状态，尽量使大部分时间进给速度处于 $1000\mu m/s$ 左右的加工状态。

目前，电火花加工用的伺服进给，即自动进给调节系统的种类很多，按执行元件不同，大致可分为以下类型：

1）电-液压式（喷嘴-挡板式）：企业中仍有应用，但已停止生产。

2）步进电动机式：价廉、调速性能稍差，用于中、小型电火花机床及数控线切割机床。

3）宽调速力矩电动机式：价高、调速性能好，用于高性能电火花机床。

4）直流伺服电动机式：用于大多数电火花成形加工机床。

5）交流伺服电动机式：无电刷、力矩大、寿命长，用于中、高档的大、中型电火花成形加工机床。

6）直线电动机式：近年来才用于电火花加工机床，无需减速用的丝杠螺母副，由电动机直接带动主轴或工作台做直线运动，速度快、惯性小、伺服性能好，但价格高。

虽然它们的类型和构造不同，但都是由几个基本部分组成的。

二、自动进给调节系统的基本组成

电火花加工用的自动进给调节系统和其他任何一个完善的调节装置一样，也是由测量环节、比较环节、放大驱动环节、执行环节（伺服电动机）和调节对象（工具和工件间的放电间隙）等几个主要部分组成，图 2-23 所示为自动进给调节系统的基本组成框图。实际上，根据电火花加工机床的简、繁或不同的完善程度，基本组成部分可能略有增减。

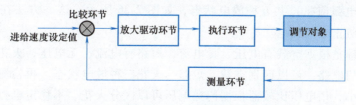

图 2-23　自动进给调节系统的基本组成框图

1. 测量环节

直接测量电极间隙的大小及其变化是很困难的，都是通过测量与放电间隙成比例关系的电参数（如电压）来间接反映放电间隙的大小。因为当间隙较大、开路时，间隙电压最大或接近脉冲电源的峰值电压；当间隙为零、短路时，间隙电压为 0，虽不成正比，但有一定的相关性。

常用的信号检测方法有两种：一种是平均值检测法，即测量平均间隙电压，如图 2-24a 所示。图中间隙电压经电阻 R_1 由电容 C 充电、滤波后，成为平均值，电位器 R_2 分压取其一部分，输出的 U 即为表征间隙平均电压的信号。图中充电时间常数 R_1C 应略小于放电时间常数 R_2C，即充得快、放得慢。图 2-24b 所示为带整流桥的检测电路，其优点是工具、工件的极性变换不会影响输出信号 U 的极性。

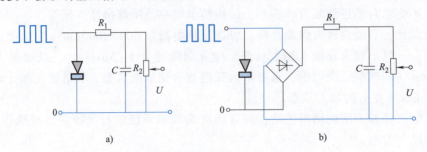

图 2-24　平均间隙电压检测电路

另一种是峰值检验法，即利用稳压管来测量脉冲电压的峰值信号，如图 2-25 中的稳压管 VS 选用 30~40V 的稳压值，它能阻止和滤除比其稳压值低的火花维持电压，只有当间隙上出现大于 40V 的空载峰值电压时，才能通过稳压管 VS 及二极管 VD 向电容 C 充电，滤波后经电阻 R 及电位器分压输出，突

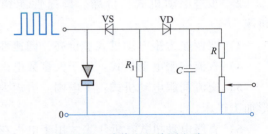

图 2-25　峰值电压检测电路

出了空载峰值电压的控制作用，常用于要求加工稳定、尽量降低短路率、宁可欠进给的场合。

对于 RC 弛张式脉冲电源，一般采用平均值检测法。对于晶体管等独立式脉冲电源，则采用峰值检测法，因为在晶体管电源脉冲间歇期间，两极间的电压总是为零，故平均电压很低，对极间距离变化的反应不如峰值电压灵敏。

更完善的方法是检测工具和工件间隙上的放电状态，并用门电路对放电状态进行判断和分类。通常放电状态有空载、火花、短路三种。更为完善的方法还应能检测、区分稳定电弧和不稳定电弧（电弧前兆）共五种放电状态，如图 2-26 所示。这一方法在间隙伺服控制的基础上可检测和防止电弧放电。

它的基本原理是根据空载有电压、无电流，短路有电流、无电压，火花有电压又有电流信号，利用逻辑门电路，可以区别空载、短路、火花三种放电状态。再检测火花放电时高频分量的大、中、小，用电压比较器根据门槛电压可以区分火花、不稳定电弧和稳定电弧，预防电弧放电烧伤工具和工件，可组成自适应控制和智能化控制系统。[一]

[一] 我国第一位电火花加工领域的博士研究生王蔚岷，于 1977 年在哈尔滨工业大学刘晋春教授指导下，设计、研制出商品化的，可分析、检测空载、火花、短路、不稳定电弧（电弧前兆）和稳定电弧五种放电状态的检测仪，以及电火花加工自适应控制系统，通过专家鉴定，这一技术为国内外首创，并获原航天工业部科技进步一等奖。

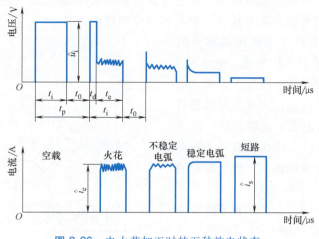

图 2-26　电火花加工时的五种放电状态

2. 比较环节

比较环节用以根据进给量或间隙平均电压的设定值（称作伺服参考电压）来调节进给速度，以适应粗、中、精不同的加工规准。它实质上是对从测量环节得来的信号和给定值的信号进行比较，再按此差值来控制加工过程。大多数比较环节包含或合并在测量环节之中。

3. 放大驱动环节

由测量环节获得的信号一般都很小，难以驱动执行元件，必须有一个放大环节，通常称其为放大器。为了获得足够大的驱动功率，放大器要有一定的放大倍数。然而，放大倍数过高也不好，否则会使系统产生过大的超调，即出现自激现象，使工具电极进进退退，加工不稳定。

常用的放大器主要是各类晶体管放大器件。以前液压主轴头的电液压放大器现在虽仍有应用，但已不再生产。

4. 执行环节

执行环节也称执行机构，常采用不同类型的交、直流或步进电动机等伺服电动机，它能根据控制信号的大小及时地调节工具电极的进给速度，以保持合适的放电间隙，保证电火花加工正常进行。由于它对自动调节系统有很大影响，故要求它的机电时间常数尽可能小，能够快速响应间隙状态的变化；机械传动间隙和摩擦力应小，以减小系统的不灵敏区；具有较宽的调速范围，以适应各种加工规准和工艺条件，一般要求每步进给量不大于 $1\mu m$。

2.9【液压主轴头自动进给调节系统工作原理】

5. 调节对象

工具电极和工件之间的放电间隙就是调节对象，应能控制放电间隙在 0.1~0.01mm。

三、电-液压式自动进给调节系统

在电-液压式自动进给调节系统中，液压缸、活塞是执行机构，事实上它们已和机床主轴连成一体。由于传动链短及液体的基本不可压缩性，因此传动链中无间隙、刚度大、不灵敏区小；又因为加工时进给速度很低，所以正、反向惯性很小，反应迅速，特别适合于电火花加工等的低速进给。该系统在 20 世纪 80 年代前得到了广泛的应用，但液压系统有体积大、易漏油等缺点，目前虽仍有应用，但已逐渐被各种电-机械式交直流伺服电动机所取代。但现在分析、了解该系统的调节过程，仍具有典型的理论意义。

图 2-27 所示为 DYT-2 型液压主轴头的喷嘴-挡板式调节系统的工作原理。电动机 4 驱动叶片液压泵 3 从油箱中压出压力油，由溢流阀 2 保持恒定压力 p_0，油液经过过滤器 6 后分为两路，一路进入下油腔，另一路经节流孔 7 进入上油腔。上油腔油液可从喷嘴 8 与挡板 12 的间隙中流回油箱，使上油腔的压力 p_1 随此间隙的大小而变化。

电-机械转换器 9 主要由动圈（控制线圈）10 与静圈（励磁线圈）11 等组成。动圈处于励磁线圈的磁路中，与挡板 12 连成一体。改变输入动圈的电流，可使挡板随其移动，从而改变挡板与喷嘴间的间隙。当动圈两端电压为零时，动圈不受电磁力的作用，挡板处于最高位置 Ⅰ，喷嘴与挡板间开口为最大，使油液流经喷嘴的流量为最大，上油腔的压力降也为最大，压力 p_1 下降到最小值。设 A_2、A_1 分别为上、下油腔的工作面积，G 为活塞等执行机构移动部分所受的重力，这时 $p_0A_1>G+p_1A_2$，活塞杆带动工具上升。当动圈电压为最大时，挡板下移处于最低位置 Ⅲ，喷嘴的出油口全部关闭，上、下油腔压力相等，使 $p_0A_1<G+p_1A_2$，活塞上的向下作用力大于向上作用力，使活塞杆下降。当挡板处于平衡位置 Ⅱ 时，$p_0A_1 = G+p_1A_2$，活塞处于静止状态。由此可见，主轴的移动是通过改变电-机械转换器中控制线圈电流的大小来实现的。控制线圈电流的大小则由加工间隙的电压或电流信号来控制，从而实现了进给的自动调节。

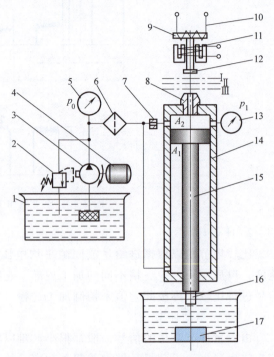

图 2-27　DYT-2 型液压主轴头的喷嘴-挡板式调节系统的工作原理图

1—油箱　2—溢流阀　3—叶片液压泵　4—电动机
5、13—压力表　6—过滤器　7—节流孔　8—喷嘴
9—电-机械转换器　10—动圈　11—静圈　12—挡板
14—液压缸　15—活塞　16—工具电极　17—工件

四、电-机械式自动进给调节系统

电-机械式自动进给调节系统在 20 世纪 60 年代采用普通直流伺服电动机，由于其机械减速机构刚度低、传动链长、惯性大，因而灵敏度低，在 20 世纪 70 年代被电-液自动进给调节系统所替代。20 世纪 80 年代以来，采用步进电动机和力矩电动机的电-机械式自动进给调节系统得到迅速发展。由于它们的低速性能好，可直接带动丝杠进退，因而传动链短、刚度和灵敏度高、体积小、结构简单，而且惯性小，有利于实现加工过程的自动控制和数字程序控制，所以在中、小型电火花机床中得到广泛应用。

图 2-28 所示为步进电动机自动进给调节系统的原理框图。图中，检测电路对放电间隙的电压信号进行检测并按比例衰减后，输出一个反应间隙大小的平均电压信号（短路时为

0~3V，火花放电时为 3~10V，开路时大于 10V）给变频电路和判别电路。变频电路为一电压-频率（V-f）转换器，它将放电间隙的平均电压信号放大并转换成 0~1000Hz 的不同频率脉冲串，送至进给与门 1 准备为环形分配器提供进给触发脉冲 $+\Delta P$。同时，多谐振荡器发出 2000 步（2kHz/s）左右的恒频率回退触发脉冲，送至回退与门 2，准备为环形分配器提供回退触发脉冲 $-\Delta P$。根据放电间隙平均电压的大小，这两种触发脉冲由判别电路通过双稳电路选择其一种送至环形分配器，决定是进给还是回退。当极间放电状态正常时，判别电路通过双稳电路打开进给与门 1；当极间放电状态异常（短路或形成了有害的电弧）时，则判别电路通过双稳电路打开回退与门 2，分别驱动环形分配器正向或反向的相序，使步进电动机正向或反向转动，使主轴进给或回退。图 2-28 中右边的环形分配器、功率放大器等用于控制步进电动机的硬件，现在已由软硬件结合的步进电动机驱动器和控制器所替代，在网上有现成产品可邮购。这一伺服进给系统适用于中小型电火花加工机床，其电路简单、价格低廉且工作可靠。

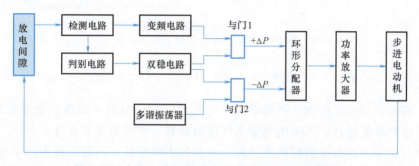

图 2-28 步进电动机自动进给调节系统的原理框图

近年来随着数控技术的发展，国内外的高档电火花加工机床均采用了高性能直流或交流伺服电动机，并采用直接拖动丝杠的传动方式，再配以光电码盘、光栅或磁尺等作为位置检测环节，从而大大提高了机床的进给精度、性能和自动化程度。

第六节 电火花加工机床

电火花加工是特种加工中比较成熟的工艺，在民用、国防生产部门和科学研究中已经获得广泛应用，它使用的机床设备比较定型，并有很多专业工厂从事其生产制造。电火花加工机床设备的类型较多，按工艺过程中工具与工件相对运动的特点和用途等来划分，大致可以分为六大类，其中应用最广、数量较多的是电火花穿孔成形加工机床和电火花线切割机床，总的电火花加工机床设备按工艺的分类见表 2-1。本章先介绍电火花穿孔成形加工机床，电火花线切割机床将在第三章介绍。

电火花穿孔成形加工机床主要由主机（包括自动进给调节系统的执行机构）、脉冲电源、自动进给调节系统、工作液循环及净化系统几部分组成。

1. 主机

主机主要包括主轴头、床身、立柱、工作台及工作液槽等部分，机床的整体布局可采用图 2-29 所示的结构，图 2-29a 所示为其组成部分，图 2-29b 所示为其外形。

床身和立柱是机床的主要结构件，要求有足够的刚度。床身工作台面与立柱导轨面间应满足一定的垂直度要求，还应有较好的精度保持性，这就要求导轨具有良好的耐磨性和充分消除材料内应力等。

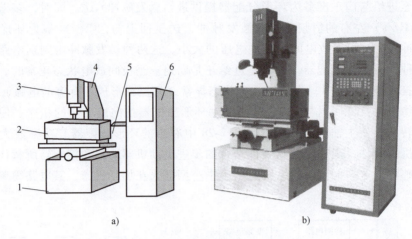

图 2-29　电火花穿孔成形加工机床

a) 组成部分　b) 外形

1—床身　2—工作液槽　3—主轴头　4—立柱　5—工作液箱　6—电源箱

做纵、横向移动的工作台一般都带有坐标装置，常见的情况是靠刻度手轮来调整位置。随着加工精度要求的提高，可采用光学坐标读数装置、磁尺数显装置等。

近年来，由于工艺水平的提高及微机、数控技术的发展，国外广泛生产了两坐标、三坐标数控伺服控制的，以及主轴和工作台回转运动并加三向伺服控制的五坐标数控电火花机床，有的机床还带有工具电极库，可以自动更换工具电极，称为电火花加工中心。数控电火花机床的坐标位移脉冲当量为 $1\mu m$。

2. 主轴头

主轴头是电火花成形机床中最关键的部件，是自动进给调节系统中的执行机构，对加工工艺指标的影响极大。通常对主轴头的要求是：结构简单、传动链短、传动间隙小、热变形小、具有足够的精度和刚度，以适应自动进给调节系统惯性小、灵敏度高、能承受一定负载的要求。主轴头主要由进给系统、上下移动导向和水平面内防扭机构、电极装夹及其调节环节组成。

2.10【直线电动机直接驱动主轴头】

电-液压式主轴头的结构特点：液压缸固定、活塞连同主轴上下移动（图 2-27）。由于液压系统易漏油而造成污染、液压泵有噪声、油箱占地面积大、液压进给难以实现数字化控制，因此，随着步进电动机、力矩电动机以及数控直流和交流伺服电动机的出现与技术进步，电火花加工机床中已越来越多地采用电-机械式主轴头。进给丝杠常由电动机直接带动，方形主轴头可采用矩形滚柱或滚针导轨。近十多年来，国外已采用直线电动机的进给、驱动系统，可以获得更快的运动速度[2]。现在大部分电火花加工机床的主轴进给已实现了数控、数显。

3. 工具电极夹具

工具电极的装夹及调节装置有多种形式，其作用是调节工具电极和工作台的垂直度误差以及调节工具电极在水平面内的微量扭转角。常用的有十字铰链式和球面铰链式等类型。

4. 工作液循环及净化系统

工作液循环及净化系统包括工作液（煤油）箱、电动机、泵、过滤装置、工作液槽、油杯、管道、阀门和测量仪表等。放电间隙中的电蚀产物除了靠自然扩散、定期抬刀以及工具电极附加振动等方法排除外，常采用强迫循环的方式加以排除，以免间隙中电蚀产物过多，引起已加工过的侧表面间二次放电而影响加工精度，此外也可带走一部分热量。图 2-30 所示为工作液强迫循环的两种方式。图 2-30a、b 所示为冲油式，这种方式较易实现，排屑、冲刷能力强，因而较常采用，但电蚀产物仍会通过已加工区而稍影响加工精度；图 2-30c、d 所示为抽油

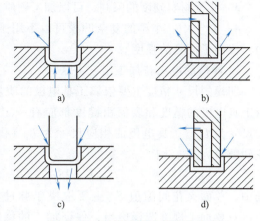

图 2-30　工作液强迫循环的方式
a)、b) 冲油式　c)、d) 抽油式

式，在加工过程中，分解出来的气体（H_2、C_2H_2 等）易积聚在抽油回路的死角处，遇电火花引燃会爆炸放炮，因此，一般用得较少，但在要求小间隙、精加工时也可使用。

为了不使工作液越用越脏而影响加工性能，必须对其加以净化、过滤，具体方法有：

（1）自然沉淀法　这种方法速度慢、周期长，只用于单件小用量或精微加工。

（2）介质过滤法　此方法常用黄砂、木屑、棉纱头、过滤纸、硅藻土、活性炭等作为过滤介质。这些介质各有优缺点，但对于中小型工件、加工用量不大的情况，一般都能满足过滤要求，可就地取材，因地制宜。其中以过滤纸效率较高、性能较好，已有专用纸过滤装置生产供应。

生产上应用的循环系统形式很多，常用的工作液循环及净化系统应既可以冲油，也可以抽油，目前国内已有多家专业工厂生产工作液循环及净化装置。

第七节　电火花穿孔成形加工

电火花穿孔成形加工是利用火花放电腐蚀金属的原理，用工具电极对工件进行复制加工的工艺方法，其应用范围可归纳为：

电火花穿孔成形加工 { 穿孔加工：冲模、粉末冶金、挤压模、型孔零件、小孔、小异形孔、深孔　浅花纹模（纪念章、标牌、模具侧壁刻字）
型腔加工：型腔模（锻模、压铸型、塑料模、胶木模等）、型腔零件

一、冲模的电火花加工

冲模是生产上应用较多的一种模具，由于形状复杂和尺寸精度要求高，因此其制造是生产中的关键技术之一。特别是凹模，应用一般的机械加工是困难的，在某些情况下甚至是不可能的，而靠钳工加工则劳动量大，质量不易保证，还常因淬火变形而报废，采用电火花加工或线切割加工能较好地解决这些问题。冲模采用电火花加工工艺比机械加工有以下优点：

1）可以在工件淬火后进行加工，避免了热处理变形的影响。

2）冲模的配合间隙均匀、刃口耐磨，提高了模具的质量。

3）不受材料硬度的限制，可以加工硬质合金等材料的冲模，扩大了模具材料的适用范围。

4）对于中、小型的复杂凹模可以不用镶拼结构，而采用整体式结构，简化了模具的结构，提高了模具的强度。

1. 冲模的电火花加工工艺方法

凹模的尺寸精度主要依靠工具电极的质量来保证，因此，对工具电极的精度和表面粗糙度都应有一定的要求。如凹模的尺寸为 L_2，工具电极的相应尺寸为 L_1（图 2-31），单面火花间隙值为 S_L，则

$$L_2 = L_1 + 2S_L \qquad (2-9)$$

其中，单面火花间隙值 S_L 主要取决于脉冲参数与机床的精度，只要加工规准选择恰当，保证加工的稳定性，S_L 的值是很小的。因此，如果工具电极的尺寸精确，则用它加工出的凹模也是比较精确的。

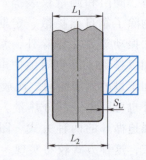

图 2-31 凹模的电火花加工

对于冲模，配合间隙是一个很重要的质量指标，它的大小与均匀性都直接影响冲件的质量及模具的寿命，在加工中必须予以保证。达到配合间隙要求的方法有很多种，电火花穿孔成形加工常用钢打钢和正打反用的直接配合法。

所谓钢打钢是指直接用钢凸模作为电极加工钢凹模。所谓正打反用是指加工时将凹模刃口端正面朝下形成向上的喇叭口，加工后将工件翻转过来，使喇叭口（此喇叭口有利于冲模落料）向下作为凹模，电极也翻转过来，并把损耗部分切除掉或用低熔点合金浇固在压力机主轴下作为凸模。

配合间隙靠调节电脉冲参数、控制火花放电间隙来保证。这样，电火花加工后的凹模就可以不经任何修正而直接与凸模配合。采用这种方法可以获得均匀的配合间隙，具有模具质量高、电极制造方便以及钳工工作量少等优点。

但钢打钢时工具电极和工件都是磁性材料，在直流分量的作用下易产生磁性，电蚀下来的金属屑被吸附在电极放电间隙的磁场中会形成不稳定的二次放电，使加工过程很不稳定。近年来，由于采用了具有附加 300V 高压击穿回路（高低压复合回路）的脉冲电源，使放电间隙扩大，上述情况有了很大改善。目前，电火花加工冲模时的单边间隙可达 0.02mm，精密模具可以达到 0.01mm，因此，对于一般冲模的加工，采用控制电极尺寸和火花间隙的方法，可以保证冲模配合间隙的要求，故直接配合法在生产中已得到广泛的应用。

由于线切割加工机床性能的不断提高和完善，可以很方便地加工出任何配合间隙的冲模，一次编程，可以加工出凹模、凸模、卸料板和固定板等，而且在有锥度切割功能的线切割机床上还可以切割出刃口斜度 β 和落料角 α。因此，近年来绝大多数凸、凹冲模都已采用电火花线切割加工。

2. 工具电极

（1）电极材料的选择　凸模材料一般选择优质高碳钢 T8A、T10A 或铬钢 Cr12、GCr15、硬质合金等。应注意凸、凹模不要选用同一种钢材牌号，否则电火花加工时更不易稳定。

（2）电极的设计　由于凹模的精度主要取决于工具电极的精度，因而对它有较为严格的要求，工具电极要求的尺寸精度和表面粗糙度要比凹模高一级，一般公差等级不低于 IT7 级，表面粗糙度值小于 $Ra1.25\mu m$，且直线度、平面度和平行度在 100mm 长度上不大

于0.01mm。

工具电极应有足够的长度。在加工硬质合金冲模时，由于电极损耗较大，工具电极还应适当加长。

工具电极的截面轮廓尺寸除考虑配合间隙外，还要比预定加工的型孔尺寸均匀地缩小一个加工时的火花放电间隙。

（3）电极的制造　制造冲模电极时，一般先经过普通机械加工，再进行成形磨削。一些不易磨削加工的材料，可在机械加工后由钳工精修。现在，直接用电火花线切割加工冲模电极的方法已获得广泛的应用，可用它多、快、好、省地制造工具电极。

3. 工件的准备

电火花加工前，工件（凹模）型孔部分要加工预孔，并留适当的电火花加工余量，余量的大小应能补偿电火花加工的定位、找正误差及机械加工误差。一般情况下，单边余量以0.3~1.5mm为宜，并力求均匀。对于形状复杂的型孔，余量要适当加大。

4. 电规准的选择及转换

所谓电规准是指电火花加工过程中的一组电参数，如电压、电流、脉冲宽度、脉冲间隔、极性等。电规准选择得正确与否，将直接影响模具加工的工艺指标。应根据工件的要求、电极和工件的材料、加工工艺指标和经济效果等因素来确定电规准，并在加工过程中及时地转换。

冲模加工中，常选择粗、中、精三种规准，每一种又可分为几档。对粗规准的要求是：生产率高（不低于50mm³/min），工具电极的损耗小。转换中规准之前的表面粗糙度值应小于$Ra10\mu m$，否则将增加中精加工的加工余量与加工时间；加工过程要稳定。所以粗规准主要采用较大的电流和较长的脉冲宽度（$t_i = 50 \sim 500\mu s$），采用铜电极时电极相对损耗应低于1%。

中规准用于过渡性加工，以减小精加工时的加工余量、提高加工速度。中规准采用的脉冲宽度一般为$t_i = 10 \sim 100\mu s$。

精规准用来最终保证模具所要求的配合间隙、表面粗糙度、刃口斜度等质量指标，并在此前提下尽可能地提高其生产率。故应采用小电流、高频率、短脉冲宽度（一般$t_i = 2 \sim 6\mu s$）。

粗规准和精规准的正确配合，可以适当地解决电火花加工时质量和生产率之间的矛盾。为了正确地选择粗、中、精加工规准，可利用后面的电火花加工工艺关系曲线图（图2-34~图2-37）。

二、型腔模的电火花加工

1. 型腔模电火花加工的工艺方法

型腔模包括锻模、压铸模、胶木膜、塑料模、挤压模等。它的加工比较困难，这是由于均为不通孔加工，工作液循环和电蚀产物排除条件差，工具电极损耗后无法靠主轴进给补偿精度，金属蚀除量大；其次是加工面积变化大，加工过程中电规准的变化范围也较大，并由于型腔复杂，电极损耗不均匀，对加工精度影响很大。因此，对于型腔模的电火花加工，既要求蚀除量大、加工速度高，又要求电极损耗低，并应保证所要求的精度和表面粗糙度。

型腔模电火花加工的工艺方法主要有单电极平动法、多电极更换法和分解电极法等。

（1）单电极平动法　单电极平动法在型腔模电火花加工中应用最为广泛。它是采用一个电极完成型腔的粗、中、精加工。首先采用低损耗（$\theta < 1\%$）、高生产率的粗规准进行加工；然后利用平动头各点做平面小圆运动，如图 2-32 所示，按照粗、中、精的顺序逐级改变电规准。与此同时，依次加大电极的平动量，以补偿前后两个加工规准之间型腔侧面放电间隙差和表面微观不平度差，实现型腔侧面仿形修光和侧面尺寸的修精，完成整个型腔模的加工。

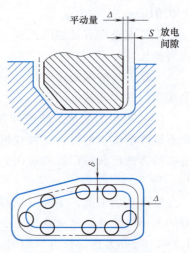

图 2-32　平动头扩大间隙原理图

单电极平动法的最大优点是只需要一个电极、一次装夹定位，便可达到 ±0.05mm 的加工精度，并方便了电蚀产物的排除。它的缺点是难以获得高精度的型腔模，特别是难以加工出清棱、清角的型腔。因为平动时，电极上的每一个点都按平动头的偏心半径做圆周运动，清角半径由偏心半径决定。此外，电极在粗加工中容易生成表面不平的龟裂状积炭层，影响了型腔表面粗糙度。为克服这一缺点，可采用精度较高的重复定位夹具，将粗加工后的电极取下，经均匀修光后，再重复定位装夹，用平动头完成型腔的终加工，从而消除上述缺陷。

采用数控电火花加工机床时，是通过工作台按一定轨迹做微量移动来修光侧面的。为区别于夹持在主轴头上的平动头的运动，通常将其称为"摇动"。由于摇动轨迹是靠数控系统产生的，因此具有更灵活多样的模式，除了小圆运动轨迹外，还有方形、十字形运动轨迹，更能适应复杂形状的侧面修光，尤其可以做到尖角处的清根，这是平动头所无法实现的。图 2-33a 所示为基本摇动模式[5]，图 2-33b 所示为工作台变半径圆形摇动模式。主轴上、下数控联动，可以修光或加工出锥面、球面。由此可见，数控电火花加工机床更适合于单电极法加工。

另外，可以利用数控功能加工出以往普通机床难以加工或不能加工的零件。例如，利用成形电极并切换成侧向（X、Y 向）伺服进给后，可在工件侧面打孔或刻文字图案，如图 2-33c 所示。

目前，我国生产的数控电火花机床有单轴数控、三轴数控、四轴数控和五轴数控等。单轴数控中，主轴 Z 向，即竖直方向可以设定加工深度。三轴数控中，主轴 Z 向，水平轴 X、Y 向有数控功能。如果 X、Y 数控轴不能联动、插补，则只能称为点位制数控系统，可以加工坐标孔、槽等，如图 2-33d 所示。如果 X、Y 轴可以在平面内联动、插补，则可以加工图 2-33e 中所示的曲面，图中在 XZ 平面内，走完某一曲线后，切换到 YZ 平面，再走一小段另一曲线，严格而言，它只能称为二轴半数控系统。如果 X、Y、Z 轴可以在空间做三轴联动、插补，则可以加工出图 2-33f 所示的三维空间曲线和曲面，它才是真正的三轴联动数控机床。四轴数控中，主轴能数控回转及分度，称为 C 轴加 Z、X、Y 轴。图 2-33g 所示为 C 轴转动、Z 轴向下联动加工斜齿轮。图 2-33h 所示为 C 轴分度和 Z 轴向下伺服进给加工分布在圆周上的多个窄槽。如果在工作台上加双轴数控回转台附件（绕 X 轴转动的称为 A 轴，绕 Y 轴转动的称为 B 轴），就称为六轴数控机床，可以加工涡轮机的整体带冠扭曲叶片。如果主轴只能做普通旋转，没有数控分度功能，则不能称为 C 轴而称为 R 轴，此类机床为五轴数控机床。近年来出现的用简单电极（如杆状电极）展成法加工复杂表面的技术，就是

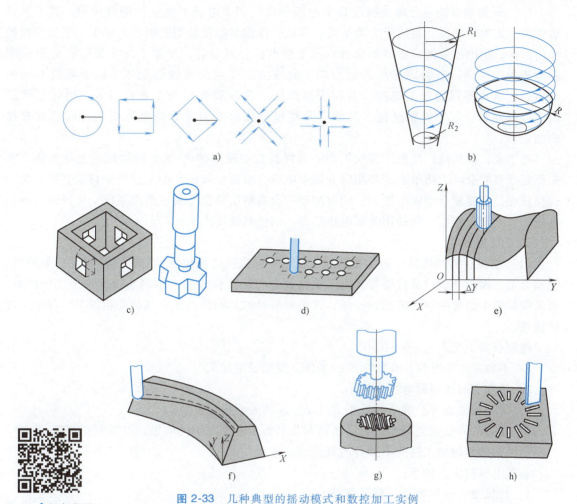

图 2-33 几种典型的摇动模式和数控加工实例
a) 基本摇动模式 b) 工作台变半径圆形摇动模式 c)~h) 数控联动加工实例
R_1—起始半径 R_2—终了半径 R—球面半径

2.11【电火花平动加工原理】

靠转动的电极工具（转动可以使电极损耗均匀和促进排屑）和工件间的数控运动及正确的编程来实现的，不必制造复杂的电极工具，就可以加工复杂的模具或零件，大大缩短了生产周期，展示出数控技术的柔性及适应能力，类似于数控铣床。与切削加工的数控铣削不同的是，除了要采用伺服进给外，由于电火花加工时工具电极损耗较大，因此往往在加工过程中，需要在线测量和补偿工具电极的损耗。关于电火花加工数控系统的进一步介绍，请见本书的教师版课件光盘。也可参考文献［5］第七章（开放式电火花加工系统）。数控系统中要使工具电极端面和工件的加工表面做相对运动必须采用数控插补技术[5]。

（2）多电极更换法 多电极更换法是采用多个电极依次更换加工同一个型腔，每个电极加工时必须将上一规准的放电痕迹去掉。一般用两个电极进行粗、精加工就可满足要求；当型腔模的精度和表面质量要求很高时，才采用三个或更多个电极进行加工，但要求多个电极的一致性好、制造精度高。另外，更换电极时要求定位装夹精度高，因此一般只用于精密型腔的加工，如收录机、电视机等机壳的模具，都是用多个电极加工出来的。

(3) 分解电极法　分解电极法是单电极平动法和多电极更换法的综合应用。其工艺灵活性强、仿形精度高，适用于尖角窄缝、深孔、深槽多的复杂型腔模具的加工。根据型腔的几何形状，把电极分解成主型腔电极和副型腔电极分别制造。先加工出主型腔，后用副型腔电极加工尖角、窄缝等部位的副型腔。此方法的优点是可以根据主、副型腔的不同加工条件，选择不同的加工规准，有利于提高加工速度和改善加工表面质量，同时还可以简化电极制造，便于修整电极。其缺点是更换电极时主型腔和副型腔电极之间要求有精确的定位。

近年来，国外已广泛采用像加工中心那样具有电极库的 3~5 坐标数控电火花机床，事先把复杂型腔分解为简单表面和相应的简单电极，编制好程序，加工过程中自动更换电极和转换规准，实现复杂型腔的加工。同时配合一套高精度辅助工具、夹具系统，可以大大提高电极的装夹定位精度，使采用分解电极法加工的模具精度大为提高。

2. 工具电极

(1) 电极材料的选择　为了提高加工精度，首先应选择耐蚀性好的电极材料，如纯铜、铜钨合金、银钨合金以及石墨等。由于铜钨合金和银钨合金的成本高、机械加工比较困难，故采用得较少，常用的是纯铜和石墨，这两种材料的共同特点是在宽脉冲粗加工时都能实现低损耗。

纯铜有以下优点：
1) 不容易产生电弧，在较困难的条件下也能稳定加工。
2) 精加工时比石墨电极损耗小。
3) 采用精微加工，能达到低于 $Ra1.25\mu m$ 的表面粗糙度值。
4) 用过的和废铜电极经锻造后还可制作其他型腔加工用的电极，材料利用率高。
但纯铜的机械加工性能不如石墨好。

石墨电极的优点如下：
1) 机械加工成形容易，容易修整。
2) 电火花加工的性能也很好，在宽脉冲、大电流情况下具有更小的电极损耗。

石墨电极的缺点是容易产生电弧烧伤现象，因此在加工时应配合使用短路快速切断装置；精加工时电极损耗较大，表面粗糙度值只能达到 $Ra2.5\mu m$。对石墨电极材料的要求是颗粒小、组织细密、强度高和导电性好，最好采用三向（不是上、下两个方向，而是 X、Y、Z 三个方向）等静压压制的各向同性石墨。

(2) 电极的设计　加工型腔模时的工具电极尺寸，不仅与模具的大小、形状、复杂程度有关，而且与电极材料、加工电流、深度、余量及间隙等因素有关。当采用平动法进行加工时，还应考虑所选用的平动量。具体设计可参考有关专业书籍。

(3) 排气孔和冲油孔设计　型腔加工一般均为不通孔加工，排气、排屑状况将直接影响加工速度、稳定性和表面质量。一般情况下，在不易排屑的拐角、窄缝处应开有冲油孔；而在蚀除面积较大以及电极端部有凹入的部位应开排气孔。冲油孔和排气孔的直径一般为 1~2mm。若孔过大，则加工后残留的凸起太大，不易清除。孔的数目应以不产生蚀除物堆积为宜。孔距为 20~40mm，孔要适当错开。

3. 工作液强迫循环的应用

型腔加工是不通孔加工，电蚀产物（包括小气泡）的排除比较困难，电火花加工时产生的大量气体如果不能及时排除，积累起来就会产生放炮现象。采用排气孔，使电蚀产物及气体从孔中排出，当型腔较浅时尚可满足工艺要求，但当型腔小且较深时，只靠电极上的排气孔，不足以使电蚀产物、气体及时排出，往往需要采用强迫冲油的方法，这时电极上应开有冲油孔。

采用的冲油压力一般为 20kPa 左右，可随深度的增大而有所增大。冲油对电极损耗有影响，随着冲油压力的增大，电极损耗也在增加。这是因为冲油压力增大后，对电极表面的冲刷力也随之增大，使得电蚀产物不易反粘到电极表面以补偿其损耗。同时，由于游离碳浓度随冲油而降低，因而影响了炭黑膜的生成，且流场不均匀，电极局部冲刷和反粘及炭黑膜厚度不同，严重影响了加工精度。因此，冲油压力和流速不宜过高。

电极的损耗又将影响到型腔模的加工精度，故对于要求很高的锻模（如精锻齿轮的锻模）往往不采用冲油而采用定时抬刀的方法来排除电蚀产物，以保证加工精度，但生产率会有所降低。

4. 电规准的选择、转换，平动量的分配

在粗加工时，要求生产率高和电极损耗小，这时应优先考虑采用较宽的脉冲宽度（如在 400μs 以上），然后选择合适的脉冲峰值电流，并应注意加工面积和加工电流之间的配合关系。通常，石墨电极加工钢时，最高电流密度为 $3\sim5A/cm^2$，纯铜电极加工钢时可稍大一些。

中规准与粗规准之间并没有明显的界限，应按具体加工对象划分。一般选用电压脉冲宽度 t_i 为 $20\sim400\mu s$、脉冲峰值电流 $\hat{i}_e$ 为 $10\sim25A$ 的条件进行中加工。

精加工窄脉宽时，电极相对损耗较大，一般为 10%～20%，但加工余量很小，一般单边不超过 0.1～0.2mm。表面粗糙度值应小于 $Ra2.5\mu m$，一般都选用窄脉宽（$t_i=2\sim20\mu s$）、小脉冲峰值电流（$\hat{i}_e<10A$）的条件进行加工。

没有平动功能精加工型腔模时，应增加自动抬刀次数。

加工规准转换的档数，应根据所加工型腔的精度、形状复杂程度和尺寸大小等具体条件确定。每次规准转换后的进给深度，应等于或稍大于上档规准形成的表面粗糙度值 R_{max} 的一半，或当加工表面刚好达到本档规准对应的表面粗糙度时，就应及时转换规准，这样既能达到修光的目的，又可使各档的金属蚀除量最少，从而得到尽可能高的加工速度和低电极损耗。

平动量的分配是应用单电极平动法时的一个关键问题，主要取决于被加工表面由粗变细的修光量，此外还和电极损耗、平动头原始偏心量和精度、主轴进给运动的精度等有关。一般来说，中规准加工平动量为总平动量的 75%～80%，中规准加工后，型腔基本成形，只留很少的余量用于精规准修光。原则上每次平动或摇动的扩大量，应等于或稍小于上次加工后遗留下来的最大表面粗糙度 R_{max}（μm），但至少应修去上次留下的 R_{max}（μm）的 $\frac{1}{2}$。本次平动（摇动）修光后，又残留下一个新的 R_{max}，有待于下次平动（摇动）修去其 $\frac{1}{3}\sim\frac{1}{2}$。具体电规准、参数的选择，可参见下文中的电火花加工工艺参数关系曲线图（图 2-34～图 2-37）。

5. 电火花加工工艺参数关系曲线图（图 2-34～图 2-37）⊖

不管是电火花穿孔或型腔加工，都可应用电火花加工工艺参数关系曲线图来正确选择各

⊖ 模具加工厂或专业电火花加工厂可以按此原理建立自己的电火花加工工艺参数关系曲线图表。

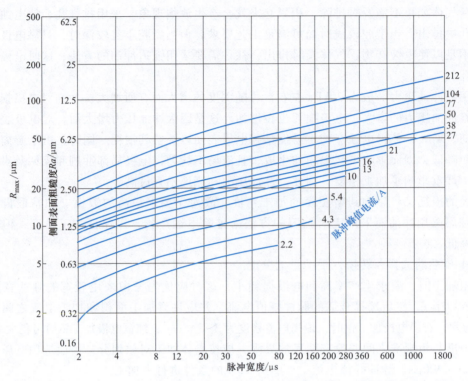

图 2-34 铜"+"、钢"-"时侧面表面粗糙度与脉冲宽度和脉冲峰值电流的关系曲线

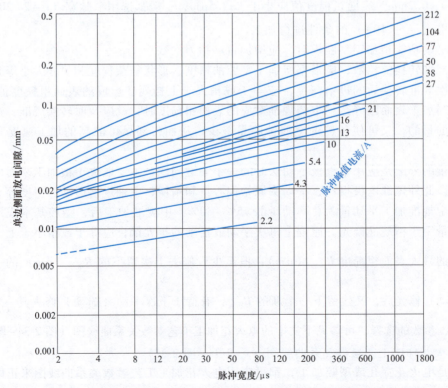

图 2-35 铜"+"、钢"-"时单边侧面放电间隙与脉冲宽度和脉冲峰值电流的关系曲线

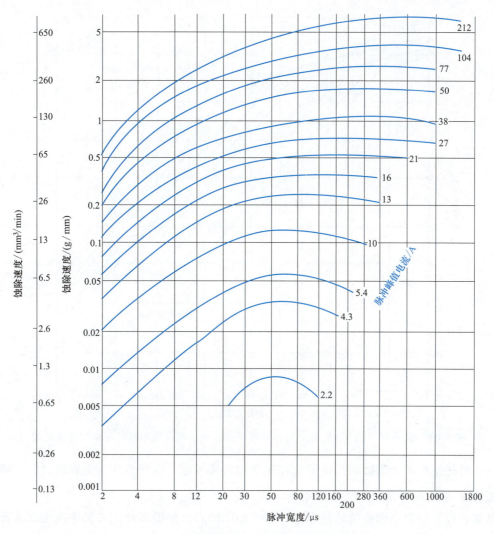

图 2-36 铜"+"、钢"-"时工件蚀除速度与脉冲宽度和脉冲峰值电流的关系曲线

档的加工规准。因为穿孔和型腔加工的主要工艺指标均为表面粗糙度、精度（侧面放电间隙）、生产率（蚀除速度）和电极相对损耗，其主要脉冲参数均为极性、脉冲宽度、脉冲间隔、峰值电流、峰值电压。对加工过程起重大影响的主要因素还有电极工具和工件材料、冲抽油、抬刀、平动等的情况。虽然它们相互影响，关系错综复杂，但还是有很强的内在规律。

图 2-34～图 2-37 所示曲线图的用途是指导正确选择电火花加工规准，使其有章可循，这些曲线图是人们事先根据电极工具和工件材料、加工极性、脉冲宽度、峰值电流等主要参数对电极相对损耗、表面粗糙度、蚀除速度和放电间隙等的影响，通过大量实验绘出的。可按这些曲线图来选择电火花穿孔和型腔加工的规准。对于用石墨电极加工钢，同样也有类似的曲线图可供选择参考，详见参考文献 [1,8]。

选择电规准的顺序应根据主要矛盾来决定。例如在粗加工型腔模具时，电极相对损耗必须低于 1%，应按图 2-37，根据要求的电极相对损耗来选择粗加工时的脉冲宽度 t_i 和峰值电

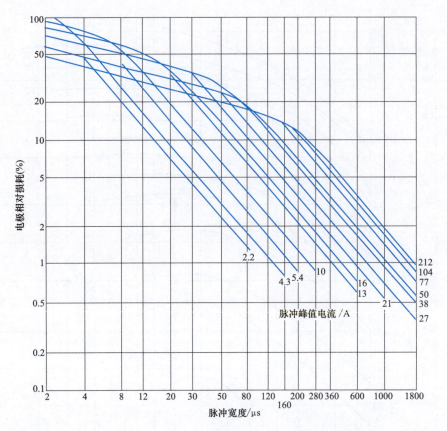

图 2-37 铜"+"、钢"-"时电极相对损耗与脉冲宽度和脉冲峰值电流的关系曲线

流 $\hat{i}_e$,这时把生产率、表面粗糙度等放在次要地位来考虑。而在精加工型腔模具时,则应按表面粗糙度(图 2-34 所示曲线)来选择 t_i 及 $\hat{i}_e$。

又如,加工精密小模数齿轮冲模时,除了侧面的表面粗糙度外,主要还应考虑选择合适的放电间隙,以保证所规定的冲模配合间隙,这样就需根据图 2-34 和图 2-35 来选择 t_i 与 $\hat{i}_e$。

如果是加工预孔或是进行去除断丝锥等精度要求不高的加工,则可按图 2-36 选取最高生产率的脉冲参数 t_i 及 $\hat{i}_e$。

脉冲间隔时间 t_0 的选择,在上述图中没有反映。因其比较简单,只要粗加工、长脉宽时取脉冲宽度的 1/10~1/5,精加工时取脉冲宽度的 2~5 倍即可。脉冲间隔大时,生产率低;但若脉冲间隔过小,则加工不稳定,易拉弧。

加工面积小时不宜选择过大的峰值电流,否则放电集中,易拉弧。一般以小面积时保持 3~5A/cm², 大面积时保持 1~3A/cm² 的视在电流密度为宜。因此,在粗加工刚开始时,实际加工面积可能很小,此时应暂时减小峰值电流或加大脉冲间隔。

三、小孔的电火花加工

小孔加工也是电火花穿孔成形加工的一种极为广泛而重要的应用,如发动机中的喷油孔,化纤喷丝板上成百上千的小孔,气动、液压元件上的小孔、小深孔等。小孔加工的特点：①加工面积小、深度大，直径一般为 0.05~2mm，深径比达 20 以上；②小孔加工如为不通孔加工，则排屑极为困难，因此电极损耗大。

为了改善小孔加工时的排屑条件，使加工过程稳定，常采用电磁振动头，使工具电极沿轴向振动，或采用超声波振动头，使工具电极端面在轴向高频振动，进行电火花超声波复合加工，可以大大提高生产率。如果加工时使工具电极高速转动，则既可提高生产率，又可提高孔的圆度。如果所加工的小孔直径较大，可采用空心电极（如空心不锈钢管或铜管），则可以用较高的压力强迫冲油，加工速度将会显著提高。

值得注意的是，柴油、汽油发动机上的喷嘴小孔，量大面广，直径范围为 0.02~0.06mm，对圆度和一致性的要求极高。近十多年来，欧美汽车排放标准中又提出希望加工出倒锥小孔，即喷嘴小孔的出口处孔径较小，而内部孔径较大，以使雾化的效果更好、燃烧更充分、排放标准更高。清华大学李勇教授于 2009 年前后利用工具电极"扫膛"原理，加工出内大、口小的倒锥小孔，并已实现商品化。

四、小深孔的高速电火花加工

小深孔高速电火花加工工艺是近十多年来新发展起来的，特别是用作线切割加工的穿丝孔，图 2-38 所示为其原理示意图。它的工作原理主要有三点：一是采用中空的管电极；二是在管中通入高压工作液，冲走电蚀产物；三是加工时电极做回转运动，以加速排屑，并可使端面损耗均匀，不致因受高压、高速工作液的反作用力而偏斜，流动的高压工作液在小孔孔壁处按螺旋线轨迹流出孔外，像静压轴承那样，使工具电极管悬浮在孔心处，不易产生短路，可加工出直线度和圆柱度很高的小深孔。

用一般空心管电极加工小孔时，容易在工件上留下毛刺料芯，阻碍了工作液的高速流通，且过长过细时会歪斜，以致引起短路。为此，小深孔高速电火花加工时采用专业厂特殊冷拔的双孔管电极，其截面上有两个半月形的孔（或类似的多孔铜管），如图 2-38 中的 A—A 放大图所示，这样加工中电极转动时，工件孔中不会留下毛刺料芯。

加工时工具电极做轴向进给运动，管电极中通入 1~5MPa 的高压工作液（自来水、去离子水、蒸馏水、乳化液或煤油），如图 2-38 所示。由于高压工作液能迅速将电蚀产物排除，且能强化火花放电的蚀除作用，因此，这一加工方法的最大特点是加工速度高，一般可达 20~60mm/min，比普通钻削小孔的速度还要快。这种方法最适合加工直径为 0.3~3mm 的小孔，且深径比可超过 300。工具电极可订购冷拔的单孔或多孔的黄铜或纯铜管。

我国加工出的样品中有一例是直径为 1mm、深度达 1m 的深孔零件，且孔的尺寸精度和圆柱度均很好。采用这种方法还可以在斜面和曲面上打孔。图 2-39 所示为 D703 型小深孔高速电火

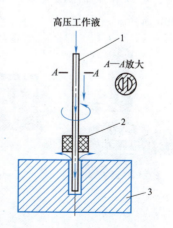

图 2-38 小深孔高速电火花加工原理示意图
1—管电极 2—导向器 3—工件

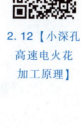

2.12【小深孔高速电火花加工原理】

花加工机床的外形,这类机床现已被用于加工线切割零件的预穿丝孔、喷嘴,以及耐热合金等难加工材料的小、深、斜孔,并且其应用领域会日益扩大。

五、异形小孔的电火花加工

电火花加工不但能加工圆形小孔,还能加工多种异形小孔。

加工微细而又复杂的异形小孔时,加工过程与圆形小孔的加工类似,但电极不能转动,因此加工速度低,此外,关键是异形电极的制造,其次是异形电极的装夹、找正。

异形小孔电极主要有以下几种制造方法:

(1) 冷拔整体电极法 采用电火花线切割加工工艺并配合钳工修磨制成异形电极的硬质合金拉丝模,然后用该模具拉制成 Y 形、十字形等异形截面的电极。这种方法效率高,适用于较大批量生产。

2.13 【小深孔高速电火花加工样件】

图 2-39 D703 型小深孔高速电火花加工机床的外形

(2) 电火花线切割加工整体电极法 利用精密电火花线切割加工制成整体异形电极。这种方法的制造周期短,精度和刚度较好,适用于单件、小批量试制。

(3) 电火花反拷加工整体电极法 采用这种方法制造的电极,定位装夹方便且误差小,但生产率较低。

苏州电加工机床研究所创新性地用"以不变应万变"的思维方法研制出商品化的异形小孔专用电火花加工机床,图 2-40a 所示为其外形。此机床可用钟表游丝作为扁电极,通过点位制数控系统,可以组合加工出化学纤维喷丝板上的 Y 形、十字形、米字形等各种小异形孔,如图 2-40b 所示。

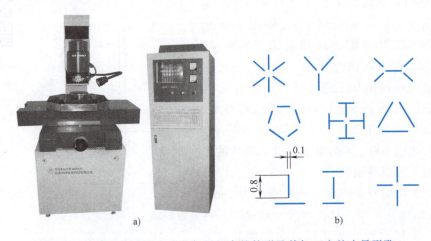

图 2-40 异形小孔专用电火花加工机床的外形及其加工出的小异形孔

六、多轴联动电火花加工

在多轴联动加工技术方面，国外对我国限制得非常严，许多先进机床都不在我国展出。例如，在欧洲机床展会上，日本某公司展出的数控系统是八个轴，可联动的轴数是七个，而在我国展会上展出的数控系统最多可联动的轴数是五个。多轴数控与联动有两大优点：一是能大大提高加工能力，通过多轴联动可解决复杂型腔的曲面加工问题，在联动加工的同时，能够很好地解决排屑问题，从而实现稳定加工；二是可以"让位"，防止干涉，使电极获得更大的自由度。由于工件形状复杂，电极在运动过程中很容易出现干涉，例如航空等动力行业里整体涡轮叶轮的加工，叶轮多为封闭曲面结构，且曲率变化很大，机械加工根本无法实现，电火花加工也非常困难。再如，涡轮盘叶片的加工方式有机械、电解、电火花等几种，据资料报道，机械加工一个涡轮盘大约需要使用500把刀，一把刀的价格约为2000元，仅换刀和辅助工作就要花费很多时间。电火花加工是非接触式加工，其优势很明显。过去人们认为电火花加工有放电间隙，会影响加工精度。但现在人们已达成共识，放电间隙是可控、可计算的一个恒定值，电火花加工精度可达到 $1\mu m$，可见，在加工这种复杂形状的零件时，电火花加工具有相当大的优势。目前多轴联动多在航空航天领域中应用，由于成本太高，民用领域更无法接受。这就要求不断创新，降低成本。近年来，上海交通大学在五轴以上数控电火花加工整体涡轮盘和南京航空航天大学在多轴数控电解加工整体涡轮盘扭曲叶片技术上取得了创新性的进展，相信在民用领域也将逐步获得更多的应用。

2.14【数控电火花加工中心】

第八节　短电弧加工

短电弧加工技术又称为短电弧切削加工技术，是近二十多年来在我国新疆逐步发展起来的一种电加工新技术，在大型轧辊、水泥磨辊、立磨辊、渣浆泵叶轮等的修理，以及预加工再制造行业中逐渐获得广泛应用。

短电弧是一种介于电火花和电弧之间的放电状态，其脉冲宽度为毫秒级，峰值电流较大（100~5000A），每次放电都是电火花和短电弧混合放电。它与电火花加工中有害的稳定电弧不同，与电弧焊中的连续电弧也不同。稳定电弧由于放电点不转移，常会烧伤工具和工件表面，无法用于生产。连续电弧只能用于熔化金属，在表面堆焊或切割下料。短电弧加工时，即使使用纯直流电源，也因为工具与工件有较大的相对运动，而能把电弧拉断，不致烧伤工具和工件表面。短电弧加工时，因排屑、冷却效果良好，单个脉冲能量很大，虽然加工精度较低、表面粗糙度值较大，但具有很高的加工生产率（金属去除率）。

一、短电弧加工的特点和使用范围

短电弧加工是指在具有一定气、液比例且带压力的混合物工作介质的作用下，利用两个有相对高速运动电极之间产生的受激发短电弧放电群组或混合有火花放电的放电群组，来蚀除金属或非金属导电材料的一种电加工方法，是一种新型的强焰流、电子流、离子流、弧流混合放电加工方法，也属于特种加工行业的电加工技术范畴。

短电弧加工和电火花加工相比，既有相同之处，也有不同的地方。相同之处是均为脉冲性放电；都是在电场作用下，局部、瞬时使金属熔化和气化而被蚀除。不同之处是短电弧的脉冲宽度、脉冲电流、单个脉冲能量和平均能量都比电火花要大得多，因此具有很高的材料去除率，但难以获得较高的加工精度和表面质量，以及较小的表面粗糙度值。

1. 短电弧加工的主要特点

1）加工生产率很高，但加工精度和表面质量较差。短电弧加工中，每分钟金属去除量可达 900~1500g，换算成钢体积蚀除量可达 112~187cm^3/min，为电火花加工的最大蚀除速度 5g/min 的 180~300 倍。但加工精度低于 IT8~IT12，表面粗糙度值大于 Rz200~500μm，表面热影响层厚度大于 60~1000μm。

2）工具电极和工件间必须有较大的相对运动。相对运动的目的是拉断电弧，使之成为短电弧放电，不致使放电点集中而烧伤工具电极和工件，同时加速电蚀产物的排除和冷却加工表面。一般圆片、圆盘形工具电极因直径、质量小，可用较高的转速，线速度 $v \geq 10$m/s；工件因直径、质量大，只能低速转动或移动，线速度 $v=0~1.6$m/s。工具电极和工件应保证相对运动速度 $v \geq 2$m/s。

3）加工时，工具电极和工件间必须浇注一定压力的气液混合工作介质。因为短电弧加工时平均电流很大，为 1000~5000A 甚至更高，故必须采用有一定压力的风冷加水冷，来带走热量和切断短电弧放电。

2. 短电弧加工技术的主要应用范围

短电弧加工技术主要用于以高生产率加工各类水泥磨辊、立磨辊、渣浆泵叶轮、大型冷轧工作辊、高速线材辊及其他大型工件上的高强度、高硬度的难加工金属材料，如电焊、等离子堆焊后的表面金属材料。例如，在对水泥磨辊、煤磨辊及其他各种钢轧辊的表面进行修复（磨辊和轧辊表面磨损后，一般都用碳弧气刨清理表面缺陷层，再用堆焊的方法对凹坑和尺寸不足的地方进行修补）后，修补表面工作层的硬度高达 59~62HRC，用传统的车削、铣削很难加工，磨削则生产率太低，而短电弧加工可以高效率地对此类大型磨辊、轧辊外圆表面进行修复、再制造加工。现在，已有专用机床用于大深度（2~3cm）切制航空工业中的难加工材料。

二、短电弧加工的基本工艺参数

（1）极性　实践表明，工件应接电源正极，称为正极性加工。否则，生产率将降低且工具相对损耗会增加。

（2）工作电压　短电弧加工的工作电压一般为 6~60V。当 $U \leq 12$V 时，为弱短电弧和电火花放电的混合状态，用于小面积、低规准的加工；当 12V<$U \leq 60$V 时，主要是强短电弧放电加工状态，用于大面积、高去除率的加工。

（3）工作电流　工作电流一般为 1000~5000A，低规准和小面积时为 100~1000A。

（4）工具电极与工件间的相对运动速度　为拉断电弧而不至于形成长电弧或连续电弧，以及使电蚀产物排屑良好，工具电极与工件之间的相对移动速度最好达到 $v \geq 10$m/s。如果工具电极和工件间的相对移动速度过低或为 0，则除非加强水、气混合介质的冲刷作用，否则会因放电点不转移而烧伤工具、工件表面，且两极间熔化了的金属会发生热粘连而使加工无法进行。

（5）工具相对损耗　在正常短电弧加工情况下，工具电极的相对损耗为 1%~10%。

(6) 加工波形及火花颜色　加工时的电压和电流波形是瞬息万变的，而且是脉冲宽度较短的电火花放电波形和脉冲宽度较长的短电弧放电波形无序、随机地混合在一起。此外，放电加工时没有 25V 左右的火花维持电压，但可能有多个通道同时放电。其原因是短电弧加工与用晶体管脉冲电源电火花加工不同，后者的放电回路中有限流电阻，故放电间隙击穿后，60V 以上的空载电压下降为 25V 左右的火花维持电压，很难再击穿第二点同时放电，因此放电间隙内只有一个放电通道。而短电弧加工的放电回路内没有限流电阻，不会引起压降，可能存在多个放电点同时放电，这也是短电弧加工比电火花加工效率高的原因之一。

短电弧加工的火花颜色一般以像电火花加工那样呈橘红色或橘黄色为好，如果喷射出的火花呈电焊时的亮白色或蓝白色，则表示局部、瞬时温度过高，易于烧伤工具、工件表面，不利于加工。

(7) 工作介质　一般使用具有一定压力和比例的液体和气体的混合物作为工作介质。为了防锈和防腐（防止变质发臭），在水中加入 5% 的乳化油和 5% 的硼砂溶液。在小面积和不希望水污染的情况下，短电弧加工也可以采用干式加工，用压缩空气或其他压力气体（如氮气、氩气、氦气、二氧化碳气体以及混合气体等，可根据工作需要确定压力气体）强力吹刷加工间隙，排除电蚀产物而保证其不会粘结在加工表面上。

三、短电弧加工机床

短电弧加工机床是国内外一种新型的、具有独特功能的高效大电流加工机床，能够对硬度大于 45HRC 的导电难加工材料进行高效去除加工，单边切削此类材料时的切削深度可达 15mm 以上，金属去除量可达 900g/min 以上，被加工工件表面的影响层厚度为 0.05~1mm（马氏体组织），其母材化学成分不变，加工噪声低于 80dB(A)，工件的表面粗糙度值可达 $Ra100 \sim 25 \mu m$，公差等级可达 IT12。短电弧加工机床主要由短电弧加工用电源、阴极工具电极、常以高速转动的金属圆片或圆盘装置、水气混合装置、机床主体等部分组成，其结构如图 2-41 所示。此类机床有专用短电弧加工机床、改装短电弧加工机床和衍生品短电弧加工机床三个系列。

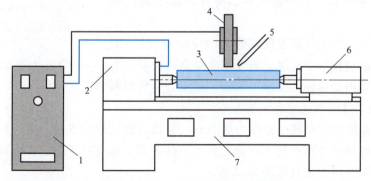

图 2-41　短电弧加工机床结构简图

1—电源　2—阳极装置　3—工件　4—工具电极　5—工作介质　6—尾座　7—机床主体

随着数控技术的发展，数控技术也被逐步应用到短电弧加工机床中，使其参数控制更为准确，操作更加方便、灵活。数控短电弧加工机床结构如图 2-42 所示。

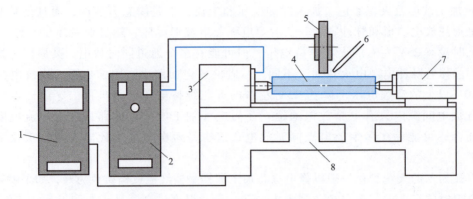

图 2-42 数控短电弧加工机床结构简图

1—机床控制柜 2—电源 3—阳极装置 4—工件 5—工具电极 6—工具介质 7—尾座 8—机床主体

1. 短电弧加工用电源

短电弧加工用电源是短电弧加工机床的核心部件。它可以是直流电源，也可以是脉冲电源。由于功率较大，常使用全波整流直流电源，而不采用矩形波等脉冲电源。在短电弧加工用直流电源的主电路中，三相交流电经变压器变压降至 6~60V 或 12~48V 等可调低电压，然后用引弧电抗器和六个大功率二极管桥式整流成每秒 100 次的波脉动直流电源，再加入电压表、电流表、指示灯等辅助电路。DHC4000/12-48 短电弧加工电源的外形如图 2-43 所示。

2. 短电弧加工用的阴极装置（工具电极）

阴极装置在加工过程中可能做转动、直线往复运动。短电弧加工时工具电极应接负极。当工具电极是以较高速转动的圆片轮盘或圆盘形组合体、圆刷等，且体积较大时，又称为短电弧加工机床的阴极装置。也可将阴极装置做成手提便携式，如手电钻、手砂轮那样，简称环流工具，如图 2-44 所示。

图 2-43 DHC4000/12-48 短电弧加工电源的外形

实践经验表明，当工具线速度较低（$v \leq 2m/s$）时，工具材料常用石墨或铜粉烧结石墨；当线速度稍高或较高（$2m/s < v \leq 10m/s$）时，工具材料不宜选用石墨而应采用金属铁、高速工具钢、硬质合金等材料。

3. 短电弧加工时的水气混合装置

水气混合装置的作用是使一定压力的水和一定压力的压缩空气按一定的比例混合后浇注至加工间隙，用以冲走电蚀产物和冷却工具、工件表面，也有助于防止长电弧的产生和加速消电离。常用的水气混合装置如图 2-45 所示。

4. 短电弧加工机床主体

短电弧加工可用于外圆、内圆、平面、切割下料和开坡口等的高效加工，除了采用专用机床设备外，也可利用现有车床、磨床、铣床、镗床、刨床等加以改装。同时，还可实现短电弧加工技术与车、磨、铣、镗、刨等的机电组合加工。

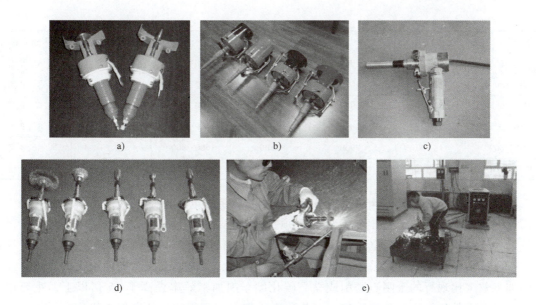

图 2-44 短电弧便携环流工具

a）小功率短电弧便携环流工具 b）大功率短电弧便携环流工具 c）打孔用短电弧便携环流工具
d）抛光成形加工短电弧便携环流工具 e）用短电弧便携环流工具磨削耐磨铸件

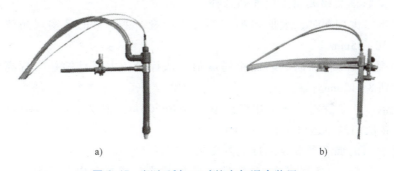

图 2-45 短电弧加工时的水气混合装置

a）内混式水气混合装置（Ⅰ型） b）外混式水气混合装置（Ⅱ型）

近十几年来，新疆短电弧科技开发有限公司开发研制生产出了 DHC 系列的短电弧加工机床，见表 2-4。

表 2-4 短电弧加工机床的主要型号及其参数

型号	工作电压/V	工作电流/A	回转直径/mm	工件长度/mm	工作介质	阴极装置
DHC6330	12~48	3000	630	630~3000	水、气	Ⅰ型、Ⅱ型
DHC6340	12~48	4000	630	630~3000	水、气	Ⅰ型、Ⅱ型
DHC6350	12~48	5000	630	630~3000	水、气	Ⅰ型、Ⅱ型
DHC8040	12~48	4000	800	800~4000	水、气	Ⅰ型、Ⅱ型
DHC8050	12~48	5000	800	800~4000	水、气	Ⅰ型、Ⅱ型
DHC8080	18~42	8000	800	800~4000	水、气	Ⅰ型、Ⅱ型
DHC10060	18~42	6000	1000	1000~5000	水、气	Ⅰ型、Ⅱ型

(续)

型号	工作电压/V	工作电流/A	回转直径/mm	工件长度/mm	工作介质	阴极装置
DHC12550	12~48	5000	1250	1250~6000	水、气	Ⅰ型、Ⅱ型
DHC16040	12~48	4000	1600	1600~8000	水、气	Ⅰ型、Ⅱ型
DHC16050	12~48	5000	1600	1600~8000	水、气	Ⅰ型、Ⅱ型
DHC16060	18~42	6000	1600	1600~8000	水、气	Ⅰ型、Ⅱ型
DHC16090	18~42	9000	1600	1600~8000	水、气	Ⅰ型、Ⅱ型
DHC160100	18~42	10000	1600	1600~8000	水、气	Ⅰ型、Ⅱ型

除表 2-4 中所列的主要型号外，还有轻小型和成组短电弧加工机床，它们是专门用于加工高速线材轧辊、冷轧工作辊、无缝钢管顶头等规格稍小但硬度很高的工件的高效加工机床。其特点是用单台短电弧电源拖动多台短电弧加工机床，对工艺接近、批量较大的特种材料进行高效切削加工。机床采用简易数控系统，省时、省力，工人劳动强度大大降低。该机床的加工效率比现行的金刚石磨削或立方碳化硼车削加工效率提高了 15 倍以上，主要用于难加工材料零件的粗加工和半精加工，是冶金轧辊行业理想的高效电加工机床。

四、短电弧加工的规准选择和应用实例

1. 表面质量修整及相关加工规准的选择

（1）粗规准 大切深时，表面粗糙度值无法计量，主要目的是实现高效切削，一次切深单边可达到 10~25mm。

（2）半精规准 中切深时，表面粗糙度值无法计量，主要目的是实现高效切削，一次切深单边可达到 8~15mm。

（3）精规准 小切深时，表面粗糙度值可达 $Ra50\mu m$，主要目的是实现高效切削后的表面修光处理，一次切深单边可达到 1~2mm。

2. 被加工材料的加工规准及最佳切削深度的选择

（1）钨合金材料 如碳化钨，一般选半精规准或精规准，电压 U = 12~24V，电流 I = 100~1000A，单边切深 $t \leqslant 2mm$ 为宜。也可以超量加工，但容易产生裂纹。

（2）铸造低合金钢材料 一般选粗规准或半精规准，电压 U = 24~30V，电流 I = 1000~3000A，单边切深 $t \geqslant 8mm$ 为宜，切深小，容易产生粘结。

（3）铸造高合金钢材料 一般选粗规准或半精规准，电压 U = 24~30V，电流 I = 1000~2600A，单边切深 t = 10~15mm 为宜。

（4）堆焊高合金钢材料 一般选粗规准或半精规准，电压 U = 24~36V，电流 I = 1000~3000A，单边切深 t = 12~18mm 为宜。

（5）轧辊钢材料 一般选粗规准或半精规准，电压 U = 24~30V，电流 I = 1000~2200A，单边切深 $t \geqslant 8mm$ 为宜。

3. 短电弧加工应用实例

短电弧加工技术实现了特硬、超强、高韧性导电材料的高效加工，解决了传统加工所不能满足的对大型设备中的高镍铬钼钒合金钢、碳化钨等特硬、超强、高韧性、高热硬性、高耐磨性、冷作硬化严重的新型特种导电材料进行高效加工的难题。为水泥磨辊、立磨辊套、

大型轧辊、磨煤辊的修复加工提供了一种实用、高效的加工技术方法。

2004 年，DHZ16040CG 短电弧加工机床（图 2-46）在秦皇岛首钢长白机械有限责任公司进行了生产运行。在对水泥磨辊表面疲劳层的修复加工中，该机床发挥出明显的技术优势，加工效率显著高于其他硬面加工机床，加工精度明显提高。在对硬度达 59~62HRC、厚度达 80~90mm 的表面疲劳层以及堆焊修复层进行加工的过程中，该机床运行稳定，加工噪声低于 79dB，加工深度达 28mm，材料蚀除速度达 900~1500g/min，加工质量可以达到半精加工的要求，有效地解决了水泥磨辊修复加工的技术难题。

图 2-46　DHZ16040CG 短电弧加工机床正在加工水泥磨辊

2005 年 5 月至 2009 年 5 月，DHZ17040ZT 和 DHC25040ZT 短电弧加工设备（图 2-47）在成都利君实业股份有限公司得到应用。这些设备可高效加工各种水泥磨辊、立磨辊套等，加工后的工件表面质量有利于后续堆焊工作的进行。短电弧加工设备的应用与发展，为用户提供了良好的磨辊加工机床装备、加工工艺和国际先进的磨辊加工技术手段。

图 2-47　DHZ17040ZT 和 DHC25040ZT 短电弧加工设备

第九节　其他电火花加工

随着生产技术的发展，电火花加工领域不断扩大，除了电火花穿孔成形加工、电火花线切割加工外，还出现了许多其他方式的电火花加工方法。主要包括：

1）工具电极相对于工件采用不同组合运动方式的电火花加工方法，如电火花磨削、电火花共扼回转加工、电火花展成铣削加工和双轴回转电火花磨削等。随着计算机技术和数控技术的发展，出现了微机控制的五坐标数控电火花机床，该机床把上述各种运动方式和成形、穿孔加工组合在一起。

2）工具电极和工件在气体介质中进行放电的电火花加工方法，如金属电火花表面强化、电火花刻字等。

3）工件为非金属材料的加工方法，如半导体与高阻抗材料聚晶金刚石、立方氮化硼的加工等。

2.15【电火花磨削加工应用】

其他电火花加工方法的图示及说明见表2-5。

表 2-5　其他电火花加工方法的图示及说明

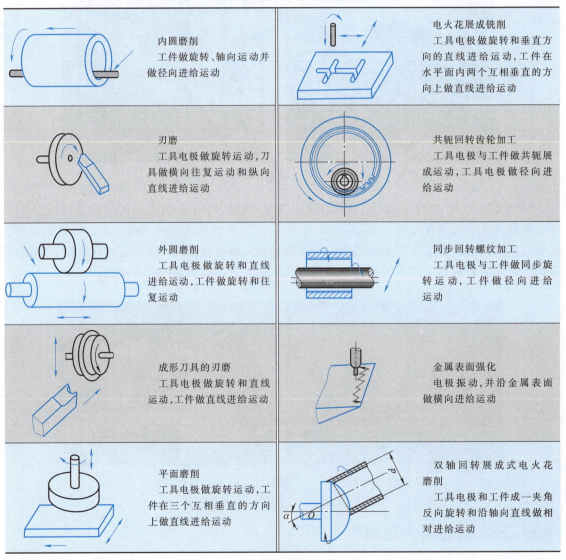

一、电火花小孔磨削

在生产中往往会遇到一些较深较小的孔，而且精度和表面粗糙度要求较高，工件材料（如磁钢、硬质合金、耐热合金等）的机械加工性能又很差。这些小孔采用研磨方法加工时，生产率太低，采用内圆磨床磨削也很困难。因为用内圆磨床磨削小孔时砂轮轴很细，刚度很差，砂轮转速也很难达到要求，因而磨削效率低，表面粗糙度改善得不多。例如，磨 $\phi 1.5mm$ 的内孔时，砂轮外径为 $1mm$，取线速度为 $15m/s$，则砂轮的转速应为 $3\times 10^5 r/min$ 左右，制造和使用这样高速的磨头比较昂贵。采用电火花磨削或镗磨能较好地解决这些问题。

电火花磨削小孔可通过在穿孔、成形机床上附加一套磨头来实现，使工具电极做旋转运动，如工件也附加一旋转运动，则磨得的孔可更圆。也有设计成专用电火花磨床或电火花坐标磨孔机床的，还可用磨床、铣床、钻床改装，此时工具电极做往复运动，同时自转。在电火花坐标磨孔机床中，工具还做公转，工件的孔距靠坐标系统来保证。这种方法操作比较方便，但机床结构复杂、制造精度要求高。

电火花镗磨与磨削的不同点是只有工件的旋转运动、电极的往复运动和进给运动，而没有电极工具的转动。图 2-48 为电火花镗磨加工示意图，工件 5 装夹在自定心卡盘 6 上，由带轮带动主轴座 7 内部的主轴旋转，电极丝 2 由螺钉 3 拉紧，并保证与孔的旋转中心线相平行，它固定在弓形架 8 上。为了保证被加工孔的直线度和表面粗糙度，工件（或电极丝）还做往复运动，这是通过工作台 9 的往复运动来实现的。加工用的工作液由工作液管 1 供给，脉冲电源 4 使工件和工具放电。

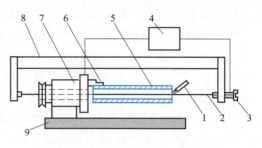

图 2-48 电火花镗磨加工示意图

1—工作液管 2—电极丝（工具电极） 3—螺钉
4—脉冲电源 5—工件 6—自定心卡盘
7—主轴座 8—弓形架 9—工作台

电火花镗磨虽然生产率较低，但比较容易实现，而且加工精度高、表面粗糙度值小，如小孔的圆度可达 $0.003\sim 0.005mm$，表面粗糙度值 Ra 小于 $0.32\mu m$，故生产中应用较多。目前已经用来加工小孔径的弹簧夹头，可以先淬火，后开缝，再磨孔，特别适合加工镶有硬质合金的小型弹簧夹头（图 2-49）和内径在 $1mm$ 以下、圆度在 $0.01mm$ 以内的钻套，还可用来加工粉末冶金用压模，这类压模材料多为硬质合金。图 2-50 所示的硬质合金压模，其圆度小于 $0.003mm$。另外，如微型轴承的内环、冷挤压模的深孔、液压件上的深孔等，采用电火花磨削、镗磨，均取得了较好的效果。

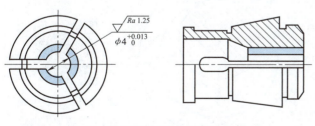

图 2-49 镶有硬质合金的小型弹簧夹头

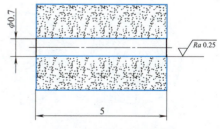

图 2-50 硬质合金压模

二、电火花铲磨硬质合金小模数齿轮滚刀

用电火花铲磨硬质合金小模数齿轮滚刀的齿形，类似于成形刀具的刃磨。此方法已用于

齿形的粗加工和半精加工，生产率能提高3~5倍，成本可降低75%。

电火花铲磨时，工作液需要浇注到加工间隙中，所以要考虑油雾引起的燃烧问题。因此一般采用黏度较大、燃点较高的5号锭子油。与使用煤油相比，加工表面粗糙度值略小而生产率稍低，但能避免油雾引起的燃烧问题，所以比较安全。

三、电火花共轭同步回转加工螺纹

过去在淬火钢或硬质合金上电火花加工内螺纹时，是按图2-51所示的方法进行的，利用导向螺母使工具电极在旋转的同时做轴向进给。这种方法生产率极低，而且只能加工出带锥度的粗糙螺纹孔。南京江南光学仪器厂的孙昌树高级工程师发明创造了共轭、同步、倍角、差动回转等新型电火花加工系统，其中包括新的螺纹加工方法，并研制出JN-2型、JN-8型内、外螺纹加工机床等，获得了国家发明二等奖，已用于精密内、外螺纹环规，内锥螺纹，内变模数齿轮等的制造。

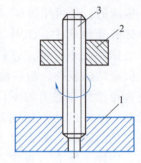

图2-51　旧法电火花加工螺纹
1—工件　2—导向螺母　3—工具

图2-52为电火花共轭同步回转加工内螺纹逐点对应原理示意图，它综合了电火花加工和机械加工的优点，工件与电极同向同步旋转，工件做径向进给运动（和用滚压法加工螺纹有些类似）。工件预孔按螺纹小径制作，工具电极的螺纹尺寸及其精度按工件图样的要求制作，但电极直径应比工件预孔小0.3~2mm。加工时，电极穿过工件预孔，保持两者轴线平行，然后使电极和工件以相同的方向和相同的转速旋转（图2-52a），同时工件向工具电极径向切入进给（图2-52b），从而复制出所要求的内螺纹，这是基于图2-52c所示的工具外表面和工件内表面上1、1′、2、2′、3、3′、4、4′逐点对应的原理。虽然工具电极和工件都在回转，但不会"乱扣"，而能像没有切削力、径向压力的"滚动碾压"那样，把外表面的螺纹表面精确地磨削出内螺纹来。为了补偿电极的损耗，在转换精加工规准前，电极应退出工件，在轴向移动一个相当于工件厚度的螺距整倍数值，再重复上述方法继续加工。这种加工方法的优点是：

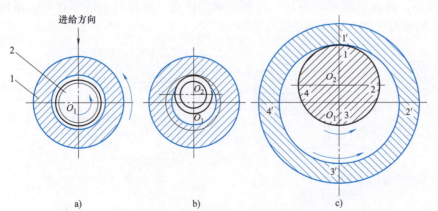

2.16【电火花共轭同步回转加工内螺纹逐点对应原理】

图2-52　电火花共轭同步回转加工内螺纹逐点对应原理示意图
1—工件　2—工具电极

1) 由于电极贯穿工件，且两轴线始终保持平行，因此加工出来的内螺纹没有通常用电火花攻螺纹（图 2-51）所产生的带一定锥度的喇叭口。

2) 因为电极直径稍小于工件直径，两者放电点的线速度不等，而且放加工一直只在局部小面积区域进行，加上电极与工件同步旋转时对工作液的搅拌作用，非常有利于电蚀产物的排除，所以能得到高的几何精度和小的表面粗糙度值，维持高的加工稳定性。

3) 可降低对电极设计和制造的要求。对电极中径和外径的尺寸精度无严格要求。另外，由于电极外径小于工件内径，使得在同向同步回转中，电极与工件电蚀加工区域的线速度不等，存在微量差动，这对电极螺纹表面局部的微量缺损有均匀化的作用，从而减少了工具电极对加工质量的影响。

用上述工艺方法设计和制造的电火花精密内螺纹机床，可加工 M6~M55 的多种牙型和不同螺距的精密内螺纹，螺纹中径误差小于 0.004mm，也可精加工 $\phi 4 \sim \phi 55$mm 的圆柱通孔，圆度小于 0.002mm，其表面粗糙度值 Ra 可达 $0.5\mu m$。

由于采用了同向同步旋转加工法，因此对螺纹的中径尺寸没有过高的要求，但整个工具电极有效长度内的螺距精度、中径圆度、锥度和牙型精度都应得到保证，工具电极螺纹的表面粗糙度值 Ra 应小于 $2.5\mu m$，螺纹大径对两端中心孔的径向圆跳动不应超过 0.005mm。一般电极外径比工件内径小 0.3~2mm，且这个差值越小越好。这是因为该差值越小，齿形误差就越小，电极的相对损耗也越小，但必须保证装夹后电极与工件不短路，而且在加工过程中做自动控制和调节时，进给和退回有足够的活动余地。

工具电极材料使用纯铜或黄铜比较合适。纯铜电极比黄铜电极损耗小，但在相同的电规准下，黄铜电极可得到较小的表面粗糙度值。

一般情况下，应采用正极性加工，峰值电压为 70~75V，脉冲宽度为 $16~20\mu s$。加工接近完成时改用精规准，此时可将脉冲宽度减小至 $2~8\mu s$，同时逐步降低电压，最后采用 RC 电路弛张式电源，以获得较小的表面粗糙度值。

电火花共轭同步回转加工的应用范围日益扩大，目前主要应用在以下几个方面：

1) 各类螺纹环规及塞规，特别适合硬质合金材料及内螺纹的加工。

2) 精密的内、外齿轮的加工，特别适用于非标准内齿轮的加工，如图 2-53 所示。

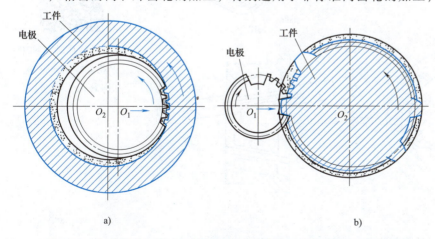

2.17【电火花共轭同步回转加工精密内齿轮】

2.18【电火花共轭同步回转加工变模数非标准齿轮】

图 2-53　电火花共轭同步回转加工精密内齿轮和变模数非标准齿轮
a) 两轴平行，同向同步共轭回转，用外齿轮电极加工内齿轮
b) 两轴平行，反向倍角共轭回转，用变模数小齿轮加工齿数加倍的变模数大齿轮

3）精密的内、外锥螺纹以及内锥面油槽等的加工如图 2-54 所示。

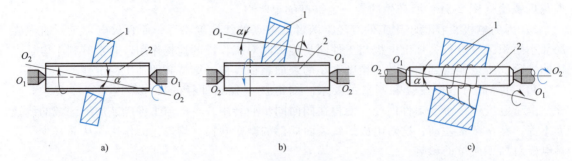

图 2-54　用圆柱螺纹工具电极电火花共轭同步回转加工内、外锥螺纹以及内锥面油槽
a）内锥螺纹加工　b）外锥螺纹加工　c）内锥面油槽加工
1—工件　2—电极

2.19【用圆柱螺纹工具电极电火花共轭同步回转加工内锥螺纹】

2.20【用圆柱螺纹工具电极电火花共轭同步回转加工外锥螺纹】

4）静压轴承油腔、回转泵体的高精度成形加工等，静压轴承和电火花共轭倍角同步回转加工原理如图 2-55 所示。

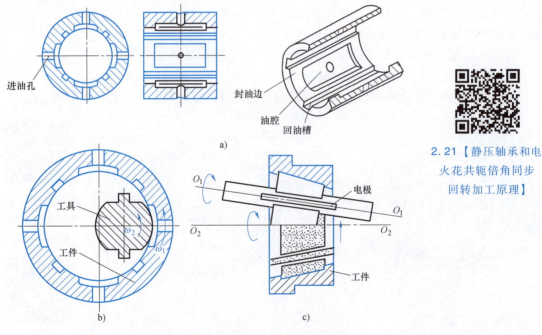

图 2-55　静压轴承和电火花共轭倍角同步回转加工原理
a）静压轴承结构　b）倍角同步回转电火花加工
c）两轴斜交，同向倍角共轭回转，加工静压轴承的内锥面油腔

5）梳刀、精密斜齿条的加工如图 2-56 所示。

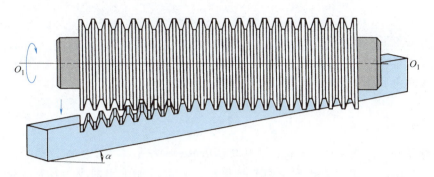

图 2-56　电火花加工梳刀或精密斜齿条

四、电火花双轴回转展成法磨削凹凸球面、球头

近年来，凹凸球面注塑模常用于压注聚碳酸酯等透明塑料，使其成为凹凸球面透镜，广泛用于放大镜、玩具望远镜、低档照相机、低档眼镜中。这类凹凸球面、球头和平面很适合采用江南光学仪器厂孙昌树高级工程师发明、首创的电火花双轴回转展成法来加工。图 2-57 所示为其加工原理示意图。工件 1 和空心管状工具电极 2 各做正、反方向旋转，将工具电极的回转轴线与工件的水平轴线调节为成 α 角，工具电极沿其回转轴线向工件伺服进给，即可逐步加工出精确的凹球面（图 2-57a）。将夹角 α 调节成较小的角度，即可加工出曲率半径 R 较大的凹球面。

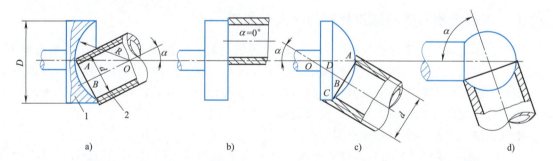

图 2-57　电火花双轴回转展成法加工凹凸球面、球头和平面的加工原理示意图
a）凹球面　b）平面　c）凸球面　d）球头
1—工件　2—空心管状工具电极
R—球面曲率半径　D—球面直径　d—管状工具电极中径　α—工件与工具电极轴线的夹角

2.22【电火花双轴回转
展成法加工凹球面
和平面的加工原理】

2.23【电火花双轴回转展
成法加工凸球面、球头
和平面的加工原理】

在图 2-57 中，球面曲率半径 R、管状工具电极中径 d、球面直径 D 和两轴夹角 α 有如下关系：

在直角三角形 OAB 中 $\qquad \sin\alpha = \dfrac{AB}{OA} = \dfrac{d/2}{R} = \dfrac{d}{2R}$

在直角三角形 ACD 中 $\qquad \cos\alpha = \dfrac{CD}{AC} = \dfrac{D/2}{d} = \dfrac{D}{2d}$

可得球面曲率半径 $\qquad R = \dfrac{d}{2\sin\alpha} \qquad\qquad (2\text{-}10)$

球面直径 $\qquad D = 2d\cos\alpha \qquad\qquad (2\text{-}11)$

由式（2-10）可知，如果 α 角调节得很小，则可以加工出曲率半径很大的球面；如果 $\alpha = 0$，则两回转轴平行，可加工出光洁平整的大平面，如图 2-57b 所示；如果 α 转向相反的方向，就可以加工出凸球面（图 2-57c）；如果 α 角更大，则可以加工出球头（图 2-57d）。1990 年前后，哈尔滨工业大学博士研究生刘永红用快走丝电火花线切割机床改装成此类双轴回转夹角可调的电火花凹凸球面磨床，再现了凹凸球面用管状电极的精密磨削工艺。哈尔滨工业大学博士生狄士春在此改装的双轴电火花磨床上对加工凹面、凸面、平面的电火花精密磨削进行了深入的研究，加工出一系列样件。

上述加工原理和铣刀盘飞刀旋风铣削球面、球头以及用碗状砂轮磨削球面、球头的原理是一样的，但是电火花加工的工艺适应性很强，管状电极取材容易，柔性、工艺扩展性很高，而且可以自动补偿工具电极的损耗，对加工精度没有影响，具有很大的优越性。

第三、四部分的加工原理，可参见本教材附赠的课件光盘中的相应内容。

五、聚晶金刚石等高阻抗材料的电火花加工

聚晶金刚石被广泛用作拉丝模、刀具、磨轮等的材料，它的硬度仅稍次于天然金刚石。金刚石虽是碳的同素异构体，但天然金刚石几乎不导电。聚晶金刚石是在人造金刚石微粉中加入铜粉、铁粉和镍粉等导电材料作为粘结剂，并在搅拌、混合后将其加压烧结而成的，因此整体仍有一定的导电性能，可以用电火花加工。

电火花加工聚晶金刚石的要点如下：

1) 要采用 400~500V 的较高峰值电压，以适应电阻率较大的材料，并使加工过程中有较大的放电间隙，易于排屑。

2) 要用较大的峰值电流，一般瞬时电流应在 50A 以上。为此，可以采用 RC 电路脉冲电源，电容放电时可输出较大的峰值电流，增加爆炸抛出力。

电火花加工聚晶金刚石的原理：靠火花放电时的高温将导电的粘结剂熔化、气化蚀除掉，同时电火花的高温使金刚石微粉"碳化"成为可加工的石墨，也可能因粘结剂被蚀除掉而使整个金刚石微粒自行脱落下来。有些导电的工程陶瓷及立方氮化硼材料等也可用类似的原理进行电火花加工。

六、金属电火花表面强化和刻字

1. 电火花表面强化工艺

电火花表面强化也称为电火花表面合金化。图 2-58 所示为金属电火花表面强化器的加

工原理示意图。在工具电极和工件之间接上 RC 电源,由于振动器 L 的作用,使电极与工件之间的放电间隙开路、短路频繁变化,工具电极与工件间在空气中不断产生火花放电,从而实现对金属表面的强化。

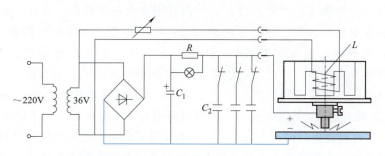

图 2-58 金属电火花表面强化器的加工原理示意图

电火花表面强化过程的原理示意图如图 2-59 所示。当电极与工件之间的距离较大时,如图 2-59a 所示,电源经过电阻 R 对电容 C_2 充电,同时工具电极在振动器的驱动下向工件运动。当间隙减小到某一值时,其中的空气被击穿,产生火花放电(图 2-59b),使电极和工件材料局部熔化,甚至气化。当电极继续接近工件并与工件接触时(图 2-59c),在接触点处流过短路电流,使该处继续加热,并且工具电极以适当的压力压向工件,使熔化了的材料相互粘结、扩散而形成熔渗层。图 2-59d 所示为电极在振动作用下离开工件的情况,由于工件的体积和比热容比电极大,因此靠近工件的熔化层首先急剧冷凝,从而使工具电极的材料被粘结并覆盖在工件上。

电火花表面强化层具有以下特性:
1)当采用硬质合金作为电极材料时,硬度可达 1100~1400HV(70HRC 以上)或更高。
2)当使用铬锰合金、钨铬钴合金、硬质合金作为工具电极强化 45 钢时,硬化层的耐磨性比原表层提高 2~5 倍。
3)当用石墨作为电极材料强化 45 钢时,用食盐水做腐蚀性试验,表层的耐蚀性提高 90%。用 WC、CrMn 作为电极强化不锈钢时,表层的耐蚀性提高 3~5 倍。
4)耐热性和耐热性大大提高,延长了工件的使用寿命。
5)疲劳强度提高了 2 倍左右。
6)硬化层厚度为 0.01~0.3mm。

电火花表面强化工艺方法简单、经济、效果好,因此被广泛用于模具、刃具、量具、凸轮、导轨、水轮机和涡轮机叶片等的表面强化。

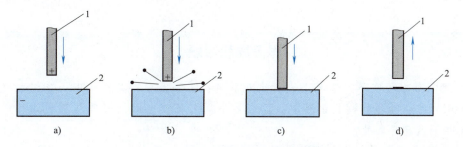

图 2-59 电火花表面强化过程的原理示意图
1—工具电极 2—工件

2. 电火花刻字工艺及装置

电火花表面强化的原理也可用于在产品上刻字、打印记。过去有些产品上的规格、商标等印记都是先靠涂蜡及仿形铣刻字，然后用硫酸等酸洗腐蚀而成的，有的是在淬火前用钢印打字，其工序多、生产率低、劳动条件差。国内外用电火花在刃具、量具、轴承等产品上刻字、打印记取得了很好的效果。一般有两种方法：一种是把产品商标、图案、规格、型号、出厂时间等用铜片或铁片做成字头图形，作为工具电极，如图 2-60 那样，工具一边振动，一边与工件间产生火花放电，电蚀产物镀覆在工件表面形成印记，每打一个印记需要 0.5~1s；另一种不用现成字头而用钼丝或钨丝电极，按缩放尺或靠模仿形刻字，每件加工时间稍长，为 2~5s。如果不要求字形美观整齐，则可以不用缩放尺而采用手刻字的电笔。图 2-60 中将钨丝接负极、工件接正极，可刻出黑色字迹。若工件是经镀黑或表面发蓝处理过的，则可把工件接负极、钨丝接正极，这样可以刻出银白色的字迹。我国在网上有现成的设备可以订购。

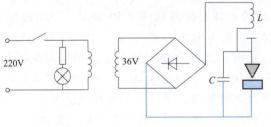

图 2-60 电火花刻字打印装置电路

L—振动器线圈，φ0.5mm 漆包线 350 匝，
铁心截面面积约 0.5cm², C—纸介电容，0.1μF/200V

2.24【柱面图案电火花展成平面刻印】

现在有些产品也采用电解刻字，来刻印商标图案。

与本章有关的电火花加工实验，可参阅与本书配套的辅助教材《特种加工实验教程》。

知识扩展 ∨

电火花加工的图片集锦

【第二章 电火花加工的图片集锦】

思考题和习题

2-1 两金属电极在下列情况下进行火花放电：①真空中；②空气中；③纯水（蒸馏水或去离子水）中；④线切割乳化液中；⑤煤油中。火花放电时，宏观和微观过程以及电蚀产物有何相同及相异之处？

2-2 有没有可能或在什么情况下可以用工频交流电源作为电火花加工用的脉冲电源？在什么情况下可以用直流电源作为电火花加工用的脉冲电源？（提示：轧辊电火花对磨、齿轮电火花跑合时，在不考虑电极相对损耗的情况下，可采用工频交流电源；在电火花磨削、切割下料等工具、工件间有高速相对运动时，可用直流电源代替脉冲电源，为什么？)

2-3　电火花加工时的自动进给系统和车、钻、磨削时的自动进给系统，在原理上、本质上有何不同？为什么会有这种不同？

2-4　电火花共扼同步回转加工和电火花磨削在原理上有何不同？工具和工件上的瞬时放电点之间有无相对移动？加工内螺纹时为什么不会乱扣？用铜螺杆做工具电极，在内孔中用平动法加工内螺纹，在原理上和共扼同步回转法有何异同？

2-5　电火花加工时，什么叫作间隙蚀除特性曲线？粗、中和精加工时，间隙蚀除特性曲线有何不同？脉冲电源的空载电压不一样时（如80V、100V、300V三种不同的空载电压），间隙蚀除特性曲线有何不同？试定性、半定量地作图分析。能否在实验条件下，作出不同电压、不同规准、不同工件材料的间隙蚀除特性曲线？

2-6　在电火花加工机床上用 $\phi 10$mm 的纯铜杆加工 $\phi 10$mm 的铁杆，加工时两杆的轴线偏距为5mm，两次均选用 $t_i = 200\mu s$、$\hat{i}_e = 5.4A$，分别用正极性和负极性加工10min，试画出加工后两杆的形状，并标出尺寸、电极侧面间隙大小和表面粗糙度值。(提示：可先利用电火花加工工艺参数曲线图表来测算，然后进行对比)

2-7　用纯铜电极电火花加工一个模具钢纪念章浅型腔花纹模具，假设花纹模具电极的面积为 10mm × 20mm = 200mm²，花纹的深度为0.8mm，要求加工出模具的深度为1mm，表面粗糙度值 Ra 为 $0.63\mu m$，分粗、中、精三次加工，试选择每次的加工极性、电规准脉冲宽度 t_i、峰值电流 $\hat{i}_e$、加工余量及加工时间并列在一张表上。(提示：用电火花加工工艺参数曲线图表来计算)

2-8　用 RC 电路脉冲电源进行电火花加工时，放电间隙击穿后，单个脉冲电压波形上有无类似用晶体管电源加工时的维持电压？为什么？

2-9　用晶体管脉冲电源进行电火花加工时，放电间隙击穿后的放电过程中，为什么单个脉冲电压波形上有 20~25V 的维持电压？为什么放电时的电压波形和电流波形呈锯齿状且具有高频分量？

2-10　等电压脉冲电源有什么缺点？等电流脉冲电源做了哪些改进？

2-11　我国高校和技工学校开设电火花加工课程之后，需要开设电火花加工教学实验，但限于经费有限，往往买不起大中型电火花加工机床。而且这类机床的体积和质量都较大，很难拿到教室中进行多媒体现场教学，影响了教学效果，有什么办法可以改善这种状态？

2-12　目前国内外经常用大中型电火花加工机床加工中小型模具和零件，大部分只是一般精度的工件，这好比大马拉小车，造成了设备和资源的浪费，增加了加工成本。有什么办法可以改善这种状态？(提示：可以设计生产一种小而精、多功能的便携式小型电火花加工机床。哈尔滨工业大学特种加工研究所课题组正在进行这方面的工作，研制生产一系列便携式的小型电火花加工机床，作为教学实验设备和取代大、中型电火花机床加工小面积、小零件。)

> **思政思考题**
> 1. 电火花加工技术未来发展趋势是什么？
> 2. 电极进给速度为何与蚀除速度要吻合？
> 3. 如何应对国外在多轴电火花加工机床方面对我国的技术封锁？

探月精神

重点内容讲解视频

第三章　电火花线切割加工

本章教学重点

知识要点	相关知识	掌握程度
电火花线切割加工的原理、特点及应用范围	电火花线切割加工的原理、特点及应用范围	掌握电火花线切割的基本工作原理,熟悉其特点及应用范围
电火花线切割加工两种机床设备	电火花线切割加工两种机床本体、脉冲电源、数控系统及工作液循环系统,电火花线切割机床的分类及特点	了解电火花线切割加工两种机床本体的组成及各部分的功能,熟悉电火花线切割机床及其脉冲电源的分类和特点
电火花线切割控制系统和编程技术	电火花线切割控制系统,电火花线切割数控编程要点和自动编程	掌握电火花线切割控制系统的功能和数控编程要点
影响电火花线切割工艺指标的因素	电参数和非电参数对切割速度、表面粗糙度、加工精度等电火花线切割工艺指标的影响,合理选择电参数和调整变频进给的方法	熟悉电火花线切割加工的基本规律
电火花线切割加工工艺及其扩展应用	直壁二维型面切割、等锥度三维曲面切割、变锥度上下异形面切割、复杂曲面切割等	了解电火花线切割加工复杂直纹曲面的应用

导入案例

本章讲述的是用创新性思维"以不变应万变",举一反三地从电火花加工新技术衍生创新发明的"电火花线切割加工"新技术,阐述了它的原理、分类、工艺规律、机床类型和应用范围等。

第二章中的电火花加工技术虽然可以加工各种冲模、型腔模和复杂成形表面,但是都需要事先制作一个相应的工具电极,这不但费工费时,还增加了工序成本。

人们从木工用的钢丝锯得到启发,采用一根移动的导线,按照数控移动轨迹,依靠电火花来切割金属材料。这样就能以不变应万变,用一根最简单的金属丝(常用铜丝或钼丝)来切割加工出不同的复杂表面。这就创新发明了电火花线切割加工新技术。图3-1所示为电火花线切割加工的模具。

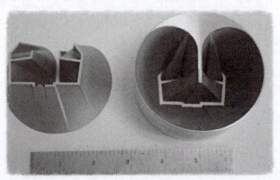

图 3-1　电火花线切割加工的模具

电火花线切割加工（Wire Cut EDM，WEDM）是在电火花加工的基础上，于20世纪50年代末最早在苏联发展起来的一种加工工艺，它使用线状电极（通常为钼丝或黄铜丝），靠火花放电对工件进行切割，故称为电火花线切割，有时简称线切割。目前，电火花线切割技术已获得广泛应用，国内外的线切割机床已占电加工机床的70%以上[2,12]。

1960年使用样板靠模来控制线电极（铜丝）的切割轨迹，1965年后，创新性地采用数控技术靠编程来控制切割轨迹，更加灵活多样，可以不变应万变。

最早采用黄铜丝做线电极，单方向缓慢移动，为了保证切缝精度，铜丝在火花放电中用过一次，表面稍有损耗就废弃了。虽然可以提高割缝精度，但也造成了浪费，增加了加工成本。在放电间隙中，采用去离子水冷却电极丝，加工表面和排除电蚀产物（细金属屑和微气泡等）。一些欧美国家使用基于这种原理的机床，称为单向慢走丝线切割加工机床。其特点是加工精度高、工作稳定，但机床价格和使用成本都高。

针对上述问题，并结合我国国情，上海电表厂的张维良高级工程师在国外单向慢走丝电火花线切割机床的基础上，创新发明出双向快走丝电火花线切割机床。采用耐电火花腐蚀的钼丝代替铜丝，使其正反双向高速走丝，较快地排除电蚀产物，从而提高了切割速度，而且钼丝可以反复利用；还用乳化液代替去离子水，以节省加工成本。每台机床的售价降至原来的十分之一以下，使用成本较低，加工精度和切割速度可以满足一般精度零件和模具的要求。

自1975年以后，国外生产使用了性能较好、精度较高、价格较贵的单向慢走丝线切割机床，而我国则大量生产和使用精度与功能可满足一般加工要求，但价格便宜、加工成本较低的双向快走丝线切割机床，一直至今。

约从2000年起，为了缩小双向快走丝与单向慢走丝线切割机床在加工精度、切割功能等方面的差距，我国科技人员又本着洋为中用、取长补短的原则，创新发明出机床的功能和加工性能均介于国外单向慢走丝和国内双向快走丝电火花线切割机床之间的、丝速可调，并能实现多次切割的双向中走丝电火花线切割机床，俗称中走丝电火花线切割机床。该机床因成本也低，加工性能又接近国内外普通型单向慢走丝电火花线切割机床，而获得了普及和广泛应用。

虽然国外有人称单向慢走丝电火花线切割机床为"阳春白雪"，称我国独创的、有自主知识产权的双向快走丝电火花线切割机床为"下里巴人"，对这类经济型、普及型机床不屑一顾，也不采用。但在我国各大、中型机械制造厂中，单向慢走丝机床的数量只占十分之一，双向快走丝机床的数量则占十分之九以上，几乎是前者的十倍。

由于双向快走丝机床设备便宜、加工成本低廉，其所生产的模具、产品价格也低，使得我国用模具生产的大小家电、生活日用品、玩具等较易占领国外市场。这是走我国独立自主科技发展道路的优越性。

这两种电火花线切割加工技术的原理、机床结构、工艺规律、编程方法和应用实例等，将在本章中详述。

第一节 电火花线切割加工的原理、特点及应用范围

一、电火花线切割加工的原理

电火花线切割加工的基本原理是利用移动的细金属导线（黄铜丝或钼丝）作为电极，

对工件进行脉冲火花放电,利用数控技术使电极丝对工件做相对的横向切割运动,它具有"以不变应万变"切割成形的特点,可切割成形各种二维、三维和多维表面。

根据电极丝的运行方向和速度,电火花线切割机床通常分为两大类。一类是往复(双向)高速走丝(俗称快走丝)电火花线切割机床(WEDM-HS),一般走丝速度为8~10m/s,这是我国生产和使用的主要机种,也是我国独创的电火花线切割加工模式。近年来我国已改进设计,研制生产出可实现分级变速控制电极丝走丝速度和能进行多次切割的中速走丝电火花线切割机床,用以取代原高速走丝机床。中速走丝电火花线切割机床的本质,仍然是运用往复走丝电火花线切割技术,但该类型的机床充分发挥了往复走丝电火花线切割成本低,以及可以加工较大厚度工件的优势;同时,它借鉴了单向走丝线切割加工的特点。中速走丝在脉冲电源、伺服进给控制、运丝速度控制、数控系统及多次切割工艺等方面较往复高速走丝机床有所改进,使得该类型的机床在加工精度及表面质量等方面较高速走丝电火花线切割机床有了很大改善。另一类是单向低速走丝(俗称慢走丝)电火花线切割机床(WEDM-LS),一般走丝速度低于0.2m/s,这是国外生产和使用的主要机种。与具有较高走丝速度的往复走丝电火花线切割机床相比,单向走丝线切割机床具有更高的加工速度、加工精度和表面质量。因此,该类型的机床可实现较高精度和表面质量的加工。近年来,我国根据电火花线切割机床的发展需要,也加快了这类单向慢走丝机床的研制和生产。

下面以往复走丝机床为例,说明电火花线切割加工的原理。图3-2所示为往复高速走丝电火花线切割工艺及机床的示意图。利用钼丝4作为工具电极进行切割,贮丝筒7使钼丝做正反向交替移动,加工能源由脉冲电源3供给。在电极丝和工件之间浇注工作液,工作台在水平面两个坐标方向各自按预定的控制程序,根据火花间隙的状态做伺服进给移动,从而合成各种曲线轨迹,将工件切割成形。有关双向走丝电火花线切割加工技术的内容可参考文献[12]。

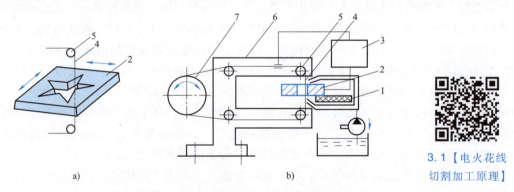

3.1【电火花线切割加工原理】

图3-2 往复高速走丝电火花线切割工艺及机床的示意图
a) 电火花线切割工艺 b) 往复高速走丝电火花线切割机床示意图
1—绝缘底板 2—工件 3—脉冲电源 4—钼丝 5—导向轮 6—支架 7—贮丝筒

电火花线切割机床过去曾按控制方式分为靠模仿形控制和光电跟踪控制两种类型,由于数控技术的发展和普及,现在都采用数字程序控制;按加工尺寸范围可分为大、中、小型,还可分为普通型与专用型等。目前,国内外的电火花线切割机床采用不同水平的微机数控系统,从单片机到微型计算机系统,一般都具有自动编程功能。

二、电火花线切割加工的特点

电火花线切割加工过程的工艺和原理,与电火花穿孔成形加工既有共性,又有不同。

1. 电火花线切割加工与电火花穿孔成形加工的共性

1）电火花线切割加工的电压、电流波形与电火花穿孔成形加工相似。单个脉冲也有多种形式的放电状态，如开路、正常火花放电、短路等。

2）电火花线切割加工的加工原理、生产率、表面粗糙度等工艺规律，材料的可加工性等也都与电火花穿孔成形加工相似，可以加工硬质合金等一切导电材料。

2. 电火花线切割加工与电火花穿孔成形加工的不同

1）由于电极工具是直径较小的细丝，故脉冲宽度、平均电流等不能太大，加工工艺参数的范围较小，属于中、精正极性电火花加工，工件接脉冲电源正极。

2）采用水或水基工作液，不会引燃起火，容易实现安全无人运转，但由于工作液的电阻率远比煤油小，因而在开路状态下，仍有明显的电解电流。电解效应稍有益于改善加工表面粗糙度，但对硬质合金等会使钴元素过多蚀除，恶化了表面质量。

3）一般没有稳定电弧放电状态。因为电极丝与工件始终有相对运动，尤其是高速走丝电火花线切割加工，因此，可以认为电火花线切割加工的间隙状态是由正常火花放电、开路和短路三种状态组成的，但在单个脉冲内往往有多种放电状态，有瞬时微开路、微短路现象。

4）往复高速走丝线切割加工时，电极与工件之间存在着疏松接触式轻压放电现象。研究结果表明，当柔性电极丝与工件接近到通常认为的放电间隙（如 $8\sim10\mu m$）时，并不发生火花放电，甚至当电极丝已接触到工件，从显微镜中已看不到间隙时，也常常看不到火花。只有当工件将电极丝顶弯，偏移一定距离（几微米到几十微米）且形成一定的轻微压力后，才发生正常的火花放电。即当初每进给 $1\mu m$，放电间隙并不减小 $1\mu m$，而是电极丝增加一点张力，向工件增加一点侧向压力；只有当电极丝和工件之间保持一定的轻微接触压力时，才形成火花放电。可以认为，在电极丝和工件之间存在着某种由电化学产生的绝缘薄膜介质，当电极丝被顶弯所造成的压力和电极丝相对工件的移动摩擦使这种介质减薄到可被击穿的程度时，才发生火花放电。放电发生之后产生的爆炸力可能使电极丝局部振动而脱离接触，但宏观上仍是轻压放电。

5）省掉了成形的工具电极，大大降低了成形工具电极的设计和制造费用，用简单的工具电极，靠数控技术来实现复杂的切割轨迹，缩短了生产准备时间，加工周期短，这不仅对新产品的试制很有意义，也提高了大批量生产时的快速性和柔性。

6）电极丝比较细，可以加工微细异形孔、窄缝和形状复杂的工件。由于切缝很窄，且只对工件材料进行套料加工，因此实际金属去除量很少，材料的利用率很高，这对加工、节约贵重金属有重要意义。

7）由于采用移动的长电极丝进行加工，因此单位长度电极丝的损耗较少，从而对加工精度的影响比较小，特别是在低速走丝线切割加工时，电极丝一次性使用，其损耗对加工精度的影响更小。

正是由于电火花线切割加工有许多突出的优点，因而其在国内外发展都较快，已获得了广泛的应用。

三、电火花线切割加工的应用范围

电火花线切割加工为新产品试制、精密零件加工及模具制造开辟了一条新的工艺途径。它主要应用在以下几个方面：

(1) 加工模具　适用于各种形状的冲模。调整不同的间隙补偿量，只需一次编程就可以切割凸模、凸模固定板、凹模及卸料板等。模具配合间隙、加工精度通常都能达到 0.01～0.02mm（往复高速走丝线切割机床）和 0.002～0.005mm（单向低速走丝线切割机床）的要求。此外，还可加工挤压模、粉末冶金模、弯曲模、塑压模等，也可加工带不同锥度的模具。

(2) 切割电火花成形加工用的电极　一般电火花穿孔加工用的电极和带锥度型腔加工用的电极，以及铜钨、银钨合金之类的电极材料，用电火花线切割加工特别经济，同时也适合加工微细、形状复杂的电极。

(3) 加工零件　在试制新产品时，用线切割的方法在坯料上直接割出零件，如试制切割特殊微电机硅钢片定、转子铁心，由于无须另行制造模具，可以大大缩短制造周期、降低成本。另外，修改设计、变更加工程序比较方便，加工薄件时还可多片叠在一起加工。在零件制造方面，可用于加工品种多、数量少的零件，特殊、难加工材料的零件，材料试验样件以及各种型孔、型面、特殊齿轮、凸轮、样板、成形刀具等。有些具有锥度切割功能的线切割机床，可以加工出"天圆地方"等上下异形面的零件。线切割还可进行微细加工以及异形槽和"标准缺陷"的加工等。

第二节　电火花线切割加工设备

电火花线切割加工设备主要由机床本体、脉冲电源、控制系统、工作液循环系统和机床附件等几部分组成。图 3-3 和图 3-4 所示分别为往复高速和单向低速走丝线切割加工设备组成图。本书以讲述高速走丝线切割为主。由于线切割的控制系统比较重要，而且内容较多，故专门列为本章第三节。

一、机床本体

机床本体由床身、坐标工作台、锥度切割装置、走丝机构、丝架、工作液箱、附件和夹具等组成。

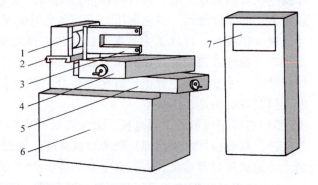

图 3-3　往复高速走丝线切割加工设备组成图
1—贮丝筒　2—走丝溜板　3—丝架　4—上滑板
5—下滑板　6—床身　7—电源、控制柜

1. 床身

床身一般为铸件，是支承和固定坐标工作台、绕丝机构及丝架的基础。通常采用箱式结构，应有足够的强度和刚度。床身内部设置电源和工作液箱。考虑到电源的发热和工作液泵的振动，有些机床将电源和工作液箱移出床身另行安放。

2. 坐标工作台

电火花线切割机床最终都是通过坐标工作台与电极丝的相对运动来完成零件加工的。通常坐标工作台完成 X、Y 方向的运动。为了保证机床精度，对导轨的精度、刚度和耐磨性有较高的要求。一般都采用十字滑板、滚动导轨和丝杠传动副将电动机的旋转运动转变为工作台的直线运动，通过两个坐标方向各自的进给移动，可合成获得各种平面图形曲线轨迹。为了保证工作台的定位精度和灵敏度，传动丝杠和螺母之间必须消除间隙。

3. 走丝机构

走丝机构使电极丝以一定的速度运动并保持一定的张力。在双向高速走丝电火花线切割机床上，一定长度的电极丝平整地卷绕在贮丝筒上（图3-3），丝的张力与排绕时的拉紧力有关（为提高加工精度，近来已研制出恒张力装置）。贮丝筒通过联轴器与驱动电动机相连。为了重复使用该段电极丝，电动机由专门的换向装置控制做正反向交替运转。走丝速度等于贮丝筒周边的线速度，通常为8~10m/s。在运动过程中，电极丝由丝架支承，并依靠导轮保持电极丝与工作台垂直或倾斜一定的几何角度（锥度切割时）。

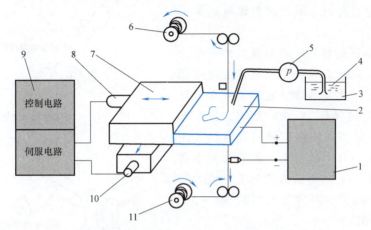

图3-4 单向低速走丝线切割加工设备组成图
1—脉冲电源 2—工件 3—工作液箱 4—去离子水 5—泵 6—新丝放丝卷筒
7—工作台 8—X轴电动机 9—数控装置 10—Y轴电动机 11—废丝卷筒

单向低速走丝系统如图3-4和图3-5所示。在图3-5中，自未使用的金属丝筒2（绕有1~5kg金属丝）靠废丝卷丝轮1使金属丝以较低的速度（通常在0.2m/s以下）移动。为了提供一定的张力（2~25N），在走丝路径中装有机械式或电磁式张力机构4和5。为使断丝时能自动停车并报警，走丝系统中通常还装有断丝检测微动开关。用过的电极丝集中到贮丝筒上或送到专门的收集器中。

为了减轻电极丝的振动，应使其跨度尽可能小（按工件厚度调整），通常在工件的上下采用蓝宝石V形导向器或圆孔金刚石模块导向器，其附近装有引电部分，工作液一般通过引电区和导向器再进入加

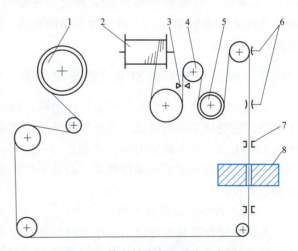

图3-5 单向低速走丝系统示意图
1—废丝卷丝轮 2—未使用的金属丝筒 3—拉丝模
4—张力电动机 5—电极丝张力调节轴
6—退火装置 7—导向器 8—工件

工区，这样可保证全部电极丝的通电部分都能得到冷却。近代的机床上还装有靠高压水射流冲刷引导的自动穿丝机构，能使电极丝经过一个导向器穿过工件上的穿丝孔而被传送到另一个导向器，必要时也能自动切断并再穿丝，为实现无人连续切割创造了条件。

4. 锥度切割装置

为了切割有落料角的冲模和某些有锥度（斜度）的内外表面，大部分线切割机床具有锥度切割功能。实现锥度切割的方法有多种，各生产厂家有不同的结构。

（1）导轮偏移式丝架　这种丝架主要用在高速走丝线切割机床上实现锥度切割。此时锥度不宜过大，否则电极丝易拉断，导轮易磨损，工件上会有一定的加工圆角。

（2）导轮摆动式丝架　用此法加工锥度时，不影响导轮的磨损。最大切割锥度通常可达 5°以上。

（3）双坐标联动装置　在电极丝由恒张力装置控制的双向高速走丝和单向低速走丝线切割机床上广泛采用此类装置，它主要依靠上导向器做纵、横两轴（U、V 轴）驱动，与工作台的 X、Y 轴一起实现四数控轴同时控制（图 3-6）。这种方式的自由度很大，依靠功能丰富的软件可以实现上下异形截面的加工。最大倾斜角度 θ 一般为 ±5°，有的甚至可达 30°~50°（与工件厚度有关）。

在锥度加工时，保持一定的导向间距（上、下导向器与电极丝接触点之间的直线距离），是获得高精度的主要方法。为此，有的机床具有 Z 轴设置功能，并且一般采用圆孔式的无方向性导向器。

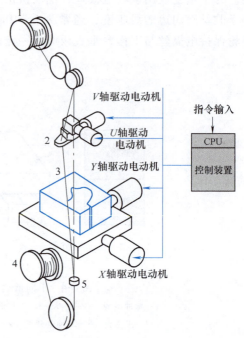

图 3-6　单向低速走丝四轴联动锥度切割装置
1—新丝卷筒　2—上导向器　3—电极丝
4—废丝卷筒　5—下导向器

二、电火花线切割加工用的脉冲电源

双向高速走丝电火花线切割加工用的脉冲电源与电火花成形加工所用的脉冲电源在原理上相同，但受加工表面粗糙度和电极丝允许承载电流的限制，线切割加工脉冲电源的脉宽较窄（2~60μs），单个脉冲能量、平均电流一般较小（1~5A），所以线切割加工总是采用正极性。脉冲电源的形式和品种很多，如晶体管矩形波脉冲电源、高频分组脉冲电源、节能型脉冲电源等。

1. 晶体管矩形波脉冲电源

晶体管矩形波脉冲电源的工作原理与电火花成形加工所用的脉冲电源相同，如图 3-7 所示，控制功率管 VT 的基极以形成电压脉宽宽 t_i、电流脉宽 t_e 和脉冲间隔 t_0，限流电阻 R_1、R_2 决定峰值电流 $\hat{i}_e$ 的大小。

2. 高频分组脉冲电源

高频分组脉冲电压波形如图 3-8 所示，它是由矩形波派生的一种波形，即把较高频率的小脉宽 t_i 和小脉冲间隔 t_0 的矩形波脉冲分组成为大脉冲宽度 T_i 和大脉冲间隔 T_0 输出。

采用矩形波脉冲电源时，提高切割速度和减小表面粗糙度值这两方面是互相矛盾的，高频分组脉冲波形在一定程度上能解决两者的矛盾，在相同的工艺条件下，可获得较好的加工

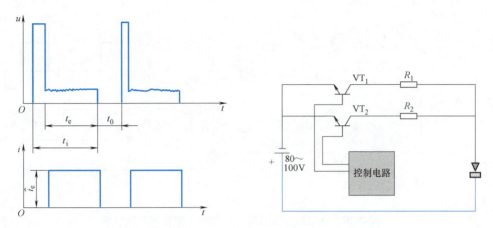

图 3-7　晶体管矩形波脉冲电压、电流波形及其脉冲电源

工艺效果,因而得到广泛的应用。

图 3-9 为高频分组脉冲电源的电路原理框图。图中的高频脉冲发生器、分组脉冲发生器和与门电路生成高频分组脉冲波形,然后经脉冲放大和功率输出,把高频分组脉冲能量输送到放电间隙上。一般取 $t_0 \geqslant t_i$,$T_i = (4 \sim 6) t_i$。

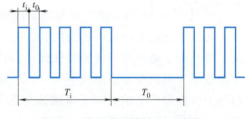

图 3-8　高频分组脉冲电压波形

3. 节能型脉冲电源

为了提高电能利用率,近年来除用电感元件 L 来代替限流电阻,避免了发热损耗外,还把 L 中储存、剩余的电能回输给电源。图 3-10 所示为这类节能型脉冲电源的主回路图和波形图。

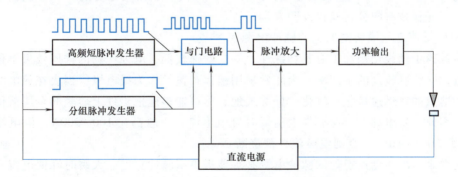

图 3-9　高频分组脉冲电源的电路原理框图

在图 3-10a 中,80~100V (+) 的电压和电流经过大功率开关元件 VT_1(常用 V-MOS 管或 IGBT),由电感元件 L 限制电流的突变,再流过工件和电极丝的放电间隙,最后经大功率开关元件 VT_2 流回电源 (-)。由于用电感 L(扼流线圈)代替了限流电阻,当主回路中流过图 3-10b 所示的矩形波电压脉宽 t_i 时,其电流波形由零沿斜线升至最大值(峰值)$\hat{i}_e$。当 VT_1、VT_2 瞬时关断截止时,电感 L 中的电流不能突然截止而继续流动,通过放电间隙和两个二极管回输给电容器和直流电源,然后逐渐减小为零。把储存在电感 L 中的能量释放出来加以利用,进一步节约了能量,它比第二章中的电火花加工节能脉冲电源更进了一步。

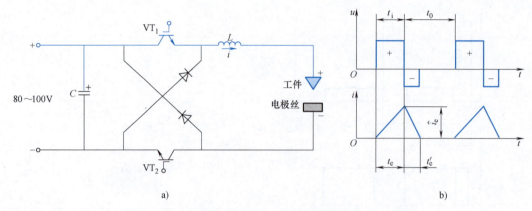

图 3-10　线切割节能型脉冲电源的主回路图和波形图
a) 主回路图　b) 电压、电流波形图

对照图 3-10b 所示的电压和电流波形可见，VT_1、VT_2 导通时，电感 L 中为正向矩形波，放电间隙中流过的电流由小变大，上升沿为一斜线，因此电极丝的损耗很小。当 VT_1、VT_2 截止时，由于电感是一储能惯性元件，其上的电压由正变为负，流过的电流不能突变为零，而是按原方向流动并逐渐减小为零，在这一小段续流时间内，电感把储存的电能经放电间隙和两个二极管回输给电源，电流波形为锯齿形，进一步加快了切割速度，提高了电能利用率，减少了电极丝损耗。

这类电源的节能效果可达 80% 以上，控制柜不发热，可少用或不用冷却风扇；电极丝损耗很少，切割 20 万 mm^2 的材料，电极丝直径损耗仅为 $0.5\mu m$；当加工电流为 5.3A 时，切割速度为 $130mm^2/min$；当切割速度为 $50mm^2/min$ 时，表面粗糙度值 $Ra \leq 2.0\mu m$。此电源已由苏州三光科技有限公司获得发明专利。

4. 单向低速走丝线切割加工的脉冲电源

单向低速走丝线切割加工有其特殊性：一是丝速较低，电蚀产物的排屑效果不佳；二是设备昂贵，必须有较高的生产率。为此常采用镀锌黄铜丝作为线电极，当火花放电时，瞬时高温使低熔点的锌迅速熔化、气化、爆炸式地、尽可能多地把工件上熔融的金属液体抛入工作液中。因此，要求脉冲电源有较大的瞬时峰值电流，一般都在 100~500A，但电流脉冲宽度 t_e 极短（$0.1~1\mu s$），否则电极丝将被烧断。

由此看来，单向低速走丝的脉冲电源必须能提供窄脉冲宽度、大瞬时峰值电流。根据节能要求，在功放主回路中往往既无限流电阻，又无限流电感（利用导线本身很小的潜布电感来适当阻止加工电流过快地增长）。这类脉冲电源的基本原理是由一频率很高（脉冲宽度为 $0.1~1\mu s$，可调）的开关电路来触发、驱动功率级高频 IGBT 组件，使其迅速导通。由于主回路中无电阻和电感，因此瞬时流过很大的峰值电流，当达到额定值时，主振级开关电路使功率级迅速截止，然后停歇一段时间，待放电间隙消电离恢复绝缘后，再由第二个脉冲触发功率级，如此往复循环。

此外，为了防止由于工件（+）在水基工作液中的电解（阳极溶解）作用，使得电极丝出、入口处的工件表面发黑，影响表面质量和外观，有的脉冲电源还具有防电解功能。具体原理是在脉冲停歇时间内，使工件上带 10V 左右的负电压，起防止电解的作用。

三、工作液循环系统

在线切割加工中，工作液对加工工艺指标的影响很大，如对切割速度、表面粗糙度、加工精度等都有影响。低速走丝线切割机床大多采用不污染环境的去离子水作为工作液，只有在特殊的精加工时，才采用绝缘性能较高的煤油。双向高速走丝线切割机床使用的工作液是专用乳化液，目前仍在使用的乳化液有 DX-1、DX-2、DX-3 等。这些乳化液各有特点，有的适于快速加工，有的适于大厚度切割，也有的是在原来的工作液中添加某些化学成分来提高切割速度或增加防锈能力等，但这类工作液都含有一定成分的全损耗系统用油和防腐剂，使用中会产生油污和炭黑，对皮肤和呼吸系统有一定的刺激作用，而且废液不易分解处理，对环境有一定污染。近年来，苏州和南京的一些公司生产出不含油脂的新型工作液，其中不含亚硝酸钠、磺化物，干净透明，不产生油污，不会发黑，不刺激皮肤和呼吸系统。用后的废液沉淀 2~3 天后金属屑会沉在水底，分离后上层的工作液仍可使用，也可直接排放，下层的金属屑可回收。此类新型水基工作液的切割和环保性能都较好。工作液循环装置一般由工作液泵、工作液箱、过滤器、管道和流量控制阀等组成。对于高速走丝机床，通常采用浇注式供液方式；而对于低速走丝机床，近年来有些采用浸泡式供液方式。

第三节 电火花线切割控制系统和编程技术

一、电火花线切割控制系统

控制系统是进行电火花线切割加工的重要环节。控制系统的稳定性、可靠性、控制精度及自动化程度都直接影响着加工工艺指标和工人的劳动强度。

在电火花线切割加工过程中，控制系统的主要作用有两个方面：首先按加工要求自动控制电极丝相对于工件的运动轨迹；其次应自动控制伺服进给速度，保持恒定的放电间隙，防止开路和短路，实现对工件形状和尺寸的加工。即当控制系统使电极丝相对于工件按一定轨迹运动时，同时还应实现伺服进给速度的自动控制，以维持正常的放电间隙和稳定的切割加工。这是两个独立的控制系统，前者是靠数控编程和数控系统来进行轨迹控制；后者则根据放电间隙大小与放电状态进行自动伺服控制，使进给速度与工件材料的蚀除速度相平衡。它实际上还包括一些其他辅助功能，故称为加工控制。

电火花线切割机床控制系统的具体功能包括：

（1）轨迹控制　精确控制电极丝相对于工件的运动轨迹，以获得所需的形状和尺寸。

（2）加工控制　加工控制主要包括对伺服进给速度、电源装置、走丝机构、工作液循环系统以及其他机床操作的控制。此外，断电记忆、故障报警、安全控制及自诊断功能也是重要的方面。

电火花线切割机床的轨迹控制系统先后经历过靠模仿形控制、光电跟踪仿形控制，现在已普遍采用数字程序控制，并已发展到微型计算机直接控制阶段。

数字程序控制（NC 控制）电火花线切割的控制原理，是把图样上工件的形状和尺寸编制成程序指令（3B 指令或 ISO 代码指令），一般通过键盘（较早时使用穿孔纸带或磁带）输给线切割机床的计算机，计算机根据输入指令进行插补运算，控制执行机构驱动电动机，由驱动电动机带动精密丝杠和坐标工作台，使工件相对于电极丝做轨迹运动。

数字程序控制方式与靠模仿形和光电跟踪仿形控制不同，它无须制作精密的模板或描绘精确的放大图，而是根据图样的形状、尺寸，经编程后由计算机进行直接控制加工。只要机床的进给精度比较高，就可以加工出高精度的零件，而且生产准备时间短、机床占地面积小。目前，双向高速走丝电火花线切割机床的数控系统大多采用较简单的步进电动机开环数控系统，而单向低速走丝线切割机床的数控系统则大多是伺服电动机加码盘的半闭环系统或全闭环数控系统。

1. 轨迹控制原理

常见的工程图形都可分解为直线和圆弧及其组合。用数字控制技术来控制直线和圆弧轨迹的方法有逐点比较法、数字积分法和最小偏差法等。每种插补方法各有其特点。双向走丝数控线切割大多采用简单易行的逐点比较法。采用此法的数控系统，X、Y 两个方向不能同时进给，只能按直线的斜度或圆弧的曲率来交替地一步 $1\mu m$ 地分步插补进给。采用逐点比较法时，X 或 Y 每进给一步，插补过程都要进行以下四个节拍：

（1）第一拍偏差判别 判别加工坐标点对规定几何轨迹的偏离位置，然后决定拖板的走向（X 向或 Y 向）。一般用 F 代表偏差值：$F=0$，表示加工点恰好在（轨迹）线上；$F>0$，表示加工点在线的上方或左方；$F<0$，表示加工点在线的下方或右方。以此来决定第二拍进给的轴向和方向。

（2）第二拍进给 根据 F 值控制坐标工作台沿 $+X$ 向或 $-X$ 向、$+Y$ 向或 $-Y$ 向进给一步，向规定的轨迹靠拢，缩小偏差。

（3）第三拍偏差计算 按照偏差计算公式，计算和比较进给一步后新的坐标点对规定轨迹的偏差 F，以作为下一步判别走向的依据。

（4）第四拍终点判断 根据计数长度判断是否到达程序规定的加工终点。若到达终点，则停止插补和进给，否则再回到第一拍。如此不断地重复上述循环过程，就能加工出所要求的轨迹和轮廓形状[12]。

在用单板机、单片机或由系统计算机构成的线切割数控系统中，进给的快慢是根据放电间隙的大小自动控制的，采样后由电压-频率转换变频电路得到进给脉冲信号，用它向 CPU 申请中断。CPU 每接收一次中断申请，就按上述四个节拍运行一个循环，决定沿 X 向或 Y 向进给一步，然后通过并行 I/O 接口芯片，驱动步进电动机带动工作台进给 $1\mu m$。

2. 加工控制功能

线切割加工过程中，控制和自动化操作方面的功能有很多，并呈现不断增强的趋势，这对降低操作人员的劳动程度、节省准备工作时间、提高加工质量很有好处。加工控制功能主要有下列几种：

（1）进给速度控制 能根据加工间隙的平均电压或放电状态的变化，通过取样、变频电路，不定期地向计算机发出中断申请插补运算，自动调整伺服进给速度，保持某一平均放电间隙，使加工稳定，提高切割速度和加工精度。

（2）短路回退 经常记忆电极丝经过的路线。发生短路时，减小加工规准并沿原来的轨迹快速后退，消除短路，防止断丝。

（3）间隙补偿 线切割加工数控系统所控制的是电极丝中心移动的轨迹，切割时形成一定的切缝宽度。因此，加工有配合间隙冲模的凸模时，电极丝中心轨迹应向原图形之外偏移进行间隙补偿,以补偿放电间隙和电极丝的半径;加工凹模时,则应向图形之内进行间隙补偿。

(4) 图形的缩放、旋转和平移　利用图形的任意缩放功能,可以加工出任意比例的相似图形;利用任意角度的旋转功能,可使齿轮、电动机定子和转子等零件的编程大为简化,如只要编写一个齿形的程序,就可切割出整个齿轮;而平移功能则同样极大地简化了跳步模具的编程。

(5) 适应控制　在工件厚度有变化的场合,能自动改变预置进给速度或电参数(包括加工电流、脉冲宽度、脉冲间隔),不用人工调节就能自动进行高效率、高精度的稳定加工。

(6) 自动找中心　使孔中的电极丝自动找正后保持在孔中心处。

(7) 信息显示　可动态显示程序号、计数长度等轨迹参数,较完善地采用计算机 CRT 屏幕显示,还可以显示电规准参数和切割轨迹图形以及加工时间、耗电量等。

此外,线切割加工控制系统还具有故障安全(断电记忆等)和自诊断等功能。上海大量电子设备有限公司研制生产的线切割机床,采用红外遥控替代加工中的键盘操作。该公司还开发出一种超短行程往复走丝模式的新型走丝和放电加工系统,可切割出无黑白条纹、色泽均匀、接近低速走丝切割表面的工件。

二、电火花线切割数控编程要点

电火花线切割机床的控制系统是按照人的命令去控制机床进行加工的,因此必须事先把要切割的图形,用机器所能接收的语言编排好命令,并告诉控制系统。这项工作称为电火花线切割数控编程,简称编程。

为了便于机器接收命令,必须按照一定的格式来编制电火花线切割机床的数控程序。目前,往复高速走丝线切割机床一般采用 3B（个别扩充为 4B 或 5B）格式和 ISO 代码格式,而单向低速走丝线切割机床常采用国际上通用的 ISO（国际标准化组织）或 EIA（美国电子工业协会）格式。

过去,一般数控线切割机床在加工之前应先按工件的形状和尺寸编出程序,并将此程序打出穿孔纸带,再由纸带进行数控线切割加工。近年来的自动编程机可直接将编出的程序传输给电火花线切割机床,而不再用穿孔纸带。

以下介绍我国往复高速走丝线切割机床应用较广的 3B 程序的编程要点。

常见的图形都是由直线和圆弧组成的,任何复杂的图形,只要分解为直线和圆弧就可依次分别编程。编程时使用的参数有五个:①、②切割的起点或终点坐标 X、Y 值;③切割时的计数长度 J（切割长度在 X 轴或 Y 轴上的投影长度）;④计数方向 G;⑤加工指令 Z（切割轨迹的类型）。

1. 程序格式

我国数控高速走丝线切割机床采用统一的五指令 3B 程序格式,为

$$BXBYBJGZ$$

式中　B——分隔符,用它来区分、隔离 X、Y 和 J 等数码,B 后的数字如为 0（零）,则可以不写出;

　　　X、Y——直线的终点或圆弧起点的坐标值（单位为 μm）,编程时均取绝对值;

　　　J——计数长度（单位为 μm）,以前编程时必须写满六位数,如计数长度为 4560μm,

应写成 004560，现在的微机控制器，则不必用先导 0 填满六位数；

G——计数方向，分 G_X 或 G_Y，即可以按 X 方向或 Y 方向计数，工作台在该方向每走 $1\mu m$，计数器累减 1，当累减到计数长度 $J=0$ 时，这段程序即加工完毕；

Z——加工指令，分为直线 L 与圆弧 R 两大类。直线按走向和终点所在的象限分为 L_1、L_2、L_3、L_4 四种；圆弧按第一步进入的象限及走向的顺、逆圆，可分为 SR_1、SR_2、SR_3、SR_4 及 NR_1、NR_2、NR_3、NR_4 八种，如图 3-11 所示。

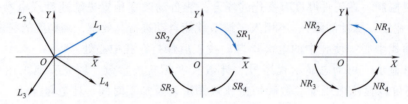

图 3-11 直线和圆弧的加工指令

2. 直线的编程

1）把直线的起点作为坐标原点。

2）把直线的终点坐标值作为 X、Y，均取绝对值，单位为 μm。因 X、Y 的比值表示直线的斜度，故也可用公约数将 X、Y 缩小整倍数。

3）计数长度 J，按计数方向 G_X 或 G_Y 取该直线在 X 轴或 Y 轴上的投影值，即取 X 值或 Y 值，以 μm 为单位。决定计数长度要和选择计数方向一并考虑。

4）计数方向的选取原则，应取程序最后一步的轴向为计数方向。不能预知时，一般选取与终点处的走向较平行的轴向作为计数方向，这样可减小编程误差与加工误差。对直线而言，取 X、Y 中较大的绝对值及其轴向作为计数长度 J 和计数方向 G。

5）加工指令按直线走向和终点所在象限不同分为 L_1、L_2、L_3、L_4，其中与 $+X$ 轴重合的直线算作 L_1，与 $+Y$ 轴重合的直线算作 L_2，与 $-X$ 轴重合的直线算作 L_3，与 $-Y$ 轴重合的直线算作 L_4。与 X、Y 轴重合的直线，编程时 X、Y 均可作 0 计，且在 B 后可不写出。

3. 圆弧的编程

1）把圆弧的圆心作为坐标原点。

2）把圆弧的起点坐标值作为 X、Y，均取绝对值，单位为 μm。

3）计数长度 J 按计数方向取 X 或 Y 轴上的投影值，以 μm 为单位。如果圆弧较长，跨越两个以上象限，则分别取计数方向 X 轴（或 Y 轴）上各象限投影值的绝对值并相累加，作为该方向总的计数长度，也要和计数方向的选择一并考虑。

4）计数方向也取与该圆弧终点处走向较平行的轴向，以减小编程和加工误差。即取圆弧终点坐标中绝对值较小的轴向作为计数方向（与直线相反）。最好也取最后一步的轴向作为计数方向。

5）加工指令按圆弧第一步所进入的象限可分为 R_1、R_2、R_3、R_4；按切割走向又可分为顺圆 S 和逆圆 N，于是共有八种指令，即 SR_1、SR_2、SR_3、SR_4 及 NR_1、NR_2、NR_3、NR_4，如图 3-11 所示。

4. 编程举例

假设要切割图 3-12 所示的轨迹，该图形由三条直线和一条圆弧组成，故分四条程序编制（暂不考虑切入路线的程序）。

1) 加工直线 $\overline{AB}$。坐标原点取 A 点，$\overline{AB}$ 与 X 轴向重合，X、Y 均可作 0 计（按 $X=40000$、$Y=0$，也可编程为 $B40000B0B40000G_XL_1$，不会出错）。故程序为

$$BBB40000G_XL_1$$

2) 加工斜线 $\overline{BC}$。坐标原点取在 B 点，终点 C 的坐标值是 $X=10000$，$Y=90000$。故程序为

$$B1B9B90000G_YL_1$$

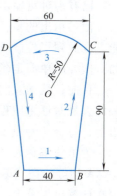

图 3-12　编程图形

3) 加工圆弧 $\overparen{CD}$。坐标原点应取为圆心 O，这时起点 C 的坐标可用勾股弦定律算得，为 $X=30000$，$Y=40000$。故程序为

$$B30000B40000B60000G_XNR_1$$

4) 加工斜线 $\overline{DA}$。坐标原点应取在 D 点，终点 A 的坐标为 $X=10000$，$Y=-90000$（其绝对值为 $X=10000$，$Y=90000$）。故程序为

$$B1B9B90000G_YL_4$$

整个工件的加工程序见表 3-1。

表 3-1　整个工件的加工程序表

程序	B	X	B	Y	B	J	G	Z
1	B		B		B	40000	G_X	L_1
2	B	1	B	9	B	90000	G_Y	L_1
3	B	3000	B	4000	B	6000	G_X	NR_1
4	B	1	B	9	B	9000	G_Y	L_4
5								D（停机码）

近年来由于采用了微机自动编程，大部分工作可由计算机编程后直接输入线切割机床或直接控制线切割机床加工，而不必打出穿孔纸带和打印出程序清单。

实际线切割加工和编程时，还要考虑电极丝半径 r 和单面放电间隙 S 的影响。切割孔和凹体时，应将编程轨迹偏移减小（$r+S$）距离；切割凸体时，则应偏移增大（$r+S$）距离。

三、自动编程

数控线切割编程是根据图样提供的数据，经过分析和计算，编写出线切割机床能接收的程序清单。数控编程可分为人工编程和自动编程两类。人工编程通常是根据图样把图形分解成直线段和圆弧段，并且通过计算把每段的起点、终点、中心线的交点，切点的坐标一一定出，按这些直线的起点、终点，圆弧的中心、半径、起点、终点坐标进行编程。当零件的形状复杂或具有非圆曲线时，人工编程的工作量大，容易出错。

为了简化编程工作，利用计算机进行自动编程是必然趋势。自动编程使用专用的数控语言及各种输入手段，向计算机输入必要的形状和尺寸数据，利用专门的应用软件即可求得各交点、切点坐标及编写数控加工程序所需的数据，编写出数控加工程序，再将程序传输给线切割机床。即使是数学知识掌握得不多的人也能简单地进行这项工作。

已有多种可输出两种格式（ISO 和 3B）程序的自动编程机。

值得指出的是，一些计算机数控（CNC）线切割机床本身已具有多种自动编程机的功能，或做到了控制机与编程机合二为一，在控制加工的同时，可以脱机进行自动编程。例如，国外的单向走丝线切割机床及我国生产的一些双向走丝线切割机都有类似的功能。

目前，我国双向走丝线切割加工的自动编程机有根据编程语言来编程的，也有根据菜单采用人机对话来编程的。后者易学，但繁琐；前者简练，但事先需要记忆大量的编程语言、语句，适合于专业编程人员。

为了使编程人员免除记忆枯燥繁琐的编程语言等麻烦，我国科技人员开发出了 YH 型和 CAXA 型等绘图式编程技术。采用此技术，只需根据待加工的零件图形，按照机械制图的步骤在计算机屏幕上绘出零件图，计算机内部的软件即可自动转换成 3B 或 ISO 代码线切割程序，非常简捷方便。

对于一些毛笔字体或熊猫、大象等工艺美术品复杂曲线图案的编程，可以用数字化仪靠描图法把图形直接输入计算机，或用扫描仪直接将图形扫描输入计算机，将图形轮廓线处理成一笔画，再经内部软件的处理，编译成线切割程序。这些描图式输入器和扫描仪等直接输入图形的编程系统，已有商品出售。图 3-13 所示为用扫描仪直接输入图形后编程切割出的工件图形。

图 3-13　用扫描仪直接输入图形后编程切割出的工件图形
a）熊猫啃竹子　b）和平鸽　c）岛上椰树　d）香港回归

第四节　影响电火花线切割工艺指标的因素

一、电火花线切割加工的主要工艺指标

1. 切割速度和切割效率

在保持一定的表面粗糙度的切割过程中，单位时间内电极丝中心线在工件上切出的面积总和称为切割速度，单位为 mm^2/min。最高切割速度是指在不计切割方向和表面粗糙度等的条件下，所能达到的切割速度。通常高速走丝线切割速度为 $80 \sim 180 mm^2/min$，它与加工电流的大小有关。为了比较输出电流不同的脉冲电源的切割效果，将每安培电流的切割速度称为切割效率，一般切割效率为 $20 mm^2/(min \cdot A)$，即属于中、上等的加工水平。

2. 表面粗糙度

和电火花加工的表面粗糙度一样，我国和欧洲国家常用轮廓算术平均偏差 $Ra(\mu m)$ 来表示，而日本常用 $R_{max}(\mu m)$ 来表示。高速走丝线切割的表面粗糙度值一般为 $Ra 5 \sim 2.5 \mu m$，

最佳也只有 $Ra1\mu m$ 左右；低速走丝线切割一般可达 $Ra1.25\mu m$，最佳可达 $Ra0.04\mu m$。

用双向高速走丝方式切割钢件时，在切割出表面的进出口两端附近，往往有黑白相间的条纹，仔细观察时能看出黑的微凹、白的微凸，电极丝每正、反向换向一次，便有一条窄的黑白条纹，如图 3-14a 所示。这是由于工作液出、入口处的供应状况和蚀除物的排除情况不同所造成的。如图 3-14b 所示，电极丝入口处工作液供应充分，冷却条件好，蚀除量大，但蚀除物不易排出，工作液在放电间隙中高温热裂分解出的炭黑和钢中的碳微粒被移动的电极丝带入间隙，致使放电产生的炭黑等物质凝聚附着在该处加工表面上，使该处呈黑色。而出口处工作液少，冷却条件差，但因靠近出口，排除蚀除物的条件好；又因工作液少、蚀除量小，放电产物中的炭黑也较少，且放电常在小气泡等气体中发生，因此表面呈白色。由于在气体中放电间隙比在液体中小，因此，电极丝入口处的放电间隙比出口处大，如图 3-14c 所示。

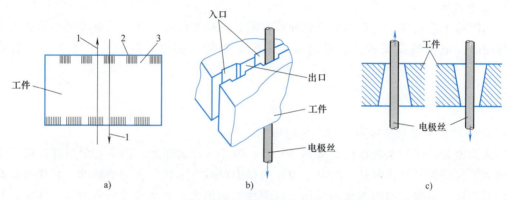

图 3-14 线切割表面的黑白条纹及其切缝形状

a) 电极丝往复运动产生的黑白条纹 b) 电极丝入口和出口处的宽度 c) 电极丝不同走向处的断面图
1—电极丝运动方向 2—微凹的黑色部分 3—微凸的白色部分

3. 电极丝损耗量

对于双向高速走丝机床，用电极丝在切割 $10000mm^2$ 面积后直径的减小量来表示电极丝损耗量。一般每切割 $10000m^2$ 后，电极丝直径减小不应大于 $0.01mm$。

4. 加工精度

加工精度是所加工工件的尺寸精度、形状精度（如直线度、平面度、圆度等）和位置精度（如平行度、垂直度、倾斜度等）的总称。往复高速走丝线切割的可控加工精度为 $0.01 \sim 0.02mm$，单向低速走丝线切割可达 $0.002 \sim 0.005mm$。

影响电火花加工工艺指标的各种因素在第二章中已做介绍，这里仅就电火花线切割工艺的一些特殊问题进行补充。

二、电参数的影响

1. 脉冲宽度 t_i

通常脉冲宽度 t_i 加大时，加工速度提高而表面粗糙度值变大。一般 $t_i = 2 \sim 60\mu s$，在分组脉冲及光整加工时，t_i 可小至 $0.5\mu s$ 以下。

2. 脉冲间隔 t_0

脉冲间隔 t_0 减小时，平均电流增大，切割速度加快，但 t_0 不能过小，以免引起电弧和断丝。一般取 $t_0 = (4 \sim 8) t_i$，在刚切入或进行大厚度加工时，应取较大的 t_0 值。

3. 开路电压 $\hat{u}_i$

该值会引起脉冲峰值电流和放电加工间隙的改变。$\hat{u}_i$ 提高，加工间隙增大，排屑变得容易，能提高切割速度和加工稳定性，但易造成电极丝振动。通常 $\hat{u}_i$ 的提高还会使电极丝损耗加大。

4. 脉冲峰值电流 $\hat{i}_e$

这是决定单个脉冲能量的主要因素之一。$\hat{i}_e$ 增大时，切割速度提高，表面粗糙度值增大，电极丝相对损耗加大甚至断丝。一般 $\hat{i}_e < 40\text{A}$，平均电流小于 5A。单向低速走丝线切割加工时，因脉冲宽度很窄，电极丝较粗且仅使用一次，故 $\hat{i}_e$ 常大于 100A 甚至可达到 1000A。

5. 放电波形

在相同的工艺条件下，高频分组脉冲常常能获得较好的加工效果。电流波形的前沿上升比较缓慢时，电极丝损耗较少。但当脉冲宽度很窄时，必须有陡的前沿才能进行有效的加工。

三、非电参数的影响

1. 电极丝及其移动速度对工艺指标的影响

双向高速走丝线切割机床广泛采用 $\phi 0.06 \sim \phi 0.20\text{mm}$ 的钼丝，因为它耐损耗、抗拉强度高、丝质不易变脆且较少断丝。提高电极丝的张力可减少电极丝振动的影响，从而可提高精度和切割速度。电极丝张力的波动对加工稳定性影响很大，产生波动的原因是：导轮、导轮轴承磨损偏摆、跳动；电极丝在卷丝筒上缠绕得松紧不均；正、反向运动时张力不一样；工作一段时间后电极丝伸长，张力下降。采用恒张力装置可以在一定程度上改善电极丝张力的波动。电极丝的直径决定了切缝宽度和允许的峰值电流。最高切割速度一般都是用较粗的电极丝实现的。在切割小模数齿轮等复杂零件时，只有采用细电极丝，才能获得精细的形状和很小的圆角半径。随着走丝速度的提高，在一定范围内，加工速度也提高。提高走丝速度有利于电极丝把工作液带入较大厚度的工件放电间隙中，有利于电蚀产物的排除和保证放电加工的稳定。但走丝速度过高，将加大机械振动，降低精度和切割速度，表面粗糙度值也会增大，并且易造成断丝。因此，走丝速度一般以小于 10m/s 为宜。对于单向低速走丝线切割机床，电极丝的材料和直径有较大的选择范围。要求高生产率时，可用 $\phi 0.3\text{mm}$ 以下的镀锌黄铜丝，允许较大的峰值电流和气化爆炸力；精微加工时，可用 $\phi 0.03\text{mm}$ 以上的钼丝和钨丝。如果电极丝张力均匀、振动较小，则加工稳定性、表面粗糙度、精度指标等均较好。

2. 工件厚度及材料对工艺指标的影响

工件薄，工作液容易进入并充满放电间隙，对排屑和消电离有利，加工稳定性好。但如果工件太薄，则电极丝易产生抖动，对加工精度和表面粗糙度不利。工件厚，工作液难以进入和充满放电间隙，加工稳定性差，但电极丝不易抖动，因此精度较高、表面粗糙度值较小。切割速度先随厚度的增加而提高，当达到某一最大值（一般最佳切割厚度为 50～100mm）后开始下降，这是因为厚度过大时，冲液和排屑条件会变差。

工件材料不同，其熔点、气化点、热导率等都不一样，因而加工效果也不同。例如，采用乳化液加工时，依工件材料不同，有以下特点：

1) 加工铜、铝、淬火钢时，加工过程稳定、切割速度高。
2) 加工不锈钢、磁钢、未淬火高碳钢时，切割速度低、稳定性及表面质量差。
3) 加工硬质合金时，比较稳定，切割速度较低、表面粗糙度值小。

3. 预置进给速度对工艺指标的影响

预置进给速度（指进给速度的调节，俗称变频调节）对切割速度、加工精度和表面质量的影响很大。因此，应调节预置进给速度，紧密跟踪工件蚀除速度，保持加工间隙恒定为最佳值。这样可使有效放电状态的概率、比例大，而开路和短路的比例小，使切割速度达到给定加工条件下的最大值，相应地加工精度和表面质量也好。如果预置进给速度调节得太快，超过工件可能的蚀除速度，则会出现频繁的短路现象，切割速度反而降低，表面粗糙度值增大，上、下端面切缝呈焦黄色，甚至可能断丝；反之，预置进给速度调得太慢，大大落后于工件可能的蚀除速度，极间将偏向于形成开路，有时会时而开路时而短路，上、下端面切缝也呈焦黄色。这两种情况都会大大影响工艺指标。因此，应按电压表、电流表调节进给旋钮，使表针稳定不动，此时进给速度均匀、平稳，是线切割加工速度和表面粗糙度均好的最佳状态。

此外，机械部分的精度（如导轨、轴承、导轮等的磨损、传动误差）和工作液（种类、浓度及脏污程度）都会对加工效果产生相当大的影响。当导轮、轴承偏摆，工作液上、下冲水不均匀时，会使加工表面产生上、下凹凸相间的条纹，恶化工艺指标。

四、合理选择电参数

1. 要求切割速度高时

当脉冲电源的空载电压高、短路电流和脉冲宽度大时，则切割速度高。但是，切割速度和表面粗糙度的要求是互相矛盾的，所以，必须在满足表面粗糙度要求的前提下，再追求高的切割速度。切割速度还受到间隙消电离的限制，也就是说，脉冲间隔也要适宜，不能太小。

2. 要求表面粗糙度值低时

若切割的工件厚度在 80mm 以内，则选用分组波脉冲电源为好。它与同样能量的矩形波脉冲电源相比，在相同的切割速度条件下，可以获得较小的表面粗糙度值。

无论是矩形波还是分组波，其单个脉冲能量小，则 Ra 值小，即脉冲宽度小、脉冲间隔适当、峰值电压低、峰值电流小时，表面粗糙度值可较小，但切割速度偏低。

3. 要求电极丝损耗小时

应选用前阶梯脉冲波形或脉冲前沿上升缓慢的波形，由于这种波形电流的上升率低（即 di/dt 小），故可以减小电极丝损耗，但切割速度也会降低。

4. 切割厚工件时

此时，应选用矩形波、高电压、大电流、大脉冲宽度和大脉冲间隔，并加大冲液流量和流速，可充分消电离，从而保证加工的稳定性。

若加工模具厚度为 20~60mm，表面粗糙度值 $Ra=1.6$~$3.2\mu m$，则脉冲电源的电参数可在以下范围内选取：脉冲宽度 4~20μs；脉冲电压 60~80V；功率管数 3~6 个；加工电流 0.8~2A；切割速度 15~40mm²/min。

选择上述电参数的下限值时，表面粗糙度值为 $Ra=1.6\mu m$，随着参数值的增大，表面粗糙度值增至 $Ra=3.2\mu m$。

加工薄工件时，电参数应取小些，否则会使放电间隙增大；加工厚工件时，电参数应该适当取大些，否则会使加工不稳定、加工质量下降。

五、合理调整变频进给的方法

整个变频进给控制电路有多个调整环节，其中大都安装在机床控制柜内部，出厂时已调整好，一般不应再变动。只有一个调节旋钮安装在控制台操作面板上，操作工人可以根据工件材料、厚度及加工规准等来调节此旋钮，以改变进给速度。

不要以为变频进给的电路能自动跟踪工件的蚀除速度并始终维持某一放电间隙（即不会开路不走或短路闷死），不能错误地认为加工时可不必或随便调节变频进给量。实际上，某一具体加工条件下只存在一个相应的最佳进给量，此时，电极丝的进给速度恰好等于工件实际可能的最大蚀除速度（可参考图 2-21）。如果设置的进给速度小于工件实际可能的蚀除速度（称为欠跟踪或欠进给），则加工状态偏于开路，降低了生产率；如果设置的进给速度大于工件实际可能的蚀除速度（称为过跟踪或过进给），则加工状态偏于短路，实际进给和切割速度也将下降，而且增加了断丝和短路闷死的危险。实际上，由于进给系统中步进电动机、传动部件等有机械惯性及滞后现象，因此不论是欠进给或过进给，自动调节系统都将使进给速度忽快忽慢、加工过程变得不稳定。因此，合理调节变频进给，使其达到较好的加工状态是很重要的，主要有以下四种方法。

1. 用示波器观察和分析加工状态

如果条件允许，最好用示波器观察加工状态，这不仅直观，还可以测量脉冲电源的各种电参数。将示波器探头的正极接工件、负极接电极丝，调整好示波器，则可能观察到的波形如图 3-15 所示。若变频进给调整得合适，则加工波最浓、空载波和短路波很淡，此时为最佳加工状态，如图 3-15c 所示。

数控线切割机床加工效果的好坏，在很大程度上还取决于操作者调整的进给速度是否适宜，为此可将示波器接到放电间隙，根据加工波形来直观地判断与调整（图 3-15）。

不同进给速度对线切割的影响如下：

1) 进给速度过高则为过跟踪，如图 3-15a 所示。此时间隙中空载电压波形消失，加工电压波形变淡，短路电压波形变浓。这时工件蚀除的速度低于进给速度，间隙接近于短路，加工表面发焦呈褐色，工件的上、下端面均有过烧现象。

2) 进给速度过低则为欠跟踪，如图 3-15b 所示。此时间隙中空载电压波形较浓，时而出现加工波形，短路波形较少。这时工件蚀除的速度大于进给速度，间隙接近于开路，加工表面也发焦呈淡褐色，工件的上、下端面也有过烧现象。

3) 进给速度稍低则为欠佳跟踪。此时间隙中空载、加工、短路三种波形均较明显，波形比较稳定。这时工件蚀除的线速度略高于进给速度，加工表面较粗、较白，两端面有黑白相间的条纹。

4) 进给速度适宜则为正常跟踪，如图 3-15c 所示。此时间隙中空载及短路波形较淡，加工波形浓而稳定。这时工件蚀除的线速度与进给速度相当，加工表面细而亮、丝纹均匀。因此在这种情况下，能得到表面粗糙度值小、精度高的加工效果。

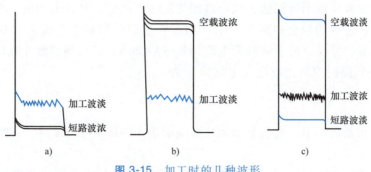

图 3-15 加工时的几种波形
a) 过跟踪 b) 欠跟踪 c) 正常跟踪

表 3-2 给出了根据进给状态调整变频的方法。

表 3-2 根据进给状态调整变频的方法

实频状态	进给状态	加工面状况	切割速度	电极丝	变频调整
过跟踪	慢而稳	焦褐色	低	略焦,老化快	应减慢进给速度
欠跟踪	忽慢忽快,不均匀	不光洁,易出深痕	低	易烧丝,丝上有白斑伤痕	应加快进给速度
欠佳跟踪	慢而稳	略焦褐,有条纹	较高	焦色	应稍增加进给速度
最佳跟踪	很稳	发白,光洁	最高	发白,老化慢	不需要调整

2. 用电压表和电流表观察分析加工状态

利用电压表和电流表来观察加工状态,调节变频进给旋钮,使电压表和电流表的指针摆动最小(最好不动),即处于较好的加工状态,实质上也是一种合理地调节变频进给速度的方法。以下介绍一种用电流表根据工作电流和短路电流的比值来更快速、有效地调节最佳变频进给速度的方法。

3. 按加工电流和短路电流的比值 β 来调节

根据操作实践,并经理论推导证明,用矩形波脉冲电源进行线切割加工时,无论工件材料、厚度以及规准大小如何,只要调节变频进给旋钮,把加工电流(即电流表上指示出的平均电流)调节到大约等于短路电流(即脉冲电源短路时电流表上指示的电流)的70%~80%(β 值),就可接近最佳工作状态度,即此时的变频进给速度最合理,加工最稳定,切割速度最高。

4. 计算出不同空载电压时的 β 值

这是更严格、更准确的方法。加工电流与短路电流的最佳比值 β 与脉冲电源的空载电压(峰值电压 $\hat{u}_i$)和火花放电的维持电压 u_e 的比值有关,其关系为

$$\beta = 1 - \frac{u_e}{\hat{u}_i}$$

当火花放电维持电压 u_e 约为 20V,用不同空载电压的脉冲电源进行加工时,加工电流与短路电流的最佳比值见表 3-3。

表 3-3 加工电流与短路电流的最佳比值

脉冲电源空载电压 $\hat{u}_i$/V	40	50	60	70	80	90	100	110	120
加工电流与短路电流的最佳比值 β	0.5	0.6	0.66	0.71	0.75	0.78	0.8	0.82	0.83

短路电流的获取可以用计算法，也可以用实测法。例如，某种电源的空载电压为100V，共用六个功放管，每管的限流电阻为25Ω，则每管导通时的最大电流为（100÷25）A=4A。六个功放管全用时，导通时的短路峰值电流为6×4A=24A。设选用的脉冲宽度和脉冲间隔的比值为1:5，则短路时的短路电流（平均值）为

$$24A \times \frac{1}{5+1} = 4A$$

由此，在线切割加工中，当调节到加工电流等于4A×0.8=3.2A时，进给速度和切割速度将为最佳。

实测短路电流的方法为，用一根较粗的导线或旋具，人为地将脉冲电源输出端搭接短路，此时从电流表上读取的数值即为短路电流值。按此法可将各类电源在不同电压以及不同脉宽、脉间比时的短路电流列成一张表，以备随时查用。

此方法可使操作工人在调节和寻找最佳变频进给速度时有一个明确的目标值，可以很快地调节到较好的进给和加工状态的大致范围，必要时再根据前述电压表和电流表指针的摆动方向，补偿调节到表针稳定不动的状态。

必须指出，上述所有调节方法都必须在工作液供给充足、导轮精度良好、电极丝松紧合适等正常切割条件下才能取得较好的效果。

第五节 电火花线切割加工工艺及其扩展应用

电火花线切割加工已被广泛用于国防和民用的生产和科研工作中，用于加工各种难加工材料、复杂表面和有特殊要求的零件、刀具和模具。

一、电火花线切割加工工艺及机床

就工艺实现的可能性而言，双向走丝电火花线切割加工机床可分为三类。

1. 只具有切割直壁二维型面功能的线切割加工机床

这类机床工作台只有 X、Y 两个数控轴，电极丝在切割时始终处于垂直于工作台台面的状态，因此，只能切割直上直下的直壁二维图形曲面，常用于切割直壁没有落料角（无锥度）的冲模、工具电极和零件。早期的绝大多数线切割机床都属于这一类产品，其结构简单、价格便宜、可控精度较高。

2. 具有斜度切割功能，可实现等锥角三维曲面切割工艺的机床

这类机床除工作台有 X、Y 两个数控轴外，在上丝架上还安装有小型工作台，其具有 U、V 两个数控轴，使电极丝（钼丝）上端可做倾斜移动，从而切割出有锥度的倾斜表面。由于 X、Y 和 U、V 四个数控轴是同步、成比例的，因此切割出的斜度（圆锥角）是相等的，可用于切割有落料角的冲模。现在生产的大多数双向走丝线切割机床都属于此类机床。可调节的圆锥角最早只有3°~10°，之后由于技术上的改进可增大到30°甚至60°以上。

3. 可实现变锥度、上下异形面切割工艺的机床

这类机床在 X、Y 和 U、V 工作台等机械结构上与上述机床类似，所不同的是在编程和控制软件上有所区别。为了能切割出上下不同的截面，如上圆下方（俗称天圆地方）的多维曲面，在软件中须按上截面和下截面分别编程，然后在切割时加以合成（如指定上下异

形面上的对应点等）。电极丝（钼丝）在切割过程中的斜度不是固定的，可随时变化。图 3-16a 所示为天圆地方上下异形面工件，图 3-16b 所示为一端截面为红桃，逐步过渡到另一端截面为草花的上下异形面工件。国内外生产的单向低速走丝线切割机床，一般都有上下异形面切割功能。

近十多年来，为提高双向高速走丝切割机床的切割精度和改善切割表面粗糙度，很多企业改进研制出丝速分档可变（2~10m/s）、可多次切割（2~4 次）的所谓中速走丝机床，还增加了电极丝的恒张力装置，取得了长足的进步。

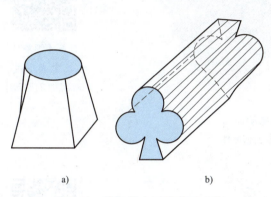

图 3-16 线切割上下异形面工件

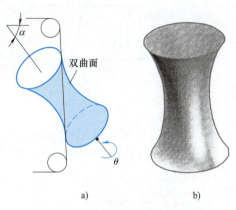

图 3-17 工件倾斜、数控回转线切割加工双曲面零件图
a）线切割加工双曲面原理 b）双曲面体外形

3.2【上下异形面电火花线切割加工原理】

3.3【三维直纹曲面加工样件】

3.4【双曲面零件电火花线切割加工原理】

二、线切割工艺的扩展应用

国内外生产的上述 X、Y 和 U、V 四轴联动、能切割上下异形面的线切割机床，但都无法加工出螺旋表面、双曲线表面和正弦曲面等复杂表面，因为它缺少一个工件绕自身数控回转的功能。

如果增加一个数控分度转台附件，将工件装在数控回转工作台附件上，采取数控移动和数控转动相结合的方式编程，用 θ 角方向的单步转动来代替 Y 轴方向的单步移动，即可完成上述复杂曲面的加工。以下为哈尔滨工业大学特种加工和机电控制研究所博士研究生周正干、任福君、叶树林等，于 1980—1986 年在我国双向快走丝机床上，利用附加

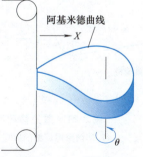

3.5【阿基米德螺旋线平面凸轮电火花线切割加工原理】

图 3-18 X 轴与 θ 轴联动插补线切割加工阿基米德螺旋线平面凸轮

的数控分度转台附件创新性地线切割加工出的一些多维复杂曲面样件,如图 3-17~图 3-24 所示。

加工出上述三维立体"回转"工件是我国的首创和独创,即使国外多功能的单向慢走丝线切割机床也加工不出来。

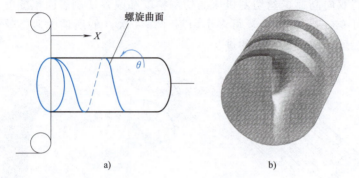

3.6【螺旋曲面电火花线切割加工原理】

图 3-19 数控移动加转动线切割螺旋曲面
a) 螺旋曲面线切割加工原理 b) 螺旋曲面零件

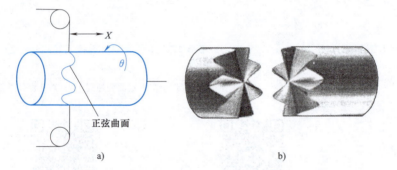

3.7【正弦曲面电火花线切割加工原理】

图 3-20 数控往复移动加转动线切割正弦曲面
a) 切割正弦曲面原理 b) 端面为正弦曲面的零件

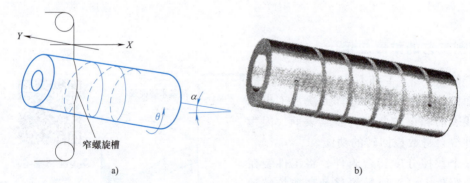

3.8【窄螺旋槽电火花线切割加工原理】

图 3-21 数控移动加转动线切割窄螺旋槽
a) 切割窄螺旋槽的原理 b) 带有窄螺旋槽的套管

图 3-17a 所示为在 X 轴或 Y 轴方向切入后,工件仅按 θ 轴单轴伺服转动的情形,可以切割出图 3-17b 所示的腰鼓形、冷凝塔形的双曲面体。图 3-18 所示为 X 轴与 θ 轴联动插补(按极坐标 ρ、θ 数控插补)线切割加工阿基米德螺旋线平面凸轮。图 3-19a 中电极丝自工件

中心平面沿 X 轴切入，与 θ 轴转动二轴数控联动，可以"一分为二"地将一个圆柱体切成两个"麻花"瓣螺旋面零件；图 3-19b 所示为其切割出的一个螺旋曲面零件。这一方法可以加工特殊材料的特殊弹簧。图 3-20a 中的电极丝自穿丝孔或中心平面切入后与 θ 轴联动，电极丝在 X 轴方向往复移动数次，θ 轴转动一圈，即可切割出两个端面为正弦曲面的零件，如图 3-20b 所示。此法可用来加工特殊的端面"离合器"。图 3-21a 所示为切割窄螺旋槽的原理，带有窄螺旋槽的套管可用作机器人等精密传动部件中的挠性接头。电极丝沿 Y 轴侧向切入至中心平面后，一边沿 X 轴移动，一边与工件按 θ 轴转动相配合，可切割出图 3-21b 所示的带有窄螺旋槽的套管，其扭转刚度很高，弯曲刚度则稍低，可用作精密传动中的弹性挠头。图 3-22a 所示为切割八角宝塔的原理，它最早是由苏州电加工研究所李梦辰工程师按苏州北寺塔的形状，创新性地加工出来的。这一方法好在不需要数控转动，只需附加一个分度

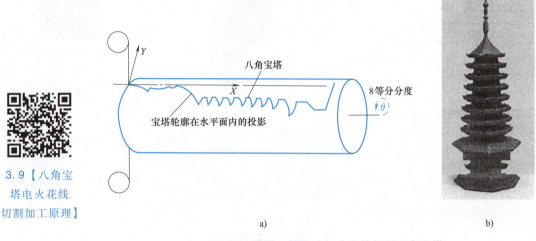

3.9【八角宝塔电火花线切割加工原理】

图 3-22 数控二轴联动加分度线切割八角宝塔
a）切割八角宝塔的原理　b）八角宝塔照片

头进行人工分度，即可加工出多维复杂立体曲面。电极丝自塔尖切入，在 X、Y 轴方向按宝塔轮廓在水平面内的投影二轴数控联动，切割到宝塔底部后，电极丝空走回到塔尖，工件作八等分分度（转 45°），再进行第二次切割。这样经七次分度、八次切割，即可加工出图 3-22b 所示的八角宝塔。当初李梦辰工程师加工出宝塔零件后，常用手托着给同事看，人们戏称他为"托塔李天王"。图 3-23 所示为哈尔滨工业大学研究生马明霞用数控二轴联动加分度线切割加工的太师椅，加工时数控二轴（X、Y 轴）联动，加一次 90°分度，共切割两次。毛坯为圆柱形棒料，水平装夹在分度机构中。图 3-24a 所示为切割四方扭转锥台的原理，需要三轴联动数控插补才能加工出来。工件（圆柱体）水

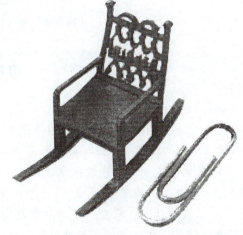

图 3-23 数控二轴联动加分度线切割太师椅

平装夹在数控转台轴上,电极丝在 X、Y 轴方向二轴联动插补,其轨迹为一斜线,同时又与工件的 θ 轴转动相联动,进行三轴数控插补,即可切割出扭转的锥面;切割完一面后,进行 90°分度,再切割第二面;这样分度三次、切割四次,即可切割出四方扭转锥台,如图 3-24b 所示。

以上线切割工艺的扩展应用,是在国内外线切割机床设备的改装和工艺范围上的扩展,在 1980 年就已开创了先例,这说明数控电火花线切割机床设备和工艺扩展还有很大的潜力可以挖掘,期待人们用创新性思维去发明和发展。

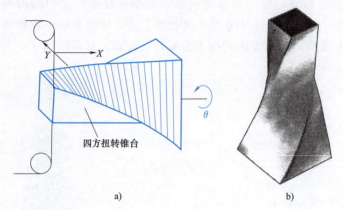

3.10【四方扭转锥台电火花线切割加工原理】

图 3-24 数控三轴联动加分度线切割四方扭转锥台
a) 加工原理 b) 外形图

知识扩展

电火花线切割加工的图片集锦

【第三章 电火花线切割加工的图片集锦】

思考题和习题

3-1 电火花加工和线切割加工时,粗、中、精加工时的生产率和脉冲电源的功率、输出电流大小有关。用什么方法、标准来衡量、判断脉冲电源加工性能(绝对性能和相对性能)的好坏?(提示:测量其单位电流的切割速度和生产率)

3-2 电火花加工或线切割加工时,如何计算脉冲电源的电能利用率?试估算一般线切割方波脉冲电源的电能利用率。(提示:分析、计算消耗在限流电阻上的电能百分比)

3-3 试设计一种测量、绘制数控线切割加工的间隙蚀除特性曲线的方法。(提示:使线切割等速进给,由欠跟踪到过跟踪)

3-4 一般线切割加工机床的进给调节特性曲线和电火花加工机床的进给调节特性曲线有何不同?与有短路回退功能的线切割加工机床的进给调节特性曲线又有什么不同?

3-5 试设计一种测量、绘制数控线切割加工机床的进给调节特性曲线的方法。(提示：在线切割机床上做空载模拟试验，用可调直流电源模拟火花间隙的平均电压)

3-6 参考图 3-20，拟用数控线切割加工有八个直齿的牙嵌离合器，试画出其工艺示意图并编制相应的线切割 3B 程序。

3-7 试全面分析和比较"单向慢走丝"和"双向快走丝"线切割机床的特点和优缺点。(切割精度、速度和功能，自动化程度，机床价格，操作加工成本，机床使用折旧率等)

思政思考题

1. 钢丝锯与电火花线切割有何相似之处？
2. 脉冲电源为何追求节能化？
3. 慢走丝线切割技术瓶颈何在？

中国创造：
笔头创新之路

重点内容讲解视频

第四章　电化学加工

本章教学重点

知识要点	相关知识	掌握程度
电化学加工的原理及分类	电化学加工、电解质溶液、电极电位的基本概念；电化学加工的三种类型；电化学加工优越性的体现	掌握电化学加工的概念、分类及特点
电解加工	电解加工的原理及特点、基本规律；电解液的种类及流场设计；加工精度的影响因素及提高精度的途径；电解加工工艺参数及其对工艺指标的影响规律；电解加工设备；电解加工的典型应用	掌握电解加工的原理与特点，熟悉电解加工的基本规律，掌握电解液的选择方法及流场设计原则，$\cos\theta$ 作图设计阴极法、提高电解加工精度的途径，了解电解加工设备及其应用
电解磨削	电解磨削的基本原理和特点；电解磨削生产率和加工质量的影响因素；电解液的种类及加工设备；电解磨削的应用	掌握电解磨削的原理和特点，了解电解磨削技术的应用，中极法电解磨削
电铸、涂镀及复合镀加工	电铸加工和涂镀加工的原理、特点和应用范围及工艺过程，复合镀加工的原理	了解电铸加工、涂镀加工的原理、特点及应用

导入案例

在直流电源或微电源和原电池的作用下，两种不同金属浸入含有金属离子的溶液时，阳极和阴极金属表面处会出现什么现象？体现出何种技术？或许技术本身总是披着神秘的面纱，让人觉得遥不可及、无从下手。然而，雨后锈迹斑斑的自行车与商场里金光闪闪（电镀后）的工艺品却正是对上述问题最直接的回答——阳极会发生腐蚀（电解），阴极会发生沉积（电镀）。事实上，技术是为生活服务，而技术又何尝不是来源于生活？经历过疑问与思考之后，会发现生活现象与科学技术之间的距离往往也仅有一步之遥。我国在20世纪50年代就开始应用电解加工方法对炮膛进行加工，现已广泛应用于航空发动机涡轮叶片（图4-1）、花键孔、

图 4-1　航空发动机涡轮叶片

内齿轮、模具、阀片等异形零件的加工。

实际上，对电化学加工的认识与电火花加工的认识类似，都是依据事物总是可以"一分为二"的原理，可以创造条件，把"坏事"变为"有用"的好事。钢铁遇水生锈腐蚀、船舶钢铁外壳在海水中遭受锈蚀的损失，每年都是大得难以估量。人们仿照钢铁锈蚀的原理，人为地用电流局部地加速电化学腐蚀，形成现今的电化学加工技术。

近年来，由电化学过程派生出来的众多新工艺、新方法也在推动着电化学加工技术的进一步发展。那么，电化学加工技术的基本原理和具体过程是什么？电化学过程派生出来的其他工艺方法和应用有哪些？本章将针对这些问题展开介绍和论述。

电化学加工（Electrochemical Machining，ECM）包括从工件上去除金属的电解加工和向工件上沉积金属的电镀、涂覆、电铸加工两大类。虽然有关的基本理论在 19 世纪末已经建立，但真正在工业上得到大规模应用，还是 20 世纪 30~50 年代以后的事。目前，电化学加工已经成为我国民用和国防工业中一种不可或缺的加工手段。

第一节 电化学加工的原理及分类

一、电化学加工的基本原理

人们研究发现，钢铁淋雨后表面产生锈蚀，不光是化学作用，还有"原电池"的电流作用，是一个电化学作用过程。

1. 电化学加工过程

当两铜片接上约 10V 的直流电源并插入 $CuCl_2$ 的水溶液（此水溶液中含有 H^+、OH^- 和 Cu^{2+}、Cl^- 等正、负离子）中时，即形成通路，如图 4-2 所示。导线和溶液中均有电流流过，在溶液外部的导线中，习惯上认为电流自电源的正极流出，自负极流回直流电源；而电子流则相反，它自负极流出、正极流入。在金属片（电极）和溶液的界面上，必定有交换电子的反应，即电化学反应。溶液中的离子将做定向移动，Cu^{2+} 移向阴极，在阴极上得到电子而进行还原反应，沉积出铜。在阳极表面，Cu 原子失去电子而成为 Cu^{2+} 进入溶液。溶液中正、负离子的定向移动称为电荷迁移。在阳、阴电极表面发生的得失电子的化学反应称为电化学反应，以这种电化学作用为基础对金属进行加工（图 4-2 中阳极上为电解蚀除，学术上称阳极溶解；阴极上为电镀沉积，学术上称阴极沉积，常用于提炼纯铜）的方法称为电化学加工。其实，任何两种不同的金属放入任何导电的水溶液中，都会有类似的情况发生，即使没有外加电场，自身也将成为原电池（图 4-3）。下面讨论与这一反应过程密切相关的概念，包括电解质溶液、电极电位以及电极的极化、钝化、活化等。

2. 电解质溶液

溶于水后能导电的物质称为电解质，如盐酸（HCl）、硫酸（H_2SO_4）、氢氧化钠（NaOH）、氢氧化氨（NH_4OH）、氯化钠（NaCl）、硝酸钠（$NaNO_3$）、氯酸钠（$NaClO_3$）等酸、碱、盐都是电解质。电解质与水形成的溶液称为电解质溶液，简称电解液。电解液中所含电解质的多少即为电解液的质量分数（浓度）。

4.1【电化学加工的基本原理】

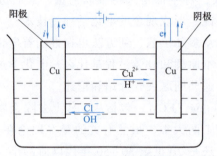

图 4-2　电解液中的电化学反应

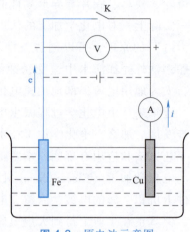

图 4-3　原电池示意图

由于水分子是极性分子，可以和其他带电粒子发生微观静电作用。例如，NaCl 是一种中性盐类电解质，是结晶体。组成 NaCl 晶体的粒子不是分子，而是相间排列的 Na^+ 离子和 Cl^- 离子，称为离子型晶体。把它放到水里，就会发生电离作用，这种作用使 Na^+ 和 Cl^- 离子之间的静电作用减弱，大约只有原来静电作用的 1/80。因此，Na^+、Cl^- 离子一个个、一层层地被水分子拉入溶液中。在这种电解质水溶液中，每个 Na^+ 离子和每个 Cl^- 离子周围均吸引着一些水分子，成为水化离子，这一过程称为电解质的电离，其电离方程式可简写为

$$NaCl \rightarrow Na^+ + Cl^-$$

NaCl 在水中能 100%电离，称为强电解质。强酸、强碱和大多数盐类都是强电解质，它们在水中都能完全电离。弱电解质如氨（NH_3）、醋酸（CH_3COOH）等在水中仅有小部分电离成离子，大部分仍以分子状态存在。水也是弱电解质，它本身也能微弱地离解为正的氢离子（H^+）和负的氢氧根离子（OH^-），导电能力很弱。

由于溶液中正、负离子的电荷相等，因此整个溶液仍保持电中性。

3. 电极电位

金属原子都是由外层带负电荷的电子和内部带正电荷的金属阳离子所组成的。即使没有外接电源，如果把铜片和铁片插入 NaCl 水溶液中，成为图 4-3 所示的原电池，用电压表可测得铜、铁之间有 0.5V 以上的电位差，铜为（+），铁为（-）。如果将铜、铁短接，则有电流流过。出现此现象的原因是，当金属及其盐溶液接触时，经常发生把电子交给溶液中的离子，或从溶液中得到电子的现象。这样，当铁、锌、铝等较活泼的金属上有多余的电子而带负电时，溶液中靠近金属表面很薄的一层则因有多余的金属离子而带正电。随着由金属表面进入溶液的金属离子数目的增加，金属上的负电荷增加，溶液中的正电荷增加，由于静电引力作用，金属离子的溶解速度逐渐减慢。与此同时，溶液中的金属离子也有沉积到金属表面上的趋势，随着金属表面负电荷的增多，溶液中的金属离子返回金属表面的速度逐渐加快。最后，这两种相反的过程将达到动态平衡。化学性能比较活泼的金属（如铁或锌），其表面带负电，邻近溶液带正电，形成一层极薄的双电层，如图 4-4 所示，金属越活泼，这种倾向就越大。

由于双电层的存在，在正、负电层之间，也就是金属和电解液之间形成了电位差。产生在金属及其盐溶液之间的电位差称为金属的电极电位，因为它是金属在其自身盐溶液中的溶

解和沉积相平衡时的电位差，所以又称为平衡电极电位。

若金属离子（如铜等较不活泼的金属）在金属上的能级比在溶液中的低，即金属离子在金属晶体中比在溶液中更稳定，则金属表面带正电，靠近金属表面的溶液薄层带负电，也形成双电层，如图4-5所示。金属越不活泼，这种倾向就越大。

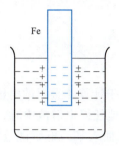

图 4-4　活泼金属的双电层

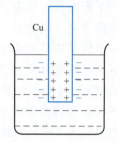

图 4-5　不活泼金属的双电层

到目前为止，还不能直接测定一种金属和其盐溶液之间双电层的电位差，但是，可以用盐桥的办法测出两种不同电极间的相对电位之差。生产实践中规定，采用一种电极作为标准和其他电极比较得出的相对值，称为标准电极电位。通常以标准氢电极为基准，人为地规定它的电极电位为零。表4-1所列为一些元素的标准电极电位，即在25℃时，把金属放在其自身离子的有效质量分数（浓度）为1g/L的溶液中时，此金属的电极电位与标准氢电极的电极电位之差，用 U^0 表示。

表 4-1　一些元素的标准电极电位 U^0 （25℃）

元素氧化态/还原态	电极反应	电极电位/V	元素氧化态/还原态	电极反应	电极电位/V
Li^+/Li	$Li^+ + e \rightleftharpoons Li$	−3.01	Pb^{2+}/Pb	$Pb^{2+} + 2e \rightleftharpoons Pb$	−0.126
Rb^+/Rb	$Rb^+ + e \rightleftharpoons Rb$	−2.98	Fe^{3+}/Fe	$Fe^{3+} + 3e \rightleftharpoons Fe$	−0.036
K^+/K	$K^+ + e \rightleftharpoons K$	−2.925	H^+/H	$2H^+ + 2e \rightleftharpoons H_2$	0
Ba^{2+}/Ba	$Ba^{2+} + 2e \rightleftharpoons Ba$	−2.92	S/S^{2-}	$S + 2H^+ + 2e \rightleftharpoons H_2S$	+0.141
Ca^{2+}/Ca	$Ca^{2+} + 2e \rightleftharpoons Ca$	−2.84	Cu^{2+}/Cu	$Cu^{2+} + 2e \rightleftharpoons Cu$	+0.34
Na^+/Na	$Na^+ + e \rightleftharpoons Na$	−2.713	O_2/OH^-	$H_2O + \frac{1}{2}O_2 + 2e \rightleftharpoons 2OH^-$	+0.401
Mg^{2+}/Mg	$Mg^{2+} + 2e \rightleftharpoons Mg$	−2.38	Cu^+/Cu	$Cu^+ + 2e \rightleftharpoons Cu$	+0.522
Ti^{2+}/Ti	$Ti^{2+} + 2e \rightleftharpoons Ti$	−1.75	I_2/I^-	$I_2 + 2e \rightleftharpoons 2I^-$	+0.535
Al^{3+}/Al	$Al^{3+} + 3e \rightleftharpoons Al$	−1.66	Fe^{3+}/Fe^{2+}	$Fe^{3+} + e \rightleftharpoons Fe^{2+}$	+0.771
V^{3+}/V	$V^{3+} + 3e \rightleftharpoons V$	−1.5	Hg_2^{2+}/Hg	$Hg_2^{2+} + 2e \rightleftharpoons Hg$	+0.7961
Mn^{2+}/Mn	$Mn^{2+} + 2e \rightleftharpoons Mn$	−1.05	Ag^+/Ag	$Ag^+ + e \rightleftharpoons Ag$	+0.7996
Zn^{2+}/Zn	$Zn^{2+} + 2e \rightleftharpoons Zn$	−0.763	Br_2/Br^-	$Br_2 + 2e \rightleftharpoons 2Br^-$	+1.065
Cr^{3+}/Cr	$Cr^{3+} + 3e \rightleftharpoons Cr$	−0.71	Mn^{4+}/Mn^{2+}	$MnO_2 + 4H^+ + 2e \rightleftharpoons Mn^{2+} + 2H_2O$	+1.208
Fe^{2+}/Fe	$Fe^{2+} + 2e \rightleftharpoons Fe$	−0.44	Cr^{6+}/Cr^{3+}	$Cr_2O_7^{2-} + 14H^+ + 6e \rightleftharpoons 2Cr^{3+} + 7H_2O$	+1.33
Cd^{2+}/Cd	$Cd^{2+} + 2e \rightleftharpoons Cd$	−0.402	Cl_2/Cl^-	$Cl_2 + 2e \rightleftharpoons 2Cl^-$	+1.3583
Co^{2+}/Co	$Co^{2+} + 2e \rightleftharpoons Co$	−0.27	Mn^{7+}/Mn^{2+}	$MnO_4^- + 8H^+ + 5e \rightleftharpoons Mn^{2+} + 4H_2O$	+1.491
Ni^{2+}/Ni	$Ni^{2+} + 2e \rightleftharpoons Ni$	−0.23	S^{7+}/S^{6+}	$S_2O_8^{2-} + 2e \rightleftharpoons 2SO_4^{2-}$	+2.01
Mo^{3+}/Mo	$Mo^{3+} + 3e \rightleftharpoons Mo$	−0.20	F_2/F^-	$F_2 + 2e \rightleftharpoons 2F^-$	+2.87
Sn^{2+}/Sn	$Sn^{2+} + 2e \rightleftharpoons Sn$	−0.140			

当离子质量分数改变时，电极电位也随着改变，可用能斯特公式换算。下式是温度为25℃时的简化式

$$U' = U^0 \pm \frac{0.059}{n} \lg a \tag{4-1}$$

式中　U'——平衡电极电位差（V）；
　　　U^0——标准电极电位差（V）；
　　　n——电极反应得失电子数，即离子价数；
　　　a——离子的有效质量分数。

式（4-1）中，"+"号用于计算金属的电极电位，"-"号用于计算非金属的电极电位。

双电层不仅在金属本身离子溶液中产生，当金属浸入其他任何电解液中时，也会产生双电层和电位差。图4-3所示为将任意两种金属，如Fe和Cu插入某一电解液（如NaCl）中时，这两种金属表面分别与电解液形成双电层，两种金属之间存在一定的电位差，其中较活泼的金属Fe的电位低于较不活泼的金属Cu的电位。若两金属电极间没有导线接通，则两电极上的双电层均处于可逆的平衡状态；当两金属电极间有导线接通，即有电流流过时，则成为一个原电池。这时，导线上的电子由Fe一端向Cu流去，使Fe原子成为Fe离子而继续溶入电解液中并逐渐消耗掉，Fe一端称为原电池的阳极。这种自发的溶解过程是很缓慢的。

根据这个原理，进行电化学加工时，人为地利用外加电场，促进上述大量电子移动，同时也促使金属离子的溶解速度加快，相当于在图4-3所示原电池的基础上，接成图4-2那样。在未接通电源前，电解液内的阴、阳离子基本上是均匀分布的。通电以后，在外加电场的作用下，电解液中带正电荷的阳离子向阴极方向移动，带负电荷的阴离子向阳极方向移动，外电源不断从阳极上抽走电子，使阳极金属的正离子迅速溶入电解液中而被腐蚀蚀除；外电源同时向阴极迅速供应电子，加速阴极反应。图4-2、图4-3中的e为电子流动的方向，i为电流的方向。

4. 电极的极化

以上讨论的平衡电极电位是在没有电流通过电极时的情况，当有电流通过时，电极电位的平衡状态将遭到破坏，使阳极的电极电位向正移（代数值增大）、阴极的电极电位向负移（代数值减小），这种现象称为极化，如图4-6所示。极化后的电极电位与平衡电极电位的差值称为超电位，随着电流密度的增大，超电位也增大。

电解加工时，在阳极和阴极都存在着离子的扩散、迁移和电化学反应两种过程。在电极极化过程中，由于离子的扩散、迁移步骤缓慢而引起的电极极化称浓差极化，由于电化学反应缓慢而引起的电极极化称为电化学极化。

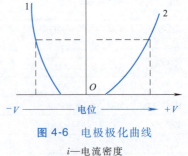

图4-6　电极极化曲线
i—电流密度
1—阴极端　2—阳极端

（1）浓差极化　在阳极极化过程中，金属不断溶解的条件之一是生成的金属离子需要越过双电层，再向外迁移并扩散。然而扩散与迁移的速度是有一定限度的，在外电场的作用下，如果阳极表面液层中金属离子的扩散与迁移速度较慢，来不及扩散到溶液中，造成阳极表面金属离子的堆积，引起了电位值的增大（即阳极电位向正移），就是浓差极化。

在阴极上，由于水化氢离子的移动速度很快，故一般情况下，阴极上氢的浓差极化是很小的。浓差极化主要发生在阳极上。

凡是能加速电极表面离子的扩散与迁移速度的措施，都能使浓差极化减小，如提高电解液流速以增强其搅拌作用、升高电解液温度等。

（2）电化学极化 电化学极化主要发生在阴极上，从电源流入的电子来不及转移给电解液中的 H^+ 离子，在阴极上积累了过多的电子，使阴极电位向负移，从而形成了电化学极化。

在阳极上，金属溶解过程的电化学极化一般是很小的，但当阳极上发生析氧反应时，就会产生相当严重的电化学极化。

电解液的流速对电化学极化几乎没有影响。电化学极化仅取决于反应本身，即取决于电极材料和电解液成分，此外还与温度、电流密度有关。温度升高，反应速度加快，电化学极化减弱。电流密度越高，电化学极化越严重。

5. 金属的钝化和活化

在电解加工过程中还有一种被称为钝化的现象，它使金属阳极溶解过程的超电位升高，使电解速度减慢。例如，铁基合金在硝酸钠（$NaNO_3$）电解液中电解时，电流密度增大到一定值后，铁的溶解速度在大电流密度下维持一段时间后反而急剧下降，使铁处于稳定状态而不再溶解。电解过程中的这种现象称为阳极钝化（电化学钝化），简称钝化。

人们对钝化产生的原因至今仍有不同的看法，其中主要的是成相理论和吸附理论。成相理论认为，金属与溶液作用后，在金属表面上形成了一层致密的、极薄的膜，它通常由氧化物、氢氧化物或盐组成，从而使金属表面失去了原来所具有的活泼性质，使溶解过程变慢。吸附理论则认为，金属的钝化是由于金属表层形成了氧的吸附层而引起的。事实上，两者兼而有之，但在不同条件下可能以某一原因为主。对不锈钢钝化膜的研究表明，合金表面的大部分覆盖着薄而致密的膜，而在膜的下面及其空隙中，则牢固地吸附着氧原子或氧离子。

使金属钝化膜破坏的过程称为活化。引起活化的方法和因素有很多，如把溶液加热、通入还原性气体或加入某些活性离子等，也可以采用机械方法来刮除、破坏钝化膜。电解磨削就利用了后一种原理。

把电解液加热可以引起活化，但温度过高会带来新的问题，如电解液的过快蒸发，绝缘材料的膨胀、软化和损坏等，因此，这种方法只能在一定温度范围内使用。在使金属活化的多种手段中，以氯离子（Cl^-）的作用最引人注意。Cl^- 具有很强的活化能力，这是由于它对大多数金属的亲和力比氧大，Cl^- 吸附在电极上，使钝化膜中的氧排出，从而使金属表面活化。电解加工中使用 NaCl 电解液时生产率高就是基于这一原理。

二、电化学加工的分类

电化学加工按其作用原理可分为三大类。第 I 类是利用电化学阳极溶解进行加工，主要有电解加工、电解抛光等；第 II 类是利用电化学阴极沉积、涂覆进行加工，属于增材加工，主要有电镀、涂镀、电铸等；第 III 类是电化学加工与其他加工方法相结合的电化学复合加工工艺，目前主要是电化学加工与机械加工相结合，如电解磨削、电化学阳极机械加工（还包含电火花放电作用）等，见表 4-2。

表 4-2　电化学加工的分类

类别	加工方法（及原理）	加工类型
Ⅰ	电解加工（阳极溶解） 电解抛光（阳极溶解）	用于形状、尺寸加工 用于表面加工，去毛刺
Ⅱ	电镀（阴极沉积） 局部涂镀（阴极沉积） 复合电镀（阴极沉积） 电铸（阴极沉积）	用于表面加工、装饰 用于表面加工、尺寸修复 用于表面加工、磨具制造、表面改性 用于制造形状复杂的电极，复制精密、复杂的花纹模具
Ⅲ	电解磨削，包括电解珩磨、电解研磨（阳极溶解、机械刮除） 电解电火花复合加工（阳极溶解，电火花蚀除） 电化学阳极机械加工（阳极溶解，电火花蚀除，机械刮除）	用于形状、尺寸加工，超精、光整加工，镜面加工 用于形状、尺寸加工 用于形状、尺寸加工，高速切断、下料

第二节　电解加工

电解加工占电化学加工的一半以上，是用电化学方法将工件上不需要的金属电解掉。

电解加工（ECM）是继电火花加工之后发展较快、应用较广泛的一项新工艺。目前在国内外，电解加工已成功地应用于枪炮、航空发动机、火箭等的制造工业，在汽车、拖拉机、采矿机械的模具制造中也得到了应用。在机械制造业中，电解加工已成为一种不可缺少的工艺方法。

一、电解加工过程及其特点

电解加工是利用金属在电解液中的电化学阳极溶解，将工件加工成形的。在工业生产中，最早的应用是通过电化学腐蚀作用来电解抛光工件表面。但电解抛光时，由于工件和工具电极之间的距离较大（100mm 以上），以及电解液静止不动等一系列原因，只能对工件表面进行普遍的腐蚀和抛光，不能有选择地腐蚀成所需要的零件形状和尺寸。

电解加工是在电解抛光的基础上发展起来的，图 4-7 所示为电解加工过程示意图。加工时，工件接直流电源（10~20V）的正极，工具接电源的负极。工具向工件缓慢进给，使两极之间保持较小的间隙（0.1~1mm），具有一定压力（0.5~2MPa）的氯化钠电解液从间隙中流过，这时，阳极工件的金属被逐渐电解腐蚀掉，电解产物被高速（5~50m/s）流动的电解液带走。

电解加工成形原理如图 4-8 所示，图中的细竖线表示阴极（工具）与阳极（工件）间通过的电流，竖线的疏密程度表示电流密度的大小。在加工刚开始时，阴极与阳极距离较近的地方通过的电流密度较大，电解液的流速也较高，阳极的溶解速度也就较快，如图 4-8a 所示。由于工具相对工件不断进给，使工件表面不断被电解，电解产物不断被电解液冲走，直至工件表面形成与阴极工作面相似而相反的形状为止，如图 4-8b 所示。

1. 电解加工的优点

电解加工与其他加工方法相比较，具有下述优点：

1）加工范围广，不受金属材料本身力学性能的限制，可以加工硬质合金、淬火钢、不锈钢、耐热合金等高硬度、高强度及韧性金属材料，并可加工叶片、锻模等各种复杂型面。

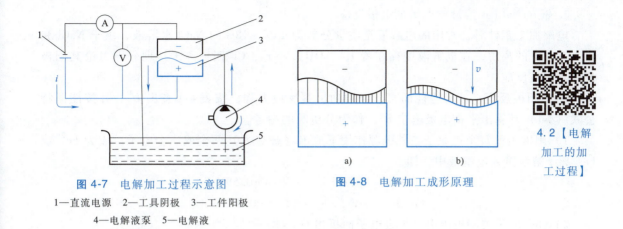

图 4-7 电解加工过程示意图
1—直流电源 2—工具阴极 3—工件阳极
4—电解液泵 5—电解液

图 4-8 电解加工成形原理

4.2【电解加工的加工过程】

2）生产率较高，为电火花加工的 5~10 倍，在某些情况下，比切削加工的生产率还高，且生产率不直接受加工精度和表面粗糙度的限制。

3）可以达到较小的表面粗糙度值（$Ra0.2~1.25\mu m$）和 ±0.1mm 左右的平均加工精度。

4）由于加工过程中不存在机械切削力，因此不会产生由切削力引起的残余应力和变形，没有飞边、毛刺。

5）加工过程中阴极工具理论上不存在损耗，可长期使用。

2. 电解加工的主要缺点和局限性

1）不易达到较高的加工精度和加工稳定性。这是由于影响电解加工间隙电场和流场稳定性的参数很多，控制比较困难。加工时的杂散腐蚀也比较严重。目前，用它加工小孔和窄缝还比较困难。

2）电极工具的设计和修整比较麻烦，因而很难适用于单件小批生产。

3）电解加工的附属设备较多、占地面积较大，机床要有足够的刚性和耐蚀性，故造价较高。对电解加工而言，一次性投资较大。

4）必须对电解产物进行妥善处理，否则将污染环境。例如，对于重金属 Cr^{6+} 离子及各种金属盐类对环境的污染，必须通过投资进行废弃工作液的无害化处理加以治理。此外，电解液及其蒸气还会对机床、电源，甚至厂房造成腐蚀，也需要注意防护。

由于电解加工的优点及缺点都很突出，因此，如何正确选择与使用电解加工工艺，成为摆在人们面前的一个重要问题。我国一些专家提出了选用电解加工工艺的三原则：电解加工适用于难加工材料的加工；电解加工适用于形状相对复杂的零件的加工；电解加工适用于批量大的零件的加工。一般认为，当三原则均满足时，相对而言选择电解加工比较合理。

二、电解加工时的电极反应

电解加工时电极间的反应是相当复杂的，这主要是因为一般工件材料不是纯金属，而是含有多种金属元素的合金，其金相组织也不完全一致。所用的电解液往往也不是该金属盐的溶液，还可能含有多种成分。另外，电解液的质量分数（浓度）、温度、压力及流速等对电极的电化学过程也有影响。下面以在 NaCl 水溶液中电解加工铁基合金为例，来分析其电极反应。

1. 钢在 NaCl 水溶液中电解的电极反应

电解加工钢件时，常用的电解液是质量分数为 14%~18% 的 NaCl 水溶液，由于 NaCl 和水（H_2O）的离解，在电解液中存在着 H^+、OH^-、Na^+、Cl^- 四种离子，现分别讨论其阳极反应和阴极反应。

(1) 阳极反应　就可能性而言，分别列出其反应方程，按表 4-1 查出 U^0，并按能斯特公式 (4-1) 计算出平衡电极电位 U'，作为分析时的参考。

1) 阳极表面每个铁原子在外电源作用下放出（被夺去）两个或三个电子，成为 Fe^{2+} 或 Fe^{3+} 离子溶解进入电解液中，即

$$Fe - 2e \longrightarrow Fe^{2+} \qquad U' = -0.59V$$
$$Fe - 3e \longrightarrow Fe^{3+} \qquad U' = -0.323V$$

2) OH^- 离子被阳极吸引，失去电子而析出 O_2，即

$$4OH^- - 4e \longrightarrow O_2 \uparrow \qquad U' = 0.867V$$

3) Cl^- 离子被阳极吸引，丢掉电子而析出 Cl_2，即

$$2Cl^- - 2e \longrightarrow Cl_2 \uparrow \qquad U' = 1.334V$$

根据电极反应过程的基本原理，平衡电极电位最负的物质将首先在阳极反应。本例中，在阳极，最负的平衡电极电位为 $U' = -0.59V$，即首先是铁失去两个电子，成为二价铁离子 Fe^{2+} 而溶解，不大可能以三价铁离子 Fe^{3+} 的形式溶解，更不可能发生正的平衡电极电位，析出氧气和氯气。阳极上溶入电解液中的 Fe^{2+} 又与其中的 OH^- 离子化合，生成 $Fe(OH)_2$，由于它在水溶液中的溶解度很小，故生成沉淀而离开反应系统，即

$$Fe^{2+} + 2OH^- \longrightarrow Fe(OH)_2 \downarrow$$

$Fe(OH)_2$ 沉淀为墨绿色的絮状物，随着电解液的流动而被带走。$Fe(OH)_2$ 又逐渐被电解液中及空气中的氧气氧化为 $Fe(OH)_3$，即

$$4Fe(OH)_2 + 2H_2O + O_2 \longrightarrow 4Fe(OH)_3 \downarrow$$

$Fe(OH)_3$ 为黄褐色沉淀物（铁锈）。

(2) 阴极反应　按可能性为：

1) H^+ 离子被吸引到阴极表面，从电源中得到电子而析出 H_2，即

$$2H^+ + 2e \longrightarrow H_2 \uparrow \qquad U' = -0.42V$$

2) Na^+ 离子被吸引到阴极表面得到电子而析出 Na，即

$$Na^+ + e \longrightarrow Na \downarrow \qquad U' = -2.69V$$

按照电极反应的基本原理，平衡电极电位最正的离子将首先在阴极反应。因此，在阴极上只能析出 H_2，而不可能沉淀出 Na。

由此可见，电解加工过程中，在理想情况下，阳极铁不断地以 Fe^{2+} 的形式被溶解，水被分解消耗，成为黄褐色沉淀和析出氢气泡，因而电解液的质量分数逐渐变大。电解液中的氯离子和钠离子起导电作用，其本身并不消耗，所以 NaCl 电解液的使用寿命长，只要过滤干净，并适当添加水分，就可长期使用。

用电解加工的方法加工合金钢时，若钢中各合金元素的平衡电极电位相差较大，则电解加工后表面粗糙度值将变大。就碳素钢而言，随着钢中含碳量的增加，电解加工表面粗糙度值将变大。这是由于钢中存在 Fe_3C 相，其平衡电极电位接近石墨的平衡电极电位（$U =$

+0.37V）而很难电解。因此，高碳钢、铸铁或经表面渗碳后的零件均不适合进行电解加工。

2. 电解加工过程中电能的利用

电解加工时，加工电压 U 是使阳极不断溶解的总能源，如图 4-9 所示。要在两极间形成一定的加工电流，使阳极达到较高的溶解速度，加工电压 U 应大于或等于两部分电压之和：一部分是电解液电阻形成的欧姆电压（$U_R=IR$）；另一部分是进行阳极反应和阴极反应所必需的电压（U_a、U_c），它由阴极、阳极本身的电极电位和极化产生的各种超电位组成。当加工电压 U 小于或等于两极的电极反应所需的电压 U_a 及 U_c 时，阳极的

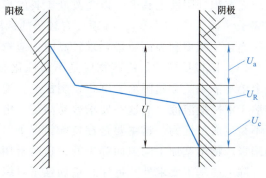

图 4-9 电解加工间隙内的电压分布
U_a—阳极电压 U_R—欧姆电压 U_c—阴极电压

溶解速度为零。电解加工时的浓差极化一般不大，所以 U_a、U_c 主要取决于电化学极化和钝化。这两种现象形成的超电位又与电解液、被加工材料和电流密度有关，当用 NaCl 电解液加工以下材料时，相应的电极反应电压值如下：铁基合金为 $0\sim1V$；镍基合金为 $1\sim3V$；钛合金为 $4\sim6V$。

用钝化性能强的电解液（常称为非线性电解液），如 $NaNO_3$ 和 $NaClO_3$ 电解液加工上述材料时，电极反应所需的电压值将更高一些。即使是用 NaCl 电解液和采用较高的加工电压（如 20V），其中的 5%~30%将用来抵消极化产生的电极电位，余下的 70%~95%的电压则用以克服间隙电解液的电阻。但是，通过间隙的电流能否全部用于阳极溶解，还取决于阳极极化的程度。如果极化程度不大，阳极电极电位比溶液中所有阴离子的电极电位低得多，则金属的溶解是唯一的阳极反应，电流大部分用于金属溶解，电流效率接近 100%。若阳极极化比较严重，以致电极电位与溶液中的某些阴离子相差不多，则电流除用于阳极溶解以外，还消耗于一些副反应，电流效率将低于 100%。若阳极极化十分严重，阳极的电极电位高于溶液中的某些阴离子，则阳极就不会溶解，阳极反应将主要是电极电位最低的某种阴离子的氧化反应，这时的电流效率为零。一般来说，当用 NaCl 电解液加工铁基合金时，电流效率 $\eta=95\%\sim100\%$；加工镍基合金和钛合金时，电流效率 $\eta=70\%\sim85\%$。当采用 $NaNO_3$、$NaClO_3$ 等电解液进行加工时，电流效率随电流密度、电解液的质量分数和温度而剧烈变化。

三、电解液

在电解加工过程中，电解液的主要作用是：①作为导电介质传递电流；②在电场作用下进行电化学反应，使阳极溶解能顺利而有控制地进行；③及时地把加工间隙内产生的电解产物及热量带走，起更新与冷却作用。因此，电解液对电解加工的各项工艺指标有很大影响。

1. 对电解液的基本要求

（1）具有足够的蚀除速度 即生产率要高，这就要求电解质在溶液中有较高的溶解度和离解度，具有很高的电导率。例如，NaCl 水溶液中的 NaCl 几乎能完全离解为 Na^+、Cl^- 离子，并能与水的 H^+、OH^- 离子共存。另外，电解液中所含的阴离子应具有较正的标准电极电位，如 Cl^-、ClO_3^- 等，以免在阳极上产生析氧等副反应而降低电流效率。

(2) 具有较高的加工精度和表面质量 电解液中的金属阳离子不应在阴极上产生放电反应而沉积到阴极工具上，以免改变工具的形状及尺寸。因此，选用的电解液中所含的金属阳离子（如 Na^+、K^+ 等），必须具有较负的标准电极电位（$U^0 < -2V$）。

当加工精度和表面质量要求较高时，应选择杂散腐蚀小的钝化型电解液。

(3) 阳极反应的最终产物应是不溶性化合物 这主要是为了便于处理，且不会使从阳极上溶解下来的金属阳离子沉积在阴极上，通常被加工工件的主要组成元素的氢氧化物大都难溶于中性盐溶液，故这一要求容易满足。电解加工中，有时会要求阳极产物能溶于电解液而不是生成沉淀物，这主要是在特殊情况下（如电解加工小孔、窄缝等时），为避免不溶性的阳极产物堵塞加工间隙而提出的，这时常用盐酸做电解液。

除上述基本要求外，近年来更加强了对绿色制造、环境保护等的要求，此外还希望出现性能稳定、操作安全、对设备的腐蚀性小以及价格低廉的电解液。

2. 三种常用的电解液

电解液可分为中性盐溶液、酸性溶液与碱性溶液三大类。中性盐溶液的腐蚀性小，使用较安全，故应用最普遍。最常用的有 $NaCl$、$NaNO_3$、$NaClO_3$ 三种电解液，现分别介绍如下。

(1) NaCl 电解液 NaCl 电解液中含有活性 Cl^- 离子，阳极工件表面不易生成钝化膜，所以具有较大的蚀除速度，而且没有或很少有析氧等副反应，电流效率高，加工表面粗糙度值也小。NaCl 是强电解质，在水溶液中几乎完全电离，导电能力强，而且适用范围广、价格便宜、货源充足，所以是应用最广泛的一种电解液。

NaCl 电解液的蚀除速度高，但其杂散腐蚀较严重，故复制精度较差。NaCl 电解液的质量分数常在 20% 以下，一般为 14%~18%，当要求达到较高的复制精度时，可采用较低的质量分数（5%~10%），以减少杂散腐蚀。常用的电解液温度为 25~35℃，但加工钛合金时必须在 40℃ 以上。

(2) $NaNO_3$ 电解液 $NaNO_3$ 电解液是一种钝化型电解液，钢在 $NaNO_3$ 电解液中的极化曲线如图 4-10 所示。横坐标是阳极相对于阴极的电位，纵坐标是电流密度的对数值。在曲线 AB 段，阳极电位升高，电流密度增大，符合正常的阳极溶解规律。当阳极电位超过 B 点后，由于钝化膜的形成，电流密度 i 急剧减小，至 C 点时金属表面进入钝化状态。当阳极电位超过 D 点时，钝化膜开始遭到破坏，电流密度又随电位的升高而迅速增大，金属表面进入超钝化状态，阳极溶解速度又急剧加快。如果在电解加工时，工件的加工区处于超钝化状态，则非加工区会由于其阳极电位较低，处于钝化状态而受到钝化膜的保护，从而可以减少杂散腐蚀，提高加工精度。图 4-11 所示为杂散腐蚀能力对比情况。图 4-11a 所示为用 NaCl 电解液加工的结果，由于阴极侧面不绝缘，侧壁被杂散腐蚀成抛物线形，内芯也被腐蚀，剩下一个小锥体。图 4-11b 所示为用 $NaNO_3$ 或 $NaClO_3$ 电解液加工的情况，虽然阴极侧表面没有绝缘，但当加工间隙达到一定程度后，工件侧壁钝化，腐蚀不再扩大，所以孔壁锥度很小而内芯也成为圆柱体被保留下来。

图 4-12 所示为用质量分数为 5% 的 $NaNO_3$ 电解液加工内孔时所用阴极及加工结果。阴极下端工作圈高度为 1.2mm，其凸起为 0.58mm，加工出的孔没有锥度。当侧面间隙达到 0.78mm 时，工件侧面即被钝化膜保护起来，此临界间隙称为切断间隙，用 Δ_a 表示。此时的电流密度 i_a 称为切断电流密度。

$NaNO_3$ 和 $NaClO_3$ 电解液之所以具有切断间隙的特性，是由于它们是钝化型电解液，在

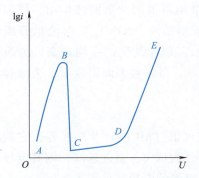

图 4-10 钢在 $NaNO_3$ 电解液中的极化曲线

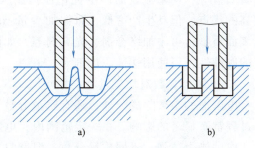

图 4-11 杂散腐蚀能力比较
a) NaCl 电解液 b) $NaNO_3$ 或 $NaClO_3$ 电解液

阳极工件表面形成钝化膜,虽有电流流过,但阳极不溶解,此时的电流效率 $\eta = 0$。只有当加工间隙小于切断间隙,即电流密度大于切断电流密度时,钝化膜才被破坏而使工件被蚀除。图 4-13 所示为三种常用电解液的 $\eta\text{-}i$ 曲线。从图中可以看出,NaCl 电解液的电流效率接近 100%,基本上是直线;而 $NaNO_3$ 与 $NaClO_3$ 电解液的 $\eta\text{-}i$ 关系呈曲线,当电流密度小于 i_a 时,电解作用停止,故有时称它们为非线性(即电流密度不与溶解蚀除速度呈线性关系)电解液。

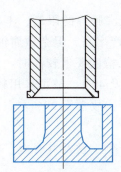

图 4-12 $NaNO_3$ 电解液的成形精度

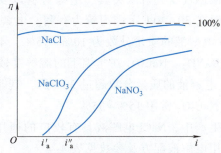

图 4-13 三种常用电解液的 $\eta\text{-}i$ 曲线

$NaNO_3$ 电解液在质量分数为 30% 以下时,有比较好的非线性性能,成形精度高,而且对机床设备的腐蚀性小,使用安全,价格也不高。它的主要缺点是电流效率低,生产率也低,另外,加工时在阴极有氨气析出,所以 $NaNO_3$ 会被消耗。

(3) $NaClO_3$ 电解液 如上所述,$NaClO_3$ 电解液也具有图 4-11b 及图 4-13 所示的特点,杂散腐蚀作用小,加工精度高。据某些资料介绍,当加工间隙达到 1.25mm 以上时,阳极溶解几乎完全停止,而且有较小的加工表面粗糙度值。$NaClO_3$ 的另一特点是具有很高的溶解度,在 20℃ 时可达 49%(此时 NaCl 为 26.5%),因而其导电能力强,可达到与 NaCl 相近的生产率。另外,它对机床、管道、水泵等的腐蚀作用很小。$NaClO_3$ 的缺点是价格较贵(为 NaCl 的 5 倍),而且由于它是一种强氧化剂,干燥时使用要注意安全防火。

由于在使用过程中,$NaClO_3$ 电解液中的 Cl^- 离子不断增加,电解液有消耗,且 Cl^- 离子增加后杂散腐蚀作用增大,故在加工过程中要注意 Cl^- 离子质量分数的变化。

(4) 电解液中加添加剂 几种常用的电解液都有一定的缺点,为此,在电解液中使用添加剂是改善其性能的重要途径。例如，为了减少 NaCl 电解液的杂散腐蚀作用，可加入少量磷酸盐等，使阳极表面产生钝化性抑制膜，以提高成形精度。$NaNO_3$ 电解液虽有成形精度高的优点，但其生产率低，可添加少量 NaCl，使其加工精度及生产率均较高。为改善加工表面质量，可添加络合剂、光亮剂等，如添加少量 NaF，可改善表面粗糙度。为减轻电解液的腐蚀性，可使用缓蚀添加剂等。

3. 电解液参数对加工过程的影响

电解液的参数除成分外，还有质量分数、温度、酸度值（pH 值）及黏度等，它们对加工过程都有显著的影响。在一定范围内，电解液的质量分数越大，温度越高，则其电导率越大，腐蚀能力越强。不同质量分数、温度时三种常用电解液的电导率见表 4-3。

表 4-3 不同质量分数、温度时三种常用电解液的电导率　　　　（单位：S/cm）

温度/℃	NaCl				$NaNO_3$				$NaClO_3$			
质量分数(%)	30	40	50	60	30	40	50	60	30	40	50	60
5	0.083	0.099	0.115	0.132	0.054	0.064	0.074	0.085	0.042	0.050	0.058	0.066
10	0.151	0.178	0.207	0.237	0.095	0.115	0.134	0.152	0.076	0.092	0.106	0.122
15	0.207	0.245	0.285	0.328	0.130	0.152	0.176	0.203	0.108	0.128	0.151	0.174
20	0.247	0.295	0.343	0.393	0.162	0.192	0.222	0.252	0.133	0.158	0.184	0.212

电解液温度受到机床夹具、绝缘材料以及电极间隙内电解液沸腾等的限制，不宜超过 60℃，一般在 30~40℃ 范围内较为有利。电解液质量分数大，生产率高，但杂散腐蚀严重，一般 NaCl 电解液的质量分数为 10%~15%，不超过 20%，当加工精度要求较高时，通常小于 10%。$NaNO_3$、$NaClO_3$ 在常温下的溶解度较大，分别为 46.7% 及 49%，故可采用较高值，但 $NaNO_3$ 电解液的质量分数超过 30% 后，其非线性性能就很差了，故常用 20% 左右的质量分数，而 $NaClO_3$ 常用 15%~35%。

实际生产中，NaCl 电解液具有较广的通用性，基本上适用于钢、铁及其合金。常见金属材料所用电解液配方及参数见表 4-4。

表 4-4 电解液配方及电参数

加工材料	电解液配方(质量分数)	电压/V	电流密度/(A/cm²)
各种碳素钢、合金钢、耐热钢、不锈钢等	(1) NaCl10%~15%	5~15	10~200
	(2) NaCl10%+$NaNO_3$25%	10~15	10~150
	(3) NaCl10%+$NaNO_3$30%		
硬质合金	NaCl15%+NaOH15%+酒石酸20%	15~25	50~100
铜、黄铜、铜合金、铝合金等	NH_4Cl18%或$NaNO_3$12%	15~25	10~100

加工过程中电解液质量分数和温度的变化将直接影响加工精度的稳定性。引起质量分数变化的主要原因是水的分解、蒸发及电解质的分解。水的分解与蒸发对质量分数的影响较小，所以 NaCl 电解液在加工过程中质量分数的变化较小（因 NaCl 不消耗）。$NaNO_3$ 和 $NaClO_3$ 在加工过程中是会分解消耗的，因此在加工过程中应注意检查和控制其质量分数的变化。在要求达到较高加工精度时，应注意控制电解液的质量分数与温度，保持其稳定性。

在电解加工过程中，水被电离并使氢离子在阴极放电，溶液中的 OH^- 离子增加而引起 pH

值增大（碱化），溶液的碱化使许多金属元素的溶解条件变坏，故应注意控制电解液的 pH 值。

电解液的黏度会直接影响间隙中电解液的流动特性。温度升高，电解液的黏度下降。加工过程中溶液内金属氢氧化物含量的增多，会使黏度增加，故应对氢氧化物的含量加以适当控制。

4. 电解液的流速及流向

在加工过程中，电解液必须具有足够大的流速，以便把氢气、金属氢氧化物等电解产物冲走，把加工区的大量热量带走。电解液的流速一般在 10m/s 左右。当电流密度增大时，流速要相应增大。流速的改变是靠调节电解液泵的出水压力来实现的。

电解液的流向一般有图 4-14 所示的三种情况。正向流动的优点是密封装置较简单，缺点是加工型孔时，电解液流经侧面间隙时已含有大量氢气泡及氢氧化物，加工精度较差，表面粗糙度值较大。

反向流动的优缺点与正向流动恰好相反。

横向流动一般用于发动机、汽轮机叶片的加工，以及一些较浅的型腔模具的修复加工。

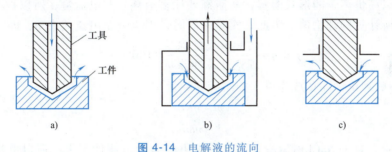

图 4-14 电解液的流向
a）正向流动 b）反向流动 c）横向流动

四、电解加工的基本规律

1. 生产率及其影响因素

电解加工的生产率，以单位时间内去除的金属量来衡量，用 mm^3/min 或 g/min 表示。它首先取决于工件材料的电化学当量，其次与电流密度有关。此外，电解液及其参数对生产率也有很大影响。

（1）金属的电化学当量和生产率的关系 由实践得知，电解时电极上溶解或析出物质的量（质量 m 或体积 V），与电解电流 I 和电解时间 t 成正比，即与电荷量（$Q = It$）成正比，其比例系数称为电化学当量，这一规律就是所谓法拉第电解定律，用公式可表示为

用质量计 $\left. \begin{array}{l} m = KIt \\ V = \omega It \end{array} \right\}$ (4-2)
用体积计

式中　m——电极上溶解或析出物质的质量（g）；
　　　V——电极上溶解或析出物质的体积（mm^3）；
　　　K——被电解物质的质量电化学当量 [g/(A·h)]；
　　　ω——被电解物质的体积电化学当量 [mm^3/(A·h)]；
　　　I——电解电流（A）；
　　　t——电解时间（h）。

由于质量和体积换算时相差一密度 ρ，因此，质量电化学当量 K 换算成体积电化学当量

ω 时也相差一密度 ρ，即

$$m = V\rho \brace K = \omega\rho \quad (4-3)$$

当铁以 Fe^{2+} 状态溶解时，其电化学当量为：$K = 1.042 \text{g}/(\text{A} \cdot \text{h})$ 或 $\omega = 133 \text{mm}^3/(\text{A} \cdot \text{h})$，即每安培电流每小时可电解掉 1.042g 或 133mm³ 的铁（铁的密度 $\rho = 7.86 \times 10^{-3} \text{g/mm}^3$）。各种金属的电化学当量可查表或由实验求得。

法拉第电解定律可用来根据电荷量（电流乘以时间）计算任何被电解金属或非金属的数量，并且在理论上不受电解液质量分数、温度、压力、电极材料及形状等因素的影响。这从机理上不难理解，因为电极上的物质之所以会发生溶解或析出等电化学反应，就是因为电极和电解液间有电子得失交换，因此，电化学反应的量必然和电子得失交换的数量（即电荷量）成正比，而和其他条件如温度、压力、质量分数等在理论上没有直接关系。

但实际电解加工时，某些情况下在阳极上还可能出现其他反应，如 O_2 或 Cl_2 的析出，或有部分金属以高价离子的形式溶解，从而额外地多消耗一些电荷量，所以被电解掉的金属量有时会小于所计算的理论值。为此，实际应用时常引入一个电流效率 η，即

$$\eta = \frac{\text{实际金属蚀除量}}{\text{理论计算蚀除量}} \times 100\%$$

则式（4-2）中的理论蚀除量成为以下的实际蚀除量

$$m = \eta K I t \quad (4-4)$$
$$V = \eta \omega I t \quad (4-5)$$

正常电解时，对于 NaCl 电解液，阳极上析出气体的可能性不大，所以电流效率一般接近 100%。但有时电流效率会大于 100%，这是由于被电解的金属材料中含有 C、Fe_3C 等难电解的微粒或产生了晶界腐蚀，在合金晶粒边缘先电解，高速流动的电解液把这些微粒成块地冲刷下来，节省了一部分电解电荷量。

有时某些金属在某些电解液（如 $NaNO_3$ 等）中的电流效率很低，一方面可能是金属成为高价离子溶入电解液中，多消耗了电荷量；另一方面也可能是在金属表面产生了一层钝化膜或有其他反应。

表 4-5 列出了一些常见金属的电化学当量，其他金属的电化学当量可在有关的电化学书籍中找到，它们可能采用不同的单位。对于多元素合金，电化学当量可以按元素含量的比例折算出来，或由实验确定。

表 4-5 一些常见金属的电化学当量

金属名称	密度/(g/cm³)	电化学当量		
		$K/[\text{g}/(\text{A} \cdot \text{h})]$	$\omega/[\text{mm}^3/(\text{A} \cdot \text{h})]$	$\omega/[\text{mm}^3/(\text{A} \cdot \text{min})]$
铁	7.86	1.042（二价）	133	2.22
		0.696（三价）	89	1.48
镍	8.80	1.095	124	2.07
铜	8.93	1.188（二价）	133	2.22
钴	8.73	1.099	126	2.10
铬	6.9	0.648（三价）	94	1.56
		0.324（六价）	47	0.78
铝	2.69	0.335	124	2.07

知道了金属或合金的电化学当量,就可以利用法拉第电解定律根据电流及时间来计算金属蚀除量,或反过来根据加工余量来计算所需电流及加工工时。通常铁和铁基合金在 NaCl 电解液中的电流效率可按 100% 计算。

例 4-1 某厂用 NaCl 电解液电解加工一批零件,要求在 64mm 厚的低碳钢板上加工 $\phi 25\text{mm}$ 的通孔。已知中空电极内孔直径为 $\phi 13.5\text{mm}$,每个孔限 5min 加工完,需用多大电流?如电解电流为 5000A,则电解时间为多少?

解:先求出电解一个孔的金属去除量

$$V = \frac{\pi(D^2-d^2)}{4}L = \frac{1}{4}\pi \times (25^2-13.5^2) \times 64 \text{mm}^3 = 22243.76\text{mm}^3$$

由表 4-5 查得碳素钢的 $\omega = 133\text{mm}^3/(\text{A}\cdot\text{h})$。设电流效率 $\eta = 100\%$,代入式(4-5)得

$$I = \frac{V}{t\omega\eta} = \frac{22243.76 \times 60}{5 \times 133 \times 100\%}\text{A} = 2007\text{A}$$

当电解电流为 5000A 时,单孔机动工时为

$$t = \frac{V \times 60}{\eta\omega I} = \frac{22243.76 \times 60}{100\% \times 133 \times 5000}\text{min} = 2\text{min}$$

(2)电流密度和生产率的关系 因为电流 I 为电流密度 i 与加工面积 A 的乘积,代入式(4-5)得

$$V = \eta\omega iAt \tag{4-6}$$

用总的金属蚀除量 V 来衡量生产率,在实用上有很多不方便之处,生产中常用垂直于表面方向的蚀除速度来衡量生产率。由图 4-15 可知,蚀除掉的金属体积 V 是加工面积 A 与电解掉的金属厚度(距离)h 的乘积,即 $V = Ah$。而正极蚀除速度 $v_a = h/t$,代入式(4-6)可得

$$v_a = \eta\omega i \tag{4-7}$$

式中 v_a——正极(工件)的蚀除速度(mm/min);

i——电流密度(A/mm²)。

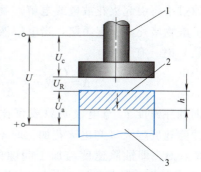

图 4-15 蚀除过程示意图
1—阴极工具 2—蚀除速度 v_a 3—工件

由式(4-7)可知,在 NaCl 电解液中进行电解加工,当 $\eta = 100\%$ 时,蚀除速度与该处的电流密度成正比,电流密度越高,生产率也越高。电解加工时的平均电流密度为 10~100A/cm²,电解液压力和流速较高时,可以选用较高的电流密度。但电流密度过高,会出现火花放电,析出氯、氧等气体,并使电解液温度过高,甚至在间隙内会造成沸腾气化而引起局部短路。

实际的电流密度取决于电源电压、电极间隙的大小以及电解液的电导率。因此,要定量计算蚀除速度,必须推导出蚀除速度和电极间隙大小、电压等的关系。

(3)电极间隙大小和蚀除速度的关系 从实际加工中可知,电极间隙越小,电解液的电阻也越小,电流密度就越大,因此蚀除速度就越高。在图 4-15 中,设电极间隙为 Δ,电极面积为 A,电解液的电阻率 ρ 为电导率 σ 的倒数,即 $\rho = \frac{1}{\sigma}$,则电流 I 为

$$I = \frac{U_R}{R} = \frac{U_R \sigma A}{\Delta} \tag{4-8}$$

$$i = \frac{I}{A} = \frac{U_R \sigma}{\Delta} \tag{4-9}$$

将式（4-9）代入式（4-7）中，得阳极工件的蚀除速度为

$$v_a = \eta \omega \sigma \frac{U_R}{\Delta} \tag{4-10}$$

式中　σ——电导率 [$1/(\Omega \cdot mm)$]；

　　　U_R——电解液的欧姆电压（V）；

　　　Δ——加工间隙（mm）。

外接电源电压 U 为电解液的欧姆电压 U_R、阳极电压 U_a 与阴极电压 U_c 之和，即

$$U = U_a + U_c + U_R \tag{4-11}$$

所以

$$U_R = U - (U_a + U_c) \tag{4-12}$$

由于阳极电压（即阳极的电极电位及超电位之和）及阴极电压（即阴极的电极电位及超电位之和）之和一般为 2~3V（加工钛合金时还要大些），为简化计算，可按下式计算，即

$$U_R = U - 2 \text{ 或 } U_R \approx U$$

式（4-10）说明正极蚀除速度 v_a 与电流效率 η、体积电化学当量 ω、电导率 σ、欧姆电压 U_R 成正比，而与加工间隙 Δ 成反比，即加工间隙越小，工件被蚀除的速度将越快。但间隙过小将引起火花放电或电解产物（特别是氢气泡）排除不畅，反而会降低蚀除速度或易被脏物堵死而引起短路。当电解液参数、工件材料、电压等均保持不变，即 $\eta \omega \sigma U_R = C$（常数）时，有

$$\Delta = \frac{C}{v_a} \text{ 或 } v_a = \frac{C}{\Delta} \tag{4-13}$$

即蚀除速度 v_a 与电极间隙成反比，加工间隙越小，蚀除速度越大（与电火花加工时不一样）。或者写成 $C = v_a \Delta$，即蚀除速度与加工间隙的乘积为常数，此常数称为双曲线常数。v_a 与 Δ 的双曲线关系是分析成形规律的基础。在具体加工条件下，可以求得此常数 C。为计算方便，当电解液温度、质量分数、电压等加工条件不同时，可以作成一组双曲线图族或表。图 4-16 所示为不同电压时的双曲线族。

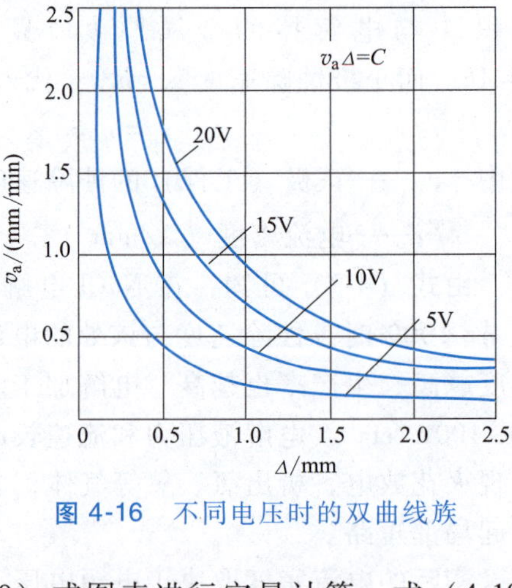

图 4-16　不同电压时的双曲线族

当用固定式阴极电解扩孔或抛光时，时间越长，加工间隙便越大，蚀除速度将逐渐降低，可按式（4-10）或图表进行定量计算。式（4-10）经积分推导，可求出电解时间 t 和加工间隙 Δ 的关系式 [见式（4-18）的推导]，即

$$\Delta = \sqrt{2\eta \omega \sigma U_R t + \Delta_0^2} \tag{4-14}$$

式中　Δ_0——起始间隙。

例 4-2　用温度为 30℃、质量分数为 15% 的 NaCl 电解液，对某一碳钢零件进行固定式阴极电解扩孔，起始间隙为 0.2mm（单边、下同），电压为 12V。求刚开始时的蚀除速度和间隙为 1mm 时的蚀除速度，并求间隙由 0.2mm 扩大到 1mm 所需的时间。

解： 设电流效率 $\eta = 100\%$，查表 4-5 知钢的体积电化学当量 $\omega = 2.22\text{mm}^3/(\text{A}\cdot\text{min})$，电导率 $\sigma = 0.02\text{S/mm}$，$U_R = 12\text{V} - 2\text{V} = 10\text{V}$。代入式（4-10）得

开始时的蚀除速度

$$v_a = \eta\omega\sigma U_R/\Delta_0 = (100\% \times 2.22 \times 0.02 \times 10/0.2)\text{mm/min} = 2.22\text{mm/min}$$

间隙为 1mm 时的蚀除速度

$$v_a = C/\Delta = (0.444/1)\text{mm/min} = 0.444\text{mm/min}$$

由式（4-14）转换后得

$$t = (\Delta^2 - \Delta_0^2)/2\eta\omega\sigma U_R = [(1^2 - 0.2^2)/(2 \times 0.444)]\text{min} \approx 1.09\text{min}$$

2. 精度成形规律

以上只讨论了蚀除速度 v_a 与加工间隙 Δ 之间的关系，而没有涉及工具阴极的进给速度 v_c。在实际电解加工中，进给速度的大小往往会影响加工间隙的大小，即影响工件尺寸和成形精度，因此必须研究这些基本规律。

（1）端面平衡间隙 在图 4-17 中，设电解加工开始的起始间隙为 Δ_0，如果阴极固定不动，加工间隙 Δ 将按式（4-14）的规律逐渐增大，蚀除速度将按式（4-10）逐渐减小。如果阴极以 v_c 的恒定速度向工件进给，则加工间隙逐渐减小，而蚀除速度将按式（4-10）的双曲线关系相应增大。随着时间的推移，总会出现这样的情况，即工件的蚀除速度 v_a 与阴极的进给速度 v_c 相等，两者达到动态平衡。此时的加工间隙将稳定不变，称为端面平衡间隙 Δ_b，由式（4-10）可直接导出端面平衡间隙 Δ_b 的计算公式。即当 $v_a = v_c$ 时，$\Delta = \Delta_b$，代入式（4-10），可得端面平衡间隙 Δ_b

$$\Delta_b = \eta\omega\sigma\frac{U_R}{v_c} \tag{4-15}$$

由式（4-15）可知，当阴极进给速度 v_c 较大时，达到平衡时的间隙 Δ_b 较小，蚀除速度加快，在一定范围内它们也成双曲线反比关系，能互相动态平衡补偿，理论上不易形成短路。电火花加工时则与此相反，间隙稍小便会短路。当然，实际电解加工时进给速度 v_c 不能无限增大，因为当 v_c 过大时，端面平衡间隙 Δ_b 过小，将引起局部堵塞，造成火花放电或短路，易烧损工具和工件。端面平衡间隙一般为 $0.12 \sim 0.8\text{mm}$，比较合适的值为 $0.25 \sim 0.3\text{mm}$。实际中的端面平衡间隙主要取决于选用的电压和进给速度。

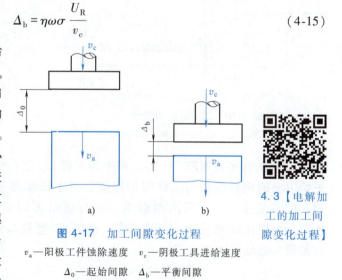

图 4-17 加工间隙变化过程
v_a—阳极工件蚀除速度　v_c—阴极工具进给速度
Δ_0—起始间隙　Δ_b—平衡间隙

4.3【电解加工的加工间隙变化过程】

端面平衡间隙 Δ_b 是指当加工过程达到稳定时端面上的加工间隙。在此以前，加工间隙处于由起始间隙 Δ_0 向端面平衡间隙 Δ_b 过渡的状态，如图 4-18 所示。在经过时间 t 后，阴极工具的进给距离为 L，工件表面的电解深度为 h，此时的间隙为 Δ，而且随着加工时间的延长，Δ 将逐渐趋向于端面平衡间隙 Δ_b。起始间隙 Δ_0 与端面平衡间隙 Δ_b 的差别越大，进给速度越小，过渡时间就越长。然而实际加工时间取决于加工深度及进给速度，时间不能很

长，因此，加工结束时的加工间隙 Δ 和端面平衡间隙 Δ_b 不一定相同，往往是大于端面平衡间隙（如果起始间隙 $\Delta_0 \gg \Delta_b$）。

任何时刻的加工间隙 Δ，可根据阴极进给距离 L、起始间隙 Δ_0 和端面平衡间隙 Δ_b 按下式计算：

$$L = v_c t = \Delta_0 - \Delta + \Delta_b \ln\left(\frac{\Delta_b - \Delta_0}{\Delta_b - \Delta}\right) \tag{4-16}$$

由于式（4-16）对 Δ 来说是隐函数方程，计算不方便，因此决定引入两个无因次数值

$$\Delta' = \frac{\Delta}{\Delta_b}, \quad t' = \frac{L}{\Delta_b}$$

Δ' 表示 Δ 向 Δ_b 趋近的程度。例如，当 $\Delta' = 1.5$ 时，说明 Δ 是 Δ_b 的 1.5 倍，尚未达到端面平衡间隙；当 $\Delta' = 1$ 时，说明 $\Delta = \Delta_b$，已达到平衡间隙，至此即可认为加工间隙不会再改变。t' 是表示 Δ 向 Δ_b 趋近到什么程度的一个条件。可以理解为如果加工参数恰当、情况正常，则随着阴极进给，行程 L 增加，即 t' 不断增大，Δ 就与 Δ_b 越来越接近。

将 Δ' 及 t' 代入式（4-16）后可得出一族曲线，如图 4-19 所示，这样就可以利用查图表的办法很方便地求出任何时刻的加工间隙 Δ。

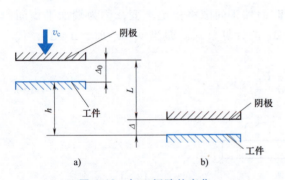

图 4-18 加工间隙的变化
a）起始状态 b）经过时间 t 后的状态

图 4-19 Δ' 与 t' 曲线

（2）法向平衡间隙 上述端面平衡间隙 Δ_b 是垂直于进给方向的阴极端面与工件间的间隙。对于锻模等型腔模具的加工来说，工具的端面不一定与进给方向垂直，而可能如图 4-20 所示为一斜面，成一斜角 θ。倾斜部分各点的法向进给分速度 v_n 为

$$v_n = v_c \cos\theta$$

将此式代入式（4-15）可得法向平衡间隙

图 4-20 法向进给速度及法向间隙

$$\Delta_n = \eta \omega \sigma \frac{U_R}{v_c \cos\theta} = \frac{\Delta_b}{\cos\theta} \tag{4-17}$$

由此可见，法向平衡间隙 Δ_n 比端面平衡间隙 Δ_b 要大，是 Δ_b 的 $(1/\cos\theta)$ 倍。

式（4-17）简单且便于计算，但必须注意，此式在进给速度和蚀除速度达到平衡、间隙是平衡间隙而不是过渡间隙的前提下才是正确的。实际上，倾斜底面在进给方向上的加工间

隙往往并未达到端面平衡间隙 Δ_b 的值。底面越倾斜，即 θ 角越大，计算出的 Δ_n 值与实际值的偏差也越大，因此，只有当 $\theta \leqslant 45°$ 且精度要求不高时，才可采用式（4-17）。当底面较倾斜，即 $\theta > 45°$ 时，应按下述侧面间隙计算，并适当加以修正。

（3）侧面间隙　电解加工型孔时，决定尺寸和精度的是侧面间隙 Δ_s。当电解液为 NaCl，阴极侧面不绝缘时，工件型孔侧壁始终处于被电解的状态，势必形成喇叭口。在图 4-21a 中，设对应于某进给深度 $h=vt$ 处的侧面间隙 $\Delta_s=x$，由式（4-10）可知，该处在 x 方向的蚀除速度为 $\eta\omega\sigma U_R/x$，经过时间 $\mathrm{d}t$ 后，该处的间隙 x 将产生一个增量 $\mathrm{d}x$，即

$$\mathrm{d}x = \frac{\eta\omega\sigma U_R}{x}\mathrm{d}t$$

将上式进行积分，得

$$\int x\mathrm{d}x = \int \eta\omega\sigma U_R \mathrm{d}t$$

$$\frac{x^2}{2} = \eta\omega\sigma U_R t + C$$

当 $t \to 0$ 时（即 $h=vt \to 0$ 时），$x \approx x_0$（x_0 为底侧面起始间隙），则 $C=\dfrac{x_0^2}{2}$，所以有

$$\frac{x^2}{2} = \eta\omega\sigma U_R t + \frac{x_0^2}{2}$$

因为 $$h = v_c t$$

所以 $$t = \frac{h}{v_c}$$

代入上式得

$$\Delta_s = x = \sqrt{\frac{2\eta\omega\sigma U_R}{v_c}h + x_0^2} = \sqrt{2\Delta_b h + x_0^2} \tag{4-18}$$

当工具底侧面处的圆角半径很小时，$x_0 \approx \Delta_b$，故式（4-18）可以写成

$$\Delta_s = \sqrt{2\Delta_b h + \Delta_b^2} = \Delta_b \sqrt{\frac{2h}{\Delta_b}+1} \tag{4-19}$$

式（4-18）和式（4-19）说明，当阴极工具侧面不绝缘时，侧面上任意一点处的间隙将随工具进给深度 $h=v_c t$ 的变化而异，呈抛物线关系。因此，侧面为一抛物线状的喇叭口。如果阴极侧面如图 4-21b 所示那样进行了绝缘，只留一宽度为 b 的工作圈，则工作圈以上的侧面间隙 x 不再被电解而成为一直口，此时侧面间隙 Δ_s 与工具的进给深度 h 无关，只取决于工作边宽度 b，所以将式（4-19）中的 h 以 b 代替，则得

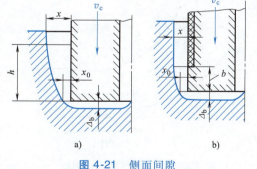

图 4-21　侧面间隙

$$\Delta_s = \sqrt{2b\Delta_b + \Delta_b^2} = \Delta_b \sqrt{\frac{2b}{\Delta_b}+1} \tag{4-20}$$

(4) 平衡间隙理论的应用　以上论述的一些初步的平衡间隙理论，可以在用 NaCl 电解液进行加工时应用：

1) 计算加工过程中的各种电极间隙，如端面、法向、侧面的间隙。这样就可以根据阴极的形状来推算加工后工件的形状和尺寸。

2) 设计电极时计算阴极尺寸及修正量，即根据工件的形状尺寸计算阴极的形状尺寸。

3) 分析加工精度，如整平比以及由毛坯余量不均引起的误差，由阴极、工件原始位置不一致引起的误差等。

4) 选择加工参数，如加工间隙、电源电压、进给速度等。

利用平衡间隙理论设计阴极尺寸，是一个最重要的应用。通常在已知工件截形的情况下，工具阴极的侧面尺寸、端面尺寸及法向尺寸均可根据侧面、端面及法向平衡间隙理论计算出来。对于工件上的一段曲线截形，则可根据法向平衡间隙的计算公式 $\Delta_n = \Delta_b / \cos\theta$，利用作图法将其对应的工具阴极形状设计出来。这种作图设计阴极的方法称为 $\cos\theta$ 法。

当工件的加工形状已知时，如图 4-22 中的工件曲线，则可通过该工件曲线上的任意一点 A_1 引一条法线及一条与进给方向平行的直线，在这条与进给方向平行的直线上取一段长度 A_1C_1 等于平衡间隙 Δ_b，从 C_1 点作一条与进给方向垂直的线，求出它与法线的交点 B_1，这段法线的长度 A_1B_1 就是 $\Delta_b / \cos\theta_1$，它与法向间隙相等，求出的 B_1 点就是工具阴极上的一个相应点。依此类推，可以根据工件上的 A_2、(A_3) 等点求得 B_2、(B_3) 等点，再将 B_1、B_2、(B_3) 等点连接起来，就可得到所需要的阴极工具形状（阴极工具曲线）。注意：当 $\theta > 45°$ 时，此方法的误差较大，需按侧面间隙做适当修正。

为了提高阴极工具的设计精度，缩短阴极的设计和制造周期，利用计算机辅助设计（CAD）阴极的研究工作已经取得一定进展。

(5) 影响加工间隙的其他因素　平衡间隙理论是分析各种加工间隙的基础，因此，对平衡间隙有影响的因素同时对加工间隙有影响，必然也影响电解加工的成形精度。由式 (4-15) 中的 $\Delta_b = \eta \omega \sigma U_R / v_c$ 可知，除阴极进给速度 v_c 外，还有其他因素影响平衡间隙。

首先，电流效率 η 在电解加工过程中有可能发生变化，例如，工件材料成分及组织状态不一致、电极表面的钝化和活化状况等，都会使 η 值发生变化。电解液的温度、质量分数的变化不但影响 η 值，还对电导率 σ 值有较大影响（见本节中的"三、电解液"）。

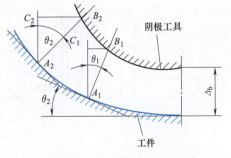

图 4-22　$\cos\theta$ 作图法设计阴极

4.4【平衡间隙理论在电解加工电极设计中的应用】

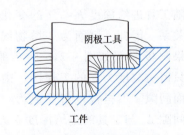

图 4-23　尖角变圆现象

加工间隙内的工具形状、电场强度分布状态，将影响电流密度的均匀性。如图 4-23 所示，在工件的尖角处电场线比较密集，电流密度较大，蚀除速度较快；而在凹角处电场线较稀疏，电流密度较小，蚀除速度较慢，所以电解加工较难获得尖棱、尖角的工件外形。另外,在设计阴极时,还要考虑电场的分布状态。

电解液的流动方向对加工精度及表面粗糙度有很大影响,如图 4-14 所示,入口处为新鲜电解液,有较高的蚀除能力;越接近出口处电解产物(氢气泡和氢氧化亚铁)的含量越多,而且随着电解液压力的降低,气泡的体积越来越大,电解液的电导率和蚀除能力也越来越低。因此一般规律是,入口处的蚀除速度及间隙尺寸 Δ_1 比出口处的蚀除速度及间隙尺寸 Δ_2 大,加工精度和表面质量也较出口处为好。

加工电压的变化直接影响着加工间隙的大小。在实际生产中,当其他参数不变时,端面平衡间隙 Δ_b 随加工电压升高而略有增大,因此,在加工过程中控制加工电压和稳压是非常重要的。

3. 表面质量

电解加工的表面质量,包括表面粗糙度和表面物理化学性质的改变两方面。正常电解加工的表面粗糙度值能达到 $Ra1.25 \sim 0.16 \mu m$,由于是靠电化学阳极溶解去除金属,因此没有切削力和切削热的影响,加工表面不会产生塑性变形,不存在残余应力、冷作硬化或烧伤退火层等缺陷。影响表面质量的因素主要有:

1)工件材料的合金成分、金相组织及热处理状态对表面粗糙度的影响很大。合金成分多、杂质多、金相组织不均匀、结晶粗大,都会造成溶解速度的差别,从而影响表面粗糙度。例如,铸铁、高碳钢电解加工后的表面粗糙度值就较大。可在电解加工前采用适当的热处理,如高温均匀化退火、球化退火,来使组织均匀及晶粒细化等。

2)工艺参数对表面质量也有很大影响。一般来说,电流密度较高,有利于阳极的均匀溶解。电解液的流速过低,则会由于电解产物排除不及时、氢气泡分布不均,或加工间隙内电解液的局部沸腾等而造成表面缺陷。电解液流速过高,则有可能引起流场不均,使局部形成真空而影响表面质量。电解液的温度过高,会引起阳极表面的局部剥落而造成表面缺陷;温度过低,则钝化较严重,也会引起阳极表面的不均匀溶解或形成炭黑膜。加工钛合金或纯钛时,电解液温度应达到 40℃,平均电流密度应在 $20A/cm^2$ 以上。

3)阴极表面条纹、刻痕等都会相应地复印到工件表面上,所以加工阴极表面时要注意。阴极上喷液口的设计和布局也是极为重要的,如果设计不合理,流场不均,则可能使局部电解液供应不足而引起短路、流纹等疵病。阴极进给不匀,会引起横向条纹。

此外,工件表面必须除油去锈,电解液必须沉淀过滤,不含固体颗粒杂质。

五、提高电解加工精度的途径

为了提高电解加工精度,人们进行了大量的研究工作。由于电解加工涉及金属的阳极溶解过程,因此影响电解加工精度的因素是多方面的,包括工件材料、阴极工具材料、加工间隙、电解液的性能以及电解直流电源的技术参数等。目前,生产中提高电解加工精度的主要措施有以下几种。

1. 脉冲电流电解加工

采用脉冲电流电解加工是近年来发展起来的新方法,可以明显地提高加工精度,在生产中已实际应用并正日益得到推广。采用脉冲电流电解加工能够提高加工精度的原因如下:

1)消除加工间隙内电解液电导率的不均匀化。加工区内阳极溶解速度不均匀是产生加工误差的根源。阴极析氢的结果是在阴极表面产生一层含有氢气泡的电解液层,由于电解液的流动，氢气泡在电解液内的分布是不均匀的。在电解液入口处的阴极附近，几乎没有或有很少的氢气泡；而在远离电解液入口的阴极附近，电解液中所含的氢气泡非常多，而且氢气泡的体积随压力降低而增大。这对电解液的流动速度、温度和密度有很大影响。这些特性的变化又集中反映在电解液电导率的变化上，造成工件各处电化学阳极溶解速度不均匀，从而形成加工误差。采用脉冲电流电解加工就可以在两个脉冲的间隔时间内，通过电解液的流动与冲刷，使间隙内电解液的电导率分布基本均匀。

2）脉冲电流电解加工使阴极在电化学反应中析出的氢气是断续的，呈脉冲状。它可以对电解液起搅拌作用，有利于电解产物的去除，从而可以提高电解加工精度。

为了充分发挥脉冲电流电解加工的优点，还有人采用脉冲电流-同步振动电解加工。其原理是在阴极上，与脉冲电流同步施加一个机械振动，即在两电极间隙最近时进行电解，当两电极距离增大时停止电解而进行冲液，从而改善了流场特性，使脉冲电流电解加工更加完善。

2. 小间隙电解加工

由式（4-13）$v_a = C/\Delta$ 可知，工件材料的蚀除速度 v_a 与加工间隙 Δ 成反比关系。C 为常数（此时工件材料、电解液参数、电压均保持稳定）。

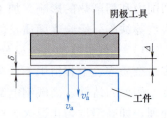

图 4-24　余量不均匀时的电解加工示意图

实际加工中，由于余量分布不均，以及加工前零件表面微观不平度等的影响，各处的加工间隙是不均匀的。下面以图 4-24 中用平面阴极加工平面为例进行分析。设工件最大的平面度误差为 δ，凸出部位的加工间隙为 Δ，设其蚀除速度为 v_a；低凹部位的加工间隙为 $\Delta+\delta$，设其蚀除速度为 v_a'，由式（4-13）可得

$$v_a = \frac{C}{\Delta}, \quad v_a' = \frac{C}{\Delta+\delta}$$

两处蚀除速度之比为

$$\frac{v_a}{v_a'} = \frac{\dfrac{C}{\Delta}}{\dfrac{C}{\Delta+\delta}} = \frac{\Delta+\delta}{\Delta} = 1 + \frac{\delta}{\Delta} \tag{4-21}$$

如果加工间隙 Δ 减小，则 $\dfrac{\delta}{\Delta}$ 的比值增大，凸出部位的蚀除速度将大大高于低凹处，改善了整平效果。由此可见，加工间隙越小，越能提高加工精度。对侧面间隙的分析也可得出相同结论，由 $\Delta_s = \sqrt{2h\Delta_b + \Delta_b^2}$ 可知，侧面间隙 Δ_s 随加工深度 h 的变化而变化，间隙 Δ_b 越小，侧面间隙 Δ_s 的变化也越小，孔的成形精度就越高。

可见，采用小间隙加工，对提高加工精度和生产率都是有利的。但间隙越小，对液流的阻力越大，从而使电流密度大，间隙内的电解液温升快、温度高，电解液的压力必须很高，否则容易引起短路。因此，小间隙电解加工的应用受到机床刚度、传动精度、电解液系统所能提供的压力、流速以及过滤情况的限制。

3. 改进电解液

除了前面提到的钝化型电解液，如 $NaNO_3$、$NaClO_3$ 等之外，人们正进一步研究采用复合电解液，主要是在 NaCl 电解液中添加其他成分，既保持 NaCl 电解液的高效率，又提高了

加工精度。例如，在 NaCl 电解液中添加少量的 Na_2MoO_4、$NaWO_4$，可两者都添加或只添加一种，质量分数合计为 0.2%~3%，加工铁基合金时具有较好的效果。采用 NaCl(5%~20%)+CoCl(0.1%~2%)+H_2O（其余）电解液（指质量分数），可在相对于阴极的非加工表面上形成钝化层或绝缘层，从而避免杂散腐蚀。

采用低质量分数（低浓度）电解液，加工精度可显著提高。例如，对于 $NaNO_3$ 电解液，过去常用的质量分数为 20%~30%，如果采用 4%的低质量分数的电解液加工压铸模，则加工表面质量良好、间隙均匀、复制精度高、棱角清晰、侧壁基本垂直，垂直面加工后的斜度小于 1°。加工球面凹坑时，可直接采用球面阴极，其加工间隙均匀，因而可以大大简化阴极工具的设计。采用低质量分数电解液的缺点是效率较低，加工速度不能很快。

4. 混气电解加工

（1）混气电解加工的原理及优缺点 混气电解加工就是用混气装置使一定压力的气体（主要是压缩空气）与电解液混合在一起，使电解液成为包含无数气泡的气液混合物，然后送入加工区进行电解加工。

我国应用混气电解加工获得了较好的效果，显示出一定的优越性。主要表现在提高了电解加工的成形精度，简化了阴极工具的设计与制造，因而得到了较快的推广。例如，不混气加工锻模时，如图 4-25a 所示，侧面间隙很大，模具上腔有喇叭口，成形精度差，阴极工具的设计与制造也比较困难，需要多次反复修正。图 4-25b 所示为混气电解加工的情况，成形精度高，侧面间隙小而均匀，表面粗糙度值小，阴极工具的设计较容易。

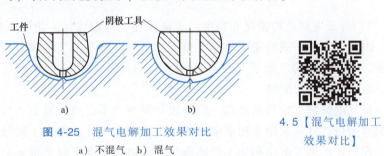

图 4-25 混气电解加工效果对比
a) 不混气 b) 混气

4.5【混气电解加工效果对比】

混气电解加工装置的示意图如图 4-26 所示，在气液混合腔（包括引导部、混合部及扩散部）中，压缩空气由喷嘴喷出，与电解液强烈搅拌压缩，使电解液成为含有带有一定压力的无数小气泡的气液混合体后，进入加工区域进行电解加工。气液混气腔的结构与形状依加工对象的不同有引射式和强制式两种类型。

在电解液中混入气体，具有以下作用：

1）增大了电解液的电阻率，减少了杂散腐蚀，使电解液向非线性方面转化。由于气体是不导电的，因此电解液中混入气体后，就增大了间隙内的电阻率，而且电阻率随着压力的变化而变化，一般间隙小处压力高、气泡体积小、电阻率小、电解作用强；间隙大处压力低、气泡大、电阻率大、电解作用弱。图 4-27 所示为混气电解加工型孔的情况，此处用带有抛光圈的阴极电解加工孔，因为间隙 Δ'_s 与大气相通，压力低，气体膨胀，又由于间隙 Δ'_s 比 Δ_s 大，故其间隙电阻比 Δ_s 内的间隙电阻大得多，电流密度迅速减小。当间隙 Δ'_s 增大到一定数值时，就可能使电解作用停止，所以混气电解加工中存在切断间隙，加工孔时的切断间隙为 0.85~1.3mm。

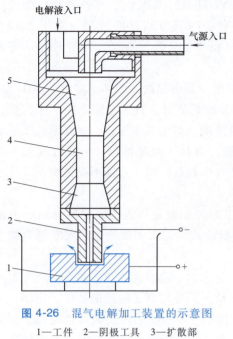

图 4-26 混气电解加工装置的示意图
1—工件　2—阴极工具　3—扩散部
4—混合部　5—引导部

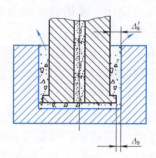

图 4-27 混气电解加工型孔

2) 降低电解液的密度和黏度，提高流速，均匀流场。由于气体的密度和黏度远小于液体，因此混气电解液的密度和黏度也大大下降，这是混气电解加工能在低压下达到高流速的关键，高速流动的气泡还起搅拌作用，可消除死水区（电解液流速为零的区域），均匀流场，减少短路的可能性。

混气电解加工成形精度高，阴极设计简单，不必进行复杂的计算和修正，甚至可用反拷法制造阴极，并可利用小功率电源加工大面积的工件。但由于混气后电解液的电阻率显著增加，在同样的加工电压和加工间隙条件下，电流密度下降了很多，所以生产率较不混气时将降低 1/3~1/2。从整个生产过程来看，由于混气电解加工缩短了阴极工具的设计和制造周期，提高了加工精度，减少了钳工修磨量，因此总的生产率还是提高了。混气电解加工的另一个缺点是需要一套附属供气设备，要有压力足够高的气源、承压能力足够好的管道及良好的抽风设备等。

（2）气液混合比　混气电解加工的主要参数除一般电解加工所用的工艺参数外，还有一个气液混合比 Z。

气液混合比是指混入电解液的气体流量与电解液流量之比。由于气体体积随压力而变化，因此在不同高压和常压下，气液混合比也不同。为了保证定量分析时有统一的标准，常用标准状态时（一个大气压，20℃）的气液混合比来计算，即

$$Z=\frac{q_g}{q_l} \tag{4-22}$$

式中　q_g——气体流量（标准状态下）（m^3/h）；
　　　q_l——电解液流量（m^3/h）。

从提高混气电解加工的非线性性能来看,气液混合比越高,非线性性能将越好。但气液混合比过高,其非线性性能的改善极微,反而增加了压缩空气的消耗量,而且由于含气量过多,间隙电阻过大,电解作用过弱,还会产生短路火花。

考虑到大多数车间的气源都是通过工厂里的压缩空气管道获得的,其压力一般只能保持在 0.4~0.45MPa,所以气压也只能在这一范围内选取。液压则根据气液混合腔的结构以低于气压 0.05MPa 为宜,以免气液倒灌。为了使加工过程稳定,应设法保持气压稳定,如增设储气罐等。

六、电解加工的基本设备

电解加工的基本设备包括直流电源、机床及电解液系统三大部分。

1. 直流电源

电解加工中常用的直流电源为硅整流电源及晶闸管整流电源。

硅整流电源中先用变压器把 380V 的交流电变为低电压的交流电,然后用大功率硅二极管将交流电整流成直流电。为了能无级调压,目前生产中采用的调压方法有扼流式饱和电抗器调压、自饱和式电抗器调压和晶闸管调压。

在硅整流电源中,与饱和电抗器调压相比,晶闸管调压可节省大量的铜、铁材料,也减少了电源的功率损耗。同时,晶闸管是无惯性元件,控制速度快、灵敏度高,有利于进行自动控制和火花保护。其缺点是抗过载能力差,较易损坏。

为了进一步提高电解加工精度,生产中采用了脉冲电流电解加工,这时需要采用脉冲电源。由于电解加工采用大电流,因而都采用晶闸管脉冲电源和大功率集成组件 IGBT 脉冲电源。

在各类电解加工用电源中,都应有短路快速切断装置,以防工具、工件间短路时电流过大而产生火花,将工具、工件烧伤报废。

国内经鉴定已投入使用的几种可控硅电源见表 4-6。

表 4-6 国内经鉴定已投入使用的几种可控硅电源

型 号	额定电流 /A	额定电压 /V	输入电压 /V	冷却水压力 /MPa	柜体尺寸 /mm	稳压精度 (%)	类 型	生产厂
KGXS 3000/6-24	3000	24	$380^{+10\%}_{-15\%}$ 50Hz		高 2100 宽 880 深 2100	±1[①]	水冷、密封	北京变压器厂
KGXS 5000/24	5000[②]	24	380±10% 50Hz	0.2~0.3	高 2100[③] 宽 700 深 1500	±1	普通水冷 (不密封, 不防腐)	上海整流器厂
KGXS 10000/3~20	10000	20	380 50Hz					上海整流器厂 北京变压器厂
KGXS0 115000/24	15000	24	380±10% 50Hz	0.2~0.3	高 2100[③] 宽 1000 深 1800	±1		上海整流器厂
KGXS 20000/15	20000	15	10000 50Hz			0.5		北京变压器厂

① 条件:电网电压变化±10%或负载变化 25%~100%。
② 可输出额定电流的电压范围为 12~24V。
③ 外加控制柜(700mm×700mm×2100mm)及主变压器。

2. 机床

（1）对电解加工机床的要求　在电解加工机床上要安装夹具、工件和阴极工具，实现进给运动，并接通直流电源和电解液系统。与一般金属切削机床相比，对电解加工机床有以下特殊要求：

1）机床的刚性。电解加工虽然没有机械切削力，但电解液有很高的压力，如果加工面积较大，则对机床主轴、工作台的作用力是很大的，一般可达 20~40kN。因此，电解加工机床的工具和工件系统必须有足够的刚度，否则将引起机床部件的过大变形，改变阴极工具和工件的相对位置，甚至造成短路烧伤。

2）进给速度的稳定性。金属的阳极溶解量与时间成正比，进给速度不稳定，阴极相对工件各个截面的电解时间就不同，会影响加工精度。这一点对内孔、膛线、花键等截面零件加工的影响更为严重，所以电解加工机床必须保证进给速度的稳定性。

3）防腐绝缘。电解加工机床经常与有腐蚀性的电解液相接触，故必须采取相应的防腐措施，以避免或减少机床遭受腐蚀。

4）安全措施。电解加工过程中将产生大量氢气，如果不能迅速排除，则有可能因火花短路等而引起氢气爆炸，因此必须采取相应的排氢防爆措施。另外，电解加工过程中也有可能析出其他气体。如果采用混气加工，则会有大量雾气从加工区逸出，防止它们扩散并及时将其排除，也是需要注意的问题。

（2）机床类型及设计要点　阴极固定式专用加工机床，只需装夹固定好工件，并引入直流电源和电解液即可，它实际上是一套夹具。阴极移动式电解加工机床应用得比较多，这种机床的形式主要有卧式和立式两类。卧式机床主要用于加工叶片、深孔及其他长筒形零件。立式机床主要用于加工模具、齿轮、型孔、短的花键及其他扁的零件。

电解加工机床目前大多采用伺服电动机或直流电动机无级调速的进给系统，容易实现自动控制。行星减速器、谐波减速器在电解加工机床中正被更多地采用。为了保证进给系统的灵敏度，使低速进给时不发生爬行现象，生产中广泛采用了滚珠丝杠传动，用滚动导轨代替滑动导轨。

对于长期与电解液及其腐蚀性气体接触的部分，目前使用的主要材料是不锈钢，但不锈钢的表面接触电阻大、导电性差，故有时也采用铜制或花岗岩的工作台面。

电解加工机床的其他部分，如导轨等，也可采用花岗岩、耐蚀水泥等制造。对于易受电解加工过程中杂散腐蚀影响的工作台等，可采用牺牲阳极的阴极保护法，即在工作台四周镶上可更换的锌板，由于锌的电极电位比不锈钢更负，这样，工作台相对于锌板就成为阴极，杂散腐蚀只在锌板上发生，锌板可定期更换，而工作台则被保护起来。

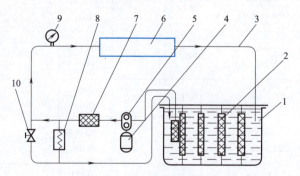

图 4-28　电解液系统示意图

1—电解液槽　2—过滤网　3—管道　4—泵用电动机　5—离心泵　6—加工区　7—过滤器　8—安全阀　9—压力表　10—阀门

3. 电解液系统

电解液系统是电解加工设备中不可缺少的一个组成部分，其主要组成部件有泵、电解液槽、过滤装置、管道和阀等，如图 4-28 所示。

目前生产中的电解液泵大多采用多级离心泵，这种泵的密封性和耐蚀性能较好，故使用周期较长。

随着电解加工的进行，电解液中的电解产物含量增加，最后变得黏稠成为糊状，严重时将堵塞加工间隙，引起局部短路，故电解液的净化是非常必要的。

电解液的净化方法很多，用得比较广泛的是自然沉淀法。由于金属氢氧化物以絮状物形式存在于电解液中，而且质量较小，因此自然沉淀的速度很慢，必须有较大的沉淀面积，才能获得好的效果。

介质过滤法也是常用的方法之一，目前都采用筛孔尺寸为 $\phi0.07 \sim \phi0.15mm$ 的尼龙丝网，其成本低、效果好、制造和更换容易。实践证明，电解加工中最有害的不是氢氧化物沉淀，而是一些固体杂质小屑或腐蚀冲刷下来的金属晶粒，必须将它们滤除。

离心过滤法虽是过滤效率较高的方法，但离心机转速低时，则过滤效果不太理想；转速高时，虽然过滤效果好，但排渣比较麻烦，且噪声大，故较少应用。

七、电解加工工艺及其应用

我国自 1958 年在膛线加工方面成功地采用了电解加工工艺并正式投产以来，电解加工工艺的应用有了很大发展，逐渐在各种膛线、花键孔、深孔、内齿轮、链轮、叶片、异形零件及模具等方面获得了广泛的应用。

1. 深孔扩孔加工

深孔扩孔加工按阴极的运动形式，可分为固定式和移动式两种。

固定式即工件和阴极间没有相对运动，如图 4-29 所示。其优点是：①设备简单，只需一套夹具来保持阴极与工件的同心以及起导电和引入电解液的作用；②由于整个加工面同时电解，故生产率高；③操作简单。其缺点是：①阴极要比工件长一些，所需电源的功率较大；②在进、出口处电解液的温度及电解产物含量等都不相同，容易引起加工表面粗糙度和尺寸精度不均匀的现象；③当加工表面过长时，阴极刚度不足。

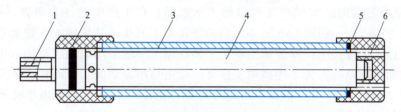

图 4-29 固定式阴极深孔扩孔原理图
1—电解液入口 2—绝缘定位套 3—工件 4—工具阴极
5—密封垫 6—电解液出口

移动式加工多采用卧式，阴极在零件内孔中做轴向移动。移动式加工阴极较短，精度要求较低，制造容易，可加工任意长度的工件而不受电源功率的限制。但需要使用有效长度大于工件长度的机床，同时工件两端由于加工面积不断变化而引起电流密度的变化，故容易出现收口和喇叭口，需要进行自动控制。

阴极设计应结合工件的具体情况，尽量使加工间隙内各处的流速均匀一致，避免产生涡流及死水区。扩孔时如果设计成圆柱形阴极，如图 4-30a 所示，则由于实际加工间隙沿阴极长度方向变化,结果是越靠近后段流速越小。如果设计成圆锥形阴极,则加工间隙基本上是均匀的,因而流场也较均匀,效果较好,如图 4-30b 所示。为使流场均匀,在液体进入加工区以前以及离开加工区以后,应设置导流段,避免流场在这些地方发生突变,造成涡流。

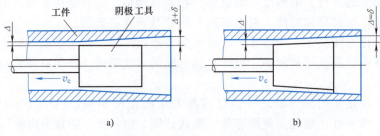

图 4-30 移动式阴极深孔扩孔原理图

实际深孔扩孔用的移动式阴极如图 4-31 所示,阴极锥体 2 用黄铜或不锈钢等导电材料制成。非工作面用有机玻璃或环氧树脂等绝缘材料遮盖起来。前引导 4 和后引导 1 起绝缘作用及定位作用。电解液从接头 6 引进,从出水孔 3 喷出,经过一段导流后,进入加工区。

加工花键孔及内孔膛线的原理与此类似。

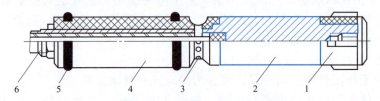

图 4-31 深孔扩孔用的移动式阴极
1—后引导 2—阴极锥体 3—出水孔 4—前引导
5—密封圈 6—接头及入水孔

2. 型孔加工

图 4-32 所示为端面进给式型孔电解加工示意图。在生产中往往会遇到一些形状复杂、尺寸较小的四方、六方、椭圆、半圆等形状的通孔和不通孔,其机械加工很困难,如采用电解加工,则可以大大提高生产率及加工质量。型孔加工一般采用端面进给法,为了避免产生锥度,阴极侧面必须绝缘。为了提高加工速度,可适当增加端面工作面积,使阴极内锥面的高度为 1.5~3.5mm,工作端及侧成形环面的宽度一般取 0.3~0.5mm,出水孔的截面面积应大于加工间隙的截面面积。

图 4-33 所示的喷油嘴内圆弧槽,如果采用机械加工是比较困难的,而用固定阴极电解扩孔则很容易实现,而且可以同时加工多个零件,大大提高了生产率,降低了成本。

3. 型腔加工

多数锻模为型腔模,因为电火花加工的精度比电解加工易于控制,目前大多采用电火花加工,但由于其生产率较低。因此,锻模消耗量比较大、精度要求不太高的煤矿机械、汽车、拖拉机等的制造,常采用电解加工。

型腔模的成形表面比较复杂,当采用 $NaNO_3$、$NaClO_3$ 等成形精度好的电解液进行加工时,或采用混气电解加工时,阴极的设计比较容易,因为加工间隙比较容易控制,还可采用反拷法制造阴极。当使用 NaCl 电解液而又不混气时,则较为复杂。

进行复杂型腔的表面加工时，电解液流场不易均匀，在流速、流量不足的局部区域电解量将偏小，且该处容易产生短路。此时，应在阴极的对应处加开增液孔或增液槽，增补电解液使流场均匀，以避免短路烧伤现象，如图4-34所示。

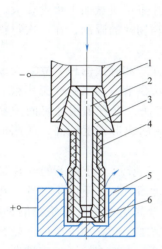

图4-32 端面进给式型孔加工示意图
1—机床主轴套 2—进水孔 3—阴极主体
4—绝缘层 5—工件 6—工作端面

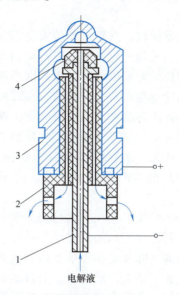

图4-33 喷油嘴内圆弧槽的加工
1—工具阴极 2、4—绝缘层 3—工件阳极

4.6【喷油嘴内圆弧槽的电解加工】

4. 套料加工

用套料加工方法可以加工等截面的大面积异形孔，也可用于等截面薄形零件的下料。图4-35所示的异形零件，如用常规的铣削方法加工将非常麻烦，而采用图4-36所示的套料阴极工具则可以很方便地进行套料加工。阴极片为0.5mm厚的纯铜片，用软钎焊焊在阴极体上，零件尺寸精度由阴极片内腔口保证，当加工中偶尔发生短路烧伤时，只需更换阴极片，而阴极体可以长期使用。

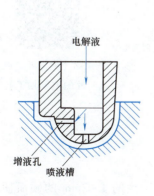

图4-34 增液孔的设置

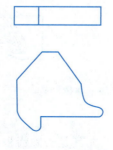

图4-35 异形零件

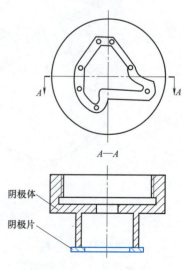

图4-36 套料阴极工具

在套料加工中，电流密度 i 可在 100~200A/cm² 范围内选择，工作电压为 13~15V，端面间隙为 0.3~0.4mm，侧面间隙为 0.5~0.6mm，电解液的压力为 0.8~1MPa，温度为 20~40℃，NaCl 的质量分数为 12%~14%，进给速度为 1.8~2.5mm/min。

5. 叶片加工

叶片是喷气发动机、汽轮机中的重要零件，叶身型面形状比较复杂，精度要求较高，加工批量大，在发动机和汽轮机制造中占相当大的劳动量。叶片采用机械加工难度较大、生产率低、加工周期长。而采用电解加工，则不受叶片材料硬度和韧性的限制，在一次行程中就可加工出复杂的叶身型面，生产率高，表面粗糙度值小。

叶片加工的方法有单面加工和双面加工两种。机床也有立式和卧式两种，立式大多用于单面加工，卧式大多用于双面加工。叶片加工大多采用侧流法供液，加工是在工作箱中进行的。我国目前叶片加工多数采用 NaCl 电解液的混气电解加工法，也有采用加工间隙易于控制（有切断间隙）的 $NaClO_3$ 电解液的，由于这两种工艺方法的成形精度较高，故阴极可采用反拷法制造。

电解加工整体叶轮工艺在我国已得到普遍应用，如图 4-37 所示。叶轮上的叶片是逐个加工的，采用套料法加工，加工完一个叶片，退出阴极，分度后再加工下一个叶片。在采用电解加工方法以前，叶片是在经单个精密锻造、机械加工、抛光后镶到叶轮轮缘的榫槽中，再焊接而成的，加工量大、周期长，而且质量不易保证。电解加工套料加工整体叶轮，只要先把叶轮坯加工好，然后直接在轮坯上逐个分度加工叶片即可，大大缩短了加工周期，且叶轮强度高、质量好。

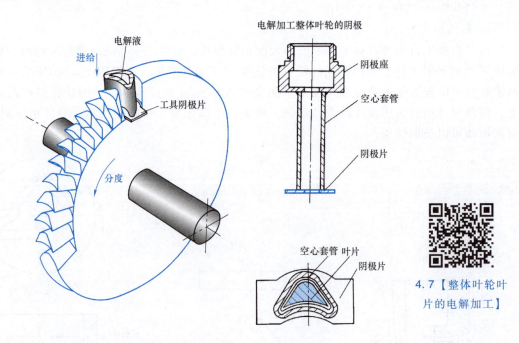

4.7【整体叶轮叶片的电解加工】

图 4-37 电解加工整体叶轮

6. 电解倒棱去毛刺

机械加工中去毛刺的工作量很大，尤其是去除齿根切出部分产生的 1~2mm 的硬而韧的金属毛刺时，需要占用很多人力，而且很难清除干净。电解倒棱去毛刺可以大大提高工效和节省费用。图 4-38 所示为齿轮的电解去毛刺装置。工件齿轮套在绝缘柱上，环形电极工具也靠绝缘柱定位安放在齿轮上面，与毛刺之间保持 3～5mm 的间隙（根据毛刺大小而定），电解液在阴极端部、毛刺旁边和齿轮的端面齿面间流过，阴极和工件间通上 20V 以上的电压（电压高些，间隙可大些），约 1min 就可去除毛刺。

7. 电解刻字

机械加工中，在工序间检查或成品检查后，需要在零件表面做一个合格标志，加工的非基准面一般也要打上标志以示区别（如轴承环的加工），产品的规格、材料、商标等也要标刻在产品表面。过去，这些工作一般由机械打字完成。但机械打字要用字头对工件表面施以锤打，靠工件表面产生的凹陷及隆起变形才能实现，这对热处理后已淬硬或壁厚特别小的零件，或精度很高、表面不允许受到破坏的零件而言，都是不允许的。电解刻字则可以在那些常规机械刻字不能进行的表面上刻字。电解刻字时，字头接阴极（图 4-39），工件接阳极，两者保持大约 0.1mm 的电解间隙，中间滴注少量的钝化型电解液，在 1～2s 的时间内即可完成工件表面的刻字工作。目前，可以在金属表面刻出黑色印记，也可在经过发蓝处理的表面上刻出白色印记。

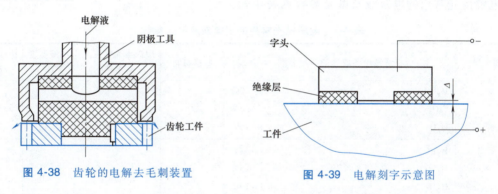

图 4-38 齿轮的电解去毛刺装置　　　　图 4-39 电解刻字示意图

利用同样的原理，改变电解液成分并适当延长电解时间，就可以实现在工件表面刻印花纹或制成压花轧辊。

8. 电解抛光

电解抛光是利用金属在电解液中的电化学阳极溶解对工件表面进行腐蚀抛光，它是一种表面光整加工方法，用于减小工件的表面粗糙度值和改善表面的物理力学性能，而不用于对工件进行形状和尺寸加工。它和电解加工的主要区别是工件和工具之间的加工间隙大，这样有利于表面的均匀溶解；电流密度比较小；电解液一般不流动，必要时加以搅拌即可。因此，电解抛光所需的设备比较简单，包括直流电源、各种清洗槽和电解抛光槽，不像电解加工那样需要昂贵的机床和电解液循环、过滤系统；抛光用的阴极结构也比较简单。

电解抛光的效率比机械抛光要高，而且抛光后的表面除了常常生成致密、牢固的氧化膜等膜层外（这层组织致密的膜往往可提高表面的耐蚀性），不会产生加工变质层，也不会造成新的表面残余应力，且不受被加工材料（如不锈钢、淬火钢、耐热钢等）硬度和强度的限制，因而在生产中经常采用。

影响电解抛光质量的因素很多，主要有以下几个方面：

（1）电解液的成分、比例　电解液的成分、比例对抛光质量有着决定性的影响。目前，从理论上尚不能确定某种金属或合金最适宜的电解液成分、比例，主要是通过实验来确定。

某些金属电解抛光时比较理想的电解液见表4-7。

（2）电参数　主要是阳极电位和阳极电流密度。在加工过程中，一般通过控制阳极电位来控制质量，也可通过控制阳极电流密度来控制质量。

（3）电解液的温度及搅拌情况　对于每一种金属和合金来说，电解液的温度都有一个最适宜的范围，这一温度范围目前主要依靠实验来确定。电解抛光时，应采用搅拌的方法，促使电解液流动，以保证抛光区域的离子扩散和新电解液的补充，并可使电解液的温度差减小，从而保证最适宜的抛光条件。

（4）金属的金相组织与原始表面状态　电解抛光对金属金相组织的均匀性十分敏感。金属组织越均匀、细密，其抛光效果越好。如果材料为合金，则应选择适应合金成分均匀溶解的电解液。表面预加工状况对抛光质量也有很大影响，表面粗糙度值达到 $Ra2.5 \sim 0.8 \mu m$ 时，电解抛光才有效果；加工到 $Ra0.63 \sim 0.20 \mu m$ 时，则更有利于电解抛光。抛光前，应去掉表面的油污、变质层等。

除此以外，电解抛光的持续时间、阴极材料、阴极形状和极间距离等对抛光质量均有影响。

电解抛光常用的电解液及抛光参数见表4-7。

表 4-7　电解抛光常用的电解液及抛光参数

适用金属	电解液中各成分的质量分数		阴极材料	阳极电流密度 /(A/dm^2)	电解液温度 /℃	持续时间 /min
碳素钢	H_3PO_4 CrO_3 H_2O	70% 20% 10%	铜	40~50	30~50	5~8
	H_3PO_4 H_2SO_4 H_2O $(COOH)_2$(草酸)	65% 15% 18%~19% 1%~2%	铅	30~50	15~20	5~10
不锈钢	H_3PO_4 H_2SO_4 丙三醇(甘油) H_2O	10%~50% 15%~40% 12%~45% 5%~23%	铅	60~120	50~70	3~7
	H_3PO_4 H_2SO_4 CrO_3 H_2O	40%~45% 35%~40% 3% 17%	铜、铅	40~70	70~80	5~15
CrWMn 1Cr18Ni9Ti	H_3PO_4 H_2SO_4 CrO_3 丙三醇(甘油) H_2O	65% 15% 5% 12% 3%	铅	80~100	35~45	10~12
铬镍合金	H_3PO_4 H_2SO_4 H_2O	64mL 15mL 21mL	不锈钢	60~75	70	5

（续）

适用金属	电解液中各成分的质量分数		阴极材料	阳极电流密度 /(A/dm²)	电解液温度 /℃	持续时间 /min
铜合金	H_3PO_4(1.87[①]) H_2SO_4(1.84[①]) H_2O	670mL 100mL 300mL	铜	12~20	10~20	5
铜	CrO_3 H_2O	60% 40%	铝、铜	5~10	18~25	5~15
铝及其合金	H_2SO_4(1.84[①]) H_3PO_4(1.7[①]) HNO_3(1.4[①]) H_2O	体积分数 70% 体积分数 15% 体积分数 1% 体积分数 14%	铝 不锈钢	12~20	30~50	2~10
	H_3PO_4(1.62[①]) CrO_3	100g 10g	不锈钢	5~8	50	0.5

① 括号中各数字表示相应电解液的密度，单位为 g/cm³。

9. 数控展成电解加工

传统的电解加工都是采用成形阴极对工件进行拷贝式的加工，其优点是生产率高。但是对于复杂的型腔、型面，由于阴极设计、制造困难，往往无法加工，特别是在加工带有变截面扭曲叶片的整体叶轮时，传统的电解加工方法更是无能为力。

人们从数控铣床那里得到启发，利用数控技术实现必要的展成运动，就可用形状简单的工具电极电解加工型腔、型面。工具电极可以制成简单的棒状、球状、条状，电解加工时，电极参与电解加工的部分可以是点、直线或曲线。人们利用成熟的数控技术，用形状简单的工具去合成加工复杂的曲面，从而免去了传统电解加工中复杂工具电极的设计与制造，同时，将电解加工技术与数控技术相结合，扩大了电解加工的应用范围，可用于数控五轴加工整体带冠扭曲叶片的涡轮盘，南京航空航天大学已在这方面进行了深入的探索研究。电化学加工、电解加工的类似应用可参考文献［2］第 187~194 页。

第三节 电解磨削

一、电解磨削的基本原理和特点

电解磨削属于电化学机械加工范畴，是由电解作用和机械磨削作用相结合来进行加工的，比电解加工的加工精度高、表面粗糙度值小，比机械磨削的生产率高。与电解磨削相似的还有电解珩磨和电解研磨。

图 4-40 为电解磨削原理图。导电砂轮 1 与直流电源的负极相连，被加工工件 3（硬质合金车刀）接正极，它在一定压力下与导电砂轮相接触。加工区域中送入电解液 2，在电解和机械磨削的双重作用下，车刀的后刀面很快就被磨光了。

图 4-41 为电解磨削加工过程原理图，图中 1 为磨粒，2 为导电砂轮的结合剂（铜或石墨），3 为被加工工件，4 为电解产物（阳极钝化薄膜），间隙被电解液 5 充满。电流从工件

3通过电解液5流向磨轮,形成通路,于是工件(阳极)表面的金属在电流和电解液的作用下发生电解作用(电化学腐蚀),被氧化成为一层极薄的氧化物或氢氧化物薄膜4,一般称它为阳极钝化薄膜。刚形成的阳极钝化薄膜迅速被导电砂轮中的磨料刮除,在阳极工件上又露出新的金属表面并被继续电解。这样,电解作用和刮除薄膜的磨削作用交替进行,使工件连续地被加工,直至达到一定的尺寸精度和表面粗糙度值。

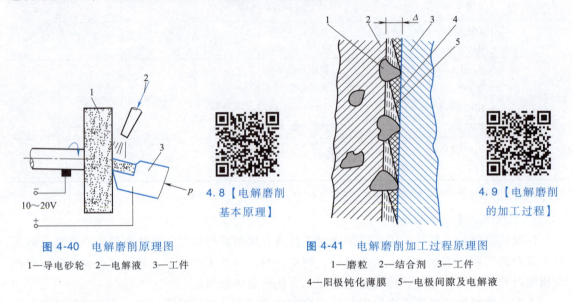

图 4-40 电解磨削原理图
1—导电砂轮 2—电解液 3—工件

图 4-41 电解磨削加工过程原理图
1—磨粒 2—结合剂 3—工件
4—阳极钝化薄膜 5—电极间隙及电解液

4.8【电解磨削基本原理】

4.9【电解磨削的加工过程】

电解磨削过程中,主要是靠电化学作用将金属腐蚀下来,砂轮起磨去电解产物阳极钝化膜和整平工件表面的作用。

电解磨削与机械磨削相比,具有以下特点:

(1) 加工范围广,加工效率高 由于它主要利用电解作用,因此,只要选择合适的电解液,就可以用来加工任何高硬度与高韧性的金属材料。例如磨削硬质合金时,与普通的金刚石砂轮磨削相比,电解磨削的加工效率要高 3~5 倍。

(2) 可以提高加工精度及表面质量 因为砂轮并不主要用来磨削金属,磨削力和磨削热都很小,不会产生磨削毛刺、裂纹、烧伤现象,表面粗糙度值一般小于 $Ra0.16\mu m$。

(3) 砂轮的磨损量小 例如磨削硬质合金,普通刃磨时,碳化硅砂轮的磨损量为硬质合金切除量的 4~6 倍;电解磨削时,砂轮的磨损量则不超过硬质合金切除量的 50%~100%。与普通金刚石砂轮磨削相比,电解磨削用的金刚石砂轮的损耗速度仅为前者的 1/10~1/5,可显著降低成本。

与机械磨削相比,电解磨削的不足之处:所加工刀具等的刃口不易磨得非常锋利;机床、夹具等需要采取防蚀防锈措施;需要增加抽风、排气装置,以及直流电源和电解液过滤、循环装置等附属设备。

电解磨削时,电化学阳极溶解的机理和电解加工相似;不同之处是,电解加工时阳极表面形成的钝化膜是靠活性离子(如 Cl^- 离子)进行活化,或靠很高的电流密度去破坏(活化)而使阳极表面的金属不断溶解去除的,加工电流很大,溶解速度很快,电解产物的排除依靠的是高速流动的电解液的冲刷作用;电解磨削时,阳极表面形成的钝化膜是靠砂轮的磨削作用，即机械的刮削来去除和活化的。因此，电解加工时必须采用压力较高、流量较大的泵（如涡旋泵、多级离心泵等），而电解磨削一般可采用冷却润滑液用的小型离心泵。从这个意义上来说，为区别于电解磨削，有把电解加工称为电解液压加工的。另外，电解磨削是靠砂轮磨料来刮除具有一定硬度和黏度的阳极钝化膜，其形状和尺寸精度主要是由砂轮相对工件的成形运动来控制的，因此，电解液中不能含有活化能力很强的活性离子（如 Cl^- 等），而应采用腐蚀能力较弱的钝化性电解液，如以 $NaNO_3$、$NaNO_2$ 等为主的电解液，不采用 $NaCl$，以提高电解磨削的成形精度和有利于机床的防锈防蚀。

电解磨削采用钝化性电解液，下面以亚硝酸盐为主要成分的电解液加工 WC-Co 系列硬质合金为例，简要说明其电化学反应过程。

1. 阳极反应

电解磨削过程中的电化学阳极反应是钝化→刮除钝化膜不断交替进行的过程。

(1) 钴的阳极氧化反应　在电解液中，钴首先被电离，产生的钴离子立即与溶液中的氢氧根离子化合，生成溶解度极小的氢氧化钴，即

$$Co \longrightarrow Co^{2+} + 2e$$

$$Co^{2+} + 2OH^- \longrightarrow Co(OH)_2 \downarrow$$

(2) WC 的阳极氧化反应　WC 的阳极氧化主要是强氧化性的 N_2O_4 作用的结果，其过程是亚硝酸根离子首先在阳极上氧化，并生成 N_2O_4，再氧化 WC（或 TiC），即

$$2NO_2^- \longrightarrow N_2O_4 + 2e$$

$$2WC + 4N_2O_4 \longrightarrow 2WO_3 + 2CO\uparrow + 8NO\uparrow$$

反应中产生的 NO 由于电极上氧或原子氧的作用，立即被氧化为 NO_2，一部分放出，另一部分溶于电解液中，再生成亚硝酸盐。

溶液中的水分子或氢氧根离子也可能在阳极上放电，生成原子氧，即

$$H_2O \longrightarrow [O] + 2H^+ + 2e \text{(在中性溶液中)}$$

$$2OH^- \longrightarrow [O] + H_2O + 2e \text{(在碱性溶液中)}$$

(3) 钴的钝化反应　按电化学反应理论，钝化是由于在工件表面形成了吸附的或成相的氧化物层或盐层，而使金属的阳极溶解过程减慢，即

$$Co + [O] \longrightarrow Co[O]_{吸附}$$

$$Co + [O] \longrightarrow CoO$$

(4) 钨的钝化反应

$$WC + 4[O] \longrightarrow WO_2[O]_{吸附} + CO\uparrow$$

$$WC + 4[O] \longrightarrow WO_3 + CO\uparrow$$

所生成的 WO_3 在碱性溶液中将进一步发生化学溶解，即

$$WO_3 + 2OH^- \longrightarrow WO_4^{2-} + H_2O$$

或

$$WO_3 + 2NaOH \longrightarrow Na_2WO_4 + H_2O$$

2. 阴极反应

分析和实验表明，阴极电化学反应主要是氢气的析出，即

$$2H_2O + 2e \longrightarrow 2OH^- + H_2\uparrow （在中性或碱性溶液中）$$

但在某些情况下，也可能有其他副反应发生，如金属离子还原或其氧化物沉积等。

二、影响电解磨削生产率和加工质量的因素

1. 影响生产率的主要因素

（1）电化学当量　电化学当量为按照法拉第定律，单位电量理论上所能电解蚀除的金属量，如铁的电化学当量为 $133\text{mm}^3/(A \cdot h)$。电解磨削也可根据需要去除的金属量来计算所需的电流和时间。但由于电解时阳极上还可能有气体被电解析出而多损耗电能，或者由于磨削时还有机械磨削作用存在，节省了电解蚀除金属用的电能，因此电流效率可能小于或大于1。由于工件材料是由多种金属元素组成的，各金属成分以及杂质的电化学当量不一样，因此电解蚀除速度就有差别（尤其是在金属晶格边缘），这是造成表面质量不好的原因之一。

（2）电流密度　提高电流密度能加速阳极溶解。提高电流密度的途径有：①提高工作电压；②缩小电极间隙；③减小电解液的电阻率；④提高电解液温度等。

（3）磨轮（阴极）与工件间的导电面积　当电流密度一定时，通过的电量与导电面积成正比。阴极和工件的接触面积越大，通过的电量越多，单位时间内金属的去除率越大。因此，应尽可

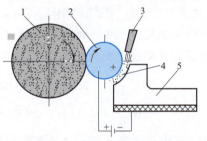

图 4-42　中极法电解磨削原理图
1—普通砂轮　2—工件　3—电解液喷嘴
4—钝化膜（阳极薄膜）　5—中间电极

4.10【中极法电解磨削】

能增大两极之间的导电面积，以达到提高生产率的目的。磨削外圆时，工件和砂轮之间的接触面积较小，为此，可采用中极法，其原理如图 4-42 所示。由图可见，在普通砂轮之外再附加一个中间电极作为阴极，工件接正极，砂轮不导电，电解作用在中间电极和工件之间产生，砂轮只起刮除钝化膜的作用，从而大大增加了导电面积，提高了生产率。如果利用多孔的中间电极向工件表面喷射电解液，则生产率可更高。采用中极法的优点是可以不用导电砂轮而用普通磨床改装成电解加工磨床；其缺点是在外圆磨削时，加工不同直径的工件需要更换中间电极。

（4）磨削压力　磨削压力越大，工作台走刀速度越快，阳极金属被活化的程度越高，生产率也随之提高。但过高的压力容易使磨料磨损或脱落；减小了加工间隙，影响电解液的流入，可能引起火花放电或发生短路现象，将使生产率下降。通常磨削压力采用 0.1~0.3MPa。

2. 影响加工精度的因素

（1）电解液　电解液的成分直接影响着阳极表面钝化膜的性质。如果所生成的钝化膜结构疏松，对工件表面的保护作用差，加工精度就低。要获得高精度的零件，在加工过程中工件表面应生成一层结构致密、均匀、保护性能良好的低价氧化物。钝化型电解液形成的阳极钝化膜不易受到破坏。硼酸盐、磷酸盐等弱电解质的含氧酸盐的水溶液都是较好的钝化型

电解液。

加工硬质合金时，要适当控制电解液的 pH 值，因为硬质合金的氧化物易溶于碱性溶液中。要得到较厚的阳极钝化膜，不应采用高 pH 值的电解液，一般以 pH=7~9 为宜。

（2）阴极导电面积和磨粒轨迹　电解磨削平面时，常常采用碗状砂轮以增大阴极面积，但工件往复移动时，阴、阳极上各点的相对运动速度和轨迹的重复程度并不相同，砂轮边缘线速度高，进给方向两侧轨迹的重复程度较大、磨削量较多，磨出的工件往往呈中凸的鱼背形状。

工件在往复运动磨削过程中，由于两极之间的接触面积逐渐减小或逐渐增加，引起电流密度的相应变化，造成表面电解不均匀，也会影响加工成形精度。此外，杂散腐蚀尖端放电常引起棱边塌角或使侧表面局部变毛糙。

（3）被加工材料的性质　对于合金成分复杂的材料，由于不同金属元素的电极电位不同，阳极溶解速度也不同，特别是电解磨削硬质合金和钢的组合件时，该问题更为严重。因此，要研究适合多种金属、同时均匀溶解的电解液配方，这是解决多金属材料电解磨削的主要途径。

（4）机械因素　电解磨削过程中，阳极表面的活化主要是靠机械磨削来实现的，因此机床的成形运动精度、夹具精度、磨轮精度对加工精度的影响是不可忽视的。其中，电解磨轮占有重要地位，它不但直接影响加工精度，而且影响加工间隙的稳定。电解磨削时的加工间隙是由电解磨轮来保证的，为此，除了精确修整砂轮外，应选择较硬的、耐磨损的砂轮磨料，采用中极法磨削时，应保持阴极的形状正确。

3. 影响表面粗糙度的因素

（1）电参数　工作电压是影响表面粗糙度的主要因素。工作电压低，工件表面溶解速度慢，钝化膜不易被穿透，因而溶解作用只限于表面凸处，有利于提高精度，精加工时应选用较低的工作电压，但不能低于合金中元素的最高分解电压。例如，加工 WC-Co 系列硬质合金时，工作电压不应低于 1.7V（因 Co 的分解电压为 1.2V，WC 为 1.7V）；加工 TiC-Co 系列硬质合金时不应低于 3V（因 TiC 的分解电压为 3V）。工作电压过低，会使电解作用减弱生产率降低、表面质量变坏；工作电压过高时，则表面不易整平，甚至会引起火花放电或电弧放电，使表面粗糙度值增大。电解磨削时，较合理的工作电压一般为 5~12V。此外，还应与砂轮磨削深度相配合。

电流密度过高，电解作用过强，表面粗糙度值大；电流密度过低，机械作用过强，也会使表面质量变坏。因此，电解磨削时电流密度的选择应使电解作用和机械作用配合恰当。

（2）电解液　电解液的成分及质量分数是影响阳极钝化膜性质和厚度的主要因素。因此，为了改善表面粗糙度，常常选用钝化型或半钝化型电解液。为了使电解作用正常进行，间隙中应充满电解液，因此电解液的量必须充足，而且应进行过滤以保持其清洁度。

（3）工件材料性质　其影响原因如前文所述。

（4）机械因素　磨料粒度越细，越能均匀地去除凸起部分的钝化膜，还可使加工间隙减小，这两种作用都加快了整平速度，有利于改善表面质量。但如果磨料过细，加工间隙过小，则容易引起火花而降低表面质量。一般粒度在 F40~F100 范围内选取。

由于去除的是比较软的钝化膜，因此，磨料的硬度对表面粗糙度的影响不大。

磨削压力太小，难以去除钝化膜；磨削压力过大，则机械切削作用强，磨料磨损加快，使表面质量恶化。

实践表明，电解磨削终了时，切断电源进行短时间（1~3min）的机械修磨，可以改善表面粗糙度和光亮度。

三、电解磨削用电解液及设备

1. 电解液

电解磨削用电解液的选择，应考虑以下五方面的要求：

1) 能使金属表面生成结构紧密、黏附力强的钝化膜，有高的尺寸精度和小的表面粗糙度值。
2) 导电性好，以获得高生产率。
3) 不腐蚀机床及工夹具。
4) 对人体和环境无危害，以确保人身健康。
5) 经济效果好，价格便宜，来源丰富，在加工中不易消耗。

要同时满足上述五方面的要求是困难的。在实际生产中，应针对不同产品的技术要求、不同的材料，选用最佳的电解液。实践证明，亚硝酸盐最适用于硬质合金的电解磨削。表 4-8 所列为几种磨削硬质合金用电解液。

表 4-8 磨削硬质合金用电解液

序号	电解液中各成分的质量分数(%)		电流效率(%)	电流密度/(A/cm^2)	加工表面粗糙度值 Ra/μm
1	$NaNO_2$(亚硝酸钠) $NaNO_3$(硝酸钠) Na_2HPO_4(磷酸氢二钠) $K_2Cr_2O_7$(重铬酸钾) H_2O	9.6 0.3 0.3 0.1 89.7	80~90	10	0.1
2	$NaNO_2$ $NaNO_3$ H_2O	7.0 5.0 88.0	85	10	0.1
3	$NaNO_2$ $NaKC_4H_4O_6$(酒石酸钾钠) H_2O	10 2 88	90	10	0.1

实际生产中，常常加工硬质合金和钢的组合件，需要对硬质合金和钢同时进行加工，这就要求有适合双金属的电解液。加工硬质合金和钢组合材料的双金属电解液见表 4-9。

表 4-9 加工硬质合金和钢组合材料的双金属电解液

电解液中各成分的质量分数(%)		电流效率(%)	电流密度/(A/cm^2)	表面粗糙度值(硬质合金)Ra/μm
$NaNO_2$ Na_2HPO_4 KNO_3 $Na_2B_4O_7$(硼砂) H_2O	5.0 1.5 0.3 0.3 92.9	70	10	0.1

磨削低碳钢和中碳钢的电解液见表 4-10，用于其他钢磨削的尚待实验。

表 4-10　磨削低碳钢和中碳钢的电解液

电解液中各成分的质量分数(%)		电流效率(%)	电流密度/(A/cm^2)	加工表面粗糙度值 $Ra/\mu m$
Na_2HPO_4	7	78	10	0.4
KNO_3	2			
$NaNO_2$	2			
H_2O	89			

上述电解液中，亚硝酸钠（$NaNO_2$）的主要作用是导电、氧化和防锈。硝酸盐的作用主要是提高电解液的导电性，其次是硝酸根离子有可能还原为亚硝酸根离子，以补充电极反应过程中亚硝酸根的消耗。磷酸氢二钠（Na_2HPO_4）是弱酸强碱盐，使溶液呈弱碱性，有利于氧化钴、氧化钨和氧化铁的溶解；磷酸氢根离子还能与钴离子络合，生成钴的磷酸盐沉淀，有利于保持电解液的清洁。重铬酸盐（$K_2Cr_2O_7$）和亚硝酸盐一样，都是强钝化剂，而且可以防止金属正离子或金属氧化物在阴极上沉积。硼砂（$Na_2B_4O_7$）是添加剂，可使工件表面生成较厚的结构致密的钝化膜，在一定程度上对工件棱边和尖角起到了保护作用。酒石酸钾钠（$NaKC_4H_4O_6$）是钴离子的良好络合剂，有利于保持电解液的清洁，促进钴的溶解。

2. 电解磨削用设备

电解磨削用设备主要包括直流电源、电解液系统和电解磨床。

电解磨削用的直流电源要求有可调的电压（5～20V）和较硬的外特性，最大工作电流视加工面积和所需生产率选择，其范围为 10～1000A。只要功率许可，一般可以和电解加工的直流电源设备通用。

供应电解液的循环泵一般用小型离心泵，但最好是耐酸、耐蚀的，还应该有过滤和沉淀电解液杂质的装置。在电解过程中，有时会产生对人体有害的气体（如一氧化碳等），因此机床上最好设有强制抽气装置或中和装置，否则至少应在空气较流通的地点进行操作。

电解液的喷射一般都用管子和扁喷嘴，喷嘴接在砂轮的上方，向工作区域喷注电解液。电解磨床与一般磨床相似，在没有专用磨床时，也可以用其他磨床改装而成，改装工作主要有：①增加电刷导电装置；②将砂轮主轴和床身绝缘，不让电流在轴承的摩擦面间流过；③将工件、夹具和机床绝缘；④增加电解液防溅装置和机床防锈装置。为减轻和避免机床的腐蚀，机床与电解液接触的部分应选择耐蚀性好的材料。机床主轴应保证砂轮工作面的振摆量不大于 0.01mm，否则不仅磨削时接触不均匀，而且难以保证合理的电极间隙。

电解磨削一般需要购买或专门制造导电砂轮，常用的有铜基和石墨导电砂轮两种。铜基导电砂轮的导电性能好，加工间隙可采用反电解法得到，即把电解砂轮接阳极进行电解，此时铜基体逐渐被溶解下来，达到所需的溶解量（即加工间隙值）后，停止反电解，磨粒暴露在铜基之外的尺寸即为所需的加工间隙，所以铜基砂轮的加工生产率高。石墨导电砂轮不能反电解加工，但磨削时石墨与工件之间会产生火花放电，同时具有电解磨削和电火花磨削的双重作用，在断电后的精磨过程中，石墨具有润滑、抛光作用，可获得较小的表面粗糙度值。

导电砂轮的磨料有烧结刚玉、白刚玉、高强度陶瓷、碳化硅、碳化硼、人造宝石、金刚石等。最常用的是金刚石导电砂轮，因为金刚石磨粒具有很高的耐磨性，能比较稳定地保持两极间的距离,使加工间隙稳定,而且可以在断电后对硬质合金之类的高硬材料进行精磨,可提高精度和减小表面粗糙度值。金刚石砂轮有铜、镍、钴、铸铁粉末烧结等多种,也可用反电解法修整砂轮。

四、电解磨削的应用

电解磨削由于集中了电解加工和机械磨削的优点,因此在生产中已用来磨削一些高硬度的零件,如各种硬质合金刀具、量具、挤压及拉丝模具、轧辊等。在普通磨削很难加工的小孔、深孔、薄壁筒、细长杆零件等的加工中,电解磨削也显示出优越性。具有复杂型面的零件,也可采用电解研磨和电解珩磨,电解磨削的应用范围正在日益扩大。

1. 硬质合金刀具的电解磨削

用氧化铝导电砂轮电解磨削硬质合金车刀和铣刀时,表面粗糙度值可达 $Ra0.2~0.1\mu m$,刃口半径小于 0.02mm,平直度也较普通砂轮磨出的好。

采用金刚石导电砂轮磨削加工精密丝杠的硬质合金成形车刀时,表面粗糙度值可小于 $Ra0.016\mu m$,刃口非常锋利,完全达到了精车精密丝杠的要求。所用电解液为亚硝酸钠 9.6% + 硝酸钠 0.3% + 磷酸氢二钠 0.3% 的水溶液(指质量分数),加入少量的丙三醇(甘油),可以改善表面粗糙度。电压为 6~8V,加工时的压力为 0.1MPa。实践表明,采用电解磨削工艺不仅比单纯用金刚石砂轮磨削时效率提高了 2~3 倍,而且大大延长了金刚石砂轮的使用寿命。

电解磨削轧制钻头时,生产率和质量都比用普通砂轮磨削时高,而且砂轮消耗和成本大为降低。

2. 硬质合金轧辊的电解磨削

某种硬质合金轧辊如图 4-43 所示。采用金刚石导电砂轮进行电解成形磨削,轧辊型槽的尺寸精度可达 ±0.02mm,型槽的位置精度为 ±0.01mm,表面粗糙度值为 $Ra0.2\mu m$,工件表面不会产生微裂纹,无残余应力,加工效率高,并且大大延长了金刚石砂轮的使用寿命,其磨削比为 138 [磨削量(cm^3)/磨轮损耗量(cm^3)]。

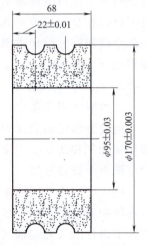

图 4-43 硬质合金轧辊

所采用的导电砂轮为以金属(铜粉)为结合剂的人造金刚石砂轮,磨料粒度为 F60~F400,外圆砂轮直径为 $\phi300mm$,磨削型槽的成形砂轮直径为 $\phi260mm$。

电解液成分为亚硝酸钠 9.6% + 硝酸钠 0.3% + 磷酸氢二钠 0.3% + 酒石酸钾钠 0.1% + 水(其余)(指质量分数)。粗磨的加工参数:电压 12V,电流密度 15~25A/cm^2,砂轮转速 2900r/min,工件转速 0.025r/min,一次进刀深度 2.5mm。精加工的加工参数:电压 10V,工件转速 16r/min,工作台移动速度 0.6mm/min。

3. 电解珩磨

深孔、薄壁筒等零件可以采用电解珩磨。图 4-44 为电解珩磨加工深孔示意图。

对普通的珩磨机床及珩磨头稍加改装,很容易实现电解珩磨。电解珩磨的电参数可以在很大范围内变化,电压为 3~30V,电流密度为 0.2~1A/cm^2。电解珩磨的生产率比普通珩磨要高,表面粗糙度值也有所减小。

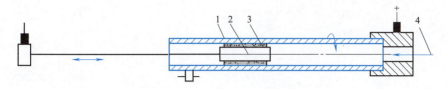

图 4-44 电解珩磨加工深孔示意图

1—工件 2—珩磨头 3—磨条 4—电解液

齿轮的电解珩磨已在生产中得到应用,其生产率比机械珩齿高,珩轮的磨损量也少。电解珩轮是由金属齿片和珩轮齿片相间而组成的,如图 4-45 所示,金属齿片的齿形略小于珩磨轮齿片的齿形,从而可保持一定的加工间隙。

4. 电解研磨

将电解加工与机械研磨结合在一起,就构成了一种新的加工方法——电解研磨,如图 4-46 所示。电解研磨加工采用钝化型电解液,利用机械研磨能去除微观表面上各高点的钝化膜,使其露出基体金属并再次形成新的钝化膜,实现表面的镜面加工。

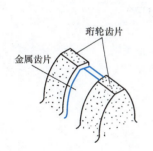

图 4-45 电解珩磨用电解珩轮

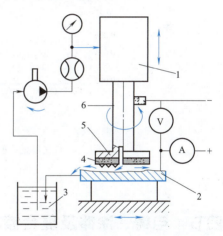

图 4-46 电解研磨加工(固定磨料方式)

1—回转装置 2—工件 3—电解液
4—研磨材料 5—工具电极 6—主轴

电解研磨按磨料是否粘固在弹性合成无纺布上,可分为固定磨料加工和流动磨料加工两种。固定磨料加工是将磨料粘在无纺布上之后包覆在工具阴极上,无纺布的厚度即为电解间隙。当工具阴极与工件表面间充满电解液并有相对运动时,工件表面将依次被电解,形成钝化膜,同时受到磨粒的研磨作用,实现复合加工。流动磨料电解研磨加工时,工具阴极上只包覆弹性合成无纺布,极细的磨料则悬浮在电解液中,因此磨料研磨时的研磨轨迹就更加杂乱而无规律,这正是获得镜面的主要原因。图 4-47 所示为加工方式、磨料粒度与表面粗糙度的关系。

电解研磨可以研磨碳素钢、合金钢、不锈钢表面。一般选用质量分数为 20% 的 $NaNO_3$ 水溶液作为电解液,电解间隙为 1~2mm,电流密度一般为 1~2A/cm^2。此法目前已用于钢冷轧轧辊、大型船用柴油机轴类零件、大型不锈钢化工容器内壁及不锈钢太阳能电池基板等

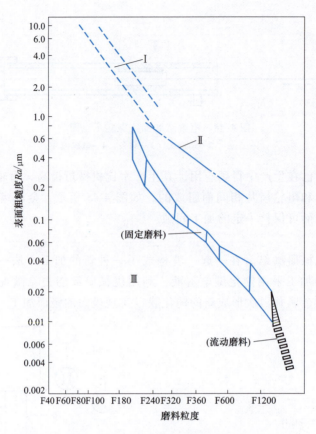

图 4-47 加工方式、磨料粒度与表面粗糙度的关系
Ⅰ—机械抛光　Ⅱ—精密研磨　Ⅲ—电解研磨

的镜面加工。

第四节　电铸、涂镀及复合镀加工

电铸、表面局部涂镀和复合镀加工在原理和本质上都属于电镀工艺的范畴，都是和电解相反，在电场的作用下，将电镀液中的金属正离子镀覆沉积到阴极上去的过程。但它们之间也有明显的不同之处，见表 4-11。

表 4-11　电镀、电铸、涂镀和复合镀的主要区别

工艺名称	电镀	电铸	涂镀	复合镀
工艺目的	表面装饰、防锈	复制、成形加工	增大尺寸、改善表面性能、修复	1. 电镀耐磨镀层 2. 制造超硬砂轮或磨具，电镀带有硬质磨料的特殊复合层表面
镀层厚度/mm	0.001~0.05	0.05~5 或以上	0.001~0.5 或以上	0.05~1 或以上
精度要求	只要求表面光亮、光滑	有尺寸及形状精度要求	有尺寸及形状精度要求	有尺寸及形状精度要求

(续)

工艺名称	电镀	电铸	涂镀	复合镀
镀层牢度程度	要求与工件牢固粘接	要求能与原模分离	要求与工件牢固粘接	要求与基体牢固粘接
阳极材料	与镀层金属材料相同	与镀层金属材料相同	石墨、铂等钝性材料	与镀层金属材料相同
镀液	自配电镀液	自配电镀液	按被镀金属层选用现成供应的涂镀液	自配电镀液
工作方式	需要镀槽,工件浸泡在镀液中,与阳极无相对运动	需要镀槽,工件与阳极可相对运动或静止不动	不需要镀槽,镀液浇注或含吸在相对运动着的工件和阳极之间	需要镀槽,被复合镀的硬质材料放置在工件表面

一、电铸加工

1. 电铸加工的原理、特点和应用范围

电铸加工的原理如图 4-48 所示,用可导电的原模做阴极,用电铸材料(如纯铜)做阳极,用电铸材料的金属盐(如硫酸铜)溶液做电铸液。在直流电源的作用下,阳极上的金属原子交出电子成为正金属离子进入电铸液,并进一步在阴极上获得电子成为金属原子而沉积镀覆在阴极原模表面,阳极金属源源不断地成为金属离子补充溶解进入电铸液,保持质量分数基本不变,阴极原模上的电铸层逐渐加厚,当达到预定厚度时即可取出,设法与原模分离,即可获得与原模型面凹凸相反的电铸件。

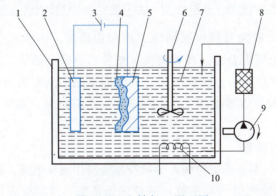

4.11【电铸加工的原理】

图 4-48 电铸加工原理图

1—电铸槽 2—阳极 3—直流电源 4—电铸层 5—原模(阴极)
6—搅拌器 7—电铸液 8—过滤器 9—泵 10—加热器

(1) 电铸加工的特点
1) 能准确、精密地复制复杂型面和细微纹路。
2) 能获得尺寸精度高、表面粗糙度值小于 $Ra0.1\mu m$ 的复制品,同一原模生产的电铸件一致性极好。
3) 借助石膏、石蜡、环氧树脂等作为原模材料,可把复杂零件的内表面复制为外表面、外表面复制为内表面,然后再电铸复制,适应性广泛。

(2) 电铸加工的主要应用
1) 复制精细的表面轮廓花纹,如压制唱片和 VCD、DVD 的压模,工艺美术品模以及纸

币、证券、邮票的印刷版。

2）复制注塑用的模具、电火花型腔加工用的电极工具等。

3）制造复杂、高精度的空心零件和薄壁零件，如波导管等。

4）制造表面粗糙度标准样块、反光镜、表盘、异形孔喷嘴等特殊零件。

2. 电铸的基本设备

（1）电铸槽　由铅板、橡胶或塑料等耐腐蚀的材料作为衬里，小型的可用陶瓷、玻璃或搪瓷容器。

（2）直流电源　和电解、电镀电源类似，电压为 3~20V 可调，电流和功率能满足 15~30A/dm² 即可，一般常用硅整流或晶闸管直流电源。

（3）搅拌和循环过滤系统　其作用为减少浓差极化，加大电流密度，提高电铸质量。可用桨叶或循环泵在过滤的同时进行搅拌，也可使工件振动或转动来实现搅拌。过滤器的作用是除去溶液中的固体杂质微粒，常用玻璃棉、丙纶丝、泡沫塑料或滤纸芯筒等作为过滤材料，过滤速度以每小时能更换循环 2~4 次电铸液为宜。

（4）加热和冷却装置　电铸的时间较长，为了使电铸液保持温度基本不变，需要有加热、冷却和恒温控制装置。常用蒸汽或电热加温，用吹风或自来水冷却。

3. 电铸加工的工艺过程及要点

电铸的主要工艺过程为：

原模表面处理 → 电铸至规定厚度 → 衬背处理 → 脱模 → 清洗干燥 → 成品

（1）原模表面处理　原模材料根据精度、表面粗糙度、生产批量、成本等要求可采用不锈钢、碳素钢、铝、低熔点合金、环氧树脂、塑料、石膏、蜡等。将表面清洗干净后，金属材料在电铸前一般需要进行表面钝化处理，使表面形成不太牢固的钝化膜，这样在电铸后易于脱模（一般用重铬酸盐溶液处理）；对于非金属原模材料，需要对表面做导电化处理，否则将无法电铸。

导电化处理的常用方法如下：

1）以极细的石墨粉、铜粉或银粉调入少量胶黏剂制作成导电液，在表面涂敷均匀的薄层。

2）用真空镀膜或阴极溅射（离子镀）法使表面覆盖一薄层金或银的金属膜。

3）用化学镀的方法在表面沉积银、铜或镍的薄层。

（2）电铸过程　电铸通常生产率较低，时间较长。电流密度过大易使沉积金属的结晶粗大，强度低。一般每小时电铸金属层厚度为 0.02~0.5mm。

电铸常用的金属有铜、镍和铁三种。相应的电铸液为含有电铸金属离子的硫酸盐、氨基磺酸盐、氟硼酸盐和氯化物等的水溶液。铜电铸溶液的组成和操作条件见表 4-12。其他电铸液的相关内容可参考文献 [19]。

电铸过程中的要点如下：

1）溶液必须连续过滤，以除去电解质水解或硬水形成的沉淀、阳极夹杂物和尘土等固体悬浮物，防止电铸件产生针孔、疏松、瘤斑和凹坑等缺陷。

2）必须搅拌电铸液，减少浓差极化，以增大电流密度，缩短电铸时间。

表 4-12　铜电铸溶液的组成和操作条件

组成成分	质量分数/(g/L)		操作条件			
			温度/℃	电压/V	电流密度/(A/dm²)	溶液波美度/°Bé[①]
硫酸盐溶液	硫酸铜 190~200	硫酸 37.5~62.5	25~45	<6	3~15	
氟硼酸盐溶液	氟硼酸铜 190~375	氟硼酸 pH=0.3~1.4	25~50	4~12	7~30	29~31

① 波美度（°Bé）由专用测量仪测出，为非法定计量单位。其与密度 ρ 的换算关系为：$\rho = \dfrac{145}{145-\text{波美度}}$，$\rho$ 的单位为 g/cm³。

3）电铸件凸出部分的电场强、镀层厚，凹入部分的电场弱、镀层薄。为了使厚薄均匀，凸出部分应加屏蔽，凹入部位要加装辅助阳极。

4）要严格控制电铸液成分、质量分数、酸碱度、温度和电流密度，以免铸件内应力过大而导致变形、起皱、开裂或剥落。开始时电流宜小，以后逐渐增大。中途不宜停电，以免产生分层。

（3）衬背处理和脱模　有些电铸件如塑料模具和翻制印制电路板等，电铸成形之后需要用其他材料进行衬背处理，然后再机械加工到一定尺寸。

塑料模具电铸件的衬背常用浇注铝或铅锡低熔点合金的方法；印制电路板的衬背则常用热固性塑料。

电铸件与原模的脱模分离方法有敲击锤打、加热或冷却胀缩分离、用薄切削刃撕剥分离、加热熔化、化学溶解等。

4. 电铸加工应用实例

电铸是制造各种筛网、滤网最有效的方法，因为它无须使用专用设备就可获得各种形状的孔眼。孔眼的尺寸大至数十毫米，小至 5μm。典型应用是电铸电动剃须刀的网罩。

电动剃须刀的网罩其实就是固定刀片。网孔外面边缘倒圆，从而保证网罩在脸上能平滑地移动，并使胡须容易进入网孔，而网孔内侧边缘锋利，使旋转刀片很容易切断胡须。网罩的加工过程大致如下（图 4-49 所示为电动剃须刀网罩的电铸工艺过程）：

1）制造原模。在铜或铝片上涂布光致耐蚀剂，再将照相底版与其紧贴，进行曝光、显影、定影后即可获得带有规定图形绝缘层的原模（图 4-49a）。

2）对原模进行化学处理，以获得钝化层，使电铸后的网罩容易与原模分离。

3）冲压弯曲成形。将原模弯成所需形状（图 4-49b）。

4）电铸。一般控制镍层的硬度为 500~550HV，硬度过高则容易发脆（图 4-49c）。

5）脱模分离（图 4-49d）。

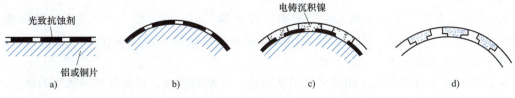

图 4-49　电动剃须刀网罩的电铸工艺过程
a）照相制版、耐蚀剂加工　b）冲压弯曲成形　c）电铸　d）脱模分离

二、涂镀加工

1. 涂镀加工的原理、特点和应用范围

涂镀又称刷镀或无槽电镀，是在金属工件表面局部快速电化学沉积金属的技术，图 4-50 为其原理图。转动的工件 1 接直流电源 3 的负极，正极与镀笔 4 相接，镀笔端部的不溶性石墨电极用外包尼龙布的脱脂棉套 5 包住，镀液 2 饱蘸在脱脂棉中或另外浇注，多余的镀液流回容器 6。镀液中的金属正离子在电场作用下，在阴极表面获得电子而沉积涂镀在阴极表面上，可达到 0.001mm～0.5mm 的厚度。

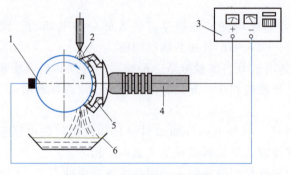

图 4-50 涂镀加工原理图
1—工件 2—镀液 3—电源 4—镀笔 5—脱脂棉套 6—容器

4.12 【涂镀加工原理】

（1）涂镀加工的特点

1）不需要镀槽，可以对局部表面进行涂镀，设备、操作简单，机动灵活性强，可在现场就地施工，不受工件大小、形状的限制，甚至不必拆下零件即可对其局部进行涂镀。

2）涂镀液种类、可涂镀的金属种类比槽镀多，选用、更改方便，易于实现复合镀层，一套设备可涂镀金、银、铜、铁、锡、镍、钨、铟等多种金属。

3）镀层与基体金属的结合力比槽镀的牢固，涂镀速度比槽镀快（镀液中离子质量分数高），镀层厚薄可控性强。

4）因工件与镀笔之间有相对运动，故一般都需人工操作，很难实现高效率的大批量、自动化生产。

（2）涂镀技术的主要应用范围

1）修复零件磨损表面，恢复尺寸和几何形状，实施超差品补救。例如，各种轴、轴瓦、套类零件磨损后，以及加工中尺寸超差报废时，可用表面涂镀的方法恢复尺寸。

2）填补零件表面上的划伤、凹坑、斑蚀、孔洞等缺陷，如机床导轨、活塞液压缸、印制电路板的修补。

3）大型、复杂、单个小批工件的表面局部镀镍、铜、锌、镉、钨、金、银等防腐层、耐蚀层等，改善表面性能。例如，各类塑料模具表面涂镀镍层后，很容易抛光至 $Ra0.1\mu m$ 甚至更小的表面粗糙度值。

涂镀加工技术有很大的实用意义和经济效益，是修旧利废、设备器材再利用的绿色表面工程，被列为国家重点推广项目之一。我国铁道部戚墅堰机车车辆工艺研究所、中国科学院上海有机化学研究所、中国人民解放军装甲兵技术学院等单位，对这一技术在我国的研究推

广工作有很大贡献,并将其发展成为再制造工程技术。

2. 涂镀的基本设备

涂镀设备主要包括电源、镀笔、镀液及泵、回转台等。

(1) 电源　涂镀所用直流电源与电解、电镀、电解磨削等所用的相似,电压在3~30V范围内无级可调,电流为30~100A(视所需功率而定)。对涂镀电源的特殊要求是:

1) 涂镀设备中应附有安培小时计,自动记录涂镀过程中消耗的电荷量,并用数字显示出来,它与镀层厚度成正比,当达到预定尺寸时能自动报警,以控制镀层厚度。

2) 输出的直流电应能很方便地改变极性,以便在涂镀前对工件表面进行反接电解处理。

3) 电源应具有短路快速切断保护和过载保护功能,以防止涂镀过程中镀笔与工件偶尔短路,造成工件损伤、报废。

(2) 镀笔　镀笔由手柄和阳极两部分组成。阳极采用不溶性的石墨块制成,在石墨块外面必须包裹上一层脱脂棉和一层耐磨的涤棉套。棉花的作用是饱吸储存镀液,并防止阳极与工件直接接触而发生短路和滤除阳极上脱落下来石墨微粒,以防止其进入镀液。

(3) 镀液及泵　涂镀用的镀液,根据所镀金属和用途不同有很多种,它比槽镀用的镀液有更大的离子质量分数,由金属络合物水溶液及少量添加剂组成。镀液配方没有公开,一般可向专业厂、所订购,很少自行配制。为了对被镀表面进行预处理(电解净化、活化),镀液中还包含电净液和活化液等。常用镀液的性能及用途见表4-13。

表4-13　常用镀液的性能及用途

序号	镀液名称	酸碱度(pH)	镀液特性及用途
1	电净液	11	主要用于清除零件表面的油污杂质及轻微除锈
2	零号电净液	10	主要用于去除组织比较疏松材料的表面油污
3	1号活化液	2	除去零件表面的氧化膜,对于高碳钢、高合金钢铸件有去碳作用
4	2号活化液	2	具有较强的腐蚀能力,能除去零件表面的氧化膜,在中碳钢、高碳钢、中碳合金钢上起去碳作用
5	铬活化液	2	除去旧铬层上的疲劳氧化层
6	特殊镍	2	作为底层镀镍溶液,具有再次清洗活化零件的作用,镀层厚度为0.001~0.002mm
7	快速镍	碱(中)性 7.5	镀液沉积速度快,在修复大尺寸的磨损工件时,可作为复合镀层,在组织疏松的零件上还可用作底层,并可修复各种耐热、耐磨的零件
8	镍-钨合金	2.5	可作为耐磨零件的工作层
9	低应力镍	3.5	镀层组织细密,具有较大的压应力,用作保护性的镀层或者夹心镀层
10	半光亮镍	3	增加表面的光亮度,用于各种承受磨损和热的零件,有好的耐磨性和耐蚀性
11	高堆积碱铜	9	镀液沉积速度快,用于修复磨损量大的零件,还可作为复合镀层,对钢铁均无腐蚀
12	锌	7.5	用于表面防腐
13	低氢脆镉	7.5	用于超高强度钢的低氢脆镀层,钢铁材料表面防腐、填补凹坑和划痕
14	钴	1.5	具有光亮性并有导电和磁化性能

（续）

序号	镀液名称	酸碱度(pH)	镀液特性及用途
15	高速铜	1.5	沉积速度快,用于修补不承受过分磨损和热的零件、填补凹坑,对钢铁件有侵蚀作用
16	半光亮铜	1	提高工作表面的光亮度

小型零件表面、不规则工件表面涂镀时,用镀笔蘸浸镀液即可;大型表面、回转体工件表面涂镀时,最好用小型离心泵把镀液浇注到镀笔和工件之间。

(4) 回转台　回转台在涂镀回转体工件表面时使用,可用旧车床改装,需要增加电刷等导电机构。

3. 涂镀加工的工艺过程及要点

(1) 表面预加工　去除表面上的毛刺、不平度、锥度及疲劳层,使其达到基本光整,表面粗糙度值可达 $Ra2.5\mu m$ 或更小。对于深的划伤和腐蚀斑坑,要用锉刀、磨条、磨石等进行修形,使其露出基体金属。

(2) 清洗、脱脂、除锈　锈蚀严重的可进行喷砂、砂布打磨,用汽油、丙酮或水基清洗剂清洗油污。

(3) 电净处理　大多数金属都需要用电净液对工件表面进行电净处理,以进一步除去微观上的油污。被镀表面的相邻部位也要认真清洗。

(4) 活化处理　活化处理用以除去工件表面的氧化膜、钝化膜或析出的碳元素微粒黑膜。活化良好的标志是工件表面呈现均匀的银灰色,无花斑。活化后用水冲洗。

(5) 镀底层　为了提高工作镀层与基体金属的结合强度,工件表面经仔细电净、活化后,必须先用特殊镍、碱铜或低氢脆镉镀液预镀一薄层底层,厚度为 0.001~0.002mm。

(6) 镀尺寸镀层和工作镀层　由于单一金属的镀层随厚度的增加内应力也增大,结晶变粗,强度降低,镀层过厚时将产生裂纹或自然脱落。故单一镀层不能超过 0.03~0.05mm 的安全厚度,快速镍和高速铜不能超过 0.3~0.5mm。如果待镀工件的磨损量较大,则应先涂镀尺寸镀层来增加尺寸,或用不同镀层交替叠加,最后再镀一层满足工件表面要求的工作镀层。

(7) 镀后清洗　用自来水彻底清洗冲刷已镀表面和邻近部位,用压缩空气或热风机吹干,并涂上防锈油或防锈液。

4. 涂镀加工应用实例

机床导轨划伤的典型修复工艺如下:

(1) 整形　用刮刀、整形锉、磨石等工具把伤痕扩大整形,使划痕侧面及底部露出金属本体,能和镀笔、镀液充分接触。

(2) 涂保护漆　对镀液能流淌到的无须涂镀的表面,需要涂上绝缘清漆,以防发生不必要的电化学反应。

(3) 脱脂　对待镀表面及相邻部位,用丙酮或汽油清洗脱脂。

(4) 对待镀表面两侧的保护　将透明绝缘的涤纶胶纸贴在划伤沟痕的两侧。

(5) 对待镀表面的净化和活化处理　电净时工件接负极,电压为 12V,时间约 30s;活化时用2号活化液，工件接正极，电压为12V，时间要短，清水冲洗后表面呈黑灰色；再用3号活化液活化，即可除去炭黑，表面呈银灰色，清水冲洗后立即起镀。

(6) 镀底层　用非酸性的快速镍镀底层，电压为10V，清水冲洗，检查底层与铸铁基体的结合情况以及是否已将要镀的部位全部覆盖。

(7) 镀高速碱铜作为尺寸层　电压为8V，沟痕较浅的可一次镀成，较深的则必须用砂布或细磨石打磨掉高出的镀层，再经电净、清水冲洗，然后继续镀碱铜，这样反复多次。

(8) 修平　当沟痕镀满后，用磨石等机械方法修平。如有必要，可再镀上 2~5μm 的快速镍层。

三、复合镀加工

1. 复合镀的原理与分类

复合镀是在金属工件表面镀覆金属镍或钴的同时，将磨料作为镀层的一部分也一起镀到工件表面上，故称为复合镀。镀层内磨料的尺寸不同，复合镀层的功用也不同，一般可分为以下两类。

(1) 作为耐磨或耐高温层的复合镀　电镀时用微粉级磨料，在镀液中的金属离子镀到金属工件表面的同时，镀液中带有极性的微粉级磨料与金属离子络合成的离子团也镀到工件表面。这样，在整个镀层内将均匀分布有许多微粉级的硬点，使整个镀层的耐磨性、耐高温性成倍提高，常用于高耐磨、耐高温零件的表面处理。

(2) 制造切削工具的复合镀或镶嵌镀　磨料为人造金刚石（或立方氮化硼），粒度一般为 F80~F220。电镀时，控制镀层的厚度稍大于磨料尺寸的一半，使紧挨工件表面的一层磨料被镀层包覆、镶嵌，形成一层切削刃，用以对其他材料进行加工，市场上的这类产品有金刚石组锉。还可将金刚石镀成刀片，用于切割大理石和花岗岩等。

2. 电镀金刚石（立方氮化硼）工具的工艺与应用

(1) 套料刀具及小孔加工刀具　制造电镀金刚石套料刀具时，先将已加工好的管状套料刀具毛坯插入人造金刚石磨料中，把无须复合镀的刀柄部分绝缘。然后将含镍离子的镀液倒入磨料中，并在欲镀刀具毛坯外再加一环形镍阳极，刀具毛坯接负极。通电后，刀具毛坯内、外圆及端面将镀上一层镍，紧挨刀具毛坯表面的磨料也被镀层包覆，成为一把管状的电镀金刚石套料刀具，可用来在玻璃、石英上钻孔或进行套料加工（钻较大的孔）。

如果将管状刀具毛坯换成直径很小（φ0.5~φ1.5mm）的细长轴，则可在细长轴表面镀上金刚石磨料，成为小孔加工刀具，如牙科钻。

(2) 平面加工刀具　将刀具毛坯置于镀液中并接电源负极，然后通过镀液在刀具毛坯平面上均匀撒布一层人造金刚石磨料，并镀上一层镍，使磨料被包覆在刀具毛坯表面上形成切削刃。此法也可制造圆锥角较大的近似平面的刀具，例如，用此法制作的电镀金刚石气门铰刀，用以修配汽车发动机缸体上的气门座锥面，比用高速工具钢气门铰刀进行加工的生产率提高了近三倍。也可用于制造金刚石小锯片，只需将锯片不需要镀层的地方绝缘，而在最外圆和两侧面上用镍镶嵌镀上一薄层聚晶金刚石或立方氮化硼磨料，即可用来切割建筑材料。有关电沉积技术的内容可参考文献 [2]。

> **知识扩展**
> 电化学加工的图片集锦

【第四章　电化学加工的图片集锦】

思考题和习题

4-1　从原理、机理上来分析，电化学加工有无可能发展成纳米级或原子级加工技术？原则上要采用哪些措施才能实现？

4-2　为什么说电化学加工过程中的阳极溶解是氧化过程，而阴极沉积是还原过程？

4-3　原电池、微电池、干电池、蓄电池中的正极和负极，与电解加工中的阳极和阴极有何区别？两者的电流（或电子流）方向有何区别？

4-4　举例说明电极电位理论在电解加工中的具体应用。

4-5　阳极钝化现象在电解加工中是优点还是缺点？举例说明。

4-6　在厚度为 64mm 的低碳钢钢板上用电解加工方法加工通孔，已知阴极直径为 24mm，端面平衡间隙 $\Delta_b = 0.2$mm。求：（1）当阴极侧面不绝缘时，加工出的通孔在钢板上表面及下表面的孔径各是多少？（2）当阴极侧面绝缘且阴极侧面工作圈高度 $b=1$mm 时，所加工的孔径是多少？

4-7　电解加工（如套料、成形加工等）的自动进给系统和电火花加工的自动进给系统有何异同？为什么会形成这些不同？

4-8　电解加工时，何谓电流效率？它与电能利用率有何不同？如果用 12V 的直流电源（如汽车蓄电池）进行电解加工，电路中串联一个滑动电阻器来调节电解加工时的电压和电流（如调到两极间隙电压为 8V），这样是否会降低电解加工时的电流效率？为什么？

4-9　电解加工与电火花加工时的电极间隙蚀除特性有何不同？为什么？

4-10　如何利用电极间隙理论进行电解加工阴极工具的设计？

4-11　试就从钢铁受雨淋及在海水中浸泡遭受腐蚀这一"坏事"到利用这一机理发展创造出电解加工，把"坏事"变为"好事"这一主题，写一篇富有哲理的科普性论文。

4-12　试从防止钢铁遭受腐蚀，利用"牺牲阳极"的原理，就"以其人之道，还治其人之身"的哲理，写一篇科普性论文，来阐述防止船舰钢铁外壳遭受海水腐蚀和电解加工时机床、工具、夹具免受"杂散腐蚀"的原理。

4-13　为什么电化学加工在原理上不是纯化学加工？

> **思政思考题**
> 1. 化学反应何以转变为"特种加工"？
> 2. 高性能电解液应满足哪些技术与环保要求？
> 3. 电化学加工分哪些种类？

与气候一起变化：发展

重点内容讲解视频

第五章 激光加工

本章教学重点

知识要点	相关知识	掌握程度
激光加工的原理和特点	激光的产生原理，激光的特性，激光加工的原理和特点	了解激光的产生原理和激光的特性，掌握激光加工的原理和特点
激光加工的基本设备	激光加工设备的组成部分：激光器、电源、光学系统、机械系统的原理及其技术要求	掌握激光加工设备的组成原理和主要技术要求
激光加工工艺及其应用	激光打孔、激光切割、激光刻蚀打标记	掌握激光加工的基本工艺规律和特征，了解激光加工的应用范围

导入案例

众所周知，用放大镜（凸透镜）聚焦太阳光，焦点的热能可以引燃火柴、纸张及木材等材料（图5-1），人们一直希望能利用太阳能进行材料的加工，但目前还没有如愿以偿。这是因为：①地面上太阳光的能量密度不高；②太阳光不是单色光，而是由红、橙、黄、绿、青、蓝、紫等多种不同波长的光组成的多色光，聚焦后焦点并不在同一平面内。

对光的本质和特性进行深入研究后，人们认识到，必须将原子的内能在时间上积累起来，然后再用一束光去"刺激""触发"，使

图 5-1　凸透镜引燃火柴

储存的光能瞬间释放出来，这样才能形成功率和能量密度都较大的"激光"，才能用于材料加工。由此发展出很多光能利用新技术，并在众多领域获得了广泛应用。

激光，最初的中文名叫作"镭射""莱塞"，是其英文名称 LASER 的音译，取自英文单词 Light Amplification by Stimulated Emission of Radiation 的首字母，意思是"通过受激发射扩大的光"。激光的英文全名已经形象地表达了制造、放大激光的原理。激光的原理早在1916年就被著名的物理学家爱因斯坦发现，但直到1960年激光才被首次成功制造。1964年，按照我国著名科学家钱学森的建议，将"光受激发射"改称"激光"。

激光是 20 世纪以来，继原子能、计算机、半导体之后，人类的又一重大发现和发明。激光有多种特性和用途，作为"最锋利、无坚不摧的刀""最亮的光"和"最准的尺"等，被广泛用于切割、焊接、打标记、打孔、表面热处理、精密测量以及激光存储等各个领域。

　　激光加工（Laser Beam Machining，LBM）是利用光的能量，经过透镜聚焦，在焦点上达到很高的能量密度，靠光、热效应来加工各种材料的。因此，随着大功率激光器的出现，激光技术才得以应用于材料的加工，并逐步形成一种崭新的加工方法。

　　因为激光加工不需要加工工具，加工速度快，表面变形小，可以在空气介质中高速加工各种材料，而且容易进行自动化控制，在生产实践中越来越多地显示出其优越性，所以很受人们的重视，并已发展成为一种不可或缺的特种加工方法。

　　本章将针对激光加工的特点、加工设备、加工工艺分类和典型应用等展开介绍。

第一节　激光加工的原理和特点

一、激光的产生原理

1. 光的物理概念及原子的发光过程

（1）光的物理概念　光究竟是什么？直到近代，人们才认识到光既具有波动性，又具有微粒性，也就是说，光具有波粒二象性。

根据光的电磁学说，可以认为光实质上是在一定波长范围内的电磁波，它和声波类似，同样也有波长 λ、频率 ν、波速 c（在真空中，$c = 3\times10^{10}\text{cm/s} = 3\times10^{8}\text{m/s}$），三者之间的关系为

$$\lambda = \frac{c}{\nu} \tag{5-1}$$

如果把所有电磁波按波长和频率依次进行排列，就可以得到电磁波波谱（图 5-2）。

人们能够看见的光称为可见光，它的波长为 $0.40\sim0.76\mu\text{m}$。可见光根据波长不同，分为红、橙、黄、绿、青、蓝、紫七种光。波长大于 $0.76\mu\text{m}$ 的光称红外光或红外线；波长小于 $0.4\mu\text{m}$ 的光称为紫外光或紫外线。

根据光的量子学说，又可以认为光是一种具有一定能量、以光速运动的粒子流，这种具有一定能量的粒子就称为光子。不同频率的光对应于不同能量的光子，光子的能量与光的频率成正比，即

$$E = h\nu \tag{5-2}$$

式中　E——光子能量；
　　　ν——光的频率；
　　　h——普朗克常数。

对应于波长为 $0.4\mu\text{m}$ 的紫光的一个光子能量等于 $4.96\times10^{-17}\text{J}$；对应于波长为 $0.7\mu\text{m}$ 的红光的一个光子能量等于 $2.84\times10^{-17}\text{J}$。一束光的强弱与这束光所含光子的多少有关。对同一频率的光来说，所含的光子数多，即表现为强；反之，则表现为弱。

（2）原子的发光　原子由原子核和绕原子核转动的电子组成。原子的内能就是电子绕原子核转动的动能和电子被原子核吸引的位能之和。如果由于外界的作用，使电子与原子核

的距离增大或缩小，则原子的内能也随之增大或缩小。只有电子在最靠近原子核的轨道上运动时才是最稳定的，人们把这时原子所处的能级状态称为基态。当外界传给原子一定的能量时（如用光照射原子），原子的内能增加，外层电子的轨道半径扩大，被激发到高能级，称为激发态或高能态。图 5-3 所示为氢原子的能级，图中最低的能级 E_1 称为基态，其余的能级 E_2、E_3 等都称为激发态。

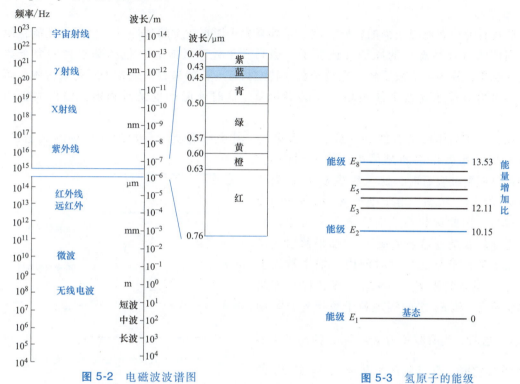

图 5-2　电磁波波谱图　　　　　　　图 5-3　氢原子的能级

被激发到高能级的原子一般是很不稳定的，它总是力图回到能量较低的能级中去，原子从高能级回落到低能级的过程称为跃迁。

在基态时，原子可以长时间地存在，而处于激发态的原子停留的时间（称为寿命）一般都较短，常在 0.01μs 左右。但有些原子或离子处于高能级或次高能级时却有较长的寿命，这种寿命较长的较高能级称为亚稳态能级。激光器中的氦原子、二氧化碳分子以及固体激光材料中的铬或钕离子等都具有亚稳态能级，这些亚稳态能级的存在是形成激光的重要条件。

当原子从高能级跃迁回到低能级时，常常会以光子的形式辐射出光能量，所放出光的频率 ν，与高能态 E_n 和基态 E_1 之差有如下关系

$$\nu = \frac{E_n - E_1}{h} \tag{5-3}$$

原子从高能态自发地跃迁到低能态而发光的过程称为自发辐射，荧光灯、氙灯等光源都是由于自发辐射而发光的。由于各受激原子自发跃迁返回基态时在时序上先后不一，辐射出来的光子方向也杂乱无章，射向四面八方，加上它们的激光能级很多，自发辐射出来的光频率和波长大小不一，因此单色性很差，方向性也很差，光能很难集中。

物质发光，除自发辐射外，还存在一种受激辐射。当一束光入射到具有大量激发态原子

的系统中时，若这束光的频率 ν 与 $\dfrac{E_2-E_1}{h}$ 很接近，则处在激发能级上的原子，在这束光的刺激下会跃迁回较低能级，同时发出一束光，这束光与入射光有着完全相同的特性，它们的频率、相位、传播方向、偏振方向都是完全一致的。因此，可以认为它们是一模一样的，相当于把入射光放大了，这样的发光过程称为受激辐射。

2. 激光的产生

某些具有亚稳态能级结构的物质，在一定外来光子能量激发的条件下，会吸收光能，使处在较高能级（亚稳态）的原子（或粒子）数目大于处于低能级（包括基态）的原子数目，这种现象，称为粒子数反转。在粒子数反转的状态下，如果有一束光子照射该物体，而光子的能量恰好等于这两个能级相对应的能量差，这时就能产生受激辐射，输出大量的光能。

例如，人工晶体红宝石的基本成分是氧化铝，其中掺有质量分数为 0.05% 的氧化铬，正铬离子镶嵌在氧化铝的晶体中，能发射激光。当脉冲氙灯照射红宝石时，处于基态 E_1 的铬离子被大量激发到 E_n 状态，由于处于 E_n 状态下的原子寿命很短，因此该状态下的铬离子又很快地跳到原子寿命较长的亚稳态能级 E_2。如果照射光足够强，就能够在千分之三秒时间内，把半数以上的原子激发到高能级 E_n（$n>2$），并转移到能级 E_2。从而在 E_2 和 E_1 之间实现粒子数反转，如图5-4 所示。这时，当有频率为 $\nu=\dfrac{E_2-E_1}{h}$ 的光子去照射"刺激"它时，就可以产生从能级 E_2 到 E_1 的受激辐射跃迁，出现雪崩式连锁反应，发出频率 $\nu=\dfrac{E_2-E_1}{h}$ 的单色性好的光，这就是激光（小光能激发出的强光）。

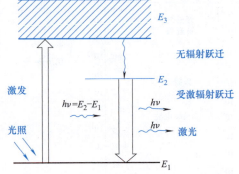

图 5-4　粒子数反转的建立和激光形成

二、激光的特性

激光也是一种光，它既有一般光的共性（如光的反射、折射、绕射以及光的干涉等），也有自己的特性。

普通光源发光是以自发辐射为主，基本上是无序地、相互独立地产生光发射，发出的光波无论是方向、相位或者偏振状态都是不同的。激光则不同，它的光发射是以受激辐射为主，因而发光物质中基本上是有组织地、相互关联地产生光发射的，发出的光波具有相同的频率、方向、偏振态和严格的相位关系。

5.1【激光的形成过程】

正是这个质的区别，才导致激光亮度高，单色性、相干性和方向性好。下面分别进行论述。

1. 亮度高

所谓亮度是指光源在单位面积上某一方向的单位立体角内发射的光功率。从表 5-1 中可以看出，一台红宝石脉冲激光器的亮度要比高压脉冲氙灯高 370 亿倍，比太阳表面的亮度也要高 200 多亿倍。所以激光的亮度特别高。

表 5-1 光源亮度比较

光　　源	亮度/熙提①	光　　源	亮度/熙提①
蜡烛	约 0.5	太阳	约 1.65×10^5
电灯	约 470	高压脉冲氙灯	约 10^5
炭弧灯	约 9000	红宝石等固体脉冲激光器	约 3.7×10^{15}
超高压水银灯	约 1.2×10^5		

① 1 熙提（sb）= 10^4 坎/米^2（cd/m^2）。

激光的亮度和能量密度之所以如此高，原因在于激光可以实现光能在空间和时间上的亮度和能量的集中。

就光能在空间上的集中而论，如果能将分散在 180°立体角范围内的光能全部压缩到 0.18°立体角范围内发射，则在不必增加总发射功率的情况下，发光体在单位立体角内的发射功率就可提高 100 万倍，亦即其亮度提高了 100 万倍。

就光能在时间上的集中而论，如果把 1s 时间内所发出的光压缩在亚毫秒数量级的时间内发射，形成短脉冲，则在总功率不变的情况下，瞬时脉冲功率又可以提高几个数量级，从而大大提高了激光的亮度。

2. 单色性好

在光学领域，单色是指光的波长（或者频率）为一个确定的数值。实际上严格的单色光是不存在的，波长为 λ_0 的单色光都是指中心波长为 λ_0、谱线宽为 $\Delta\lambda$ 的一个光谱范围。$\Delta\lambda$ 称为该单色光的谱线宽，是衡量单色性好坏的尺度，$\Delta\lambda$ 越小，单色性就越好。

在激光出现以前，单色性最好的光源是氪灯，它发出的单色光 λ_0 = 605.7nm，在低温条件下，$\Delta\lambda$ 只有 0.00047nm。自激光出现后，单色性有了很大的飞跃，单纵模稳频激光的谱线宽度可以小于 10^{-8}nm，单色性比氪灯提高了上万倍。

3. 相干性好

光源的相干性可以用相干时间或相干长度来量度。相干时间是指光源先后发出的两束光能够产生干涉现象的最大时间间隔。在这个最大的时间间隔内光所走的路程（光程）就是相干长度，它与光源的单色性密切相关，即

$$L = \frac{\lambda_0^2}{\Delta\lambda} \tag{5-4}$$

式中　L——相干长度；

　　　λ_0——光源的中心波长；

　　　$\Delta\lambda$——光源的谱线宽度。

这就是说，单色性越好，$\Delta\lambda$ 越小，相干长度就越大，光源的相干性也越好。普通光源发出的光均包含较宽的波长范围，而激光为单一波长，它与普通光源相比，谱线宽度小了几个数量级，某些单色性很好的激光器所发出的光，采取适当措施以后，其相干长度可达到几十千米。而单色性很好的氪灯所发出的光，相干长度仅为 78cm，用它进行干涉测量时，最大可测长度只有 38.5cm，其他光源的相干长度就更小了。

4. 方向性好

光束的方向性是用光束的发散角来表征的。普通光源由于各个发光中心是独立发光的，

而且各具有不同的方向,因此发射的光束是很发散的。即使加上聚光系统,要使光束的发散角小于 0.1sr（steradian,立体弧度/球面度）,仍是十分困难的。激光则不同,它的各个发光中心是互相关联地定向发射,所以可以把激光束压缩在很小的立体角内,发散角甚至可以小到 0.1×10^{-3} sr 左右。

三、激光加工的原理和特点

激光加工是一种重要的高能束加工方法,是在光热效应下产生的高温熔融和冲击波的综合作用过程。它利用激光高强度、高亮度、方向性好、单色性好的特性,通过一系列的光学系统,聚焦成平行度很高的微细光束（直径为几微米至几十微米）,以极高的能量密度（$10^8 \sim 10^{10} \text{W/cm}^2$）照射到材料上,在极短的时间内（千分之几秒甚至更短）使光能转变为热能,使被照部位迅速升温,材料发生气化、熔化、金相组织变化以及产生相当大的热应力,达到加热和去除材料的目的。激光加工时,为了达到各种加工要求（如切割）,激光束与工件表面之间需要做相对运动,同时光斑尺寸、功率以及能量要求可调。

1）聚焦后,激光加工的功率密度可高达 $10^8 \sim 10^{10} \text{W/cm}^2$,光能转化为热能,可以熔化、气化任何材料。例如,耐热合金、陶瓷、石英、金刚石等硬脆材料都能用激光加工。

2）激光光斑尺寸可以聚焦到微米级,输出功率可以调节,因此可用于精密微细加工。

3）加工所用工具是激光束,属非接触加工,所以没有明显的机械力,不存在工具损耗问题；加工速度快,热影响区小,容易实现加工过程的自动化；还能通过透明体进行加工,如对真空管内部进行焊接加工等。

4）和电子束加工等相比,激光加工装置比较简单,不要求复杂的抽真空装置。

5）激光加工是一种瞬时、局部熔化、气化的热加工,影响因素很多,因此,精微加工时精度（尤其是重复精度）和表面粗糙度不易保证,必须进行反复试验,寻找合理的参数,才能达到一定的加工要求。由于光的反射作用,对于表面光泽或透明的材料,加工前必须预先进行色化或打毛处理,使更多的光能被吸收后转化为热能用于加工。

6）对于加工中产生的金属气体及火星等飞溅物,要注意及时通风抽走,操作者应戴防护眼镜。

第二节　激光加工的基本设备

一、激光加工设备的组成

激光加工的基本设备包括激光器、电源、光学系统及机械系统四大部分。

(1) 激光器　它是激光加工的核心设备,是受激辐射的光放大器,它把电能转化成光能,产生激光束。

(2) 电源　它为激光器提供所需要的能量及控制功能。

(3) 光学系统　它包括激光聚焦系统和观察瞄准系统,后者能观察和调整激光束的焦点位置,并将加工位置显示在投影仪上。

(4) 机械系统　它主要包括床身、能在三坐标范围内移动的工作台及机电控制系统等。随着电子技术的发展,目前已采用计算机来控制工作台的移动,实现了激光加工的数控操作。

二、激光加工常用激光器

常用的激光器按激活介质种类可分为固体激光器和气体激光器；按激光器的输出方式可大致分为连续激光器和脉冲激光器。表 5-2 列出了激光加工常用激光器的主要性能特点。

表 5-2 常用激光器的主要性能特点

种类	工作物质	激光波长/μm	发散角/rad	输出方式	输出能量或功率	主要用途
固体激光器	红宝石（Al_2O_3，Cr^{3+}）	0.69（红光）	$10^{-8} \sim 10^{-2}$	脉冲	几焦耳至十几焦耳	打孔、焊接
	钕玻璃（Nd^{3+}）	1.06（红外线）	$10^{-3} \sim 10^{-2}$	脉冲	几焦耳至几十焦耳	打孔、切割、焊接
	掺钕钇铝石榴石 YAG（$Y_3Al_5O_{12}$，Nd^{3+}）	1.06（红外线）	$10^{-3} \sim 10^{-2}$	脉冲	几焦耳至几十焦耳	打孔、切割、焊接、微调
				连续	100~1000W	
气体激光器	二氧化碳（CO_2）	10.6（红外线）	$10^{-3} \sim 10^{-2}$	脉冲	几焦耳	切割、焊接、热处理、微调
				连续	几十瓦至几千瓦	
	氩（Ar^+）	0.5145（绿光） 0.4880（青光）				光盘刻录存储

1. 固体激光器

固体激光器一般采用光激励，能量转化环节多，光的激励能量大部分转换为热能，所以效率低。为了避免固体介质过热，固体激光器多采用脉冲工作方式，并使用合适的冷却装置，较少采用连续工作方式。由于晶体缺陷和温度引起的光学不均匀性，固体激光器不易获得单模而倾向于多模输出。

（1）固体激光器的基本组成 由于固体激光器的工作物质尺寸比较小，因而其结构比较紧凑。图 5-5 所示为固体激光器结构示意图，它包括工作物质、光泵（氙灯）、玻璃套管和滤光液、冷却水、聚光器以及谐振腔等部分。

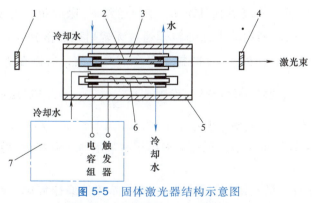

图 5-5 固体激光器结构示意图

1—全反射镜 2—工作物质 3—玻璃套管 4—部分反射镜 5—聚光器 6—氙灯 7—电源

5.2【固体激光器的工作原理】

光泵是供给工作物质光能用的，一般都用氙灯或氪灯作为光泵。脉冲状态工作的氙灯有脉冲氙灯和重复脉冲氙灯两种。前者只能每隔几十秒工作一次,后者可以每秒工作几次至十几次,但其电极需要用水冷却。

聚光器的作用是把氙灯发出的光能聚集在工作物质上,一般可将氙灯发出来的80%左右的光能集中在工作物质上。常用的聚光器有图5-6所示的各种形式,图5-6a~d所示分别为圆球形、圆柱形、椭圆柱形、紧包裹型聚光器。其中圆柱形聚光器加工制造方便,用得较多。椭圆柱形聚光器聚光效果较好,也常被采用。为了提高反射率,聚光器内表面必须磨平抛光至$Ra0.025\mu m$,并蒸镀一层银膜、金膜或铝膜。

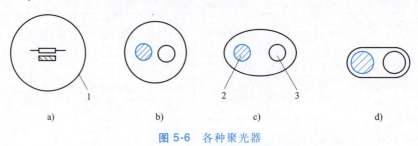

图 5-6 各种聚光器
a) 圆球形 b) 圆柱形 c) 椭圆柱形 d) 紧包裹型
1—聚光器 2—工作物质 3—氙灯

滤光液和玻璃套管的作用是滤去氙灯发出的紫外线成分,该成分对于钕玻璃和掺钕钇铝石榴石都是十分有害的,会使激光器的效率显著下降。常用的滤光液是重铬酸钾溶液。

谐振腔由两块反射镜组成,其作用是使激光沿轴向来回反射共振,用于加强和改善激光的输出。

(2) 固体激光器的分类　固体激光器常用的工作物质有红宝石、钕玻璃和掺钕钇铝石榴石三种。

1) 红宝石激光器。红宝石是掺有质量分数为0.05%的氧化铬的氧化铝晶体,发射$\lambda = 0.6973\mu m$的红光,它易于获得相干性好的单模输出,稳定性好。

红宝石激光器是三能级系统激光器,主要是铬离子起受激发射作用。图5-7所示为红宝石激光跃迁情况。在高压氙灯的照射下,铬离子从基态E_1被抽运到E_3吸收带,由于处于E_3的粒子平均寿命短,在小于10^{-7}s的时间内,大部分粒子通过无辐射跃迁落到亚稳态E_2上,处于E_2的粒子平均寿命为3×10^{-3}s,比处于E_3的粒子寿命高数万倍,所以在E_2上可储存大量粒子,实现E_2和E_1能级之间的粒子数反转,发射$\nu=\dfrac{E_2-E_1}{h}$、$\lambda=0.6973\mu m$的激光。红宝石激光器一般都是脉冲输出,工作频率一般小于$1s^{-1}$。

红宝石激光器在激光加工发展初期用得较多,现在大多已被钕玻璃激光器和掺钕钇铝石榴石激光器所代替。

2) 钕玻璃激光器。钕玻璃是掺有少量氧化钕(Nd_2O_3)的非晶体硅酸盐玻璃,钕离子(Nd^{3+})的质量分数为1%~5%,吸收光谱较宽,发射$\lambda=1.06\mu m$的红外激光。

钕玻璃激光器是四能级系统激光器,因为有中间过渡能级,所以比红宝石之类的三能级系统更容易实现粒子数反转。如图5-8所示,在通常情况下,处于基态E_1的钕离子吸收氙灯的很宽范围的光谱而被激发到E_4能级,处于E_4能级的粒子平均寿命很短,通过无辐射跃

迁到 E_3 能级后，寿命可长达 $3×10^{-4}$ s，所以形成 E_3 和 E_2 能级的粒子数反转，当 E_3 能级粒子回到 E_2 能级时，发出波长为 $1.06\mu m$ 的红外激光。

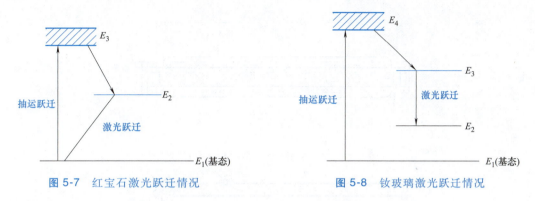

图 5-7　红宝石激光跃迁情况　　　　　　图 5-8　钕玻璃激光跃迁情况

钕玻璃激光器的效率可达 2%～3%，钕玻璃棒具有较高的光学均匀性，光线的发射角小，特别适用于精密微细加工；钕玻璃价格低，易做成较大尺寸，输出功率可以做得比较大。其缺点是导热性差，必须有合适的冷却装置。该激光器一般以脉冲方式工作，工作频率为数 Hz，被广泛用于打孔、切割、焊接等工作。

3）掺钕钇铝石榴石（YAG）激光器。掺钕钇铝石榴石是在钇铝石榴石（$Y_3Al_5O_{12}$）晶体中掺以质量分数约为 1.5% 的钕而成。它和钕玻璃激光器一样属于四能级系统，产生激光的也是钕离子，也发射 $\lambda=1.06\mu m$ 的红外激光。

钇铝石榴石晶体的热物理性能好，有较高的导热性，热膨胀系数小，机械强度高，它的激励阈值低，效率可达 3%，掺钕钇铝石榴石激光器可以脉冲方式工作，也可以连续方式工作，工作频率可达 10～100Hz，连续输出功率可达几百瓦。尽管其价格比钕玻璃贵，但由于其性能优越，而被广泛用于打孔、切割、焊接、微调等工作。例如，美国 LUMONICS 公司 2000 年生产的 JK702 H 型 YAG 激光器，其主要参数性能为：最大平均功率 350W，最大脉冲能量 50J，最大峰值功率 4.5kW，脉冲宽度 0.5～50ms，重复频率 0.2～500Hz。打孔参数为：孔径 0.05～0.5mm，孔深 0.01～8mm，每秒最多可加工 200 孔。切割参数为：切缝宽度 0.05～0.3mm，切割厚度 0.05～5mm，最大切割速度 2.5m/min。

2. 气体激光器

气体激光器通常采用电激励，因其效率高、寿命长、连续输出功率大，故被广泛用于切割、焊接、热处理等加工。常用于材料加工的气体激光器有二氧化碳激光器、氩离子激光器等。

（1）二氧化碳激光器　二氧化碳激光器是以二氧化碳气体为工作物质的分子激光器，连续输出功率可达上万瓦，是目前连续输出功率最高的气体激光器，它发出的谱线位于 $10.6\mu m$ 附近的红外区，输出最强的激光波长为 $10.6\mu m$。

二氧化碳激光器的效率可以达到 20% 以上，这是由于处于其工作能级下的粒子寿命比较长，在 10^{-3}～10^{-1}s 范围内，有利于粒子数反转的积累。另外，二氧化碳的工作能级离基态近，激励阈值低，而且电子碰撞分子，把分子激发到工作能级的概率比较大。

为了提高激光器的输出功率，二氧化碳激光器一般都加进氮（N_2）、氦（He）、氙（Xe）等辅助气体和水蒸气。

二氧化碳激光器的一般结构如图 5-9 所示，它主要包括放电管、电极、反射镜和激励电源等部分。体积大是二氧化碳激光器的最大缺点。

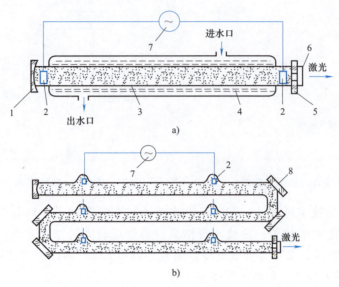

图 5-9　二氧化碳激光器的一般结构示意图
1、5—反射镜　2—电极　3—放电管　4—冷却水　6—红外材料　7—激励电源　8—全反射镜

放电管一般用硬质玻璃管做成，对于要求高的二氧化碳激光器，可以采用石英玻璃管来制造，放电管的直径约几厘米，长度可以从几十厘米至数十米。二氧化碳激光器的输出功率与放电管的长度成正比，通常 1m 长的管子，其输出功率平均可达 40~50W。为了缩短空间长度，长的放电管可以做成折叠式，如图 5-9b 所示。折叠的两段之间用全反射镜来连接光路。

二氧化碳激光器的谐振腔多采用平凹腔，一般以凹面镜作为全反射镜，而以平面镜作为输出端反射镜。全反射镜一般镀金属膜，如金膜、银膜或铝膜。这三种膜对 $10.6\mu m$ 波长光波的反射率都很高，其中金膜的稳定性最好，所以用得最多。输出端的反射镜可以有三种形式。第一种形式是在一块全反射镜的中心开一小孔，外面再贴上一块能透过 $10.6\mu m$ 波长的红外材料，激光就从这个小孔输出；第二种形式是用锗或硅等能透过红外线的半导体材料做成反射镜，表面也镀上金膜，而在中央留一个不镀金的小孔，效果和第一种差不多；第三种形式是用一块能透过 $10.6\mu m$ 波长光波的红外材料，加工成反射镜，再在它的上面镀以具有适当反射率的金膜或介质膜。目前第一种形式用得较多。

二氧化碳激光器的激励电源可以用射频电源、直流电源、交流电源和脉冲电源等，其中交流电源用得最为广泛。二氧化碳激光器一般都用冷阴极，常用电极材料有镍、钼和铝。因为镍发射电子的性能比较好，溅射比较小，而且在适当温度下还有将一氧化碳氧化成二氧化碳分子的催化作用，有利于保持功率稳定和延长寿命。所以，现在一般都用镍作为电极材料。

（2）氩离子激光器　在氩离子激光器中，惰性气体氩（Ar）通过气体放电，使氩原子电离并激发，实现离子数反转而产生激光，其结构如图 5-10 所示。

氩离子激光器发出的谱线很多，最强的是波长为 $0.5145\mu m$ 的绿光和波长为 $0.4880\mu m$

的青光。因为其工作能级离基态较远，所以能量转化效率低，一般仅为0.05%左右。通常采用直流放电，放电电流为10~100A。当功率小于1W时，放电管可用石英管；当功率较高时，为承受高温而用氧化铍（BeO）或石墨环做放电管。在放电管外加一适当的轴向磁场，可使输出功率增加1~2倍。

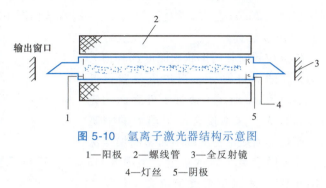

图 5-10　氩离子激光器结构示意图

1—阳极　2—螺线管　3—全反射镜
4—灯丝　5—阴极

由于氩离子激光器波长短、发散角小，因此可用于精密微细加工，如用于激光存储光盘基板的蚀刻制造、刻制光盘的母盘等。

第三节　激光加工工艺及其应用

激光加工的应用极其广泛，在打孔、切割、焊接以及表面淬火、冲击强化、表面合金化、表面熔覆等表面处理的众多加工领域都得到了成功的应用。近年来，激光技术还被应用于快速成形、三维去除加工、微纳米加工中，激光加工技术的发展日新月异。在此着重介绍激光打孔和激光切割。

一、激光打孔

利用激光几乎可以在任何材料上打微型小孔，目前已应用于火箭发动机和柴油机上燃料喷嘴的加工、化学纤维喷丝板打孔、钟表及仪表中的宝石轴承打孔、金刚石拉丝模加工等方面。

激光打孔适合于自动化连续打孔，如加工钟表行业红宝石轴承上$\phi 0.12$~$\phi 0.18$mm、深0.6~1.2mm的小孔，采用自动传送，每分钟可以连续加工几十个宝石轴承；又如生产化学纤维用的喷丝板，要在$\phi 100$mm的不锈钢喷丝板上打一万多个$\phi 0.06$mm的小孔，采用数控激光加工，不到半天即可完成。激光打孔的直径可以小到$\phi 0.01$mm以下，深径比可达50:1。

5.3【红宝石小孔的自动化激光打孔应用】

激光打孔的成形过程是材料在激光热源照射下产生的一系列热物理现象综合作用的结果。它与激光束的特性和材料的热物理性质有关，现在就其主要影响因素分述如下。

1. 输出功率与照射时间

激光的输出功率大、照射时间长时，工件所获得的激光能量也大。

激光的照射时间一般为几分之一秒到几毫秒。当激光能量一定时，照射时间太长会使热量传散到非加工区；时间太短，则会因功率密度过高而使蚀除物以高温气体喷出，都会使能量的使用效率降低。

2. 焦距与发散角

发散角小的激光束，经短焦距的聚焦物镜聚焦以后，在焦面上可以获得更小的光斑及更高的功率密度。焦面上的光斑直径小，所打的孔也小，而且由于功率密度大，激光束对工件的穿透力也大，打出的孔不仅深，而且锥度小。因此，应减小激光束的发散角，并尽可能采用短焦距（20mm 左右）物镜，只有在一些特殊情况下，才选用较长的焦距。

3. 焦点位置

焦点位置对孔的形状和深度都有很大影响，如图 5-11 所示。当焦点位置很低时，如图 5-11a 所示，透过工件表面的光斑面积很大，这不仅会产生很大的喇叭口，而且会因能量密度减小而影响加工深度，或者说增大了它的锥度。由图 5-11a 到图 5-11c，焦点位置逐步抬高，孔深也在增加，但如果焦点位置抬得过高离开加工表面，同样会分散能量密度而无法继续加工下去（图 5-11d、e）。一般激光的实际焦点以在工件表面或略微低于工件表面为宜。

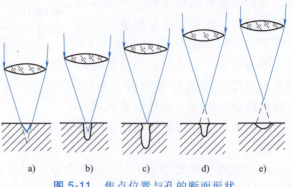

图 5-11　焦点位置与孔的断面形状

4. 光斑内的能量分布

前面已述及，激光束经聚焦后光斑内各部分的光强度是不同的。在基模光束聚焦的情况下，焦点的中心强度 I_0 最大，越是远离中心，光强度越小，能量是以焦点为轴心对称分布的，这种光束加工出的孔是正圆形的，如图 5-12a 所示。当激光束不是基模输出时，其能量分布就不是对称的，打出的孔也必然是不对称的，如图 5-12b 所示。如果在焦点附近有两个光斑（存在基模和高次模），则打出的孔如图 5-12c 所示。

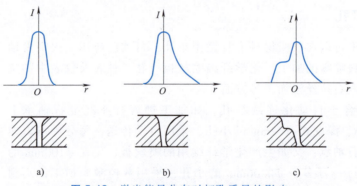

图 5-12　激光能量分布对打孔质量的影响

激光在焦点附近的光强度分布与工作物质的光学均匀性以及谐振腔调整精度直接相关。如果对孔的圆度要求特别高，就必须在激光器中采取限制振荡的措施，使它仅能在基模振荡。

5. 激光的多次照射

用激光照射一次，加工的深度大约是孔径的 5 倍，而且锥度较大。如果用激光多次照射，则其深度可以大大增加，锥度可以减小，而孔径几乎不变。但是，孔的深度并不与照射次数成比例，而是当加工到一定深度后，由于孔内壁的反射、透射和激光的散射或吸收以及抛出力减小、排屑困难等原因，使孔前端的能量密度不断减小，加工量逐渐减小，以致不能继续打下去。图 5-13 所示为照射次数与孔深的关系，是用红宝石激光器加工蓝宝石时获得的实验曲线。从图中可知，照射 20～30 次以后，孔的深度达到饱和值，如果单脉冲能量不变，就不能继续进行深加工。

多次照射能在不扩大孔径的情况下将孔打深，是光管效应的结果。图 5-14 所示为光管效应示意图。第一次照射后打出一个不太深且带锥度的孔；第二次照射时，聚焦光在第一次照射所打的孔内发散，由于光管效应，发散的光（角度很小）在孔壁上反射而向下深入孔内，因此，第二次照射后所打出的孔是原来孔形的延伸，孔径基本上不变。因此，多次照射能加工出深且锥度小的孔，多次照射的焦点位置宜固定在工件表面，而不宜逐渐移动。

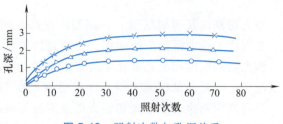

图 5-13 照射次数与孔深关系

单脉冲能量：×—2.0J △—1.5J ○—1.0J

6. 工件材料

由于不同工件材料的吸收光谱不同，经透镜聚焦到工件上的激光能量不可能全部被吸收，而是有相当一部分能量将被反射或透射而散失掉，其吸收效率与工件材料的吸收光谱及激光波长有关。在生产实践中，必须根据工件材料的性能（吸收光谱）选择合理的激光器，对于高反射率和透射率的工件应做适当处理，如打毛或黑化，以提高其对激光的吸收效率。

图 5-15 所示为用红宝石激光器照射钢表面时所获得的工件表面粗糙度与加工深度关系的试验曲线。结果表明，工件表面粗糙度值越小，其吸收效率越低，打的孔也就越浅。由图可知，当表面粗糙度值大于 $5\mu m$ 时，打孔深度与表面粗糙度的关系不大；但当表面粗糙度值小于 $5\mu m$ 时，影响就会变得显著，特别是在达到镜面（$Ra<0.025\mu m$）时，几乎无法进行加工了。上述曲线是用一次照射获得的，如果用激光多次照射，则因激光照射后的痕迹出现不平而可提高其吸收效率，有助于激光加工的进行。

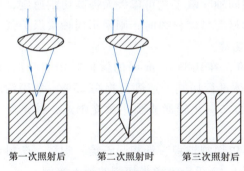

图 5-14 光管效应示意图

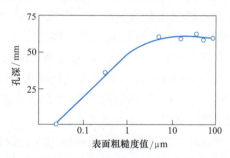

图 5-15 工件表面粗糙度与加工深度关系的试验曲线

图 5-16 所示为激光打孔的加工实例，其中图 5-16a 和图 5-16b 所示为金属板件群孔和异形孔加工，图 5-16c 所示为拉丝模内孔加工。

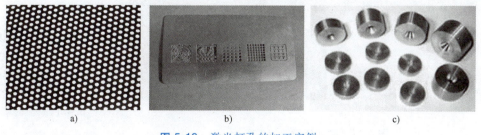

图 5-16 激光打孔的加工实例

二、激光切割

激光切割以其切割范围广、切割速度高、切缝质量好、热影响区小、加工柔性大等优点，在现代工业中得到广泛应用，是激光加工技术中最为成熟的技术之一。

激光切割原理和激光打孔原理基本相同。所不同的是，工件与激光束要相对移动，在生产实践中，一般都是移动工件。如果是直线切割，还可以借助于柱面透镜将激光束聚焦成线，以提高切割速度。激光切割大都采用重复频率较高的脉冲激光器或连续输出的激光器。但连续输出的激光束会因热传导而使切割效率降低，同时热影响层也较深。因此，在精密机械加工中，一般都采用高重复频率的脉冲激光器。

YAG 激光器输出的激光已成功地应用于半导体划片，重复频率为 5~20Hz，划片速度为 10~30mm/s，宽度为 0.06mm，成品率达 99% 以上，比金刚石划片优越得多，可将 1cm^2 的硅片切割成几十个集成电路块或几百个晶体管管芯。同时，还可用于化学纤维喷丝头上 Y 形、十字形等型孔的加工、精密零件的窄缝切割与划线以及雕刻等。

激光可用于切割各种各样的材料，既可以切割金属，也可以切割非金属；既可以切割无机物，也可以切割皮革之类的有机物。它可以代替锯子切割木材，代替剪刀剪裁布料、纸张，还能切割无法进行机械接触加工的工件（如从电子管外部切断内部的灯丝），以及由透明体玻璃、石英、有机玻璃等外部切割、加工内部的材料。由于激光对被切割材料几乎不产生机械冲击和压力，故适合切割玻璃、陶瓷和半导体等既硬又脆的材料。再加上激光光斑小、切缝窄，且便于自动控制，所以更适合对细小部件进行各种精密切割。

大量的生产实践表明，切割金属材料时，采用同轴吹氧工艺可以大大提高切割速度，而且表面粗糙度也有明显改善。剪裁布匹、纸张、木材等易燃材料时，则采用同轴吹保护气体（二氧化碳、氮气等）的工艺，能防止烧焦和缩小切缝。

英国生产的二氧化碳激光切割机附有氧气喷枪，在切割 6mm 厚的钛板时用氧气助燃，速度高达 3m/min 以上。美国已用激光代替等离子体进行切割，速度可提高 25%，费用约降低 75%。目前，国外趋向于发展大功率连续输出的二氧化碳激光器、激光钢炮，甚至研制了可击落宇航飞行器的激光武器。

大功率二氧化碳激光器所输出的连续激光，可以切割钢板、钛板、石英、陶瓷、塑料和木材，剪裁布匹和纸张等，其工艺效果都较好。图 5-17 所示为激光切割的加工实例。

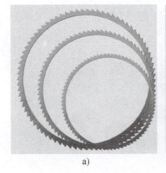
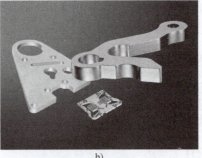

5.4【激光切割的应用】

图 5-17 激光切割的加工实例
a) 整体锯齿圈 b) 有一定厚度的机器零部件

表 5-3 和表 5-4 分别列出了二氧化碳激光器切割金属材料和非金属材料的有关数据。

表 5-3　二氧化碳激光器切割金属材料的有关数据

材料	厚度/mm	切割速度/(m/min)	激光输出功率/W	喷吹气体
铝	12.7	0.5	6000	空气
	13	2.3	15000	
碳素钢	3	0.6	250	O_2
	6.5	2.3	15000	空气
	7	0.35	500	O_2
淬火钢	25	1.1	10000	N_2
	45	0.4	10000	N_2
不锈钢	2	0.6	250	O_2
	13	1.3	10000	N_2
	44.5	0.38	12000	—
锰合金钢	4	0.49	250	O_2
	5	0.85	500	O_2
	8	0.53	350	O_2
钛合金	1.46	1.2	400	空气
	5	3.3	850	O_2
锆合金	1.2	2.2	400	空气
钴基合金	2.5	0.35	500	O_2

表 5-4　二氧化碳激光器切割非金属材料的有关数据

材料	厚度/mm	切割速度/(m/min)	激光输出功率/W	喷吹气体
石英	3	0.43	500	N_2
陶瓷	1	0.392	250	N_2
	4.6	0.075	250	N_2
玻璃钢	1.5	0.491	250	N_2
	2.7	0.392	250	N_2
有机玻璃	20	0.171	250	N_2
	25	15	8000	空气
木材(软)	25	2	2000	N_2
木材(硬)	25	1	2000	N_2
聚四氟乙烯	10	0.171	250	N_2
	16	0.075	250	N_2
压制石棉	6.4	0.76	180	空气
涤卡	130	0.214	250	N_2
聚氯乙烯	3.2	3.6	300	空气
混凝土	30	0.4	4000	—
皮革	3	3.05	225	空气
胶合板	19	0.28	225	空气

三、激光刻蚀打标记

小功率的激光束可用于对金属或非金属表面进行刻蚀打标，加工出文字或工艺美术图案。例如，可在竹片上刻写缩微的孙子兵法、毛主席诗词等。图 5-18 所示为激光刻蚀打标样件的图案。

激光还可用于表面热处理、表面改性等加工。

图 5-18　激光刻蚀打标样件的图案

5.5【激光"打标"实况】

知识扩展

激光加工的图片集锦

【第五章　激光加工的图片集锦】

思考题和习题

5-1　试述日常生活中的电视，调频收音机，短波、中长波收音机，微波炉，远红外理疗灯，光波炉、电烤炉，紫外线杀菌灯，紫外线伪钞检测器，X 射线透视机，核磁共振仪，放射治疗仪等所用的频率（波长）范围各是多少。

5-2　激光为什么比普通光有更大的瞬时能量和功率密度？为什么称它为"激"光？

5-3　试述激光加工的能量转化过程，它是如何从电能转化为光能又转化为热能来蚀除材料的？

5-4　固体、气体等不同激光器的能量转化过程是否相同？如不相同，则具体有何不同？

5-5 不同波长的红外线、红光、绿光、紫光和紫外线,光能转化为热能的效率有何不同?

5-6 从激光产生的原理来思考和分析,它是如何被逐步应用于精密测量、加工、表面热处理甚至激光信息存储、激光通信、激光电视、激光计算机等技术领域的?这些应用的共同技术基础是什么?可以从中获得哪些启迪?

5-7 试述激光在医学上、在手术治疗中有何应用?

5-8 试撰写一篇题为"妙哉激光!"的科普文章,来阐述激光的发现及其多方面的应用。

5-9 针对"光"到底是什么展开讨论、思索,从原子结构联想到宇宙、地球、月亮、太阳、行星、恒星,对比思考,撰写一篇题为"从原子到宇宙,妙哉大千世界"的科普文章。

5-10 试对光既是一种电磁波,又是一种以光速运动的光子粒子流,这一光的波粒二象性做一更通俗而又深入的解释。

思政思考题

1. 激光形成的物理原理是什么?
2. 聚焦后的激光能量密度为何如此之高?
3. 激光加工过程中注意事项有哪些?

地心之灾

重点内容讲解视频

第六章　电子束和离子束加工

本章教学重点

知识要点	相关知识	掌握程度
电子束加工	电子束加工的原理和特点，电子束加工装置的组成，电子束加工的应用	掌握电子束加工的原理和应用
离子束加工	离子束加工的原理、分类和特点，离子束加工装置的组成，离子束加工的应用	掌握离子束加工的原理和应用

导入案例

随着科学技术的发展，对极端制造的需求越来越多，加工尺度由微米级向着纳米级，甚至更小尺度的方向发展。图6-1所示为具有阵列纳米级孔结构特征的某离心器和等离子器件，采用何种工艺方法能够加工出此类纳米尺度的密集阵列群孔呢？

众所周知，加工纳米尺度的孔，就必须有同等尺度或更小尺度的工具，这种尺度的机械钻削刀具，在现阶段是不存在的。科学研究结果表明，纳米尺度属于原子世界，电子的直径是10^{-6}纳米数量级，电子的静止质量为$9.109×10^{-31}$kg，重金属离子的直径是10^{-1}纳米数量级。因此，电子和离子都具备加工此类纳米级密集阵列群孔的工具尺度条件。

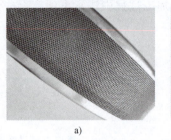
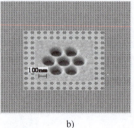

a) 　　　　　　　　b)

图6-1　阵列纳米级孔

（由斯图加特大学第四物理研究所 Raith GmbH 提供）

电子和离子都可以在真空、电场中加速、聚焦和控制其方向。负电子和正离子对阳极或阴极表面进行高速撞击，将动能转化成热能来熔化、气化和蚀除材料，即可成为电子束加工（Electron Beam Machining，EBM）和离子束加工（Ion Beam Machining，IBM）。

电子束加工和离子束加工工艺方法的发明，为上述纳米尺度零件的加工等精密微细加工，尤其为半导体集成电路芯片的制造，开辟了一条捷径，是近年来得到较大发展的新兴特种加工方式，其在精密微细加工方面，尤其是在微电子学领域得到了较多的应用。电子束加工主要用于打孔、焊接等热加工和电子束光刻化学加工。离子束加工则主要用于离子刻蚀、离子镀膜和离子注入等表面加工。近期发展起来的亚微米加工和纳米加工技术，主要也是用电子束和离子束进行加工。

一些国家在汽车和手机用的集成电路芯片上，对我国禁止出售，千方百计地打压我国相关企业。因此，我们必须自力更生，创新性地设计、制造各种高精度芯片。

本章将针对电子束和离子束加工的基本原理、特点、设备组成以及应用展开详细介绍。

第一节　电子束加工

一、电子束加工的原理和特点

1. 电子束加工的原理

图 6-2 所示电子束加工是在真空条件下，利用聚焦后能量密度极高（$10^6 \sim 10^9 \text{W/cm}^2$）的电子束，以极高的速度冲击到工件表面极小的面积上，在极短的时间（几分之一微秒）内，其大部分能量转化为热能，使被冲击部分的工件材料达到几千摄氏度以上的高温，从而引起材料的局部熔化和气化，最终被真空系统抽走。

控制电子束的能量密度和能量注入时间，就可以达到不同的加工目的。例如，若只使材料局部加热，就可进行电子束热处理；使材料局部熔化，就可进行电子束焊接；提高电子束的能量密度，使材料熔化和气化，就可进行打孔、切割等加工；利用较低能量密度的电子束轰击高分子材料时产生化学变化的原理，即可进行电子束光刻加工。

2. 电子束加工的特点

1）由于电子束能够极其微细地聚焦，甚至能聚焦到 $0.1\mu m$，因此加工面积很小，是一种精密微细的加工方法。

2）电子束的能量密度很高，可以使照射部分的温度超过材料的熔化和气化温度，去除材料主要靠瞬时蒸发，是一种非接触式加工，工件不受机械力作用，不产生宏观应力和变形。被加工材料范围很广，对脆性、韧性、导体、非导体及半导体材料都可进行加工。

3）电子束的能量密度高，因而加工生产率很高。例如，每秒钟可以在 2.5mm 厚的钢板上钻 50 个 $\phi 0.4mm$ 的孔。

4）可以通过磁场或电场对电子束的强度、位置、聚焦等进行直接控制，所以整个加工过程便于实现自动化。特别是在电子束曝光中，从加工位置找准到加工图形的扫描，都可实现自动化。进行电子束打孔和切割时，可以通过电气控制加工异形孔，实现曲面弧形切割等。

5）由于电子束加工是在真空中进行的，因而污染少，不会氧化加工表面，特别适合加工易氧化的金属及合金材料，以及纯度要求极高的半导体材料。

6）电子束加工需要一整套专用设备和真空系统，价格较贵，生产应用有一定局限性。

二、电子束加工装置

电子束加工原理如图 6-2 所示。电子束加工装置结构示意图如图 6-3 所示，它主要由电子枪、真空系统、控制系统和电源等部分组成。

1. 电子枪

电子枪是产生电子束的装置。它包括电子发射阴极、控制栅极和加速阳极等，如图 6-4 所示。阴极经电流加热发射电子，带负电荷的电子高速飞向具有高电位的阳极，在飞向阳极的过程中，经过加速极加速，又通过电磁透镜把电子束聚焦成很小的束斑。

6.1【电子束加工原理】

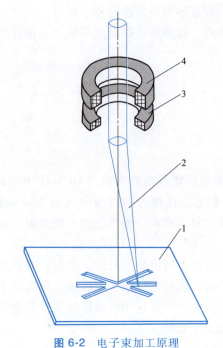

图 6-2 电子束加工原理

1—工件 2—电子束 3—偏转线圈 4—电磁透镜

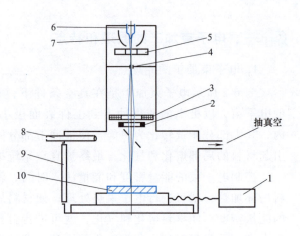

图 6-3 电子束加工装置结构示意图

1—工作台系统 2—偏转线圈 3—电磁透镜 4—光阑
5—加速阳极 6—发射电子的阴极 7—控制栅极
8—光学观察系统 9—带窗真空室门 10—工件

电子发射阴极一般用钨或钽制成，在加热状态下可发射大量电子。小功率时用钨或钽制成丝状阴极，如图 6-4a 所示；大功率时用钽制成块状阴极，如图 6-4b 所示。图 6-3 中的控制栅极为中间有孔的圆筒形，其上加以较阴极更负的偏压，既能控制电子束的强弱，又起到初步的聚焦作用。加速阳极通常接地，而阴极为很高的负电压，所以能驱使电子加速。

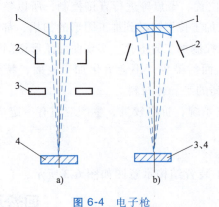

图 6-4 电子枪

1—电子发射阴极 2—控制栅极 3—加速阳极 4—工件

6.2【电子束加工装置及结构组成】

2. 真空系统

真空系统的作用是在电子束加工时维持 $1.33×10^{-4} \sim 1.33×10^{-2}$ Pa 的真空度。因为只有在高真空中，电子才能高速运动。此外，加工时的金属蒸气会影响电子发射，产生不稳定现象,因此,也需要不断地把加工中生产的金属蒸气抽出去。

真空系统一般由机械旋转泵和油扩散泵或涡轮分子泵两级组成,先用机械旋转泵把真空室抽至 0.14~1.4Pa,然后由油扩散泵或涡轮分子泵抽至 0.00014~0.014Pa 的高真空度。

3. 控制系统和电源

电子束加工装置的控制系统包括束流聚焦控制、束流位置控制、束流强度控制以及工作台位移控制等。

束流聚焦控制是提高电子束的能量密度,使电子束聚焦成很小的束斑,它基本上决定着加工点的孔径或缝宽。聚焦方法有两种:一种是利用高压静电场使电子流聚焦成细束;另一种是利用电磁透镜靠磁场聚焦(图6-2)。后者比较安全、可靠。所谓电磁透镜,实际上为一电磁线圈,通电后它产生的轴向磁场与电子束中心线相平行,端面的径向磁场则与中心线相垂直。根据左手定则,电子束在前进运动中切割径向磁场时将产生圆周

6.3【电子束加工的聚焦控制】

运动,而做圆周运动时在轴向磁场中又将产生径向运动,所以实际上每个电子的合成运动为一半径越来越小的空间螺旋线,它们聚焦于一点(图6-2中的2)。根据电子光学的原理,为了消除像差和获得更细的焦点,常进行第二次聚焦。

束流位置控制是为了改变电子束的方向,常用电磁偏转来控制电子束焦点的位置。如果使偏转电压或电流按一定程序变化,电子束焦点便按预定的轨迹运动。

工作台位移控制是为了在加工过程中控制工作台的位置。由于电子束的偏转距离只能在数毫米之内,过大将增大像差和影响线性,因此在大面积加工时,需要用伺服电动机控制工作台移动,并与电子束的偏转相配合。

电子束加工装置对电源电压的稳定性要求较高,常需稳压设备,因为电子束聚焦以及阴极的发射强度与电压波动有密切关系。

三、电子束加工的应用

电子束加工按功率密度和能量注入时间的不同,可用于打孔、切割、蚀刻、焊接、热处理和光刻加工等。图 6-5 所示为电子束的应用范围。下面就其主要应用加以说明。

1. 高速打孔

电子速打孔已在生产中实际应用,目前最小打孔直径可达 0.003mm 左右。例如喷气式发动机套上的冷却孔、机翼吸附屏上的孔等,不仅孔的排布密度可以连续变化,孔数达数百万个,有时还可能改变孔径,最宜用电子束高速打孔。高速打孔可在工件运动过程中进行,例如在 0.1mm 厚的不锈钢上加工 ϕ0.2mm 的孔,速度为 3000 孔/s。

在人造革、塑料上用电子束打大量微孔,可使其具有像真皮革那样的透气性。现在,

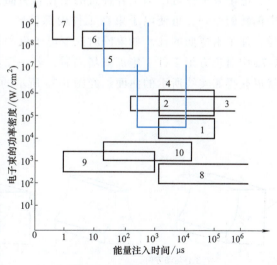

图 6-5 电子束的应用范围
1—淬火硬化 2—熔炼 3—焊接 4—打孔
5—钻、切割 6—蚀刻 7—升华 8—塑料聚合
9—照射电子耐蚀剂 10—塑料打孔

生产中已出现专用塑料打孔机,将电子枪发射的片状电子束分成数百条小电子束同时打孔,其速度可达 50000 孔/s,孔径为 40~120μm 可调。

电子束打孔还能加工小深孔,如在叶片上打深 5mm 的 φ0.4mm 的孔,孔的深径比大于 10∶1。

用电子束加工玻璃、陶瓷、宝石等脆性材料时,由于加工部位附近温差很大,容易引起变形甚至破裂,因此在加工前或加工时,需用电阻炉或电子束进行预热。

2. 加工型孔及特殊表面

图 6-6 所示为电子束加工的喷丝头异形孔截面。出丝口的窄缝宽度为 0.03~0.07mm,长度为 0.80mm,喷丝板厚度为 0.6mm。为了使人造纤维具有光泽、松软有弹性、透气性好,喷丝头的异形孔都是特殊形状的。

电子束可以用来切割各种复杂型面,切口宽度为 3~6μm,边缘表面粗糙度可控制在 R_{max} 0.5μm 左右。

离心过滤机、造纸化工过滤设备中钢板上的小孔希望为锥孔(入口处孔小、出口处大),这样可防止堵塞,并便于反向冲清洗。用电子束在 1mm 厚的不锈钢钢板上加工 φ0.13mm 的锥孔,每秒可打 400 个孔;在 3mm 厚的不锈钢钢板上加工 φ1mm 的锥孔,每秒可打 20 个孔。

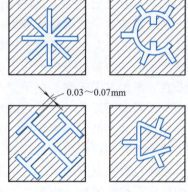

图 6-6 电子束加工的喷丝头异形孔截面

燃烧室混气板及某些涡轮机叶片上需要加工大量不同方向的斜孔,以使叶片容易散热,从而提高发动机的输出功率。如某种叶片需要打 30000 个斜孔,使用电子束加工能廉价地实现。加工燃气轮机上的叶片、混气板和蜂房消声器三个重要部件时,已用电子束打孔代替电火花打孔。

电子束不仅可以加工各种直的型孔和型面,也可以加工弯孔和曲面。利用电子束在磁场中偏转的原理,可使电子束在工件内部偏转。控制电子速度和磁场强度,即可控制曲率半径,加工出弯曲的孔。如果同时改变电子束和工件的相对位置,则可进行切割和开槽。在图 6-7a 中对长方形工件 1 施加磁场之后,若一面用电子束 2 轰击,一面依箭头方向移动工件,就可获得如实线所示的曲面。经图 6-7a 所示的加工后,改变磁场极性再进行加工,就可获

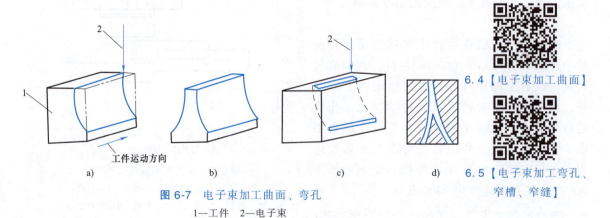

图 6-7 电子束加工曲面、弯孔
1—工件 2—电子束

6.4【电子束加工曲面】

6.5【电子束加工弯孔、窄槽、窄缝】

得图 6-7b 所示的工件。按照同样的原理，可加工出图 6-7c 所示的弯缝。如果工件不移动，只改变偏转磁场的极性进行加工，则可获得图 6-7d 所示的入口为一个而出口有两个的弯孔。

3. 刻蚀

在微电子元件生产中，为了制造多层固体组件，可利用电子束将陶瓷或半导体材料刻出许多微细的沟槽和孔来，如在硅片上刻出宽 $2.5\mu m$、深 $0.25\mu m$ 的细槽，在混合电路电阻的金属镀层上刻出 $40\mu m$ 宽的线条。还可以在加工过程中对电阻值进行测量校准，这些都可用计算机自动控制完成。

电子束刻蚀还可用于制版，在铜制印刷滚筒上按色调深浅刻出许多大小与深浅不一的沟槽或凹坑，其直径为 $70\sim120\mu m$，深度为 $5\sim40\mu m$，小坑代表浅色，大坑代表深色。

4. 焊接

电子束焊接是利用电子束作为热源的一种焊接工艺。当高能量密度的电子束轰击焊件表面时，使焊件接头处的金属熔融，在电子束连续不断地轰击下，将形成一个被熔融金属环绕着的毛细管状的熔池，如果焊件按一定速度沿着焊件接缝与电子束做相对移动，则接缝上的熔池会由于电子束的离开而重新凝固，使焊件的整个接缝形成一条焊缝。

由于电子束的能量密度高、焊接速度快，因此电子束焊接的焊缝深而窄，焊接热影响区小、变形小。电子束焊接不用焊条，焊接过程一般在高真空（10^{-3}Pa）中进行，因此焊缝化学成分纯净，焊接接头的强度往往高于母材。图 6-8 所示为电子束焊机，它由真空室 1、电子枪 2 和标定装置 4 等组成。焊接过程中，可通过由铅玻璃做成的观察窗 3 和 5 进行观察。

电子束焊接可以焊接难熔金属（如钽、铌、钼等），也可焊接钛、锆、铀等化学性能活泼的金属，普通碳素钢、不锈钢、合金钢、铜、铝等各种常见金属也能用电子束焊接。它可焊接很薄的工件，也可焊接几百毫米厚的工件，并且焊缝深度和宽度之比可达 20 以上。

电子束焊接还能完成一般焊接方法难以实现的异种金属的焊接，如铜和不锈钢的焊接，钢和硬质合金的焊接，铬、镍和钼的焊接等。以电子束焊接形成的穿透式焊缝接头有着广泛的应用领域，可用于其他方法不能焊接的工件。图 6-9 所示的结构就是用电子束同时熔化了上、中、下三层而焊成的。

一种非常巧妙的应用是电子束焊接航天器中的液氢、液氧储存球罐时，将两个旋转而合拢着的半球在上部焊接后，穿透焊缝的电子束还利用剩余能量对下半部球体内部的焊缝进行加热、熔化，使焊缝平整，没有毛刺。

由于电子束焊接对焊件的热影响小、变形小，因此可以在工件精加工后进行焊接。又由于它能够实现异种金属的焊接，所以就有可能将复杂的工件分成几个零件，这些零件可以单独使用最合适的材料、采用合适的方法来分别加工制造，最后利用电子束焊接成一个完整的零部件，从而可以获得理想的技术性能和显著的经济效益。

5. 热处理

电子束热处理也是以电子束作为热源，但要适当降低其功率密度，使金属表面加热而不熔化，以达到热处理的目的。电子束热处理的加热速度和冷却速度都很高，在相变过程中，奥氏体化时间很短，只有几分之一秒甚至千分之一秒，奥氏体晶粒来不及长大，从而能获得一种超细晶粒组织，可使工件获得用常规热处理不能达到的硬度，硬化层深度可达 $0.3\sim0.8$mm。

电子束热处理与激光热处理类似，但电子束的电热转换效率高，可达 90%，而激光的转换效率只有 7%~10%；电子束热处理在真空中进行，可以防止材料氧化；电子束设备的功率可以做得比激光功率大，所以电子束热处理工艺很有发展前途。

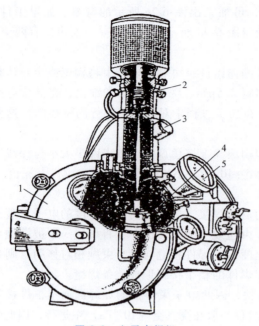

图 6-8　电子束焊机

1—真空室　2—电子枪　3、5—观察窗　4—标定装置

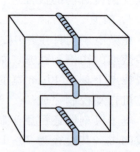

图 6-9　穿透式焊缝结构

6.6【航天器液氢、液氧储存球罐的电子束焊接】

如果用电子束加热金属达到表面熔化，则可在熔化区加入其他元素，使金属表面改性，形成一层很薄的新的合金层，从而获得更好的物理、力学性能。铸铁的熔化处理可以产生非常细的莱氏体结构，其优点是能够抗滑动磨损。铝、钛、镍的各种合金几乎都可以进行添加元素处理，从而得到很好的耐磨性能。

6. 电子束光刻

电子束光刻是先利用低功率密度的电子束照射被称为电子抗蚀剂的高分子材料，入射电子与高分子相碰撞，使分子的链被切断或重新聚合而引起相对分子质量的变化，这一步骤称为电子束曝光，如图 6-10a 所示。如果按规定图形进行电子束曝光，就会在电子抗蚀剂中留下潜像。然后将它浸入适当的溶剂中，由于相对分子质量不同而溶解度不一样，就会使潜像

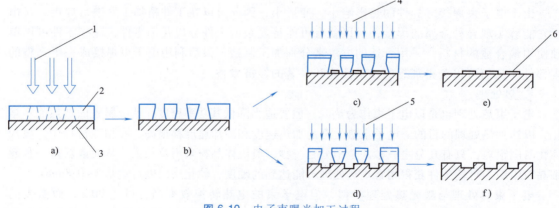

图 6-10　电子束曝光加工过程

a）电子束曝光　b）显影　c）蒸镀　d）离子束刻蚀　e）、f）去掉抗蚀剂，留下图形

1—电子束　2—电子抗蚀剂　3—基板　4—金属蒸气　5—离子束　6—金属

显影出来，如图 6-10b 所示。将电子束光刻与离子束刻蚀或蒸镀工艺相结合，如图 6-10c、d 所示，就能在金属掩膜或材料表面上制出图形来，如图 6-10e、f 所示。

由于可见光的波长大于 0.4μm，故曝光的分辨率较难小于 1μm，用电子束光刻曝光最佳可达到 0.25μm 的线条宽度的图形分辨率。如果需要制作分辨率更高的芯片，就要采用波长更短的光源进行曝光光刻。目前分辨率最高的芯片可达 2nm（2021 年）。

电子束曝光可以用于电子束扫描，即将聚焦到小于 1μm 的电子束斑在 0.5~5mm 的范围内按程序扫描，可曝光出任意图形。另一种面曝光的方法是使电子束先通过原版，这种原版是用其他方法制成的比加工目标的图形大几倍的模板，将其作为电子束面曝光时的掩膜，再以 1/10~1/5 的比例缩小投影到电子抗蚀剂上进行大规模集成电路图形的曝光。它可以在几毫米见方的硅片上安排 10 万个晶体管或类似的元件。电子束光刻法对生产光掩膜板的意义重大，可以制造纳米级尺寸的任意图形。

第二节　离子束加工

一、离子束加工的原理、分类和特点

1. 离子束加工的原理和物理基础

离子束加工的原理和电子束加工类似，也是在真空条件下，将离子源产生的离子束经过加速聚焦，而后撞击到工件表面上。不同的是离子带正电荷，其质量比电子大数千、数万倍，如氩离子的质量是电子的 7.2 万倍，所以当离子加速到较高速度时，离子束比电子束具有更大的撞击动能，它是靠微观的机械撞击能量，而不是靠动能转化为热能来实现加工的。

离子束加工的物理基础是离子束射到材料表面时所发生的撞击效应、溅射效应和注入效应。具有一定动能的离子斜射到工件材料（或靶材）表面时，可以将表面的原子撞击出来，这就是离子的撞击效应和溅射效应（图 6-11a）。如果将工件直接作为离子轰击的靶材，工件表面就会受到离子的撞击，将原子撞击出去而被刻蚀（图 6-11a，也称离子铣削）。如果将工件放置在靶材附近，靶材原子会在受离子束撞击后溅射到工件表面而被溅射沉积吸附，使工件表面镀上一层靶材原子的薄膜（图 6-11b、c）。当离子的能量足够大且垂直于工件表面撞击时，离子会钻进工件表面，这就是离子的注入效应（图 6-11d）。

2. 离子束加工的分类

离子束加工按照其所利用的物理效应和达到的目的不同，可以分为四类，即利用离子撞击和溅射效应的离子刻蚀、离子溅射沉积、离子镀，以及利用注入效应的离子注入。图 6-11 所示为各类离子束加工的示意图。

1) 离子刻蚀是用能量为 0.5~5keV[⊖] 的氩离子倾斜轰击工件，将工件表面的原子逐个剥离，如图 6-11a 所示。其实质是一种原子尺度的切削加工，所以又称离子铣削。这就是近代发展起来的纳米加工工艺。

2) 离子溅射沉积也是采用能量为 0.5~5keV 的氩离子，倾斜轰击某种材料制成的靶，离子将靶材原子击出，垂直沉积在靶材附近的工件上，在工件表面镀上一层薄膜，如图

⊖ 1eV 即一个电子伏，是一个电子在真空中通过 1V 电位差加速所获得的能量，也可用能量的单位焦耳（J）来表示，1eV ≈ 1.6×10^{-19}J。

6-11b 所示。可见，溅射沉积是一种镀膜工艺。

3) 离子镀也称为离子溅射辅助沉积，也是采用能量为 0.5~5keV 的氩离子，不同的是在镀膜时，离子束同时轰击靶材和工件表面，如图 6-11c 所示，目的是增强膜材与工件基材之间的结合力。也可将靶材高温蒸发，同时进行离子撞击镀膜。

4) 离子注入是采用 5~500keV 较高能量的离子束，直接垂直轰击被加工材料，由于能量相当大，离子就会钻进被加工材料的表面层，如图 6-11d 所示。工件表面层含有注入离子后，就改变了化学成分，从而改变了工件表面层的物理、力学和化学性能。根据不同的目的选用不同的注入离子，如磷、硼、碳、氮等。

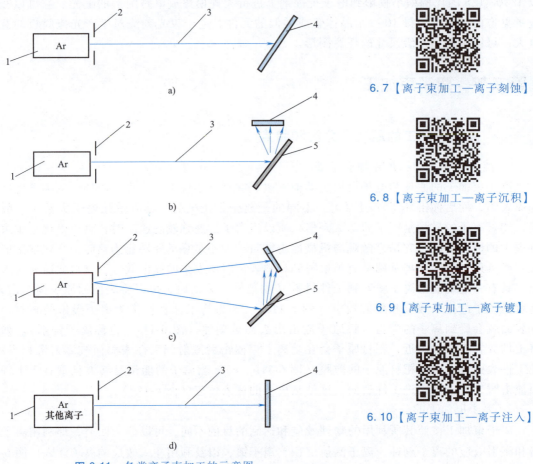

图 6-11 各类离子束加工的示意图
a) 离子刻蚀 b) 溅射沉积 c) 离子镀 d) 离子注入
1—离子源 2—吸极（吸收电子，引出离子） 3—离子束 4—工件 5—靶材

6.7【离子束加工—离子刻蚀】

6.8【离子束加工—离子沉积】

6.9【离子束加工—离子镀】

6.10【离子束加工—离子注入】

3. 离子束加工的特点

1) 由于离子束可以通过电子光学系统进行聚焦扫描，离子束轰击材料是逐层去除原子，离子束流密度及离子能量可以精确控制，所以离子刻蚀可以达到纳米（$0.001\mu m$）级加工精度，离子镀膜可以控制在亚微米级精度，离子注入的深度和浓度也可极精确地控制。因此，离子束加工是目前所有特种加工方法中最精密、最微细的加工方法，是当代纳米加工技术的基础。

2）由于离子束加工是在高真空中进行的，因此污染少，特别适用于易氧化的金属、合金材料和高纯度半导体材料的加工。

3）离子束加工是靠离子轰击材料表面的原子来实现的。它是一种微观作用，宏观压力很小，所以加工应力、热变形等极小，加工质量高，适合对各种材料和低刚度零件进行加工。

4）离子束加工设备费用高、成本高、加工效率低，因此其应用范围受到了一定限制。

二、离子束加工装置

离子束加工装置与电子束加工装置类似，也包括离子源、真空系统、控制系统和电源等部分。主要的不同部分是离子源系统。

离子源用以产生离子束流。产生离子束流的基本原理和方法是使原子电离。具体办法是把要电离的气态原子（如氩气等惰性气体或金属蒸气）注入电离室，经高频放电、电弧放电、等离子体放电或电子轰击，使气态原子电离为等离子体（即正离子数和负电子数相等的混合体）。用一个相对于等离子体具有负电位的电极（吸极），可以从等离子体中引出正离子束流。根据离子束产生方式和用途的不同，离子源有很多种形式，常用的有考夫曼型离子源和双等离子体型离子源。

1. 考夫曼型离子源

图 6-12 所示为考夫曼型离子源示意图，它由灼热的灯丝 2 发射电子，电子在阳极 9 的作用下向下方移动，同时受电磁线圈 4 磁场的偏转作用，做螺旋运动前进。惰性气体氩由注入口 3 注入电离室 10，在电子的撞击下被电离成等离子体，阳极 9 和引出电极（吸极）8 上各有 300 个 φ0.3mm 的小孔，上下位置对齐。在引出电极 8 的作用下，将离子吸出，形成 300 条准直的离子束，再向下则均匀分布在 φ5cm 的圆面积上。

2. 双等离子体型离子源

图 6-13 所示的双等离子体型离子源利用阴极和阳极之间的低气压直流电弧放电，将氩、

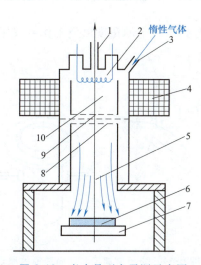

图 6-12　考夫曼型离子源示意图
1—真空抽气口　2—灯丝　3—惰性气体注入口
4—电磁线圈　5—离子束流　6—工件　7—阴极
8—引出电极　9—阳极　10—电离室

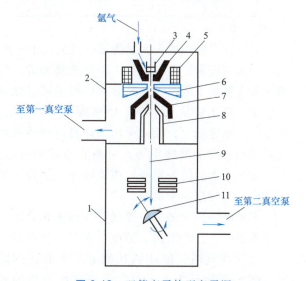

图 6-13　双等离子体型离子源
1—加工室　2—离子枪　3—阴极　4—中间电极
5—电磁铁　6—阳极　7—控制电极　8—引出电极
9—离子束　10—静电透镜　11—工件

氩或氙等惰性气体在阳极小孔上方的低真空中（0.01~0.1Pa）等离子体化。中间电极的电位一般比阳极电位低，它和阳极都用软铁制成，因此在这两个电极之间形成了很强的轴向磁场，使电弧放电局限在这中间，在阳极小孔附近产生强聚焦、高密度的等离子体。引出电极将正离子导向阳极小孔以下的高真空区（$1.33×10^{-6}$ ~ $1.33×10^{-5}$Pa），再通过静电透镜形成密度很高的离子束去轰击工件表面。

三、离子束加工的应用

离子束加工的应用范围正在日益扩大、不断创新。目前，用于改变零件尺寸和表面物理、力学性能的离子束加工方法有用于工件去除加工的离子刻蚀加工、用于工件表面涂覆的离子镀膜加工、用于表面改性的离子注入加工等。

1. 刻蚀加工

离子刻蚀是从工件上去除材料，是一个撞击溅射的过程。当离子束轰击工件时，入射离子的动量传递给工件表面的原子，当传递能量超过原子间的键合力时，工件表面的原子被撞击溅射出来，达到刻蚀的目的。为了避免入射离子与工件材料发生化学反应，必须用惰性元素的离子。氩气的原子序数高，而且价格便宜，所以通常用氩离子进行轰击刻蚀。由于离子直径很小（约为十分之几纳米），可以认为离子刻蚀的过程是逐个原子剥离的，刻蚀的分辨率可达微米甚至亚微米级，但刻蚀速度很低，剥离速度为一层~几十层原子/s。表6-1列出了一些材料的典型刻蚀率。

表6-1 一些材料的典型刻蚀率

靶材料	刻蚀率/(nm/min)	靶材料	刻蚀率/(nm/min)	靶材料	刻蚀率/(nm/min)
Si	36	Ni	54	Cr	20
AsGa	260	Al	55	Zr	32
Ag	200	Fe	32	Nb	30
Au	160	Mo	40		
Pt	120	Ti	10		

注：条件为1000eV、1mA/cm^2。

刻蚀加工时，离子入射能量、束流大小、离子入射到工件上的角度以及工作室气压等都能分别调节控制，可根据加工需要选择参数。用氩离子轰击被加工表面时，其效率取决于离子能量和入射角。离子能量从100eV增加到1000eV时，刻蚀率随之迅速增大，而后再增加能量时刻蚀率增速逐渐减小。离子刻蚀率随入射角θ的增大而增大，但入射角增大会使表面有效束流减少，一般入射角$\theta = 40° \sim 60°$时刻蚀率最高。

离子刻蚀用于加工陀螺仪空气轴承和动压马达上的沟槽时，分辨率高，精度、重复一致性好。加工非球面透镜时，能达到其他方法不能达到的精度。图6-14所示为离子束加工非球面透镜的原理图，为了达到预定的要求，加工过程中工件不仅要沿自身轴线回转，而且要做摆动运动，摆动θ角。

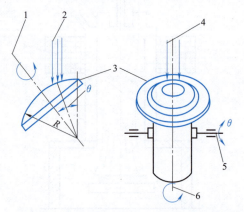

图6-14 离子束加工非球面透镜的原理图
1、6—回转轴　2、4—离子束
3—工件　5—摆动轴

可用精确计算值来控制整个加工过程,或利用激光干涉仪在加工过程中边测量边控制,形成闭环系统。

离子束精密蚀刻微细槽线的实例如图 6-15 所示,从图中可见,其槽线深度尺寸为微米级,公差值则为纳米级。

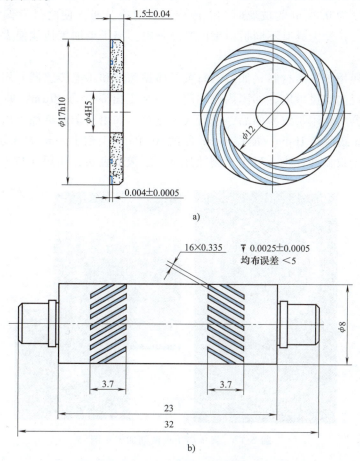

图 6-15 离子束精密蚀刻微细槽线实例
a) 动压马达止推板上的弯槽(材料为钢结硬质合金 GT35) b) 陀螺轴上的斜槽

离子束刻蚀应用的另一个方面是刻蚀高精度的图形,如集成电路、声表面波元件、磁泡元件、光电元件和光集成元件等微电子学元件的亚微米级图形。图 6-16 所示为离子束刻蚀加工的金刚石工具阵列。

由波导、耦合器和调制器等小型光学元件组合制成的光路称为集成光路。离子束刻蚀已用于制作集成光路中的光栅和波导。

离子束刻蚀系统的优点在于:分辨

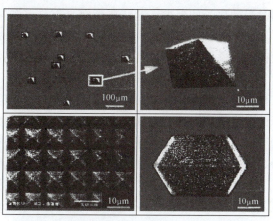

图 6-16 离子束刻蚀加工的金刚石工具阵列

率高，可得到小于 10nm 的特征尺寸；可修复光学掩膜（将掩膜上多余的铅去除）；直接离子移植（无掩膜）。与电子束光刻法相比，尽管抗蚀剂的感光度较高，但由于重离子不能像电子那样被有效偏转，因此离子束曝光设备很可能不能解决连续刻蚀系统的通过量问题。

用离子束轰击已被机械磨光的玻璃时，玻璃表面 1μm 左右被剥离并形成极光滑的表面。用离子束轰击厚度为 0.2mm 的玻璃时，能改变其折射率分布，使之具有偏光作用。玻璃纤维用离子束轰击后，变为具有不同折射率的光导材料。离子束加工还能使太阳电池表面具有非反射纹理表面。

离子束刻蚀还用于致薄材料，如致薄石英晶体振荡器和压电传感器。用于致薄探测器探头时，可以大大提高其灵敏度，如国内已用离子束加工出厚度为 40μm，并且能够自己支承的高灵敏度探测器头。用于致薄样品，进行表面分析，如用离子束刻蚀可以致薄月球岩石样品，将其从 10μm 致薄到 10nm。能在 10nm 厚的 Au-Pa 膜上刻出 8nm 的线条来。

聚焦后的离子束截面较小，可用于刻蚀加工三维微细表面，如图 6-17 所示。

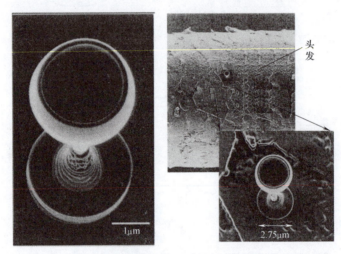

图 6-17　聚焦离子束微细加工实例

2. 镀膜加工

离子镀膜加工有溅射沉积和离子镀两种。离子镀时工件不仅接受靶材溅射来的原子，还同时受到离子的轰击，这使离子镀具有许多独特的优点。

离子镀膜附着力强、膜层不易脱落。这首先是由于镀膜前离子以足够高的动能冲击基体表面，清洗掉了表面的沾污和氧化物，从而提高了工件表面的附着力。其次是镀膜刚开始时，由工件表面溅射出来的基材原子，有一部分会与工件周围的原子和离子发生碰撞而返回工件。这些返回工件的原子与镀膜的膜材原子同时到达工件表面，形成了膜材原子和基材原子的共混膜层。而后，随膜层的增厚，逐渐过渡到单纯由膜材原子构成的膜层。混合过渡层的存在，可以减小由于膜材与基材两者膨胀系数不同而产生的热应力，增大了两者的结合力，使膜层不易脱落，镀层组织致密，针孔气泡少。

用离子镀的方法对工件镀膜时，绕射性好，基板的所有暴露表面均能被镀覆。这是因为蒸发物质或气体在等离子区离解成为正离子，这些正离子能随电场线而终止在负偏压基片的所有边。离子镀的可镀材料广泛，可在金属或非金属表面上镀制金属或非金属材料，各种合金、化合物、某些合成材料、半导体材料、高熔点材料均可镀覆。

离子镀技术已用于镀制润滑膜、耐热膜、耐蚀膜、耐磨膜、装饰膜和电气膜等。如在表壳或表带上镀氮化钛膜，这种氮化钛膜呈金黄色，它的反射率与18K金镀膜相近，其耐磨性和耐蚀性大大优于镀金膜和不锈钢，但价格仅为镀金膜的1/60。离子镀装饰膜还用于首饰、景泰蓝等，以及金笔套、餐具等的修饰上，其膜厚仅 $1.5 \sim 2 \mu m$。

用离子镀膜代替镀硬铬，可减少镀铬公害。$2 \sim 3 \mu m$ 厚的氮化钛膜可代替 $20 \sim 25 \mu m$ 的硬铬镀层。航空工业中可采用离子镀铝代替飞机部件镀镉。

用离子镀方法在切削工具表面镀氮化钛、碳化钛等超硬层，可以延长刀具寿命。一些实验表明，在高速工具钢刀具上用离子镀镀氮化钛，刀具寿命可延长 1~2 倍，也可用于处理齿轮滚刀、铣刀等复杂刀具。

离子镀的种类很多，常用的离子镀是以蒸发镀膜为基础的，即在真空中使被蒸发物质气化，在气体离子或被蒸发物质离子冲击作用的同时，把蒸发物蒸镀在基体上。空心阴极放电离子镀（HCD）具有较大的优越性，图6-18所示为空心阴极放电离子镀装置示意图，它利用空心阴极放电技术，采用低电压（几十伏）、大电流（100A左右）的电子束射入坩埚，加热蒸镀材料并使蒸发原子电离，把蒸镀材料的蒸发与离子化过程结合起来，使离子化率高达 22%~40%，是一种镀膜效率高、膜层质量好的方法。目前，人们已对其做了大量实验研究工作并已用于工业生产。

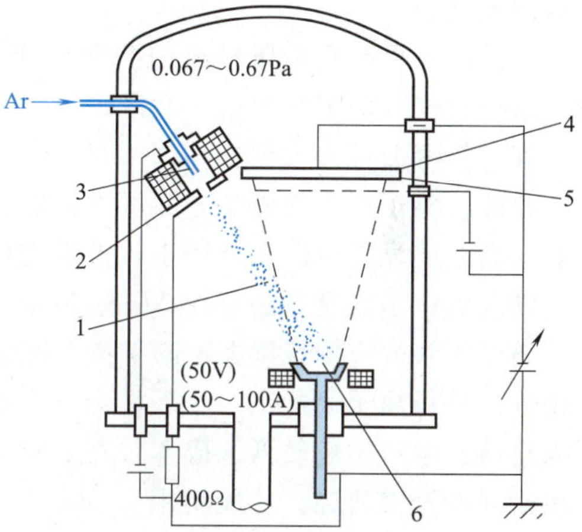

图 6-18 空心阴极放电离子镀装置示意图
1—离子束 2—电子枪 3—空心阴极
4—基板台 5—基板 6—蒸发物

3. 离子注入加工

离子注入是向工件表面直接注入离子，它不受热力学限制，可以注入任何离子，且注入量可以精确控制。注入的离子固溶在工件材料中，质量分数可达 10%~40%，注入深度可达 $1 \mu m$ 甚至更深。

离子注入在半导体方面的应用，在国内外都很普遍，它是将硼、磷等杂质离子注入半导体中，用以改变导电形式（P型或N型）和制造P-N结，制造一些通常用热扩散难以获得的具有特殊要求的半导体器件。由于离子注入的数量、P-N结的含量、注入的区域都可以精确控制，因此成为制作半导体器件和大面积集成电路的重要手段。

离子注入在改善金属表面性能方面的应用正在形成一个新兴的领域。它可改变金属表面的物理化学性能，制得新的合金，从而改善金属表面的耐蚀性、抗疲劳性能、润滑性和耐磨性等。表6-2所列为离子注入金属样品后，改变金属表面性能的例子。

表 6-2 离子注入金属样品

注入目的	离 子 种 类	能量/keV	剂量/（离子/cm^2）
耐腐蚀	B、C、Al、Ar、Cr、Fe、Ni、Zn、Ga、Mo、In、Eu、Ce、Ta、Ir	20~100	>10^{17}
耐磨损	B、C、Ne、N、S、Ar、Co、Cu、Kr、Mo、Ag、In、Sn、Pb	20~100	>10^{17}
改变摩擦系数	Ar、S、Kr、Mo、Ag、In、Sn、Pb	20~100	>10^{17}

离子注入对金属表面进行掺杂，是在非平衡状态下进行的，能注入互不相溶的杂质而形成一般无法制得的一些新的合金。如将 W 注入低温的 Cu 靶中，可得到 W-Cu 合金等。

离子注入可提高材料的耐蚀性。如把 Cr 注入 Cu，能得到一种新的亚稳态表面相，从而改善耐蚀性。离子注入还能改善金属材料的抗氧化性能。

离子注入可以改善金属材料的耐磨性。如在低碳钢中注入 N、B、Mo 等，在磨损过程中，表面局部温升形成温度梯度，使注入离子向衬底扩散，同时注入离子又受表面的位错网络限制，不能推移很深。这样，在材料磨损过程中，不断在表面形成硬化层，提高了耐磨性。

离子注入还可以提高金属材料的硬度，这是因为注入离子及其凝集物将引起材料晶格畸变、缺陷增多。如在纯 Fe 中注入 B，其显微硬度可提高 20%。将 Si 注入 Fe，可形成马氏体结构的强化层。

离子注入可改善金属材料的润滑性能，这是因为将离子注入表层后，在相对摩擦过程中，这些被注入的细粒起到了润滑作用，延长了材料的使用寿命。如把 C^{2+}、N^+ 注入碳化钨中，其工作寿命可大大延长。

此外，离子注入在光学方面可以制造光波导。例如，对石英玻璃进行离子注入，可增大折射率而形成光波导。还可用于改善磁泡材料的性能，制造超导性材料，如在铌线表面注入锡，则表面将生成具有超导性 Nb_3Sn 层的导线。

离子注入的应用范围在不断扩大，随着离子束技术的进步，现在已经可在半真空或非真空条件下进行离子束加工，今后将会开发更多的应用。离子注入金属改性还处于研究阶段，因为目前其生产率还较低、成本较高。对于一般光学元件或机械零件的表面改性，还要经过一段时间的开发研究，才能实用。

知识扩展

电子束和离子束加工的图片集锦

【第六章　电子束和离子束加工的图片集锦】

思考题和习题

6-1　电子束加工和离子束加工在原理上和应用范围上有何异同？束流如何聚焦？如何控制它们的方向？

6-2　电子束加工、离子束加工和激光加工相比，各自的适用范围如何？三者各有什么优缺点？

6-3　电子束、离子束、激光束三者相比，哪种束流和相应的加工工艺能聚焦得更细？最细的焦点直径大约是多少？

6-4　电子束加工装置和示波器、电视机的原理有何异同之处？电子束在空间的轨迹是直线还是曲线？

6-5 电子束和离子束加工需要在真空条件下进行，这是"好事"还是"坏事"（是优点还是缺点）？用"一分为二""好事""坏事"（优点、缺点）的科学观点来分析，并撰写一篇有哲理性的论文。

6-6 电子束和离子束是在高度真空中进行的"超纯洁""无污染"的清洁、绿色加工方法，如何在太空中、宇宙飞船中进行这类"超纯洁"加工？试设想、设计一些具体方案。

6-7 你在生活和工作中，见过哪些表面用离子束涂覆黄金色的工具和装饰品？

6-8 提高汽车和手机用芯片质量的关键技术是什么？

6-9 目前国际上掌握芯片制造关键技术的有哪些国家？

思政思考题

1. 如何制造出纳米尺度的刀具？
2. 电子束加工有何技术瓶颈？
3. 电子束加工与离子束加工技术特点有何区别？

"两弹一星"功勋科学家：孙家栋

重点内容讲解视频

第七章 超声加工

本章教学重点

知识要点	相关知识	掌握程度
超声加工的基本原理和特点	超声波及其特性、超声加工的基本原理、超声加工的特点	掌握超声波的特性和超声加工的基本原理
超声加工设备及其组成部分	超声发生器、换能器、变幅杆和工具等	掌握超声发生器、换能器、变幅杆等超声加工关键部件的原理
超声加工的速度、精度、表面质量及其影响因素	超声加工速度、精度、表面质量的影响因素	掌握超声加工工艺对加工速度、精度和表面质量的影响
超声加工的其他各种应用	型孔和型腔加工、切割加工、复合加工、清洗和塑料焊接	了解超声加工的各种应用案例

导入案例

声音是由物体的振动产生的,并以声波的形式传递信息和能量。声波所含的能量与它的振幅和频率的二次方成正比。超声波由于频率较高,因此具有更大的能量。

人们能够听到的普通声波的频率为 16~16000Hz,频率低于 16Hz 时称为次声波,例如地震发出的波,人耳听不到,只有一些动物才能听到。次声波可以震破人的内脏,可用于制造武器。频率高于 16000Hz 时称为超声波。例如蝙蝠发出的探路导向声波,人耳也听不到。

声波传递信息的应用很多,如人们面对面说话、蝙蝠探路导向发现昆虫、水下声呐通信、探矿、医学上的 B 超、工业中的无损超声探伤等。声波传递较大能量的应用也很多,如超声清洗、超声雾化、医用超声碎石、声波凝聚、超声空化治理废水、超声焊接等。

随着医疗、制药、光学和汽车工业等诸多工业部门对高负荷零件需求的日益增加,许多高性能材料,如陶瓷、玻璃、硅片等被广泛应用,这类材料具有化学稳定性好、热稳定性好、耐腐蚀等特性,但它们的材质硬脆、不导电且难以发生电化学反应,使用传统机械加工方法、电火花和电化学方法都难以进行加工。而超声加工工艺和方法的发明,为此类难加工材料的加工开辟了一条捷径。超声加工的应用如图 7-1 所示。

超声加工(Ultrasonic Machining,USM)有时也称为超声波加工,它是利用声波的能量和磨料在超声波振动作用下的机械撞击、抛磨和超声波空化作用,来实现硬脆材料的加工的。

图 7-1 超声加工的应用
a) 加工医用锆髋骨植入体 b) 加工陶瓷

超声加工不仅能加工硬质合金、淬火钢等脆硬金属材料，而且更适合加工玻璃、陶瓷、半导体锗和硅片等不导电的非金属脆硬材料，弥补了电火花加工和电化学加工的不足，已成为一种重要的特种加工方法。本章将针对超声加工的基本原理、加工特点、设备组成、工艺规律和具体应用领域展开详细介绍。由于超声波具有高频振动的特性，它除了用于加工外，在通信、医疗等部门还有很多其他用途。

第一节　超声加工的基本原理和特点

一、超声波及其特性

声波是人耳能感受到的一种纵波，它的频率在 16～16000Hz 范围内。当波的频率大于 16000Hz（有的文献也定义为 20000Hz），超出一般人耳听觉范围时，就称为超声波。另外，人耳也听不到地震等频率低于 16Hz 的次声波。

超声波和声波一样，可以在气体、液体和固体介质中纵向（前进方向）传播。由于超声波频率高、波长短、能量大，因此其传播时的反射、折射、共振及损耗等现象更加显著。在不同介质中，超声波传播的速度 c 也不同（$c_{空气}=331 m/s$；$c_{水}=1430 m/s$；$c_{铁}=5850 m/s$），它的波长 λ 和频率 f 之间的关系可表示为

$$\lambda = \frac{c}{f} \tag{7-1}$$

超声波主要具有下列特性：

1) 超声波能传递很强的能量。超声波的作用主要是对其传播方向上的障碍物施加压力（声压）。因此，有时可用这个压力的大小来表示超声波的强度，传播的波动能量越强，则压力也越大。

振动能量的强弱，用能量密度来衡量。能量密度就是通过垂直于波的传播方向的单位面积上的能量，用符号 J 表示，单位为 W/cm^2，其公式为

$$J = \frac{1}{2}\rho c(\omega A)^2 \tag{7-2}$$

式中　ρ——弹性介质的密度（kg/m^3）；

c——弹性介质中的波速（m/s）；

A——振动的振幅（mm）；

ω——振动的角频率，$\omega=2\pi f$（rad/s）。

由于超声波的频率 f 很高，因此与其成二次方关系的能量密度可达 100W/cm^2 以上。超声波在液体或固体中传播时，由于介质密度 ρ 和振动频率都比在空气中传播时高许多倍，因此在同一振幅下，液体、固体中的超声波强度、功率、能量密度要比空气中的高千万倍。

2) 当超声波在液体介质中传播时，将以极高的频率压迫液体质点使其振动，在液体介质中连续地形成压缩和稀疏区域，由于液体基本上不可压缩，因此会产生压力正、负交变的液压冲击和空化现象。由于这一过程的时间极短，液体空腔闭合压力可达几十个大气压，并产生巨大的液压冲击。这一交变的脉冲压力作用在邻近的零件表面上会使其破坏，引起固体物质分散、破碎等效应。

3) 超声波通过不同介质时，在界面上发生波速突变，产生波的反射和折射现象。能量反射的大小，取决于两种介质的波阻抗（密度与波速的乘积 ρc 称为波阻抗），两种介质的波阻抗相差越大，超声波通过界面时能量的反射率越高。当超声波从液体或固体传入空气或者从空气传入液体或固体时，反射率都接近 100%，因为空气具有可压缩性，更阻碍了超声波的传播，形成了衰减。为了改善超声波在相邻介质中的传播条件，往往在声学部件的各连接面间加入全损耗系统用油、凡士林等作为传递介质，以消除空气及因它而引起的衰减，医学上做 B 超时需要在探头上涂某种液体就是这个道理。

4) 超声波在一定条件下，会产生波的干涉和共振现象，图 7-2 所示为超声波在固体弹性杆（声和超声在一切固体中传播时，固体中的各点分子都可在原地振动，都可将固体看作弹性体）中传播时各质点的振动情况，图中把各点在水平方向的振幅画在垂直方向是为了更直观地显示其大小变化。当超声波从杆的一端向另一

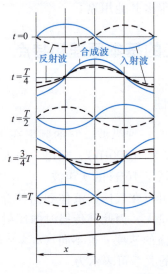

图 7-2 超声波在固体弹性杆中传播时各质点的振动情况

7.1【超声波在固体中的传播过程】

端传播时，在杆的另一端端部将发生波的反射。所以在有限的弹性体中，实际存在着同周期、同振幅、传播方向相反的两个波，这两个完全相同的波从相反的方向会合，就会产生波的干涉。当杆长符合某一规律时，杆上有些点在波动过程中位置始终不变，其振幅为零（称为波节），而另一些点振幅最大，其振幅为原振幅的两倍（称为波腹）。图 7-2 中 x 表示弹性杆上任意一点 b 与超声波入射端的距离，则入射波造成 b 点偏离平衡位置的位移为 a_1，反射波造成 b 点偏离平衡位置的位移为 a_2，则有

$$a_1 = A\sin 2\pi\left(\frac{t}{T}-\frac{x}{\lambda}\right)$$

$$a_2 = A\sin 2\pi\left(\frac{t}{T}+\frac{x}{\lambda}\right)$$

而两个波所造成 b 点的合成位移为 a_r

$$a_r = a_1 + a_2 = 2A\cos\frac{2\pi x}{\lambda}\sin\frac{2\pi}{T}t \tag{7-3}$$

式中　x——b 点与入射端间的距离；
　　　λ——振动的波长；
　　　T——振动的周期；
　　　A——振动的振幅；
　　　t——振动的某一时刻。

由式（7-3）可知：

$$当\ x = k\frac{\lambda}{2}\ 时，a_r\ 最大，b\ 点为波腹 \tag{7-4}$$

$$x = (2k+1)\frac{\lambda}{4}\ 时，a_r\ 为零，b\ 点为波节 \tag{7-5}$$

式中　k——正整数，$k = 0, 1, 2, 3, \cdots$

为了使弹性杆处于最大振幅共振状态，应将弹性杆设计成半波长的整数倍；而固定弹性杆的支持点，应该选在振动过程中的波节处，这一点不振动。

二、超声加工的基本原理

超声加工是利用工具端面做超声频振动，通过磨料悬浮液加工脆硬材料的一种成形方法，其加工原理如图 7-3 所示。加工时，在工具 1 与工件 2 之间加入液体（水或煤油等）和混合磨料的悬浮液 3，并使工具以很小的力 F 轻轻压在工件上。超声换能器 6 产生 16000Hz 以上的超声频纵向振动，并借助于变幅杆把振幅放大到 0.01～0.1mm 左右，驱动工具端面做超声振动，迫使工作液中悬浮的磨粒以很大的速度和加速度不断地撞击、抛磨被加工表面，把被加工表面的材料粉碎成很细的微粒，并从工件上打击下来。虽然每次打击下来的材料很少，但由于打击频率高达 16000/s 以上，因此仍有一定的加工速度。与此同时，工作液

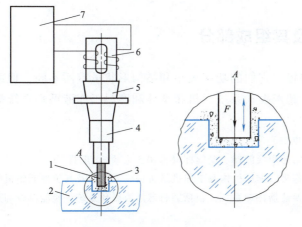

7.2【超声加工原理】

图 7-3　超声加工原理
1—工具　2—工件　3—混合磨料的悬浮液　4、5—变幅杆
6—超声换能器　7—超声发生器

受工具端面超声振动作用而产生的高频、交变的液压正负冲击波和空化作用，促使工作液钻入被加工材料的微裂纹处，加剧了机械破坏作用。所谓空化作用，是指当工具端面以很大的加速度离开工件表面时，加工间隙内形成负压和局部真空，在工作液体内形成很多微空腔；当工具端面以很大的加速度接近工件表面时，空腔闭合，引起极强的液压冲击波，可以强化加工过程。此外，正负交变的液压冲击也使悬浮工作液在加工间隙中强迫循环，使变钝了的磨粒及时得到了更新。由此可见，超声加工是磨粒在超声振动作用下的机械撞击和抛磨作用以及超声空化作用的综合结果，其中磨粒的撞击作用是主要的。既然超声加工是基于局部撞击作用的，就不难理解，越是脆硬的材料，受撞击作用遭受的破坏越大，越容易进行超声加工。相反，对于脆性和硬度不大的韧性材料，由于其具有缓冲作用而难以加工。根据这个道理，人们可以合理选择工具材料，使其既能撞击磨粒，又不致使自身受到很大破坏，例如用45 钢做工具即可满足上述要求。

三、超声加工的特点

1）适合加工各种硬脆材料，特别是不导电的非金属材料，如玻璃、陶瓷（氧化铝、氮化硅等）、石英、锗、硅、玛瑙、宝石、金刚石等。对于导电的硬质金属材料，如淬火钢、硬质合金等，也能进行加工，但加工生产率较低。

2）由于工具可用较软的材料做成较复杂的形状，故不需要使工具和工件做比较复杂的相对运动。因此，超声加工机床的结构比较简单，只需在一个方向轻压进给，操作、维修方便。

3）加工精度高，获得的工件表面粗糙度值低。由于去除加工材料是靠极小磨料瞬时局部的撞击作用，故工件表面的宏观切削力很小，切削应力、切削热很小，不会引起变形及烧伤，表面粗糙度值也较小，可达 $Ra 0.1 \sim 1 \mu m$，加工精度可达 $0.01 \sim 0.02 mm$，而且可以加工薄壁、窄缝、低刚度零件。

4）由于超声作用区域有限，因此加工效率偏低，并且存在工具损耗问题。

5）可以和其他工艺方法结合形成复合工艺，强化工艺过程，如超声辅助切削加工、超声电火花加工和超声电解复合加工等。

第二节　超声加工设备及其组成部分

超声加工设备又称超声加工装置，它们的功率大小和结构形状虽有所不同，但组成部分基本相同，一般包括超声发生器、超声振动系统、机床本体和磨料工作液循环系统等。其主要组成如下：

超声加工机床 { 超声发生器（超声电源）
超声振动系统：包括超声换能器、变幅杆（振幅扩大棒）、工具
机床本体：包括工作头、加压机构及工作进给机构、工作台及其位置调整机构
工作液循环系统和换能器冷却系统：包括磨料悬浮液循环系统、换能器冷却系统

一、超声发生器

超声发生器也称超声波或超声频发生器（即超声电源），其作用是将工频交流电转变为有一定输出功率的超声频电振荡，以提供工具端面往复振动和去除被加工材料的能量。对其

基本要求是：实现发生器输出阻抗与相应振动系统输入阻抗的匹配，输出功率和频率在一定范围内连续可调，最好具有对共振频率自动跟踪和自动微调的功能，此外要求结构简单、工作可靠、价格便宜、体积小等。

超声加工用的超声发生器，由于功率不同，有电子管的，也有晶体管的，且结构大小也很不同。大功率的（1kW 以上）超声发生器，过去往往是电子管式的，现已被晶体管（三极管、场效应管 MOSFET 和绝缘栅双极型晶体管 IGBT 器件）取代。不管是电子管式的或晶体管式的，超声发生器的组成框图都类似于图 7-4，分为振荡级、电压放大级、功率放大级及电源四部分。

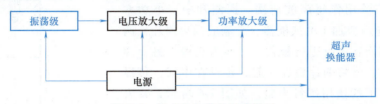

图 7-4　超声发生器的组成框图

超声电源根据其激励方式可分为自励式和他励式两种。自励式超声电源将信号发生器、功率放大器、输出变压器及换能器连成一个整体，构成一个闭环回路。振荡级由晶体管接成电感反馈振荡电路，调节电容量可改变振荡频率，即可调节输出的超声频率。振荡级的输出经耦合至电压放大级进行放大后，利用变压器倒相输送到末级功率放大管，功率放大管有时用多管并联推挽输出，经输出变压器输送至换能器。自励式超声电源一般应用在负载相对稳定、连续工作时间长的场合，如超声清洗。他励式超声电源主要包括两个部分：前级是信号发生器，后级是功率放大系统，一般通过输出变压器耦合，将超声能量传输到换能器。采用单片机（MCU）、数字信号处理器（DSP）或可编程序器件 CPLD 的信号发生器可动态、灵活地改变输出频率；超功率放大系统由整流滤波电路、功率逆变电路（半桥或全桥电路等拓扑结构）、高频变压器、谐振匹配电路组成。超声振动加工需要经常更换工具、改变加工参数，超声换能器谐振频率变化较大，为了灵活地改变激振频率，超声振动加工电源一般采用他励式。

二、声学部件

声学部件的作用是把高频振荡的电能转变为振动的机械能，使工具端面做高频率、小振幅的振动以进行加工。它是超声波加工机床中很重要的部件。声学部件由换能器、变幅杆（振幅扩大棒）及工具组成。换能器的作用是将高频电振荡转换成机械振动，目前实现这一目的可利用压电效应和磁致伸缩效应两种方法。

1. 压电效应超声换能器

石英晶体、钛酸钡（$BaTiO_3$）及锆钛酸铅（$ZrPbTiO_3$）等物质在受到机械压缩或拉伸变形时，在其两个相对表面上将产生一定的电荷，形成一定的电位；反之，在它们的两个相对表面上加以一定的电压，将产生一定的机械变形，如图 7-5 所示，这一现象称为压电效应。如果给两面加上 16000Hz 以上的交变电压，则该物质将产生

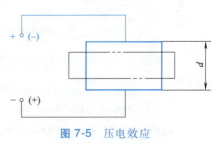

图 7-5　压电效应

高频的伸缩变形，使周围的介质做超声振动。为了获得最大的超声波强度，应使晶体处于共振状态，故晶体片厚度加上、下端块的长度应为声波半波长或其整倍数。

石英晶体的伸缩量特别小，3000V 的电压只能产生 $0.01\mu m$ 以下的变形，不适合用于超声加工。但因石英晶体片的厚度、声电振动频率非常稳定，不受温度等环境因素影响，故广泛用于计算机、电子钟表中作为晶振芯片，用来精确控制时间。钛酸钡的压电效应比石英晶体大 20～30 倍，但效率和机械强度不如石英晶体。锆钛酸铅具有两者的优点，可广泛用作超声波清洗、探测和中、小功率（250W 以下）超声波加工的换能器，常制成圆形薄片，两面镀银，先加高压直流电进行极化，一面为正极，另一面为负极。使用时，常将两片叠在一起，正极在中间，负极在两侧，经上、下端块用螺钉夹紧，如图 7-6 所示，装夹在机床主轴头的变幅杆上端。正极必须与机床主轴绝缘。为了导电引线方便，常用一镍片夹在两压电陶瓷片正极之间作为接线端片。压电陶瓷片的自振频率与其厚度、上下端块质量及夹紧力等成反比。

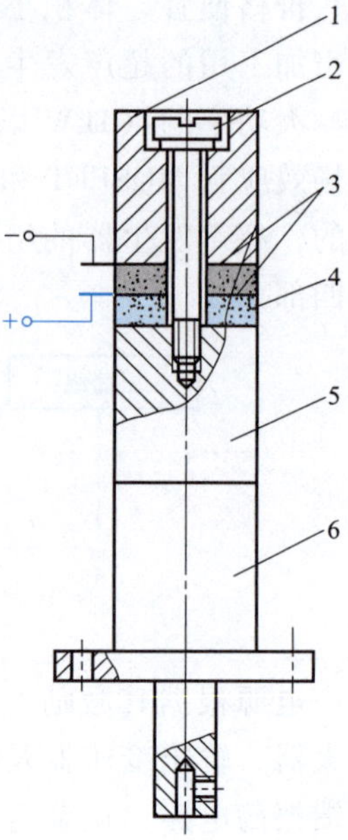

2. 磁致伸缩效应超声换能器

铁（Fe）、钴（Co）、镍（Ni）及其合金的长度能随其所处的磁场强度的变化而伸缩的现象称为磁致伸缩效应。其中镍在磁场中的最大缩短量为其长度的 0.004%；铁和钴则在磁场中伸长，在磁场消失后又恢复原有尺寸，如图 7-7 所示。在交变磁场中，这种材料棒杆的长度将交变伸缩，其端面将交变振动。

为了减少高频涡流损耗，超声加工中常用纯镍片叠成封闭磁路的镍棒换能器，如图 7-8 所示。在两芯柱上同向绕以线圈，通入高频电流使其伸缩，它比压电式换能器有更高的机械

图 7-6 压电陶瓷换能器
1—上端块 2—压紧螺钉 3—导电镍片
4—压电陶瓷 5—下端块 6—变幅杆

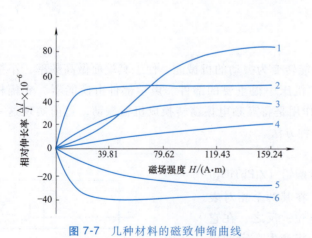

图 7-7 几种材料的磁致伸缩曲线
1—$w_{Ni}75\%+w_{Fe}25\%$ 2—$w_{Co}49\%+w_{v}2\%+w_{Ni}49\%$
3—$w_{Ni}6\%+w_{Fe}94\%$ 4—$w_{Ni}29\%+w_{Fe}71\%$ 5—退火 Co 6—Ni

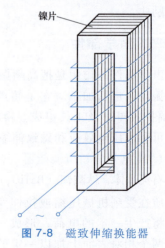

图 7-8 磁致伸缩换能器

强度和更大的输出功率，常用于中功率和大功率的超声加工。其缺点是镍片的涡流发热损失较大，能量转化率较低，故加工过程中需要用水冷却，否则温度会升高，接近约 200℃ 的居里点时，磁致伸缩效应将消失，线圈的绝缘材料也会被烧坏。

如果通入磁致伸缩换能器线圈中的电流是交流正弦波形，那么，每一周波的正半波和负半波将引起磁场大小变化两次，使换能器也伸缩两次，出现倍频现象。倍频现象使振动节奏模糊，并使共振长度变短，对结构和使用均不利。为了避免出现倍频现象，常在换能器的交流励磁电路中引入一个直流电源，叠加一个直流分量，使之成为脉动直流励磁电流，如图 7-9 所示。或者并联一个直流励磁绕组，加上一个恒定的直流磁场。镍棒的长度也应等于超声波半波长或其整倍数，使其处于共振状态。故共振频率为 20kHz 左右的换能器，其长度约为 125mm。

3. 变幅杆（振幅扩大棒）

压电或磁致伸缩的变形量是很小的（即使在共振条件下，其振幅也仅为 0.005 ~ 0.01mm），不足以直接用来进行加工。超声加工需要 0.01 ~ 0.1mm 的振幅，因此必须通过一个上粗下细的棒杆将振幅加以扩大，此杆称为振幅扩大棒或变幅杆，如图 7-10 所示。图 7-10a 所示为锥形变幅杆，图 7-10b 所示为指数形变幅杆，图 7-10c 所示为阶梯形变幅杆。

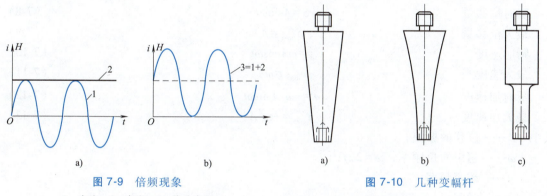

图 7-9 倍频现象
1—交流 2—直流 3—脉动直流

图 7-10 几种变幅杆

变幅杆之所以能扩大振幅，是由于通过其每一截面的振动能量是不变的（略去传播损耗），截面小的地方能量密度大。由式（7-2）可知，能量密度 J 正比于振幅 A 的二次方，即

$$A^2 = \frac{2J}{\rho c \omega^2}$$

所以

$$A = \sqrt{\frac{2J}{K}} \tag{7-6}$$

式中，K 是常数，$K = \rho c \omega^2$。

由式（7-6）可知，截面越小，能量密度越大，振动振幅就越大。为了获得较大的振幅，应使变幅杆的固有振动频率和外激振动频率相等，使其处于共振状态。为此，在设计、制造变幅杆时，应使其长度 L 等于超声波振动的半波长或其整倍数。

由于声速 c 等于波长 λ 乘以频率 f，即

$$c = \lambda f, \quad \lambda = \frac{c}{f} \tag{7-7}$$

所以

$$L = \frac{\lambda}{2} = \frac{1}{2} \frac{c}{f}$$

式中 λ——超声波的波长；

c——超声波在物质中的传播速度（在钢中 $c = 5050\text{m/s}$）；

f——超声波频率，加工时 f 可在 $16000 \sim 25000\text{Hz}$ 内调节，以获得共振状态。

由此可以算出超声波在钢铁中传播的波长 $\lambda = 0.31 \sim 0.2\text{m}$，故钢变幅杆的长度一般为半波长，即 $100 \sim 160\text{mm}$。

变幅杆可制成锥形、指数形、阶梯形等，如图 7-10 所示。锥形变幅杆的振幅扩大比较小（$5 \sim 10$），但易于制造；指数形变幅杆的振幅扩大比中等（$10 \sim 20$），使用中振幅比较稳定，但不易制造；阶梯形变幅杆的振幅扩大比较大（20 以上），也易于制造，但当它受到负载阻力时振幅减小的现象比较严重，扩大比不稳定，而且在粗细过渡的地方容易产生应力集中而产生疲劳断裂，为此必须加过渡圆弧。实际生产中，加工小孔、深孔常用指数形变幅杆；阶梯形变幅杆因设计、制造容易，一般也常采用。

必须注意，超声加工时并不是整个变幅杆和工具都在做上下高频振动，它和低频或工频振动的概念完全不一样。超声波在金属棒杆内主要以纵波形式传播，引起杆内各点沿波的前进方向按正弦规律在原地做往复振动，并以声速传导到工具端面，使工具端面做超声振动。工具端面的各参数如下：

瞬时位移量	$S = A\sin\omega t$	(7-8)
最大位移量	$S_{\max} = A$	(7-9)
瞬时速度	$v = \omega A\cos\omega t$	(7-10)
最大速度	$v_{\max} = \omega A$	(7-11)
瞬时加速度	$a = -\omega^2 A\sin\omega t$	(7-12)
最大加速度	$a_{\max} = -\omega^2 A$	(7-13)

式中 A——位移的振幅；

ω——超声的角频率，$\omega = 2\pi f$；

f——超声频率；

t——时间。

设超声振幅 $A = 0.002\text{mm}$，频率 $f = 20000\text{Hz}$，则可算出工具端面的最大速度 $v_{\max} = \omega A = 2\pi f A = 251.3\text{mm/s}$，最大加速度 $a_{\max} = \omega^2 A = 31582880\text{mm/s}^2 = 31582.9\text{m/s}^2 = 3223g$，是重力加速度 g 的 3000 余倍。当振幅 $A = 0.01\text{mm}$ 时，工具端部的最大速度、最大加速度都将增大到上述各值的 5 倍，最大加速度值将是重力加速度 g 的 16000 余倍。由此可见，其加速度都是很大的。

4. 工具

超声波的机械振动经变幅杆放大后即传给工具，使磨粒和工作液以一定的能量冲击工件，并加工出一定的尺寸和形状。

工具的形状和尺寸取决于被加工表面的形状和尺寸，它们相差一个加工间隙（稍大于平均的磨粒直径）。当加工表面积较小时，工具和变幅杆应做成一个整体，也可将工具用焊接或螺纹连接等方法固定在变幅杆下端。当工具不大时，可以忽略工具对振动的影响；但当工具较大时，会降低声学头的共振频率；工具较长时，应对变幅杆进行修正，使其满足半个波长的共振条件。整个声学头的连接部分应接触紧密，否则在超声波传递过程中将损失很多能量。在螺纹连接处应涂以凡士林，绝不可存在空气间隙，因为超声波通过空气时会很快衰减。换能器、变幅杆或整个声学头应选择在振幅为零的波节点（或称驻波点），夹固支承在机床上，如图 7-11 所示。

三、机床

超声加工机床一般比较简单，包括支承声学部件的机架及工作台，使工具以一定压力作用在工件上的进给机构以及床体等部分。图 7-12 所示为国产 CSJ-2 型超声加工机床简图。图中 4、5、6 为声学部件，安装在一根能上下移动的导轨上，导轨由上下两组滚动导轮定位，使导轨能灵活、精密地上下移动。工具的向下进给及对工件施加压力依靠的是声学部件自重，为了能调节压力大小，在机床后部有可加减的平衡重锤 2，也有采用弹簧或其他办法加压的。

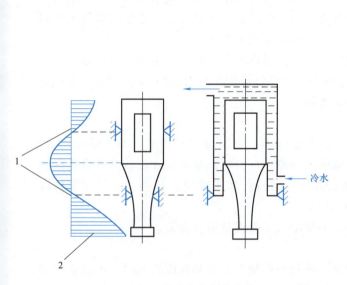

图 7-11 声学头的固定
1—波节点 2—振幅

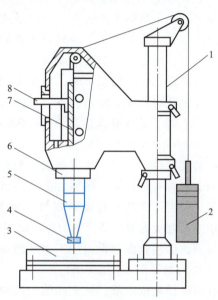

图 7-12 国产 CSJ-2 型超声加工机床简图
1—支架 2—平衡重锤 3—工作台 4—工具
5—变幅杆 6—换能器 7—导轨 8—标尺

四、磨料工作液及其循环系统

简单的超声加工装置，其磨料是靠人工输送和更换的，即在加工前将悬浮磨料的工作液浇注堆积在加工区，加工过程中定时抬起工具并补充磨料。也可利用小型离心泵将磨料悬浮液搅拌后注入加工间隙中。对于较深的加工表面，应将工具定时抬起以利于进行磨料的更换和补充。

效果较好而又最常用的工作液是水，为了提高表面质量，也可用煤油或全损耗系统用油做工作液。磨料常用碳化硼、碳化硅或氧化铝等，其粒度大小根据加工生产率和精度等要求来选定。颗粒大的生产率高，但加工精度较低，表面粗糙度值也较大。

第三节 超声加工的速度、精度、表面质量及其影响因素

一、加工速度及其影响因素

加工速度是指单位时间内去除材料的多少，单位通常为 g/min 或 mm^3/min。玻璃的最大

加工速度可达 2000~4000mm³/min。

影响加工速度的主要因素：工具的振幅和频率、工具和工件间的静压力、磨料的种类和粒度、磨料悬浮液的浓度以及供给和循环方式、工具与工件材料、加工面积、加工深度等。

1. 工具的振幅和频率的影响

过大的振幅和过高的频率会使工具及变幅杆承受很大的内应力，可能超过其疲劳强度而降低使用寿命，而且连接处的损耗也会增大，因此一般振幅为 0.01~0.1mm，频率为 16000~25000Hz。实际加工中应调至共振频率，以获得最大的振幅。

2. 进给压力的影响

加工时，工具对工件应有一个合适的进给压力，压力过小，则工具末端与工件加工表面间的间隙增大，从而减小了磨料对工件的撞击力和打击深度；压力过大，会使工具与工件间的间隙减小，磨料和工作液不能顺利循环更新，都将降低生产率。

一般而言，加工面积小时，单位面积的最佳静压力可较大。例如，采用圆形实心工具在玻璃上加工孔时，加工面积在 5~13mm² 范围内，其最佳静压强约为 400kPa；当加工面积在 20mm² 以上时，最佳静压强在 200~300kPa 之间。

3. 磨料的种类和粒度的影响

磨料硬度越高，加工速度越快，但要考虑价格成本。加工金刚石和宝石等超硬材料时，必须用金刚石磨料；加工硬质合金、淬火钢等高硬脆性材料时，宜采用硬度较高的碳化硼磨料；加工硬度不太高的脆硬材料时，可采用碳化硅磨料；加工玻璃、石英、半导体等材料时，用刚玉之类的氧化铝（Al_2O_3）做磨料即可。

另外，磨料粒度越粗，加工速度越快，但精度和表面质量则会变差。

4. 磨料悬浮液浓度的影响

磨料悬浮液浓度低，加工间隙内磨粒少，特别是在加工面积和深度较大时，可能造成加工区局部无磨料的现象，使加工速度大大下降。随着悬浮液中磨料浓度的增加，加工速度也增加。但浓度太高时，磨粒在加工区域的循环运动及其对工件的撞击运动将受到影响，又会导致加工速度降低。通常采用的浓度为磨料对水的质量比为 0.5~1。

5. 被加工材料的影响

被加工材料越脆，承受冲击载荷的能力越低，越容易被去除加工；反之，韧性较好的材料则不易加工。如果以玻璃的可加工性（生产率）为 100%，则锗、硅半导体单晶为 200%~250%，石英为 50%，硬质合金为 2%~3%，淬火钢为 1%，未淬火钢小于 1%。

二、加工精度及其影响因素

超声加工的精度，除受机床、夹具的精度影响之外，主要与磨料粒度、工具精度及其磨损情况、工具横向振动大小、加工深度、被加工材料的性质等有关。一般加工孔的尺寸精度可达±(0.02~0.05)mm。

1. 孔的加工范围

在通常的加工速度下，超声加工功率和最大加工孔径的关系见表 7-1。一般超声加工的孔径范围为 0.1~90mm，深度可达直径的 10~20 倍以上。

2. 加工孔的尺寸精度

当工具尺寸一定时，加工出的孔的尺寸将比工具尺寸有所扩大，加工出孔的最小直径

D_{min} 约等于工具直径 D_t 加所用磨料磨粒平均直径 d_s 的两倍,即

$$D_{min} = D_t + 2d_s \tag{7-14}$$

表 7-2 所列为几种磨料粒度及其基本磨粒尺寸范围。

表 7-1 超声加工功率和最大加工孔径的关系

超声电源输出功率/W	50~100	200~300	500~700	1000~1500	2000~2500	4000
最大加工不通孔直径/mm	5~10	15~20	25~30	30~40	40~50	>60
用中空工具加工最大通孔直径/mm	15	20~30	40~50	60~80	80~90	>90

表 7-2 磨料粒度及其基本磨粒尺寸范围

磨料粒度	F120	F150	F180	F240	F280	W40	W28	W20	W14	W10	W7
基本磨粒尺寸范围/μm	125~100	100~80	80~63	63~50	50~40	40~28	28~20	20~14	14~10	10~7	7~5

超声加工孔的精度,在采用 240#~280# 磨粒时,一般可达到 ±0.05mm;采用 W28~W27 磨粒时,可达到 ±0.02mm 或更高。

此外,加工圆形孔时,其形状误差主要有圆度误差和锥度误差。圆度误差的大小与工具横向振动大小和工具沿圆周磨损不均匀有关。锥度误差的大小与工具磨损量有关。采用工具或工件旋转的方法,可以提高孔的圆度和生产率。

三、表面质量及其影响因素

超声加工可以获得较好的表面质量,不会产生表面烧伤和表面变质层。

超声加工的表面粗糙度值较小,一般可以达到 $Ra0.1~1\mu m$,取决于每粒磨粒每次撞击工件表面后留下的凹痕大小,它与磨料颗粒的直径、被加工材料的性质、超声振动的振幅以及磨料悬浮工作液的成分等有关。

当磨粒尺寸较小、工件材料硬度较大、超声振幅较小时,加工表面粗糙度将得到改善,但生产率也会随之降低。

磨料悬浮工作液的性能对表面粗糙度的影响比较复杂。实践表明,用煤油或润滑油代替水可使表面粗糙度得到更大改善。

第四节 超声加工的应用

超声加工的生产率虽然比电火花加工、电解加工等的低,但其加工精度和表面粗糙度都比它们好,而且能加工半导体、非导体的脆硬材料,如玻璃、石英、宝石、锗、硅甚至金刚石等。电火花加工后的一些淬火钢、硬质合金冲模、拉丝模、塑料模具,最后还常用超声抛磨进行光整加工。

一、型孔、型腔加工

7.3【超声波振动高速加工中心应用】

目前在各工业部门,超声加工主要用于加工脆硬材料上的圆孔、型孔、型腔、微细孔及进行套料加工等,如图 7-13 所示。图 7-13a 中如使工具转动,则可以加工较深而圆度较高的孔;如用镀有聚晶金刚石的圆杆或薄壁圆管,则可以加工很深的孔或进

行套料加工。

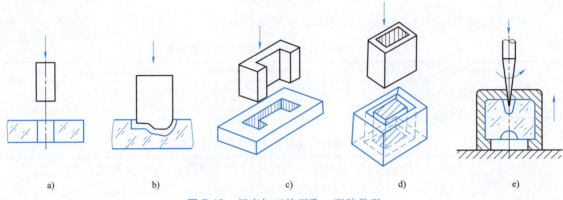

图 7-13 超声加工的型孔、型腔类型
a) 加工圆孔　b) 加工型腔　c) 加工异形孔　d) 套料加工　e) 加工微细孔

二、切割加工

用普通机械加工方法切割脆硬的半导体材料是很困难的，采用超声切割则较为有效。图 7-14 所示为用超声切割单晶硅片示意图。用锡焊或铜焊将工具（薄钢片或磷青铜片）焊接在变幅杆的端部。加工时喷注磨料液，一次可以切割 10~20 片。

图 7-15 所示为成批切槽（块）刀具，它采用了一种多刃刀具，即包括一组厚度为 0.127mm 的软钢刃刀片，以 1.14mm 的间隔铆合在一起，然后焊接在变幅杆上。刀片伸出的高度应足够在磨损后可做几次重磨。最外边的刀片应比其他刀片高出 0.5mm，切割时插入坯料的导槽中，起定位作用。

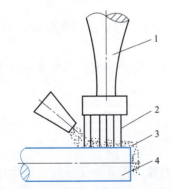

图 7-14 超声切割单晶硅片示意图
1—变幅杆　2—工具（薄钢片）
3—磨料液　4—工件（单晶硅）

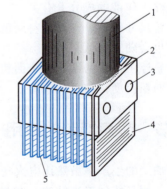

图 7-15 成批切槽（块）刀具
1—变幅杆　2—焊缝　3—铆钉
4—导向片　5—软钢刀片

加工时喷注磨料液，将坯料片先切割成 1mm 宽的长条，然后将刀具转过 90°，使导向片插入另一导槽中，进行第二次切割以完成模块的切割加工，图 7-16 所示为已切成的陶瓷模块。

三、超声复合加工

在超声加工硬质合金、耐热合金等硬质金属材料时，加工速度较低、工具损耗较大。为了提高加工速度及降低工具损耗,可以把超声加工和其他加工方法相结合进行复合加工。例如,采用超声与电化学或电火花加工相结合的方法来加工喷油嘴、喷丝板上的小孔或窄缝,可以大大提高加工速度和质量。

1. 超声电解复合加工

图 7-17 所示为超声电解复合加工小孔和深孔的示意图。工件 5 接直流电源 6 的正极,工具 3(钢丝、钨丝或铜丝)接负极,工件与工具间施加 6~18V 的直流电压,采用钝化型电解液混加磨料做电解液,被加工表面在电解液中产生阳极溶解,电解产物阳极钝化膜被超声振动的工具和磨料破坏,由于超声振动引起的空化作用加速了钝化膜的破坏和磨料电解液的循环更新,从而可使加工速度和质量大大提高。

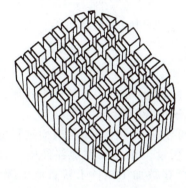

图 7-16 已切成的陶瓷模块

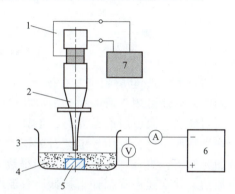

图 7-17 超声电解复合加工小孔和深孔的示意图
1—换能器 2—变幅杆 3—工具 4—电解液和磨料
5—工件 6—直流电源 7—超声发生器

2. 超声电火花复合加工

超声与电火花复合加工小孔、窄缝及精微异形孔时,也可获得较好的工艺效果。其方法是在普通电火花加工时引入超声波,使电极工具端面做超声振动。其装置与图 7-17 所示的类似,超声声学部件夹固在电火花加工机床主轴头下部,电火花加工用的方波脉冲电源(RC 电路脉冲电源也可)加到工具和工件上(精加工时工件接正极),加工时主轴做伺服进给,工具端面做超声振动。不加超声时,电火花精加工的放电脉冲利用率为 3%~5%;加上超声振动后,电火花精加工时的有效放电脉冲利用率可提高到 50% 以上,从而可使生产率提高 2~20 倍。越是小面积、小用量加工,相对生产率的提高倍数就越大。随着加工面积和加工用量(脉冲宽度、峰值电流、峰值电压)的增加,工艺效果逐渐不明显,与不加超声时的指标相接近。

超声波和电火花复合加工时,应创新性地思考如何使超声波的振动频率与电火花脉冲频率同步。而不应"各干各的",频率不一致会造成"差拍"现象,降低电火花击穿率,从而降低复合加工的生产率。

超声电火花复合精微加工时,超声功率和振幅不宜过大,否则将引起工具端面和工件瞬时接触频繁短路,导致电弧放电。

图 7-18a 所示为利用电火花反拷加工制备的 $\phi 33\mu m \times 250 \mu m$ 的 5×5 阵列电极的扫描电镜照片。利用该阵列电极,采用超声电火花复合工艺在厚 90μm 的工具钢薄板上成功地加工出 $\phi 38 \mu m$ 的 5×5 阵列微孔,阵列微孔和阵列电极的间隙为 100μm,阵列微孔的扫描电镜照片

如图 7-18b 所示。

 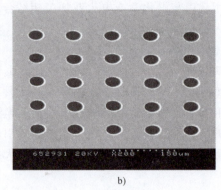

图 7-18 采用阵列微细电极，利用超声电火花复合加工的阵列微孔
a）阵列电极 b）阵列微孔

3. 超声抛光及电解超声复合抛光

超声振动还可用于研磨抛光电火花或电解加工之后的模具表面、拉丝模小孔等，可以改善表面粗糙度。超声研磨抛光时，工具与工件之间最好有相对转动或往复移动。

在光整加工中，利用导电磨石或镶嵌金刚石颗粒的导电工具，对工件表面进行电解超声复合抛光加工，更有利于改善表面粗糙度。如图 7-19 所示，用一套声学部件使工具头产生超声振动，并在超声变幅杆上接低压直流电源的负极，在被加工工件上接直流电源的正极。电解液由外部导管导入工作区，也可以由变幅杆内的导管流入工作区。于是，在工具和工件之间产生电解反应，工件表面发生电化学阳极溶解，电解产物和阳极钝化膜不断被高频振动的工具头刮除并被电解液冲走。此法由于有超声波的作用，因而磨石的自砺性好，电解液在超声波作用下的空化作用，使工件表面的钝化膜去除速度加快，这相当于使金属表面凸起部分优先溶解，从而达到平整的效果。工件的表面粗糙度值可达到 $Ra0.05 \sim 0.1 \mu m$。

图 7-20 所示为超声切割金刚石示意图。金刚石 4 粘结在工具头 3 上，通过变幅杆 2 使金刚石做超声振动，转动着的切割圆片 5 和工件金刚石 4 一起浸入金刚砂磨料的悬浮液中（如用金刚石圆锯片作为切割圆片 5，则可不用金刚砂磨料），用重锤 6 轻轻施加一定的压力。利用超声波振动磨削切割金刚石可大大提高生产率和减少金刚砂磨料的消耗。

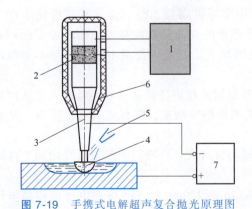 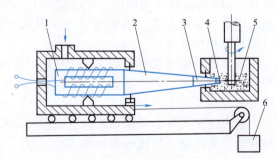

图 7-19 手携式电解超声复合抛光原理图
1—超声发生器 2—压电陶瓷换能器 3—变幅杆
4—导电磨石 5—电解液喷嘴 6—工具手柄 7—直流电源

图 7-20 超声切割金刚石示意图
1—换能器 2—变幅杆 3—工具头 4—金刚石（工件）
5—切割圆片（工具） 6—重锤

在切削加工中引入超声振动（如在对耐热钢、不锈钢等硬韧材料进行车削、钻孔、攻螺纹时），可以降低切削力，改善表面粗糙度，延长刀具寿命和提高加工速度。图 7-21 所示为超声振动车削加工示意图。图 7-22 所示为纵向振动超声珩磨装置，其可提高珩磨效率和效果。

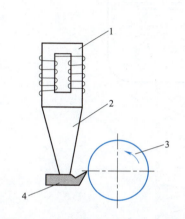

图 7-21　超声振动车削加工示意图
1—换能器　2—变幅杆　3—工件　4—车刀

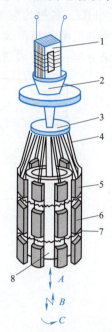

图 7-22　纵向振动超声珩磨装置
1—纵向振动换能器　2—变幅杆　3—弯曲振动圆盘
4—挠性杆　5、6—磨石　7—磨石座　8—珩磨头体
A—磨石振动方向　B、C—往复运动和回转运动方向

四、超声清洗

超声清洗主要是基于超声频振动在液体中产生的交变冲击波和空化作用进行的。超声波在清洗液（汽油、煤油、酒精、丙酮或水等）中传播时，液体分子往复高频振动产生正负交变的冲击波。当声强达到一定数值时，液体中急剧生长微小空化气泡并瞬时强烈闭合，产生的微冲击波使被清洗物表面的污物遭到破坏，并从被清洗表面脱落下来。即使是被清洗物上的窄缝、细小深孔、弯孔中的污物，也很易被清洗干净。虽然每个微气泡的作用并不大，但每秒钟有上亿个空化气泡起作用，因此具有很好的清洗效果。所以超声振动被广泛用于喷油嘴、喷丝板、微型轴承、仪表齿轮、零件、手表整体机芯、印制电路板、集成电路微电子器件的清洗。图 7-23 所示为超声清洗装置示意图。

超声清洗时，清洗液会逐渐变脏，相当于用浴缸洗澡，被清洗的表面总会有残余的污染物。采用超声气相淋浴清洗，可以解决上述弊病，达到更好的清洗效果。超声气相淋浴清洗装置由超声清洗槽、气相清洗槽、蒸馏回收槽、水分分离器、超声发生器等组成，如图 7-24 所示。零件经过 5、6 槽的两次超声清洗后，即悬吊于气相清洗槽 4 的上方进行气相清洗。气相清洗剂选用的是沸点低（40~50℃）、不易燃、化学性质稳定的有机溶剂，如三氯乙烯、三氯乙烷或氟氢化物等。气相清洗槽内的溶剂被加热装置 9 加热后即迅速蒸发，蒸气遇零件后即在其表面凝结成雾滴对零件进行初步淋洗,在槽的上方有冷凝器3,清洗液蒸气遇冷后即凝结下降,对工件进行彻底的淋浴清洗,最后回落到气相清洗槽中。超声清洗剂还可以通过独立的蒸馏回收槽蒸馏回收后重新使用。超声清洗槽的输出功率范围是150~2000W,振荡频率为28~46kHz,各槽均装有过滤器,用来滤除尺寸≥5μm的污物。

将一定频率和振幅的超声波引入液体,有时能使半固体颗粒粉碎细化,起乳化作用;有时却会使乳化液分层,起"破乳"作用,这些与超声的频率、振幅和功率有关。

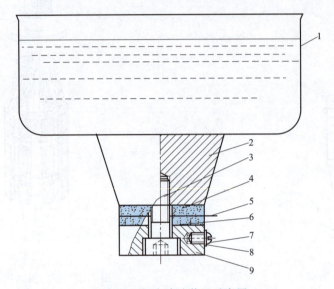

图 7-23　超声清洗装置示意图

1—清洗槽　2—变幅杆　3—压紧螺钉　4—压电陶瓷换能器　5—镍片(+)
6—镍片(-)　7—接线螺钉　8—垫圈　9—钢垫块

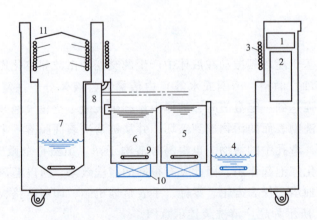

图 7-24　四槽式超声气相淋浴清洗机简图

1—操作面板　2—超声发生器　3、11—冷凝器　4—气相清洗槽　5—第二超声清洗槽
6—第一超声清洗槽　7—蒸馏回收槽　8—水分分离器　9—加热装置　10—超声换能器

五、超声塑料焊接

一种新颖的塑料加工技术——超声塑料焊接已经发展起来,它具有高效、优质、美观、

节能等优点。超声塑料焊接既不需要添加任何粘结剂、填料或溶剂,也不消耗大量热源,具有操作简便、焊接速度快、焊接强度与本体接近、生产率高等优点。图 7-25 所示为超声塑料焊接原理图。当超声作用于热塑性塑料的接触面时,每秒数万次的高频振动把超声能量传送到焊接区,两焊件交界面处声阻大,会产生局部高温,接触面迅速熔化,在一定压力的作用下,使其融合成一体。当超声停止作用后,让压力持续几秒钟,使其凝固定型,这样就形成了一个坚固的分子链,其焊接强度接近原材料强度。超声塑料焊接的质量取决于振幅 A、压力 p 和焊接时间 t,焊接所需能量 $E=Apt$。

现在真空包装等已广泛采用塑料的超声波焊接技术。

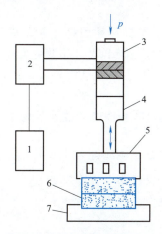

图 7-25 超声塑料焊接原理图
1—焊接程序控制器 2—超声发生器 3—换能器 4—变幅杆 5—工具头 6—焊件 7—工作台

知识扩展

超声加工的图片集锦

【第七章 超声加工的图片集锦】

思考题和习题

7-1 超声振动所具有的功率为什么会比声振振动的功率大成百上千倍?试定性、定量地用计算公式来说明。

7-2 超声加工时,为什么要将超声振动系统调节成共振状态?共振时驻波点、波节和波腹是如何形成的?

7-3 超声加工时的进给系统有何特点?

7-4 一个共振频率为 25kHz 的磁致伸缩型超声清洗器底面中心点的最大振幅为 0.01mm,试计算该点的最大速度和最大加速度。其最大加速度是重力加速度 g 的多少倍?

如果是共振频率为 50kHz 的压电陶瓷型超声清洗器,底面中心点的最大振幅为 0.005mm,则最大速度和加速度又是多少?

7-5 超声加工时,①工具整体在做超声振动;②只有工具端面在做超声振动;③工具各个横截面都在做超声振动,但各横截面同一时间的振幅并不一样;④工具各个横截面依次都在做"原地踏步"式的振动。以上哪种说法最确切?有无更确切的说法?

7-6 超声波为什么能强化工艺过程?试举出几种超声波在工业、农业或其他行业中的应用。

7-7 将某些工艺与超声振动系统相结合后,可以创新发展成为复合加工工艺,这对我们有何启迪?

7-8 试从超声电火花复合加工创新发展成超声电火花同步复合加工进行分析,在技术上有何长足的进步?如何实现超声波振动和电火花放电同步化?

7-9 列举超声波在医学治疗、医学病理检测等领域的应用实例。它们利用了哪些超声的特性?

7-10 在空气中,蝙蝠通过发出和接收超声波在黑暗中定位飞行,人们如何利用超声波制作汽车防碰撞装置?

7-11 水下船舰之间的通信用超声波做成"水声",是什么原理?

7-12 航空、航天材料的"无损探伤"是什么原理?

7-13 医学上的B超有何用途?其原理是什么?

思政思考题

1. 超声加工陶瓷材料应用在那些关键领域?
2. 超声加工可以与哪些加工技术复合利用?
3. 超声加工的技术劣势是什么?

多元的陶瓷

重点内容讲解视频

第八章 增材制造

本章教学重点

知识要点	相关知识	掌握程度
增材制造的概述	增材制造的产生、作用和发展 增材制造的成形原理及相关支撑技术	掌握增材制造与传统减材加工的区别
典型的增材制造工艺方法	典型增材制造工艺方法的原理、主要特点、成形材料及适用范围	了解典型增材制造工艺方法的加工原理和特点

导入案例

很长时间以来,在机械制造工艺方法上,人们的思维一直受缚于用去除,即"减法"实现零部件加工的传统思想。然而,许多复杂结构的出现,使得传统的减材制造方法,暴露出诸如加工效率低、生产周期长等缺陷,甚至出现"结构设计合理,生产加工无望"的矛盾。在此背景下,人们不得不展开创新性的逆向思维,开始采用"堆积"式的增材制造。

随着计算机断层扫描技术的不断成熟,能迅速固化的各种塑料,甚至金属材料不断增多,1988年,美国人发明了用液态的光敏树脂按断层扫描后,用紫外线激光照射,使其快速固化,"加法""增材""堆积"成形的加工方法。与此类似,1989年美国人又研制出选择性激光粉末烧结成形工艺。当时都称作快速成形技术。

在此类技术的基础上,近些年出现的增材制造技术(也称3D打印技术)的应用范围不断扩展,小至可快速打印三维立体的防血管堵塞零件、人体骨关节零部件,大至可打印出汽车零件、航空航天器零件以及整套住宅。

增材制造样品如图8-1所示。

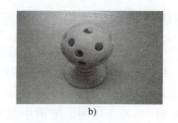

a) b)

图 8-1 增材制造样品

a) 鸟巢体育场 b) 三芯球镂空雕

增材制造（Additive Manufacturing，AM）也称 3D 打印，是使材料逐层累加成形的制造方法，可快速得到任意复杂的三维结构，是 20 世纪 80 年代末发展起来的一项先进制造技术，最初称为快速成形技术（Rapid Prototyping，RP），被认为是制造领域的一次重大突破。其对制造业的影响可与 20 世纪 50~60 年代的数控技术相比，被称为是当今制造业的一场革命，特别是近些年获得了迅速的发展，并在航空航天、生物医疗、能源动力、电子机械等领域得到了广泛应用。

增材制造是一种由 CAD 模型直接驱动的、可快速制造任意复杂形状的三维物理实体的技术。增材制造基于离散堆积成形原理，综合了机械工程、CAD、数控技术、激光技术及材料科学技术，可以自动、直接、快速、精确地将设计思想转变为具有一定功能的原型或直接制造零件，以对产品设计进行快速评估、修改及功能试验，可大大缩短产品的研制周期，是为制造业企业新产品开发服务的一项关键性技术。而基于增材制造技术发展起来并已趋于成熟的快速工装模具制造、快速精铸技术则可实现零件的快速制造。近年来，金属增材制造由于可以直接制造复杂结构的金属功能零件，被认为是目前增材制造技术中最重要的发展方向之一。

我国于 20 世纪 90 年代初先后有武汉华中科技大学快速制造中心、陕西省激光快速成形与模具制造工程研究中心、西安交通大学先进制造技术研究所、北京隆源自动成形系统有限公司、北京殷华激光快速成形与模具技术有限公司等，在快速成形工艺研究、成形设备开发、数据处理及控制软件开发、新材料研发等方面做了大量卓有成效的工作，赶上了世界发展的步伐并有所创新，现都已开发研制出系列化的快速成形商品化设备可供订购，并定期举办快速成形技术培训班。中国机械工程学会下属的特种加工学会，于 2001 年增设了快速成形专业委员会（后改名为增材制造技术委员会），开展增材制造技术的普及和提高工作。

在众多的增材制造工艺中，具有代表性的工艺是光敏树脂液相固化成形、选择性激光粉末烧结成形、薄片分层叠加成形和熔丝堆积成形。本章将对这些典型工艺的原理、特点等进行阐述。

第一节　光敏树脂液相固化成形

光敏树脂液相固化成形（Stereolithography，SL）又称为光固化立体造型或立体光刻，它由 Charles Hul 发明并于 1984 年获美国专利。1988 年，美国 3D 系统公司推出了世界上第一台商品化的快速原型成形机。SLA 系列成形机占据着增材制造设备市场的较大份额。

一、光敏树脂液相固化成形工艺的原理

SL 工艺是基于液态光敏树脂的光聚合原理来工作的。这种液态材料在一定波长（$\lambda = 325\text{nm}$）和功率（$P = 30\text{mW}$）的紫外激光的照射下能迅速发生光聚合反应，相对分子质量急剧增大，材料也就从液态转变成固态。

图 8-2 所示为 SL 工艺原理图。液槽中盛满液态光敏树脂，激光束在偏转镜的作用下，在液体表面上扫描，扫描的轨迹及激光的有无均由计算机控制，光点扫描到的地方，液体就固化。成形开始时，工作平台在液面下一个确定的深度，液面始终处于激光的焦点平面内，

聚焦后的光斑在液面上按计算机的指令逐点扫描，即逐点固化。当一层扫描完成后，未被照射到的地方仍是液态树脂。然后升降台带动工作平台下降一层高度（约 0.1mm），已成形的层面上又布满一层液态树脂，刮平器将黏度较大的树脂液面刮平，然后再进行新的一层的扫描，新固化的一层牢固地粘在前一层上，如此重复，直到整个零件制造完毕，得到一个三维实体原型。

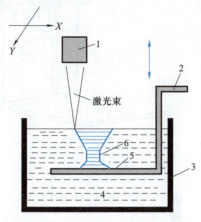

图 8-2　SL 工艺原理图

1—扫描镜　2—Z 轴升降台　3—树脂槽　4—光敏树脂　5—托板　6—零件

8.1【光敏树脂液相固化成形（SL）工艺的原理】

SL 方法是目前增材制造领域中研究得最多的方法，也是技术上最为成熟的方法。SL 工艺成形的零件精度较高。多年的研究改进了截面扫描方式和树脂成形性能，使该工艺的精度能达到或小于 0.1mm。

二、特点和成形材料

这种工艺方法的特点是精度高、表面质最好、原材料利用率接近 100%，能制造形状特别复杂（如空心零件）、特别精细（如首饰、工艺品等）的零件；利用制作出来的原型件，可快速翻制各种模具。

SL 工艺的成形材料称为光敏树脂（或称光固化树脂），光固化树脂材料中主要包含低聚物、反应性稀释剂及光引发剂。根据光引发剂的引发机理，光固化树脂可以分为以下三类：自由基光敏树脂、阳离子光敏树脂和混杂型光敏树脂。这三种树脂各有许多优点，目前的趋势是使用混杂型光固化树脂。

三、SL 光敏树脂液相固化成形设备和应用

现在已有多种型号的此类设备可供订购，如华中科技大学快速制造中心、武汉滨湖机电技术产业有限公司的 HRPL-I 型光固化快速成形系统、清华大学的 CPS 系列快速成形机和西安交通大学激光快速成形与模具制造工程研究中心的 LPS-600 和 LPS-350 型激光快速成形机等。

图 8-3a 所示为 CPS-250 型液相固化快速成形机的外形，图 8-3b 所示为 Z 轴升降工作台，图 8-3c 所示为 X、Y 方向工作台，图 8-3d 所示为光学系统示意图。

CPS-250 型快速成形机采用普通紫外光源，通过光纤将经过一次聚焦后的普通紫外光导

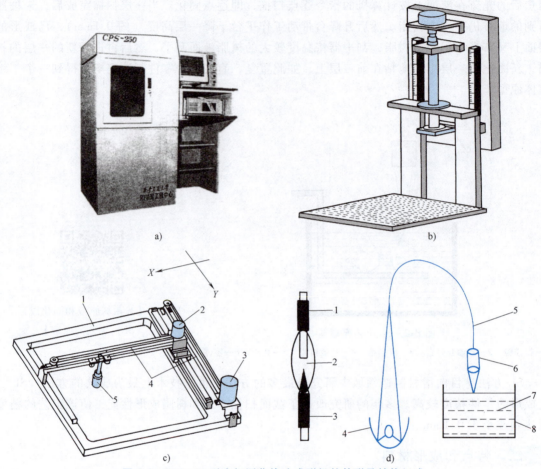

图 8-3 CPS-250 型液相固化快速成形机的外形及结构组成
a）CPS-250 型快速成形机外形　b）Z 轴升降工作台
c）XY 方向工作台结构示意图
1—基板　2—X 轴步进电动机　3—Y 轴步进电动机　4—同步带　5—聚焦镜头
d）光学系统示意图
1—正极　2—灯泡　3—负极　4—聚光罩　5—光纤　6—聚焦镜头　7—液相光敏树脂　8—树脂槽

入透镜，经过二次聚焦后，照射在树脂液面上。二次聚焦镜夹持在二维数控工作台上，实现 X-Y 二维扫描运动，配合 Z 轴升降运动，从而获得三维实体。

Z 轴升降工作台主要完成托板的升降运动。在制作过程中，进行每一层的向下步进，制作完成后，工作台快速提升出树脂液面，以方便零件的取出。其运动采用步进电动机驱动、丝杠传动、导轨导向的方式，以保证 Z 向的运动精度。其结构包括步进电动机、滚珠丝杠副、导轨副、吊梁、托板、立板等，如图 8-3b 所示。

X、Y 方向工作台主要完成聚焦镜头在液面上的二维精确扫描，实现每一层的固化。采用步进电动机驱动、精密同步带传动、精密导轨导向的运动方式，如图 8-3c 所示。

光学系统的光源采用紫外汞氙灯，用椭球面反射罩实现第一次反射聚焦，聚焦后经光纤耦合传导，再经透镜实现二次聚焦，最后将光照射到树脂液面上，如图 8-3d 所示。

光敏树脂液相固化成形的应用有很多方面：可直接制作各种树脂功能件，用作结构验证和功能测试；可制作比较精细和复杂的零件；可制造有透明效果的制件；制作出来的原型件可快速翻制各种模具，如硅橡胶模、金属冷喷模、陶瓷模、合金模、电铸模、环氧树脂模和消失模等。图 8-4 所示为光敏树脂液相固化成形工艺的制作实例，其中图 8-4a 所示为嵌套类原型件，其表面制作有文字；图 8-4b 所示为一套装配件原型；图 8-4c 所示为薄叶片原型；图 8-4d 所示为薄壁复杂型面。

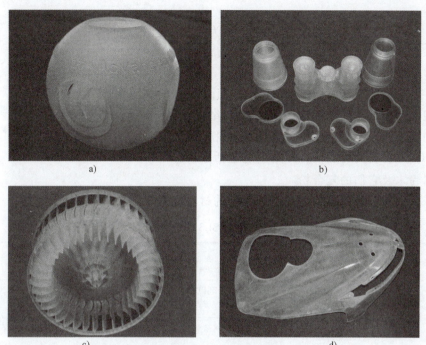

图 8-4 光敏树脂液相固化成形工艺的制作实例

第二节 选择性激光粉末烧结成形

选择性激光粉末烧结成形（Selected Laser Sintering，SLS）工艺又称为选区激光烧结，由美国德克萨斯大学奥斯汀分校的 C. R. Dechard 于 1989 年研制成功。该方法已被美国 DTM 公司商品化。

一、选择性激光粉末烧结成形（SLS）的原理

SLS 工艺利用粉末材料（金属粉末或非金属粉末）在激光照射下烧结的原理，在计算机控制下，使材料层层堆积成形。

如图 8-5 所示，此法采用 CO_2 激光器作为能源，目前使用的造型材料多为各种粉末材料。在工作台上均匀地铺上一层很薄（0.1~0.2mm）的粉末，激光束在计算机控制下，按照零件分层轮廓有选择性地进行烧结，一层完成后再进行下一层。全部烧结完后去掉多余的粉末，再进行打磨、烘干等处理便可获得零件。

8.2【选择性激光粉末烧结成形（SLS）工艺的原理】

二、SLS 工艺的特点和成形材料

SLS 工艺的特点是材料适应面广，不仅能制造塑料零件，还能制造陶瓷、石蜡等材料的零件，特别是可以直接制造金属零件，这使 SLS 工艺颇具吸引力。

SLS 工艺的另一特点是无须加支承，因为未被烧结的粉末起到了支承的作用。因此，可以烧结制造空心、多层镂空的复杂零件。

SLS 工艺早期采用蜡粉及高分子塑料粉作为成形材料，现在用金属或陶瓷粉进行粘接或烧结的工艺也已达到实用阶段。任何受热后能粘结的粉末都有被用作 SLS 原材料的可能性，原则上这包括塑料、陶瓷、金属粉末及它们的复合粉。

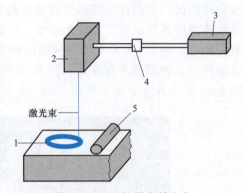

图 8-5　选择性激光粉末烧结成形（SLS）的原理

1—零件　2—扫描镜　3—激光器　4—透镜　5—刮平辊子

近年来开发的较为成熟的用于 SLS 工艺的材料见表 8-1。

表 8-1　用于 SLS 工艺的材料

材料	特性
石蜡	主要用于熔模铸造，制造金属型
聚碳酸酯	坚固耐热，可以制造微细轮廓及薄壳结构，也可以用于消失模铸造，正逐步取代石蜡
尼龙、纤细尼龙、合成尼龙（尼龙纤维）	它们都能制造可测试功能的零件，其中合成尼龙制件具有最佳的力学性能
钢、铜含金	具有较高的强度，可制作注塑模

为了提高原型的强度，用于 SLS 工艺材料的研究开始转向金属和陶瓷，这也正是 SLS 工艺与 SL、LOM 工艺相比的优越之处。

近年来，金属粉末的制取越来越多地采用雾化法，主要有两种方法：离心雾化法和气体雾化法。它们的主要原理是使金属熔融，将金属液滴高速甩出并急冷，随后形成粉末颗粒。

SLS 工艺还可以采用其他粉末，如聚碳酸酯粉末，当烧结环境温度控制在聚碳酸酯软化点附近时，其线胀系数较小，进行激光烧结后，被烧结的聚碳酸酯材料翘曲较小，具有很好的工艺性能。

三、选择性激光粉末烧结成形设备和应用

此类国产设备有华中科技大学研制的 HRPS 系列激光粉末烧结系统和清华大学研制的 AFS-300 型激光快速成形机。图 8-6 所示为两种选择性激光粉末烧结成形设备的外形。

图 8-7 所示为 AFS-300 型选择性激光粉末烧结机的结构组成示意图。其机械结构主要由机架、工作平台、铺粉机构、两个活塞缸、粉料回收箱、加热灯和通风除尘装置等组成。

图 8-8 所示为激光烧结成形机光路系统，其主要组成部件有激光器、反射镜、扩束聚焦系统、扫描器、光束合成器、指示光源。其中，激光器为最大输出功率为 50W 的 CO_2 激光

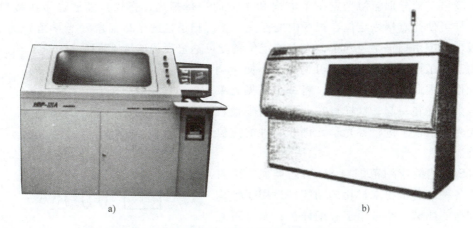

图 8-6 两种选择性激光粉末烧结成形设备的外形
a) HRPS-111A 型激光粉末烧结机　b) AFS-300 型激光粉末烧结机

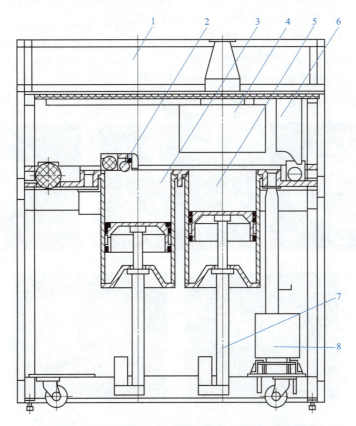

图 8-7　AFS-300 型选择性激光粉末烧结机的结构示意图
1—激光室　2—铺粉机构　3—供料缸　4—加热灯　5—成形料缸
6—通风除尘装置　7—滚珠丝杠螺母机构　8—料粉回收箱

器；扫描器由两个相互垂直的反射镜组成，每个反射镜由一个振动电动机驱动，激光束先入射到 X 镜，从 X 镜反射到 Y 镜，再由 Y 镜反射到加工表面，电动机驱动反射镜振动，同时激光束在有效视场内进行扫描。

X 镜和 Y 镜分别驱使光点在 X 方向和 Y 方向进行扫描，扫描角度通过微机接口进行数控，这样可使光点精密定位在视场内的任意位置。扫描镜的全扫描角（光学角）为 40°，视场的线性范围由扫描半径确定，光点的定位精度可达全视场的 1/65535。

由于加工用的激光束是不可见光，不便于调试和操作，因此采用指示光源，将一个可见光束与激光束合并在一起，这样可在调试时清晰地看见激光光路，便于进行各光学元件和工件的定位与调整。

SLS 工艺的应用范围与 SL 工艺类似：可直接制作各种高分子粉末材料的功能件，用于结构验证和功能测试，并可用于装配样机；制件可直接用作熔模铸造用的蜡模和砂型、型芯；制作出来的原型件可快速翻制各种模具，如硅橡胶模、金属冷喷模、陶瓷模、合金模、电铸模、环氧树脂模和消失模等。图 8-9 所示为选择性激光粉末烧结成形工艺的制作实例，其中图 8-9a 所示为用于装配验证的原型件，图 8-9b 所示为内燃机进气管功能测试原型件，图 8-9c 所示为金属零件，图 8-9d、e 所示为用于快速铸造的零件。

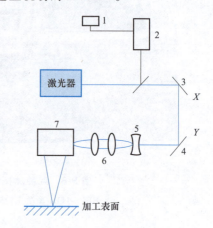

图 8-8　激光烧结成形机光路系统示意图

1—指示光源　2—光束合成器　3—反射镜 1
4—反射镜 2　5—扩束镜　6—聚焦镜　7—扫描器

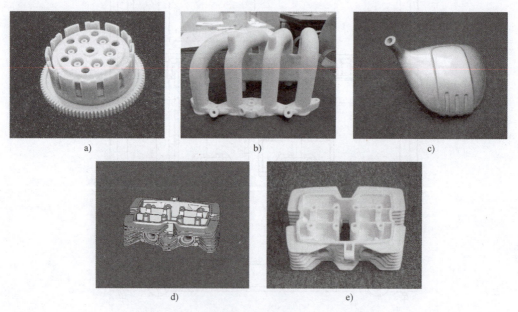

图 8-9　选择性激光粉末烧结成形工艺的制作实例

第三节　薄片分层叠加成形

薄片分层叠加成形（Laminated Object Manufacturing，LOM）又称为叠层实体制造或分层实体制造，由美国 Helisys 公司于 1986 年研制成功，并推出商品化的机器。因为常用纸做原料,故又称为纸片叠层法。

一、薄片分层叠加成形工艺的原理

LOM 工艺采用薄片材料,如纸、塑料薄膜等作为成形材料,片材表面事先涂覆一层热熔胶。加工时,用 CO_2 激光器(或刀)在计算机控制下,按照 CAD 分层模型轨迹切割片材,然后通过热压辊热压,使当前层与下面已成形的工件层粘接起来,从而堆积成形。

图 8-10 所示为 LOM 工艺的原理图。用 CO_2 激光器在最上面刚粘接的新层上切割出零件截面轮廓和工件外框,并在截面轮廓与外框之间多余的废料区域内切割成上下对齐的网格,以便于清除;激光切割完成后,工作台带动已成形的工件下降,与带状片材(料带)分离;供料机构转动收料轴和供料轴,带动料带移动,使新层移到加工区域;工作台上升到加工平面;热压辊热压,工件的层数增加一层,高度增加一个料厚;再在新层上切割截面轮廓。如此反复,直至零件的所有截面切割、粘接完毕,得到三维实体零件。

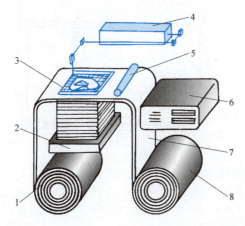

图 8-10 薄片分层叠加成形(LOM)的原理图
1—收料桶 2—升降台 3—加工平面 4—CO_2 激光器
5—热压辊 6—控制计算机 7—料带 8—供料轴

8.3【薄片分层叠加成形(LOM)工艺的原理】

二、薄片分层成形工艺的特点和成形材料

LOM 工艺只需在片材上切割出零件截面的轮廓,而不用扫描整个截面,因此易于制造大型实体零件,且零件的精度较高(误差小于 0.15mm)。工件外框与截面轮廓之间的多余材料在加工中起到了支承作用,所以 LOM 工艺无须加支承。

LOM 工艺的成形材料常用成卷的纸,纸的一面事先涂覆一层热熔胶,偶尔也有用塑料薄膜作为成形材料的。对纸材的要求是具有抗湿性、稳定性、涂胶浸润性和一定的抗拉强度。

热熔胶应保证层与层之间的粘结强度。薄片分层叠加成形工艺中常采用 EVA 热熔胶,它由 EVA 树脂、增黏剂、蜡类和抗氧剂等组成。

三、薄片分层叠加成形设备和应用

图 8-11 所示为国产 SSM-800 型分层叠加成形设备示意图,它由激光系统、走纸机构、

加热辊以及 X、Y 扫描机构和 Z 轴升降机构等组成,这些组成部分分布在设备的前部和背部。

薄片分层叠加成形工艺和设备由于成形材料（纸张）较便宜、运行成本较低和设备投资较少,故获得了一定的应用,可以用来制作汽车发动机曲轴、连杆、各类箱体、盖板等零部件的原型样件。图 8-12 所示为薄片分层叠加成形工艺的制作实例,其中图 8-12a 所示为地球仪模型,图 8-12b 所示为小型发动机零件原型件,图 8-12c 所示为轿车零件原型件,图 8-12d 所示为电话机面板原型件。

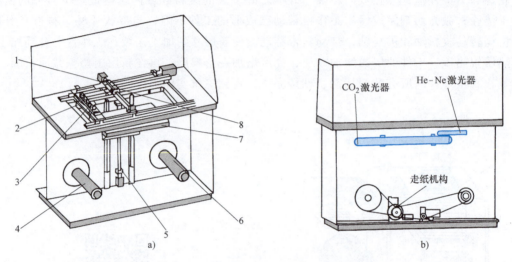

图 8-11　SSM-800 型分层叠加成形设备示意图
a) 前部　b) 背部
1—X、Y 轴　2—热压系统　3—测高机构　4—收纸辊　5—Z 轴　6—送纸辊　7—工作平台　8—激光头

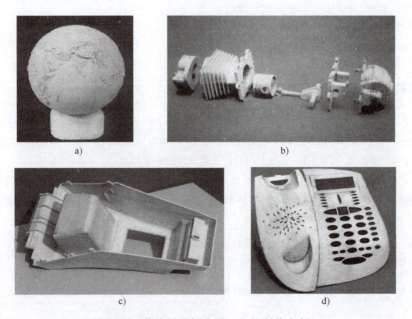

图 8-12　薄片层叠加成形工艺的制作实例

第四节　熔丝堆积成形

熔丝堆积成形（Fused Deposition Modeling，FDM）工艺由美国学者 Dr. Scott Crump 于 1988 年研制成功，并由美国 Stratasys 公司推出了商品化的机器。

一、熔丝堆积成形工艺的原理

FDM 工艺利用热塑性材料的热熔性、粘结性，在计算机控制下，将材料层层堆积成形。图 8-13 所示为 FDM 工艺原理图，材料先抽成丝状，通过送丝机构送进喷头，在喷头内被加热熔化，喷头沿零件截面轮廓和填充轨迹运动，同时将熔化的材料挤出，挤出后材料迅速固化，并与周围的材料粘结，层层堆积成形。

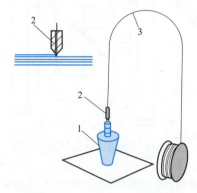

图 8-13　FDM 工艺原理图
1—成形工件　2—加热喷头　3—料丝

8.4【熔丝堆积成形（FDM）工艺的原理】

二、熔丝堆积成形工艺的特点和成形材料

FDM 工艺不用激光，因此使用、维护简单，成本较低。用蜡成形的零件原型可以直接用于熔模铸造；用 ABS 工程塑料制造的原型因具有较高的强度，而在产品设计、测试与评估等方面得到了广泛应用。由于以 FDM 工艺为代表的熔融材料堆积成形工艺具有一些显著优点，因此该工艺的发展极为迅速。

成形材料是 FDM 工艺的基础。FDM 工艺中除使用成形材料外还需要用到支承材料。

1. 成形材料

FDM 工艺常用 ABS 工程塑料丝作为成形材料，对其要求是熔融温度低（80~120℃）、黏度低、黏结性好、收缩率小。影响材料挤出过程的主要因素是黏度。材料的黏度低、流动性好，阻力就小，有助于材料的顺利挤出；材料的黏度高、流动性差，需要很大的送丝压力才能挤出，会增加喷头的启停响应时间，从而影响成形精度。

熔融温度低对 FDM 工艺的好处是多方面的：可以使材料在较低的温度下挤出，有利于延长喷头和整个机械系统的寿命；可以减小材料在挤出前后的温差，减小热应力，从而提高原型的精度。

粘结性主要影响零件的强度。FDM 工艺是基于分层制造的一种工艺，层与层之间往往是零件强度最薄弱的地方，粘结性的好坏决定了零件成形后的强度。如果粘结性太差，有时在成形过程中就会由于热应力而造成层与层之间的开裂。收缩率在很多方面影响零件的成形精度。

2. 支承材料

使用支承材料是加工中采取的辅助手段，在加工完毕后必须去除支承材料，所以支承材料与成形材料的亲和性不能太好。

三、熔丝堆积成形设备和应用

MEM-250-Ⅱ是实现 FDM 工艺的国产设备，如图 8-14 所示。ABS 丝材通过喷头被加热至熔融状态后从喷头挤出，在数控系统的控制下层层堆积成形。

FDM 工艺和设备有一定的应用面。由于 FDM 工艺的一大优点是可以成形任意复杂形状的零件，因此经常用于成形具有很复杂的内腔、孔等的零件，但精度较差。图 8-15 所示为熔丝堆积成形工艺的制作实例，图 8-15a 所示为底盖原型件，图 8-15b 所示为框架原型件，图 8-15c 所示为小型电子元件外壳原型件，图 8-15d 所示为下颌骨原型件。

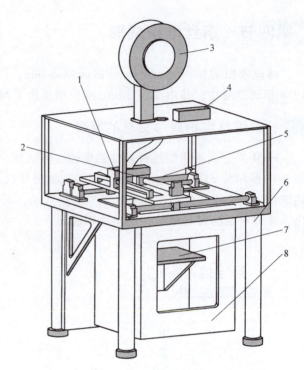

图 8-14　MEM-250-Ⅱ型熔丝堆积成形设备
1—加热喷头　2—X 扫描机构　3—丝盘　4—送丝机构
5—Y 扫描机构　6—框架　7—工作平台　8—成形室

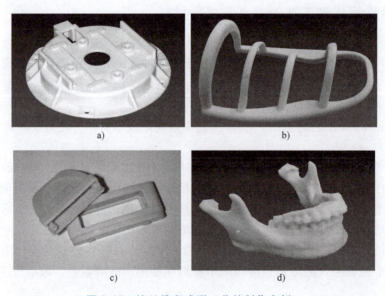

图 8-15　熔丝堆积成形工艺的制作实例

几种常用的快速成形工艺的优缺点比较见表 8-2。

表 8-2　几种常用的增材制造快速成形工艺的优缺点比较

有关指标		精度	表面质量	材料质量	材料利用率	运行成本	生产成本	设备费用	市场占有率(%)
增材制造成形工艺	SL 工艺	好	优	较贵	接近 100%	较高	高	较贵	70
	SLS 工艺	一般	一般	较贵	接近 100%	较高	一般	较贵	10
	LOM 工艺	一般	较差	较便宜	较差	较低	高	较便宜	7
	FDM 工艺	较差	较差	较贵	接近 100%	一般	较低	较便宜	6

知识扩展

增材制造的图片集锦

【第八章　增材制造的图片集锦】

思考题和习题

8-1　增材制造的基本原理是什么？

8-2　"增材制造"的名称是如何演变的？

8-3　增材制造相比于常规加工工艺有哪些特点？

8-4　增材制造的四种典型工艺是什么？试比较其优缺点。

8-5　增材制造是一门交叉技术，它主要涉及哪些关键技术？

8-6　试述增材制造的应用领域和作用。

思政思考题

1. 空间异形复杂结构如何实现？
2. "盖房子"与传统加工有何区别？
3. 如何从 3D 打印到 4D 打印、5D 打印？

歼击机

重点内容讲解视频

第九章　其他特种加工

本章教学重点

知识要点	相关知识	掌握程度
化学加工、等离子体加工、水射流切割	三种特种加工方法的原理、特点、应用范围、实施的要点	掌握三种特种加工方法的原理、特点、应用场合
磨料流加工、磁性磨料研磨加工和磁性磨料电解研磨加工、铝合金微弧氧化表面陶瓷化处理技术	三种特种加工方法的原理、特点、应用范围、实施的要点	掌握三种特种加工方法的原理、特点、应用场合

导入案例

河滩和海滩上有一些美丽光滑的石子，它们大都是椭圆形的，俗称鹅卵石。鹅卵石是大自然的杰作。河水向低处奔流时，不断地将上游的石块带下来，一路长途跋涉，石块与河床或其他石块不断地碰撞磨蚀，并始终被河水包裹冲刷，久而久之，原有的棱角都被磨掉，变成了光滑浑圆的鹅卵石。

从成语"坚硬如石，柔情似水"足见，石之强固，水之柔软。但滴水终能穿石，流水终将棱角分明的石块造就成圆润光滑的鹅卵石，如图9-1所示，因此，以水之柔软克金石之坚，是一个量变积累的过程。人们从"滴水穿石"现象受到启发，发明和衍生创造出"削铁如泥"的水射流切割（又称水刀）、磨料流加工、磁性材料研磨加工等特种加工工艺方法。

a)

b)

c)

图9-1　滴水穿石和鹅卵石

人们还利用金属在酸、碱、盐等化学溶液中发生腐蚀溶解的现象,发明创造出选区腐蚀的化学铣切加工和光化学腐蚀加工工艺方法。又从铝制品餐具表面氧化形成耐磨耐蚀氧化膜现象,衍生和发明出铝合金微弧氧化表面陶瓷化处理技术……

人们在与大自然的和谐共处和长期的科学实践中,发明创造出许多特种加工工艺方法,本章将对上述几种特种加工工艺方法逐一展开介绍。

第一节　化学加工

化学加工（Chemical Machining,CHM）是利用酸、碱、盐等化学溶液与金属发生化学反应,将金属腐蚀溶解,从而改变工件尺寸和形状（以至表面性能）的一种加工方法。

化学加工的应用形式很多,但属于成形加工的主要有化学铣切（化学蚀刻）和光化学腐蚀加工法,属于表面加工的有化学抛光和化学镀膜等。详见参考文献［19、20］。

一、化学铣切加工

1. 化学铣切加工的原理、特点和应用范围

化学铣切（Chemical Milling,CHM）,实质上是较大面积和较深尺寸的化学蚀刻（Chemical Etching）,其原理如图 9-2 所示。先把工件的非加工表面用耐蚀性涂层保护起来,把需要加工的表面暴露出来,浸入化学溶液中进行腐蚀,使金属按特定的部位溶解去除,达到加工目的。

金属的溶解作用,不仅在垂直于工件表面的深度方向进行,在保护层下面的侧向上也在进行,并呈圆弧状,称之为钻蚀,如图 9-2、图 9-4 中的 H、B 和 R。

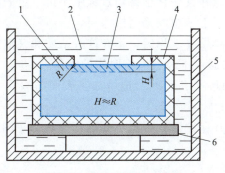

9.1【化学铣切加工的原理】

图 9-2　化学铣切加工原理

1—工件材料　2—化学溶液　3—化学腐蚀部分　4—保护层　5—溶液箱　6—工作台

金属的溶解速度与工件材料的种类及溶液成分有关。

（1）化学铣切的特点

1）可加工任何难切削的金属材料,而不受硬度和强度的限制,如铝合金、钼合金、钛合金、镁合金、不锈钢等。

2）适用于大面积加工,可同时加工多件。

3）加工过程中不会产生应力、裂纹、毛刺等缺陷,表面粗糙度值可达 $Ra2.5\sim1.25\mu m$。

4）加工操作比较简单。

（2）化学铣切的缺点

1）不适宜加工窄而深的槽和型孔等。

2）原材料中的缺陷和表面不平度、划痕等不易消除。

3）腐蚀液对设备和人体有危害，也不利于环保，故必须有适当的防护性措施。

（3）化学铣切的应用范围

1）主要用于较大工件的金属表面厚度减薄加工，铣切厚度一般小于13mm。如在航空和航天工业中常用于局部减轻火箭、飞船舱体结构件的重量，也适用于大面积或不利于机械加工的薄壁、整体壁板的加工。

2）用于在厚度小于1.5mm的薄壁零件上加工复杂的型孔。

2. 化学铣切的工艺过程

化学铣切的工艺过程如图9-3所示，其中主要的工序是涂保护层、刻形和化学腐蚀。

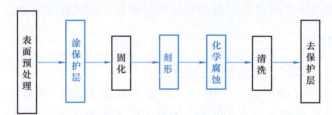

图9-3 化学铣切的工艺过程

（1）涂保护层 在涂保护层之前，必须把工件表面的油污、氧化膜等清除干净，再在相应的腐蚀液中进行预腐蚀。在某些情况下还要先进行喷砂处理，使表面形成一定的表面粗糙度，以保证涂层与金属表面粘结牢固。

保护层必须具有良好的耐酸、碱性能，并且在化学铣切过程中保持一定的粘结力。

常用的保护层有氯丁橡胶、丁基橡胶、丁苯橡胶等耐蚀涂层。

涂覆的方法有刷涂、喷涂、浸涂等。涂层要求均匀，不允许有杂质和气泡；涂层厚度一般控制在0.2mm左右；涂后需要在适当的温度下经过一定时间的固化。

（2）刻形或划线 刻形是根据样板的形状和尺寸，把待加工表面的涂层去掉，以便进行腐蚀加工。

刻形时，一般用手术刀沿样板轮廓切开保护层，再把不要的部分剥掉。图9-4所示为刻形尺寸关系示意图。

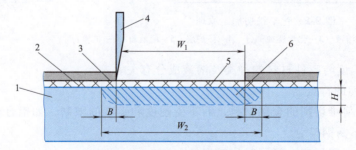

图9-4 刻形尺寸关系示意图

1—工件材料 2—保护层 3—刻形样板 4—刻形刀 5—应切除的保护层 6—蚀除部分

实验证明，当蚀刻深度达到某一值时，其尺寸关系可用下式表示为

$$K = 2H/(W_2 - W_1) = H/B$$

或

$$H = KB$$

式中　K——腐蚀系数，根据溶液成分、浓度、工件材料等因素由实验确定；
　　　H——腐蚀深度；
　　　B——侧面腐蚀宽度；
　　　W_1——刻形尺寸；
　　　W_2——最终腐蚀尺寸。

刻形样板多采用 1mm 左右的硬铝板制作。

（3）腐蚀　化学铣切的腐蚀溶液随加工材料而异，其配方见表 9-1。

表 9-1　加工材料及腐蚀溶液配方

加工材料	溶液的组成	加工温度/℃	腐蚀速度/(mm/min)
铝、铝合金	NaOH150~300g/L(Al:5~50g/L)[①]	70~90	0.02~0.05
	$FeCl_3$ 120~180g/L	50	0.025
铜、铜合金	$FeCl_3$ 300~400g/L	50	0.025
	$(NH_4)_2S_2O_3$ 200g/L	40	0.013~0.025
	$CuCl_2$ 200g/L	55	0.013~0.015
镍、镍合金	HNO_3 48%+H_2SO_4 5.5%+H_3PO_4 11%+CH_3COOH 5.5%[②]	45~50	0.025
	$FeCl_3$ 34~38g/L	50	0.013~0.025
不锈钢	HNO_3 3mol/L+HCl 2mol/L+HF 4mol/L+$C_2H_4O_2$ 0.38mol/L(Fe:0~60g/L)[①]	30~70	0.03
	$FeCl_3$ 35~38g/L	55	0.02
碳钢、合金钢	HNO_3 20%+H_2SO_4 5%+H_3PO_4 5%[②]	55~70	0.018~0.025
	$FeCl_3$ 35~38g/L	50	0.025
	HNO_3 10%~35%[②]	50	0.025
钛、钛合金	HNO_3 10%~50%[②]	30~50	0.013~0.025
	HF 3N+HNO_3 2N+HCl 0.5N(Ti:5~31g/L)[①]	20~40	0.001

① 溶液中金属离子的允许含量，即质量浓度。
② 百分数均为体积分数。

表 9-1 中所列腐蚀速度，只是在一定条件下的平均值，实际上腐蚀速度受溶液浓度、温度和金相组织等因素的影响。

二、光化学腐蚀加工

光化学腐蚀加工简称光化学加工（Optical Chemical Machining，OCM），是光学照相制版和光刻（化学腐蚀）相结合的一种精密微细加工技术。它与化学铣削（化学蚀刻）的主要区别是不靠样板人工刻形、划线，而是用照相感光来确定工件表面要蚀除的图形、线条，因此可以加工出非常精细的文字和图案，目前已在工艺美术、机械、电子工业和计算机微电子工业中获得广泛应用。

根据加工对象和用途的不同,光化学腐蚀加工又可大致分为照相制版工艺和光刻加工工艺,前者主要用于印刷,如钞票的印刷,后者主要用于半导体集成电路、微电子器件的制作。

1. 照相制版的原理和工艺

(1) 照相制版的原理 照相制版是把所需图像摄影到照相底片上,并经过光化学反应,将图像复制到涂有感光胶的铜板或锌板上,再经过坚膜固化处理,使感光胶具有一定的耐蚀性,最后经过化学腐蚀,即可获得所需图形的金属板,如各种标牌,自行车、摩托车、汽车牌照。

照相制版不仅是印刷工业的关键工艺,还可以加工一些机械加工难以制作的具有复杂图形的薄板、薄片或在金属表面上蚀刻图案、花纹等,包括国内外钞票票面上的精美图案和防伪标志。

(2) 照相制版的工艺过程 图 9-5 所示为照相制版的工艺过程框图,其主要工序包括原图、照相、涂覆、曝光、显影、坚膜、腐蚀等。

1) 原图和照相。原图是将所需图形按一定比例放大描绘在纸上或刻在玻璃上,一般需要放大几倍,然后通过照相,将原图按需要的大小缩小在照相底片上。照相底片一般采用涂有卤化银的感光版。

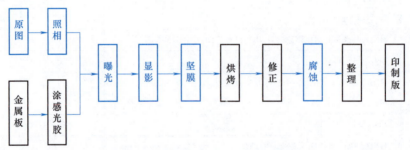

图 9-5 照相制版的工艺过程框图

2) 金属板和感光胶的涂覆。金属板多采用微晶锌板和纯铜板,但要求具有一定的硬度和耐磨性,表面光整,无杂质、氧化层、油垢等,以增强对感光胶膜的吸附能力。

常用的感光胶有聚乙烯醇、骨胶、明胶等,其配制方法见表 9-2。

表 9-2 感光胶的配制方法

配方	感光胶成分		方法		浓度	备注
I	甲:聚乙烯醇(聚合度 1000~1700)　80g 　水　　　　　　　　　　　　　600mL 　烷基苯磺酸钠　　　　　　　　4~8滴	各成分混合后放容器内蒸煮至透明	甲、乙两液冷却后混合并过滤	甲液加乙液约 800mL,4°Bé	放在暗处
	乙:重铬酸铵　　　　　　　　　　12g 　水　　　　　　　　　　　　　200mL	溶解			
II	甲:骨胶(粒状或块状)　　　　　500g 　水　　　　　　　　　　　　1500mL	在容器内搅拌,蒸煮溶解	甲、乙两液混合并过滤	甲液加乙液 2300~2500mL,8°Bé	放在暗处(冬天用热水保温使用)
	乙:重铬酸铵　　　　　　　　　　75g 　水　　　　　　　　　　　　　600mL	溶解			

3）曝光、显影和坚膜。曝光是将原图照相底片紧紧密合在已涂覆感光胶的金属板上，通过紫外光照射，使金属板上的感光胶膜按图像感光。照相底片上的不透光部分，由于挡住了光线照射，胶膜不参与光化学反应，仍是水溶性的；照相底片上的透光部分，由于参与了化学反应，使胶膜变成不溶于水的络合物，然后经过显影，把未感光的胶膜用水冲洗掉，使胶膜呈现出清晰的图像。其原理如图9-6所示。

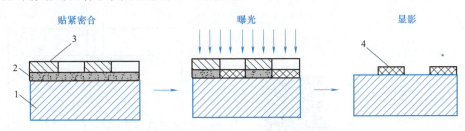

图9-6 照相制版曝光、显影原理示意图
1—金属板 2—感光膜 3—照相底片 4—成像胶膜

为了提高显影后胶膜的耐蚀性，可将制版放在坚膜液中进行处理，类似于普通照相感光显影后的定影处理。坚膜液成分和处理时间见表9-3。

表9-3 坚膜液成分和处理时间

感光胶	坚膜液		处理时间	备注
聚乙烯醇	铬酸酐　　　　　　　400g 水　　　　　　　4000mL	新坚膜液	春、秋、冬季10s,夏季5~10s	用水冲净、晾干、烘烤
		旧坚膜液	30s左右	

4）固化。经过感光坚膜后的胶膜，耐蚀性仍不强，必须进一步固化。聚乙烯醇胶一般在180℃下固化15min，即呈深棕色。固化温度还与金属板的分子结构有关，微晶锌板的固化温度不超过200℃，纯铜板的固化温度不超过300℃，时间为5~7min，至表面呈深棕色为止。固化温度过高或时间太长，深棕色变黑，会使胶裂或炭化，从而丧失耐蚀性。

5）腐蚀。经坚膜后的金属板，放在腐蚀液中进行腐蚀，即可获得所需图像，其原理如图9-7所示，腐蚀液配方见表9-4。

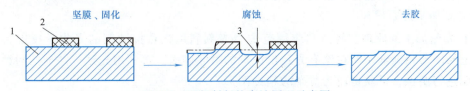

图9-7 照相制版的腐蚀原理示意图
1—显影后的金属板 2—成像胶膜 3—腐蚀深度

表9-4 照相制版腐蚀液配方

金属版	腐蚀液成分	腐蚀温度/℃	转速/(r/min)
微晶锌板	硝酸10~11.5°Bé+2.5%~3%(体积分数)添加剂	22~25	250~300
纯铜板	三氯化铁27~130°Bé+1.5%(体积分数)添加剂	20~25	250~300

注：添加剂是为防止侧壁腐蚀的保护剂。

随着腐蚀的加深，在侧壁方向会产生钻蚀现象，影响到形状和尺寸精度。一般印刷版的腐蚀深度和侧面坡度都有一定要求，如图9-8所示。为了腐蚀成图示形状，必须进行侧壁保护，其方法是在腐蚀液中添加保护剂，并采用专用的腐蚀装置（图9-9），这样就能形成一定的腐蚀坡度。

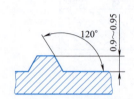

图9-8 金属板的腐蚀坡度

9.2【化学铣切工艺应用】

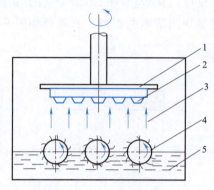

图9-9 侧壁保护腐蚀机原理图
1—固定转盘 2—印制版 3—腐蚀液飞溅方向
4—叶轮 5—腐蚀液

例如腐蚀锌板时，其保护剂是由磺化蓖麻油等主要成分组成的。当金属板腐蚀时，在机械冲击力的作用下，吸附在金属板底面的保护剂分子容易被冲散，使腐蚀作用不断进行。而吸附于侧面的保护剂分子不易被冲散，故形成了保护层，减缓了腐蚀作用，防止了钻蚀现象的发生，因此自然形成了一定的腐蚀坡度，如图9-10所示。

腐蚀铜板的保护剂由乙烯基硫脲和二硫化甲脒组成，在三氯化铁腐蚀液中腐蚀铜板时，能产生一层白色氧化层，可起到保护侧壁的作用。

另一种保护侧壁的方法是有粉腐蚀法，其原理是把松香粉刷嵌在腐蚀露出的图形侧壁上，加温熔化后松香粉附于侧壁表面，也能起到保护侧壁的作用。此法需重复多次才能腐蚀到所要求的深度，操作比较繁琐，但设备简单。

图9-10 腐蚀坡度形成原理
1—侧面 2—底面 3—保护剂分子
4—金属板 5—胶膜 6—腐蚀液

2. 光刻加工的原理和工艺

（1）光刻加工的原理、特点和应用范围　光刻利用光致抗蚀剂的光化学反应特点，将掩膜版上的图形精确地印制在涂有光致抗蚀剂的衬底表面，再利用光致抗蚀剂的耐蚀性，对衬底表面进行腐蚀，可获得极为复杂的精细图形。

光刻的精度很高，其尺寸精度可以达到0.01~0.005mm，是半导体器件和集成电路制造中的关键工艺之一。特别是对大规模集成电路、超大规模集成电路的制造和发展，起了极大的推动作用。

利用光刻原理还可制造一些精密产品的零部件，如刻线尺、刻度盘、光栅、细孔金属网板、电路布线板、晶闸管元件等。

（2）光刻的工艺过程　图9-11所示为光刻的主要工艺过程。图9-12所示为半导体光刻工艺过程示意图。

1）原图和掩膜版制备。制备原图时，首先在透明或半透明的聚酯基板上，涂覆一层醋

图 9-11 光刻的主要工艺过程

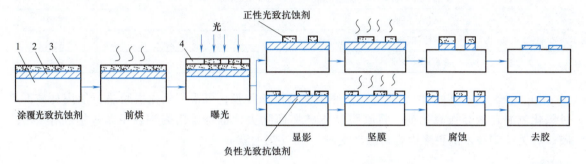

图 9-12 半导体光刻工艺过程示意图
1—衬底（硅） 2—光刻薄膜（SiO_2） 3—光致抗蚀剂 4—掩膜版

酸乙烯树脂系的红色可剥性薄膜，然后把所需的图形按一定比例放大几倍至几百倍，用绘图机绘图刻制可剥性薄膜，把不需要的部分剥掉，制成原图。

掩膜版制备，如在半导体集成电路的光刻中，为了获得精确的掩膜版，需要先利用初缩照相机把原图缩小制成初缩版，然后采用分步重复照相机将初缩版再精缩，使图形进一步缩小，从而获得尺寸精确的照相底版。再用接触复印法，将图形印制到涂有光致抗蚀剂的高纯度铬薄膜板上，经过腐蚀，即获得金属薄膜图形掩膜版。

2）涂覆光致抗蚀剂。光致抗蚀剂是光刻工艺的基础，它是一种对光敏感的高分子溶液。根据其光化学特点，可分为正性和负性两类。

能用显影液把感光部分溶除，得到和掩膜版上挡光部分图形相同的耐蚀涂层的一类光致抗蚀剂，称为正性光致抗蚀剂；反之，则为负性光致抗蚀剂。

在半导体工业中，常用的光致抗蚀剂有聚乙烯醇-肉桂酸酯系（负性）、双叠氮系（负性）和酯-双叠氮系（正性）等。

3）曝光。曝光光源的波长应与光致抗蚀性的感光范围相适应，一般采用紫外光，其波长约为 $0.4\mu m$。

常用接触式曝法，即将掩膜版与涂有光致抗蚀剂的衬底表面紧密接触而进行曝光。另一种曝光方式是采用光学投影曝光，此时掩膜版不与衬底表面直接接触。

随着电子工业的发展，对精度要求更高的精细图形进行光刻时，其最细的线条宽度要求达到 $1\mu m$ 以下，紫外光已不能满足要求，需采用电子束、离子束或 X 射线等曝光新技术。电子束曝光可以刻出宽度为 $0.25\mu m$ 的细线条。

4）腐蚀。不同的光刻材料，需采用不同的腐蚀液。腐蚀的方法有多种，如化学腐蚀、电解腐蚀、离子腐蚀等，其中常用的是化学腐蚀法。即采用化学溶液对带有光致抗蚀剂层的衬底表面进行腐蚀。常用的化学腐蚀液见表 9-5。

表 9-5 常用的化学腐蚀液

被腐蚀材料	腐蚀液成分	腐蚀温度/℃
铝（Al）	质量分数在80%以上的磷酸	≈80
金（Au）	碘化铵溶液加少量碘	常温
铬（Cr）	高锰酸钾：氢氧化钾：水 = 3g：1g：100mL	≈60
二氧化硅（SiO_2）	氢氟酸：氟化铵：去离子水 = 3mL：6g：100mL	≈32
硅（Si）	发烟硝酸：氢氟酸：冰醋酸：溴 = 5：3：3：0.06（体积比）	≈0
铜（Cu）	三氯化铁溶液	常温
镍铬合金	硫酸铈：硝酸：水 = 1g：1mL：1mL	常温
氧化铁	磷酸+铝（少量）	常温

5）去胶。为去除腐蚀后残留在衬底表面的抗蚀胶膜，可采用氧化去胶法，使用如硫酸-过氧化氢混合液等强氧化剂，将胶膜氧化破坏而除去，也可采用丙酮、甲苯等有机溶剂去胶。有关蚀刻技术的更多内容可参考文献［36］第七章。

三、化学抛光

化学抛光（Chemical Polish，CP）的目的是改善工件表面粗糙度或使表面平滑和有光泽。

1. 化学抛光的原理和特点

一般使用硝酸或磷酸等氧化剂溶液，在一定条件下，使工件表面氧化，此氧化层又能逐渐溶入溶液，表面微凸起处氧化较快且较多，微凹处则氧化慢而少。同样，凸起处的氧化层又比凹处更多、更快地扩散、溶解于酸性溶液中，从而使加工表面逐渐平整，达到表面平滑和有光泽的目的。

化学抛光的特点：可以大面积或多件抛光薄壁、低刚度零件，可以抛光内表面和形状复杂的零件，不需外加电源、设备，操作简单，成本低。其缺点是抛光效果比电解抛光效果差，且抛光液用后处理较麻烦。

2. 化学抛光的工艺要求及应用

（1）金属的化学抛光 常用硝酸、磷酸、硫酸、盐酸等酸性溶液抛光铝、铝合金、钼、钼合金、碳钢及不锈钢等。有时还加入明胶或甘油之类的添加剂。

抛光时必须严格控制溶液温度和抛光时间。温度从室温到90℃，抛光时间自数秒到数分钟，要根据材料、溶液成分经实验后才能确定最佳值。

（2）半导体材料的化学抛光 如锗和硅等半导体基片在机械研磨平整后，还要最终用化学抛光去除表面杂质和变质层。常用氢氟酸和硝酸、硫酸的混合溶液或过氧化氢和氢氧化铵的水溶液。

四、化学镀膜

化学镀膜的目的是在金属或非金属表面镀一层金属，起装饰、防腐蚀或导电等作用。

1. 化学镀膜的原理和特点

其原理是在含金属盐溶液的镀液中加入一种化学还原剂，使镀液中的金属离子还原后沉积在被镀零件表面。

其特点是有很好的均镀能力，镀层厚度均匀，这对大表面和精密复杂零件很重要；被镀工件可为任何材料，包括非导体，如玻璃、陶瓷、塑料等；不需要电源，设备简单；镀液一般可连续、再生使用。

2. 化学镀膜的工艺要点及应用

化学镀铜主要用硫酸铜溶液，镀镍主要用氯化镍溶液，镀铬用溴化铬溶液，镀钴用氯化钴溶液，以次磷酸钠或次硫酸钠作为还原剂，也有选用酒石酸钾钠或葡萄糖等作为还原剂的。对于特定的金属，需要选用特定的还原剂。镀液成分、质量分数、温度和时间等都对镀层质量有很大影响。镀前还应对工件表面进行脱脂、去锈等净化处理。

应用最广的是化学镀镍、钴、铬、锌，其次是镀铜、锡。在电铸前，常在非金属表面用化学镀镀上一层很薄的银或铜作为导电层和脱模之用。

第二节　等离子体加工

一、基本原理

等离子体加工又称等离子体电弧加工（Plasma Arc Machining，PAM），它是利用电弧放电使气体电离成过热的等离子气体流束，靠局部熔化及气化来去除材料的。物质存在的通常状态是气、液、固三态，等离子体被称为物质存在的第四种状态。等离子体是高温电离的气体，它由气体原子或分子在高温下获得能量电离之后，离解成带正电荷的离子和带负电荷的自由电子所组成，整体的正、负电荷数值仍相等，因此称为等离子体。

图 9-13 所示为等离子体加工原理示意图。该装置由直流电源供电，钨电极 5 接阴极，工件 9 接阳极。利用高频振荡或瞬时短路引弧的方法，使钨电极与工件之间形成电弧。电弧的温度很高，使工质气体的原子或分子在高温下获得很高的能量。其电子冲破带正电的原子核的束缚，成为自由电子，而原来呈中性的原子失去电子后成为正离子。这种电离化的气体，正、负电荷的数量仍然相等，从整体看呈电中性，称为等离子体。在电弧外围不断送入工质气体，回旋的工质气流还形成与电弧柱相应的气体鞘，压缩电弧，使其电流密度和温度大大提高。采用的工质气体有氮、氩、氦、氢或这些气体的混合气体。

等离子体具有极高的能量密度，这是由下列三种效应造成的。

（1）机械压缩效应　电弧在被迫通过喷嘴通道喷出时，通道对电弧产生机械压缩作用。喷嘴通道的直径和长度对机械压缩效应的影响很大。

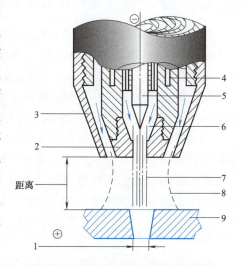

图 9-13　等离子体加工原理示意图

1—切缝　2—喷嘴　3—保护罩　4—冷却水
5—钨电极　6—工质气体　7—等离子体电弧
8—保护气体屏　9—工件

（2）热收缩效应　喷嘴内部通入冷却水，使喷嘴内壁受到冷却，温度降低，因此靠近内壁的气体电离度急剧下降、导电性差，而电弧中心导电性好、电离度高，电弧电流被迫在电弧中心高温区通过，使电弧的有效截面缩小，电流密度大大增加。这种因冷却而形成的电弧截面缩小作用，就是热收缩效应，一般高速等离子气体流量越大，压力越大，冷却越充分，则热收缩效应越强烈。

（3）磁收缩效应　电弧电流周围磁场的作用，迫使电弧产生强烈的收缩作用，使电弧变得更细，电弧区中心电流密度更大，电弧更稳定而不扩散。

上述三种效应的综合作用，使等离子体的能量高度集中，电流密度和等离子体电弧的温度都很高，达到 11000~28000℃（普通电弧仅 5000~8000℃），气体的电离度也随之剧增，并以极高的速度（800~2000m/s，比声速还高）从喷嘴孔喷出，具有很大的动能和冲击力，当达到金属表面时，可以释放出大量的热能来加热和熔化金属，并将熔化了的金属材料吹除。

等离子体加工有时称为等离子体电弧加工或等离子体电弧切割。

也可以把图 9-13 中的喷嘴接直流电源的阳极、钨电极接阴极，使阴极钨电极和阳极喷嘴的内壁之间发生电弧放电，吹入的工质气体受电弧的作用受热膨胀，从喷嘴喷出形成射流，称为等离子体射流，对放在喷嘴前面的材料充分加热。由于前述等离子体电弧对材料直接加热，因而比此处用等离子体射流对材料加热的效果好得多。因此，等离子体射流主要用于各种材料的喷镀及热处理等方面；等离子体电弧则用于金属材料的加工、切割及焊接等。

等离子体电弧不但具有温度高、能量密度大的优点，而且焰流可以控制。适当地调节功率大小、气体类型、气体流量、进给速度、火焰角度及喷射距离等，可以利用同一个电极加工不同厚度和多种材料。

二、材料去除速度和加工精度

等离子体的切割速度是很高的，切割厚度为 25mm 的铝板时，切割速度为 760mm/min；而厚度为 6.4mm 钢板的切割速度为 4060mm/min；采用喷水装置时可增大碳素钢的切割速度，对于厚度为 5mm 的钢板，切割速度为 6100mm/min。

切边斜度常为 2°~7°，精确控制工艺参数时，斜度可保持在 1°~2°。厚度小于 25mm 的金属，切缝宽度通常为 2.5~5mm；厚度达 150mm 的金属，切缝宽度为 10~20mm。

等离子体加工孔的直径在 10mm 以内，钢板厚度为 4mm 时，加工精度为 ±0.25mm；当钢板厚度达到 35mm 时，加工孔或槽的精度为 ±0.8mm。

加工后的表面粗糙度值通常为 $Ra1.6~3.2\mu m$，热影响层分布的深度为 1~5mm，具体数值取决于工件的热学性质、加工速度、切割深度以及所采用的加工参数。

三、设备和工具

简单的等离子体加工装置有手持等离子体切割器和小型手提式装置，比较复杂的有程序控制和数字程序控制设备、多喷嘴设备，还有采用光学跟踪功能的设备。某型号工作台尺寸达 13.4m×25m，切割速度为 50~6100mm/min。在大型程序控制成形切削机床上可安装先进的等离子体切割系统，并装备有喷嘴的自适应控制装置，以自动寻找和保持喷嘴与板材间的正确距离。除了平面成形切割外，还有用于车削、开槽、钻孔和刨削的等离子体加工设备。

切割用直流电源的空载电压一般为 300V 左右，用氩气作为切割气体时，空载电压可以降至 100V 左右。常用的电极为铈钨电极或钍钨电极，用压缩空气作为工质气体切割时使用的电极为金属锆或铅。喷嘴材料一般为纯铜或锆铜。

四、实际应用

等离子体加工已广泛用于切割。在各种金属材料，特别是不锈钢、铜、铝的成形切割方面，已获得重要的工业应用。它可以快速而较整齐地切割软钢、合金钢、钛、铸铁、钨、钼等材料。切割不锈钢、铝及其合金的厚度一般为 3~100mm。等离子体还用于金属的穿孔加工。此外，等离子体电弧还用于热辅助加工。这是一种机械切削和等离子体电弧的复合加工方法，在复合加工过程中，用等离子体电弧对工件待加工表面进行加热，使工件材料变软、强度降低，从而使切削加工仅需使用较小的切削力，效率高、刀具寿命也得以延长，已用于车削、开槽、刨削等。

等离子体电弧焊接已得到广泛应用，使用的气体为氩气。用直流电源可以焊接不锈钢和各种合金钢，焊接厚度一般为 1~10mm，1mm 以下的金属材料用微束等离子电弧焊接。近代又发展了交流及脉冲等离子体电弧焊铝及其合金的新技术。等离子体电弧还用于各种合金钢的熔炼，熔炼速度快、质量好。

等离子体表面加工技术近年来有了很大的发展。日本近年试制成功一种很容易加工的超塑性高速工具钢，采用的就是这项技术；采用等离子体对钢材进行预热处理和再结晶处理，使钢材内部形成微细化的金属结晶微粒，结晶微粒之间的联系韧性很好，所以具有超塑性，加工时不易碎裂。

采用等离子体表面加工技术，还可以提高某些金属材料的硬度，例如使钢板表面氮化，可以大大提高钢材的硬度。在氧等离子体中，采用微波放电，可使硅、铝等氧化，制得超高纯度的氧化硅和氧化铝。采用无线电波放电，在氮等离子体中，对钛、锆、铌等金属进行氮化，可制得氮化钛、氮化锆、氮化铌等化合物。由直流辉光放电产生的氩等离子体，使四氯化钛、氢气与甲烷发生反应，可在金属表面生成碳化钛，大大提高了材料的强度和耐磨性。

等离子体还用于人造器官的表面加工：采用氨和氢-氮等离子体，对人造心脏表面进行加工，使其表面生成一种氨基酸，这样，人造心脏就不受人体组织排斥和血液排斥，使人造心脏植入手术更易获得成功。

等离子体加工时，会产生噪声、烟雾和强光，故在其工作地点要对此进行控制和防护。常用的方法是采用高速流动的水屏，即使高速流动的水通过一个围绕在切削头上的环喷出，这样就形成了一个水的屏幕或防护罩，从而大大减少了等离子体加工过程中产生的光、烟和噪声的不良影响。在水中加入染料，可以降低电弧的照射强度。

第三节　磨料流加工

磨料流加工（Abrasive Flow Machining，AFM）在我国又称挤压珩磨，是 20 世纪 70 年代发展起来的一项表面光整加工技术，最初主要在去除零件内部通道或隐蔽部分的毛刺方面显示出优越性，随后扩大应用于零件表面的抛光。

一、基本原理

磨料流加工是利用一种含磨料的半流动状态的黏弹性磨料介质，在一定压力下强迫其在被加工表面上流过，由磨料颗粒的刮削作用去除工件表面微观不平材料的工艺方法。图 9-14 所示为其加工原理图。工件安装并被压紧在夹具中，夹具与上、下磨料室相连，磨料室内充以黏弹性磨料，由活塞在往复运动过程中通过黏弹性磨料对工件的所有表面施加压力，使黏弹性磨料在一定压力作用下反复在工件待加工表面上滑移通过，类似用砂布均匀地压在工件上慢速移动，从而达到表面抛光或去毛刺的目的。

当下活塞对黏弹性磨料施压，推动磨料自下而上运动时，上活塞在向上运动的同时，也对磨料施压，以便在工件加工面的出口方向造成一个背压。由于有背压的存在，混在黏弹性介质中的磨料才能在磨料流加工过程中实现切削作用，否则工件加工区将会出现加工锥度及尖角、倒圆等缺陷。

图 9-14 磨料流加工原理图
1—黏弹性磨料 2—夹具 3—上部磨料室
4—工件 5—下部磨料室 6—液压操纵活塞

9.3【磨料流加工原理】

二、磨料流加工的工艺特点

(1) 适用范围　由于磨料流加工介质是一种半流动状态的黏弹性材料，它可以适应各种复杂表面的抛光和去毛刺，如各种型孔、型面，像齿轮、叶轮、交叉孔、喷嘴小孔、液压部件、各种模具等，所以它的适用范围很广，几乎能加工所有的金属材料，同时也能加工陶瓷、硬塑料等。

(2) 抛光效果　加工后的表面粗糙度与原始状态和磨料粒度等有关，一般可降低到加工前表面粗糙度值的十分之一，最小的表面粗糙度值可以达到 $Ra0.025\mu m$ 的镜面。磨料流加工可以去除在 0.025mm 深度处的表面残余应力，可以去除前面工序（如电火花加工、激光加工等）形成的表面变质层和其他表面微观缺陷。

(3) 材料去除速度　磨料流加工的材料去除量一般为 0.01~0.1mm，加工时间通常为 1~5min，最多十几分钟即可完成，与手工作业相比，加工时间可减少 90% 以上，对于小型零件，可以多件同时加工，效率可大大提高。多件装夹的小零件的生产率可达 1000 件/h。

(4) 加工精度　磨料流加工是一种表面加工技术，它不能修正零件的形状误差。切削均匀性可以保持在被切削量的 10% 以内，因此，不至于破坏零件原有的形状精度。由于去除量很少，可以达到较高的尺寸精度，一般尺寸精度可控制在微米数量级。

三、黏弹性磨料介质

黏弹性磨料介质由一种半固体、半流动性的高分子聚合物和磨料颗粒均匀混合而成。这种高分子聚合物是磨料的载体,能与磨粒均匀地粘结,而不与金属工件发生粘附。它主要用于传递压力、携带磨粒流动以及起润滑作用。

一般使用氧化铝、碳化硼、碳化硅磨料。当加工硬质合金等坚硬的材料时,可以使用金刚石粉。磨料粒度范围是 $8^{\#} \sim 600^{\#}$;质量分数范围是 $10\% \sim 60\%$。应根据不同的加工对象确定具体的磨料种类、粒度、含量。

碳化硅磨料主要用于去毛刺。粗磨料可获得较快的去除速度;细磨料可以获得较低的表面粗糙度值,故一般抛光时都用细磨料,对微小孔的抛光应使用更细的磨料。此外,还可利用细磨料($600^{\#} \sim 800^{\#}$)作为添加剂来调配基体介质的黏稠度。在实际加工中常是几种粒度的磨料混合使用,以获得较好的性能。

四、夹具

夹具是磨料流加工设备的重要组成部分,是使加工达到理想效果的一个重要措施,需要根据具体的工件形状、尺寸和加工要求对其进行设计,有时还需要通过试验加以确定。

夹具的主要作用除了安装、夹紧零件以及容纳介质并引导它通过零件以外,更重要的是要控制介质的流程。因为黏弹性磨料介质和其他流体的流动一样,最容易通过那些路程最短、截面最大、阻力最小的路径。为了引导介质到达所需的零件部位进行切削,可以对夹具进行特殊设计,在某些部位进行阻挡、拐弯、干扰,迫使黏弹性磨料通过所要加工的部位。例如,为了对交叉通道表面进行加工,出口面积必须小于入口面积;为了获得理想的结果,有时必须有选择地把交叉孔封死,或有意识地设计成不同的通道截面,如加挡板、芯块等以使各交叉孔内压力平衡,从而加工出均匀一致的表面。

采用磨料流加工对交叉孔零件进行抛光和去毛刺加工时,其夹具结构如图 9-15 所示。

对齿轮齿形部分进行抛光和去毛刺时,其夹具结构如图 9-16 所示。

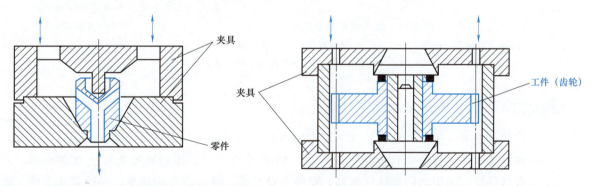

图 9-15 加工交叉孔类零件的夹具结构示意图 图 9-16 抛光外齿轮的夹具结构示意图

夹具内部必须可靠密封,密封不严会导致磨料泄漏,而任何微小的泄漏都将引起夹具和工件的磨损,并影响加工效果。

五、实际应用

磨料流加工可用于边缘光整、倒圆角、去毛刺、抛光和少量的表面材料去除,特别适用于内部通道的抛光和去毛刺,从软的铝到韧性的镍合金材料均可进行磨料流加工。

磨料流加工已用于硬质合金拉丝模、挤压模、拉深模、粉末冶金模、叶轮、齿轮、燃料旋流器等的抛光和去毛刺,还可用于去除电火花加工、激光加工或渗氮处理这类热能加工产生的不希望有的变质层。

第四节 水射流切割

一、基本原理

水射流切割(Water Jet Cutting,WJC)又称液体喷射加工(Liquid Jet Machining,LJM),是利用100MPa以上的高压高速水流对工件的冲击作用来去除材料的,简称水切割,俗称水刀,如图9-17所示。采用水或带有添加剂的水高速冲击工件进行加工或切割。水经水泵后通过增压器增压,储液蓄能器使脉动的液流平稳。水从孔径为0.1~0.5mm的人造蓝宝石喷嘴喷出,直接压射至工件的加工部位上。加工深度取决于液流喷射的速度、压力及压射距离。被水流冲刷下来的切屑随着液流排出,入口处束流的功率密度可达$10^6 W/mm^2$。

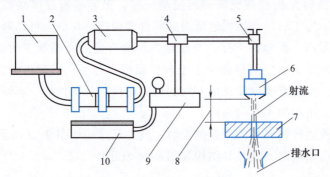

9.4【水射流切割设备和应用】

图9-17 水射流切割原理图

1—带有过滤器的水箱 2—水泵 3—储液蓄能器 4—控制器 5—阀
6—人造蓝宝石喷嘴 7—工件 8—压射距离 9—液压机构 10—增压器

二、材料去除速度和加工精度

切割速度取决于工件材料,并与所用的功率大小成正比,和材料厚度成反比。

切割精度主要受喷嘴轨迹精度的影响,切缝大约比所采用的喷嘴孔径大0.025mm。加工复合材料时,采用的射流速度要高,喷嘴直径要小,并具有小的前角,喷嘴紧靠工件,喷射距离要小。喷嘴越小,加工精度越高,但材料去除速度越低。

切边质量受材料性质的影响很大,软材料可以获得光滑表面,塑性好的材料可以切割出高质量的切边。液压过低会降低切边质量,尤其对于复合材料,容易引起材料离层或起鳞。采用正前角(图9-18)可改善切割质量。进给速度低也可以改善切割质量,因此,加工复合材料时应采用较低的切割速度,以免在切割过程中出现材料分层现象。

在水中加入添加剂能改善切割性能和减小切割宽度。另外,压射距离对切口斜度的影响很大,距离越小,切口斜度也越小。有时为了提高切割速度和增大厚度,在水中混入了磨料细粉。

切割过程中,切屑混入液体中,故不存在灰尘,不会有爆炸或火灾的危险。对于某些材料,射流束中夹杂有空气,将增大噪声,噪声随压射距离的增大而增大。在液体中加入添加剂或调整到合适的前角,可以降低噪声。

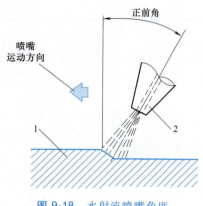

图 9-18 水射流喷嘴角度
1—工件 2—喷嘴

三、设备和工具

水射流切割需要液压系统和机床,但机床不是通用性的,每种机床的设计应符合具体的加工要求。液压系统产生的压力应能达到 400MPa。液压系统还包括控制器、过滤器以及耐用性好的液压密封装置。加工区需要一个排水系统和储液槽。

水射流切割时,作为工具的射流束不会变钝,喷嘴寿命也相当长。液体应经过很好的过滤,过滤后的微粒尺寸小于 $0.5\mu m$;另外,液体还应经过脱矿质和去离子处理,以减少对喷嘴的腐蚀。切割时的摩擦阻尼很小,所需夹具也较简单。还可以配备多个喷嘴进行多路切割。

水射流切割都已采用程序控制和数字控制系统,数控水射流加工机床的工作台尺寸可达 1.5m×2m,移动速度大于 380mm/s。

四、实际应用

水射流切割可以加工很薄、很软的金属和非金属材料,如铜、铝、铅、塑料、木材、橡胶、纸等多达七八十种材料和制品。水射流切割可以代替硬质合金切槽刀具,而且切边质量很好。所加工的材料厚度小则几毫米,大到几百毫米,例如,切割厚度为 19mm 的吸声天花板,采用的水压为 310MPa,切割速度为 76m/min。玻璃绝缘材料可加工到的厚度为 125mm。由于加工的切缝较窄,可节约材料和降低加工成本,被广泛用于建材加工业。

由于加工温度较低,因而可以加工木板和纸品,还能在一些化学加工零件的保护层表面上划线。表 9-6 所列为水射流切割常用加工参数范围。表 9-7 所列为某些材料水射流切割时的切割速度。

美国汽车工业中用水射流来切割石棉制动片、橡胶基地毯、复合材料板、玻璃纤维增强塑料等;航天工业中用于切割高级复合材料、蜂窝状夹层板、钛合金元件和印制电路板等,可提高材料的疲劳寿命。

影响水射流切割广泛采用的主要因素是一次性初期投资较高。近年来也有研制出小型化、便携式水射流切割装置的报道。

表 9-6 水射流切割常用加工参数范围

液体	种类	水或水中加入添加剂
	添加剂	丙三醇(甘油)、聚乙烯、长链聚合物
	压力/MPa	70~415
	射流速度/(m/s)	300~900
	流量/(L/min)	7.5
	射流对工件的作用力/N	45~134
喷嘴	材料	常用人造金刚石,也有用淬火钢、不锈钢的
	直径/mm	0.05~0.38
	角度/(°)	与垂直方向的夹角为 0~30
性能	功率/kW	38
	切割速度(即进给速度)	见表 9-7
	切缝宽度/mm	0.075~0.41
	压射距离/mm	2.5~50,常用的为 3

表 9-7 某些材料水射流切割时的切割速度

材料	厚度/mm	喷嘴直径/mm	压力/MPa	切割速度/(m/s)
吸声板	19	0.25	310	1.25
玻璃钢板	3.55	0.25	412	0.0025
环氧树脂、石墨	6.9	0.35	412	0.0275
皮革	4.45	0.05	303	0.0091
胶质(化学)玻璃	10	0.38	412	0.07
聚碳酸酯	5	0.38	412	0.10
聚乙烯	3	0.05	286	0.0092
苯乙烯	3	0.075	248	0.0064

第五节 磁性磨料研磨加工和磁性磨料电解研磨加工

磁性磨料研磨加工(Magnetic Abrasive Machining, MAM)又称为磁力研磨或磁磨料加工,它和磁性磨料电解研磨加工(Magnetic Abrasive Electrochemical Machining, MAECM)是近几十年来发展起来的光整加工工艺,在精密仪器制造业中得到日益广泛的应用。

一、基本原理

磁性磨料研磨的原理在本质上和机械研磨相同,只是磨料是导磁的,磨料作用于工件表面的研磨力是由磁场形成的。

图 9-19 所示为磁性磨料研磨加工原理示意图。在垂直于工件圆柱面轴线方向加一磁场,在 S、N 两磁极之间加入磁性磨料,磁性磨料吸附在磁极和工件表面上,并沿磁力线方向排列成有一定柔性的磨料刷。工件一边旋转,一边做轴向振动。磁性磨料在工件表面轻轻刮

擦、挤压、窜滚，从而将工件表面上极薄的一层金属及毛刺切除，使微观不平度逐步整平。

图 9-20 所示为磁性磨料电解研磨原理示意图。它在磁性磨料研磨的基础上，加上电解加工的阳极溶解作用，以加速阳极工件表面的整平过程，提高工艺效果。

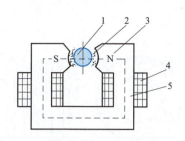 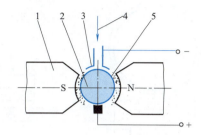

图 9-19　磁性磨料研磨加工原理示意图
1—工件　2—磁性磨料　3—磁极　4—励磁线圈　5—铁心

图 9-20　磁性磨料电解研磨原理示意图
1—磁极　2—工件　3—阴极及喷嘴
4—电解液　5—磁性磨料

磁性磨料电解研磨的表面光整效果是在以下三重因素的作用下实现的：

（1）电化学阳极溶解作用　阳极工件表面的金属原子在电场及电解液的作用下失去电子而成为金属离子溶入电解液，或在金属表面形成氧化膜即钝化膜，微凸处比凹处的这一氧化过程更为显著。

（2）磁性磨料的刮削作用　实际上主要是刮除工件表面的金属钝化膜，而不是刮金属本身，使其露出新的金属原子以不断进行阳极溶解。

（3）磁场的加速、强化作用　电解液中的正、负离子在磁场中受到洛仑兹力的作用，离子运动轨迹复杂化。当磁力线方向和电场线方向垂直时，离子按螺旋线轨迹运动，增加了运动长度，增大了电解液的电离度，促进了电化学反应，降低了浓差极化。

二、设备和工具

一般都是用台式钻床、立式钻床或车床等改装，或者设计成专用夹具装置。目前还没有定型的商品化机床生产。

工件转速为 200～2000r/min，工件轴向振动频率为 10～100Hz，振幅为 0.5～5mm，根据工件大小和光整加工的要求而定。

小型零件的磁力系统可采用永磁材料以节省电能，大中型零件的磁力系统则用导磁性较好的软钢、低碳钢或硅钢片制成磁极、外加励磁线圈并通以直流电，即成为电磁铁。

磁性磨料是将铁粉或铁合金（如硼铁、锰铁或硅铁）的粉和磨料（如氧化铝或碳化硅、碳化钨等）加入粘结剂搅拌均匀后加压烧结再经粉碎而成的。也可将铁粉和磨料混合后用环氧树脂等粘结成块，然后粉碎、筛选成不同粒度。磨料在研磨过程中始终吸附在磁极间，一般不会流失。但研磨时间长后磨粒会破碎变钝，且磨料中混有大量金属微屑而需更换。

对于磁性磨料电解研磨，还应有电解加工用的低压直流电源、相应的电解液以及泵、箱等循环浇注系统。

三、实际应用

磁性磨料研磨加工和其电解研磨加工，适用于导磁材料的表面光整加工、棱边倒角和去毛刺等。既可用于加工外圆表面，也可用于平面或内孔表面甚至齿轮齿面、螺纹和钻头等复杂表面的研磨抛光，如图 9-21 所示。

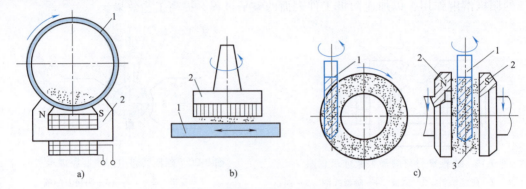

图 9-21　磁性磨料研磨应用实例示意图
a）研磨内孔　b）研磨平面　c）研磨钻头复杂表面
1—工件毛坯　2—磁极　3—磁性磨料

第六节　铝合金微弧氧化表面陶瓷化处理技术

微弧氧化表面处理是基于电火花（短电弧）放电和电化学、化学等综合作用，使铝及铝合金表面形成一层很薄的多功能陶瓷膜，这是近年来国内外竞相研究的一项已实用化的表面处理新技术。

铝（包括镁和钛）及其合金因其密度小而被广泛应用于航天、航空和其他民用工业中。但其缺点是表面硬度低、不耐磨损。哈尔滨工业大学下属的黑龙江中俄科技合作及产业化中心在 20 世纪末引进俄罗斯先进技术的基础上，掌握了在铝及铝合金等表面上用电火花微弧放电氧化原理，研究出在铝及铝合金表面生成以三氧化二铝（Al_2O_3）为主的陶瓷薄层的现代先进技术，并开发出系列化的微弧氧化脉冲电源产品。北京师范大学、西安理工大学等也进行了这方面的研究，并且也有商品化的脉冲电源产品。

为了提高铝及铝合金的耐磨性和耐蚀性，早在数十年前就产生了铝表面阳极氧化工艺，它是在特定的电解液中将铝接低电压直流电源的阳极，在电化学作用下，铝表面生成一层多孔、高电阻率的氧化层薄膜，经过后续处理，可以提高铝及铝合金的表面硬度和耐磨性，有的还可进行着色等处理，已广泛用于铝制品加工等工业部门中。

本书中所述的铝合金微弧氧化表面处理技术，不同于上述铝阳极表面氧化技术，所形成的陶瓷膜也比阳极氧化膜具有更多的功能和更好的性能。根据工件材料成分、工作液成分、脉冲电源波形和工艺参数的不同，微弧氧化后的表面陶瓷层具有不同的功能和应用范围。

一、微弧氧化后的表面陶瓷层的功能、特性和用途

1. 高硬度、耐磨表层

微弧氧化后生成的陶瓷薄层的硬度和耐磨性，可高于淬火钢、硬质合金，因此，在航天、航空或要求重量轻而耐磨的产品中，可以用铝合金代替钢材制作气动、液压伺服阀的阀

套、阀芯和气缸、液压缸等。在纺织机械高速运动的纱锭部件表面，可在铝合金表面微弧氧化生成耐磨的陶瓷层。

2. 减摩表层

由于微弧氧化后可以形成含有微孔隙的陶瓷层，因此在使用传统润滑剂时，摩擦系数可降低为 0.12~0.06。如果在微孔隙中填充 MoS_2 或 PTFE 等固体润滑剂，则更有独特的减少摩擦、磨损的效果，可用于汽车、摩托车活塞或其他要求低摩擦系数的场合。

3. 耐腐蚀表层

形成的表层能耐酸、碱、海水、盐雾等的腐蚀，可用作化工、船舶、潜水艇、深水器械等设备的防腐保护层。

4. 电绝缘表层

电绝缘表层的电阻率可以达到 $10^6 \sim 10^{10} \Omega \cdot cm$。陶瓷层很薄，其绝缘强度可达几十兆欧以上，耐高压 100~1000V。它可以用于导电和绝缘性能都良好的精密、微小的特殊机构中。

5. 热稳定、绝热、隔热表层

由于表面覆盖有耐高温的陶瓷层，因此铝合金在短时间内可耐受 800~900℃，甚至 2000℃ 的高温，可以提高铝、镁、钛等合金部件的工作温度。它可用于火箭、火炮等需要瞬时耐高温的零件。

6. 光吸收与光反射表层

制成不同性能、不同颜色，如黑色或白色的陶瓷层，可吸收或反射的光能多于 80%，可用于太阳能吸热器或电子元件的散热片。铝、镁、钛及其合金制成的彩色陶瓷层，可以作为手机外壳等的高级装饰材料。

7. 催化活性表层

使陶瓷表层生成在内燃机活塞顶部，可把 CO 催化氧化成 CO_2，从而减少炭黑的沉积量和 CO 的排放量。

8. 抑制生物、细菌表层

微弧氧化时在陶瓷层中加入磷等化学物质，可以抑制某些生物的生长，可用于防止在海水中船舶表面生长附着海藻、海蛎子等生物，或抑制电冰箱内壁滋生细菌。

9. 亲生物表层

陶瓷层加入钙等对生物亲和、具有活化作用的物质，可使植入体内的钛合金假肢表面易于附着生长骨骼、微细血管和神经细胞的生物组织。

由此可见，在铝、钛等合金表面的微弧氧化生成陶瓷层的技术，有很广阔的应用及发展前途。

以下主要以铝合金表面微弧氧化生成高硬度、耐磨损的陶瓷层为例，论述微弧氧化表面处理技术的工艺和原理，并探讨其电极间反应等机理。

二、微弧氧化表面处理技术的工艺特点

微弧氧化表面生成陶瓷层的基本原理是利用 400~500V 高压电源产生的电火花在铝合金表面微弧放电，使铝和工作液中的氧在瞬时高温下发生电、物理、化学反应生成三氧化二铝（Al_2O_3）陶瓷薄层，牢固地生长附着在原铝合金的表面上。

经过微弧氧化表面处理形成的 Al_2O_3 层厚度为 1~200μm，甚至更厚。其基本性能和陶瓷（刚玉）类似，具有很高的硬度（显微硬度为 1000~1500HV）和耐磨性，以及良好的耐高温性能，还具有很高的绝缘电阻和耐酸碱腐蚀性能等。此陶瓷层由内向外可以分为过渡层、致密层和疏松层。靠近铝合金基体的是过渡层，它和基体紧密牢固结合，其上是致密层，主要结构组织是硬度较高的耐磨 α 相 Al_2O_3（α-Al_2O_3），内有少量的 γ 相 Al_2O_3（γ-Al_2O_3），越靠近表层，γ-Al_2O_3 的质量分数越大，而且含有大量的小气孔，组织粗糙疏松、脆而硬度低，但摩擦时可以含润滑油。以厚度为 150μm 的陶瓷层为例，原始表面以下约 75μm 为致密层，而原始表面以上大约 75μm 为疏松层，而且越靠近表面越疏松，气孔率越高，如图 9-22 所示。

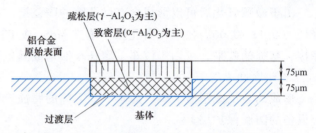

图 9-22 生成的陶瓷层与铝合金原始表面的相对位置

图中疏松层和致密层的交界面与铝合金的原始表面大致等高，这一特点对需后续磨削、研磨加工有尺寸要求的零件是很重要的。当然疏松层和致密层并不是突变的，而是逐渐过渡的。所含主要物质 α-Al_2O_3 和 γ-Al_2O_3 的比例取决于工艺条件，它影响陶瓷膜的各种性能。

三、微弧氧化工艺和设备的原理

图 9-23 所示为微弧氧化工艺和设备的原理简图。图中 1 为脉冲电源；2 为需微弧氧化的铝合金工件，接脉冲电源正极；3 为不锈钢槽，接电源负极；4 为工作液，常用氢氧化钾（KOH）添加硅酸钠（Na_2SiO_3）或偏铝酸钠（$NaAlO_2$）等的溶液；5 为吹气搅拌用的压缩空气管。

加工开始时，在 10~50V 直流低电压和工作液的作用下，正极铝合金表面产生有一定电阻率的阳极氧化薄膜，随着此氧化膜的增厚，为保持一定的电流密度，直流脉冲电源的电压应相应地不断提高，直至升高到 300V 以上，此时氧化膜已成为电阻率更高的绝缘膜。当电压达到 400V 左右时，将使铝合金表面产生的绝缘

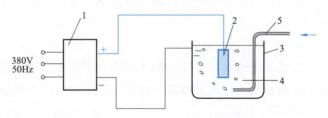

图 9-23 微弧氧化工艺和设备的原理简图
1—脉冲电源 2—工件 3—不锈钢槽
4—工作液 5—压缩空气管

膜击穿形成微电弧（电火花）放电，可以看到表面上有很多红白色的细小火花亮点，此起彼伏，连续、交替、转移放电。当电压升高到 500V 或更高时，微电弧火花放电的亮点成为蓝白色，更大、更粗，而且伴有连续的噼啪放电声。此时微电弧火花放电通道的 3000℃ 以上的高温使铝合金表面中熔融的 Al 原子与工作液中的氧原子，以及电解时阳极上的正铝离子（Al^{3+}）与工作液中的负氧离子（O^{2-}）发生电、物理、化学反应，结合成为 Al_2O_3 陶瓷层。实际上这些过程是非常复杂的，人们还在不断研究和深化认识。

最简单的直流脉冲电源是将 380V、50Hz 的交流电源经变压器变压，升压至 0~600V 的可调节交流电，再经半波或全波整流成频率为 50 次/s 或 100 次/s 的正弦波。

为了获得较厚和较硬的陶瓷层,应采用矩形波(方波)输出的单向脉冲电源,最好采用交变的正负矩形波脉冲电源。

四、微弧氧化过程的机理——电极间反应

微弧氧化的微观过程是极为复杂的。现以工作液成分为氢氧化钾(KOH)添加硅酸钠(Na_2SiO_3)或偏铝酸钠($NaAlO_2$)为例进行探讨。

微弧氧化的电、物理、化学反应可分为工作液中的反应、铝合金表面(阳极)的反应和不锈钢槽表面(阴极)的反应三个方面,而且是常温的和高温的化学、电化学反应交织在一起。可能发生以下反应:

工作液中　$H_2O \rightarrow H^+ + OH^-$　　　　　水离解为氢离子和氢氧根离子

　　　　　$Na_2SiO_3 \rightarrow 2Na^+ + SiO_3^{2-}$　　硅酸钠分子电离

　　　　　$NaAlO_2 \rightarrow Na^+ + AlO_2^-$　　　偏铝酸钠分子电离

阴极反应　$2H^+ + 2e \rightarrow H_2 \uparrow$　　　　　两个氢离子得到两个电子,在阴极表面成为氢气析出

阳极反应　$4(OH)^- - 4e \rightarrow 2H_2O + O_2 \uparrow$　　四个氢氧根失去四个电子,电化学反应成为两个水分子并放出氧气

　　　　　$Al - 3e \rightarrow Al^{3+}$(常温下)　　每个铝原子失去三个电子成为正铝离子阳极溶解进入工作液

　　　　　$Al^{3+} + 3OH^- \rightarrow Al(OH)_3$　　铝原子与氢氧根结合成为氢氧化铝

　　　　　$2Al(OH)_3 \rightarrow Al_2O_3 + 3H_2O$　　在高温下氢氧化铝脱水成为氧化铝

　　　　　$2SiO_3^{2-} - 4e \rightarrow 2SiO_2 + O_2 \uparrow$　　二硅酸根失去四个电子电解生成氧气

　　　　　$4AlO_2^- - 8e \rightarrow 2Al_2O_3 + O_2 \uparrow$　　四个偏铝酸根失去八个电子电解生成氧气

　　　　　$4Al + 3O_2 \rightarrow 2Al_2O_3$　　　铝原子氧化成为三氧化二铝

　　　　　$2Al^{3+} + 3O^{2-} \rightarrow Al_2O_3$　　正铝离子和负氧离子电化学反应生成三氧化二铝

　　　　　$\gamma\text{-}Al_2O_3 \rightarrow \alpha\text{-}Al_2O_3$　　在微弧的高温下,硬度较低的γ相氧化铝转化为硬度较高而致密的α相氧化铝

五、微弧氧化表面处理技术在铝、镁、钛等合金中的应用前景

铝合金由于比强度大、塑性好、成形性好,在现代工业技术中用量之多、范围之广仅次于钢铁。但是,其耐磨性、耐热性、耐蚀性较差,这些问题在航空、航天领域及兵器制造中表现得尤为突出。

采用微弧氧化技术,在铝合金表面原位生成的陶瓷层,厚度可达100~300μm,显微硬度可达1000~1500HV,膜层可以获得较淬火钢还高的耐磨性和较小的摩擦系数。用带有这种陶瓷层结构的铝合金部件制成的摩擦配合副,比钢的使用寿命延长10倍以上,汽车、装甲车的发动机气缸、活塞长期工作在高温和严重的粘结、摩擦条件下,使用寿命短,采用微弧氧化表面处理能延长发动机的寿命,提高其效率;经微弧氧化的铝合金卫星高速轴有很高的耐磨性;图9-24所示为纺织机械中微弧氧化后的耐磨零件,从图中可见多种高速转动的

铝合金零件表面微弧氧化陶瓷化后的外形。

微弧氧化形成的多孔陶瓷层有很好的耐热性能，实验表明，300μm 厚的耐热层在 0.1MPa 压力下可短时间承受 3000℃ 的高温。得到的耐热层与基体结合牢固，不会因急冷急热在基体与覆层之间产生裂纹，这项技术可用于运载火箭和卫星自控发动机，以及大量使用轻合金的国防工业及航空、航天部门中。

微弧氧化技术可以形成本节一开始所介绍的九种不同性能和用途的表面层，从而进一步扩大了其应用范围。

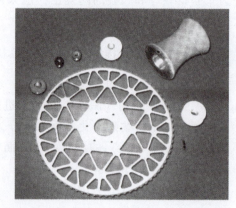

图 9-24　纺织机械中微弧氧化后的耐磨零件

此外，由于镁合金比铝合金密度更小，有更好的性能，而且我国镁的储量远大于铝，今后镁合金零件的成本可和铝合金零件持平，这将逐步扩大镁的使用，以镁代铝，因此镁合金表面的微弧氧化技术也将得到大量应用。同样，钛合金表面的微弧氧化技术在航天、航空及高档装饰业中也将获得特殊应用。

知识扩展 ∨
其他特种加工的图片集锦

【第九章　其他特种加工的图片集锦】

思考题和习题

9-1　试列表归纳、比较本章中各种特种加工方法的优缺点和适用范围。

9-2　如何提高化学蚀刻加工和光化学腐蚀加工的精密度（分辨率）？

9-3　从滴水穿石到水射流切割工艺的实用化，在思路上给人以何种启迪？要逐步解决哪些具体技术关键问题？

9-4　在人们日常工作和生活中，有哪些物品、商品（包括工艺美术品等）是用本书所介绍的特种加工方法制造的？

思政思考题

1. 铝合金表面微弧氧化有何优势？
2. 水滴石穿与水射流加工说明什么道理？
3. 磁性磨料电解研磨为何能够改善工艺效果？

第一台国产
电动轮自卸车

重点内容讲解视频

第十章 特殊、复杂、典型难加工零件的特种加工

本章教学重点

知识要点	相关知识	掌握程度
航天、航空工业中小深孔、斜孔、群孔零件的特种加工	深孔、斜孔、群孔零件的结构特征、典型加工方法及装备特点	熟悉典型深孔、斜孔、群孔零件的加工方法
排孔、小方孔筛网的特种加工	排孔、多孔的典型加工方法	熟悉排孔、小方孔筛网的典型加工方法
薄壁、弹性、低刚度零件的特种加工	薄壁、弹性、低刚度零件的电火花磨削加工方法	掌握切向进给磨削加工法的优点

导入案例

随着航空发动机涡轮对耐高温性能要求的不断提高,发动机热端部件(如高压涡轮工作叶片、导向叶片等)都广泛采用了气膜冷却技术,气膜冷却孔的直径一般在 0.2~1.25mm 之间,每个叶片上有数十至数百个这样的气膜冷却孔,如图 10-1 所示。如何实现在高温合金等难加工材料的曲面上,高效率、高精度、高质量地大批量加工这些密集阵列微小孔?如何实现薄壁、弹性、低刚度零件的加工?

图 10-1 叶片气膜孔

在航天、航空、国防和民用工业中有许多特殊、复杂、典型的难加工零件,有些已在电火花、线切割、电化学、激光等单一工艺的章节中讲述过,有些则更具有特殊性,往往既可用电火花加工,又可用电化学或激光加工,甚至必须既用电火花又用电化学等多种特种工艺综合加工。本章将对这些问题展开逐一介绍。

第一节　航天、航空工业中小深孔、斜孔、群孔零件的特种加工

一、航天、航空发动机中典型多孔、小孔、斜孔零件实例

1. 航空喷气发动机中的火焰筒安装边零件

如图 10-2 所示，火焰筒安装边是扇形的边框，边框的截面为"卜"字形，整个扇形边框（图 10-2 右边的上下两条直线、左右两条圆弧）上都有整排的小斜孔，深径比达 30 以上。斜孔出口打穿时，电极管内的高压工作液产生泄漏缺水，有一定的加工难度。

2. 火焰筒

火焰筒上孔的数量很多，孔径大小不一，空间位置分布也较复杂，但孔的加工深度较浅（薄壁）。

3. 喷气发动机叶片

喷气发动机叶片分为单联、双联和三联叶片，上有多个冷却小深孔、斜孔，直径为 $\phi 0.2 \sim \phi 1.25 \mathrm{mm}$。

4. 航空发动机环形件

航空发动机环形件上的孔一般沿圆周均匀分布，但这些环形件大多是多层的，所需加工的孔分布在窄槽的底部，并带有一定的斜角，因此必须设计专用的导向器。此外，有的环形件上要求加工出腰形孔。

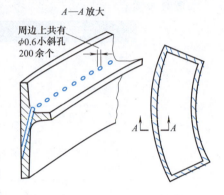

图 10-2　火焰筒安装边示意图

二、小深孔、斜孔、群孔加工工艺及其机床设备

由于小深孔、斜孔的数量多，因此，必须采用第二章中介绍的小深孔高速电火花加工工艺。苏州电加工机床研究所为此研制了商品化的多轴（6~8 轴）数控电火花高速小孔加工机床，如图 10-3 所示，图 10-4 所示为其外形照片。

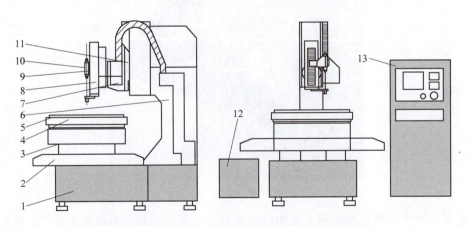

图 10-3　8 轴数控电火花高速小孔加工机床外形图

1—床身　2—X、Y 轴拖板　3—C 轴回转盘　4—工作液盘　5—工作台
6—立柱　7—B 轴回转盘　8—W 轴拖板　9—S 轴滑块　10—旋转头
11—Z 轴拖板　12—高压工作液系统　13—数控电源箱

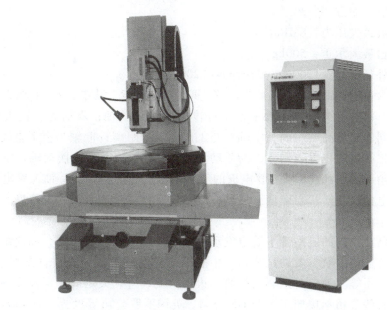

图 10-4　8 轴数控电火花高速小孔加工机床外形照片

1. 机床的主要性能、用途

此类机床是为航空发动机制造业研制的专用设备，主要用于发动机中特殊材料工件上空间位置复杂的小深孔加工（如火焰筒安装边、环形件等零件）。除加工圆孔外，还可加工腰形孔，有一定的通用性和柔性，加工效率高，费用低。这类机床具有以下特点：

1) 加工孔径范围一般为 $\phi0.3 \sim \phi3$mm，深径比可达 300∶1 以上。
2) 加工速度一般可达 5~60mm/min，不受材料硬度和韧性限制。
3) 有 6~8 个坐标轴，控制系统采用工控机，交流伺服驱动。
4) 加工中可自动修整电极，自动寻找加工零位，伺服进给，加工到位后自动回退。
5) 带 14in（1in＝0.0254m）彩显，可显示坐标位置、加工状态、加工点位等信息。

2. 机床的主要技术规格

1) 工作台尺寸：850mm×850mm。
2) 工作台 X、Y 轴向行程：630mm×800mm。
3) 主轴头拖板 Z 轴行程：300mm。
4) 工作台 C 轴回转角度：0°~360°。
5) 主轴头 W 轴行程：200mm。
6) 旋转头轴、管电极伺服进给 S 轴行程：300mm。
7) 主轴头回转盘 B 轴回转角度：±90°。
8) 电极旋转头 R 轴转速：100~150r/min。
9) 可装夹电极管的直径：$\phi0.3 \sim \phi3$mm。
10) 电极管导向器与工作台面的最大距离：350mm。
11) 工作台面高度：1150mm。
12) 最大输入功率：5kW（380V、50Hz）。
13) 工作液箱容量：200L。

14) 工作液过滤方式：渗透。
15) 工作液最大压力：8MPa。
16) 工作台最大承重：500kg。
17) 机床外形尺寸：1200mm×2500mm×2200mm。

机床共有八个运动轴，即 X、Y、C、Z、W、B、S、R。其中，X、Y 轴为工作台水平方向直线运动轴；C 轴为工作台在水平面上分度、回转运动轴；Z 轴为主轴头拖板上下运动轴，可根据不同的工作高度，调整主轴头与工件之间的距离；W 轴为上下直线运动轴，实现导向器与工件之间高度位置的调整，为手动调整轴；B 轴为回转头摆动轴，实现主轴头、管电极加工不同角度的斜孔；S 轴为管电极的直线伺服进给运动轴；R 轴为管电极旋转轴，实现既要夹持管电极在旋转状态下伺服进给，又要向电极管中通入高压工作液及导入脉冲电源的电压和电流。

此类机床已在我国的一些骨干航空发动机制造企业得到成功应用，如沈阳黎明航空发动机公司、中航工业西安航空发动机公司、中航工业成都发动机公司、贵阳新艺叶片制造厂、西罗叶片制造公司等。加工对象有火焰筒、火焰筒安装边、火焰筒环形件、各种单联和多联叶片等。其中有些公司承接加工美国 GE 公司、英国罗罗公司等世界一流知名企业的航空发动机零件，获得了显著的经济效益和社会效益。

第二节 排孔、小方孔筛网的特种加工

一、排孔、多孔的加工

对于一般的多孔电火花加工，只要增加相应的工具电极数量，把它们安装在同一个主轴上，就可以进行加工，实际上相当于改变了加工面积。与单孔相比，要获得同样的进给速度和较大的蚀除量，就得增大峰值电流，这样，孔壁的表面粗糙度就会恶化。条件许可时，最好采用多回路脉冲电源，每一独立回路供给 1~5 个工具电极，共有 3~4 个回路。

有时需用电火花加工有成千上万个小网孔的不锈钢板筛网，这时可分排加工，每排 100~1000 个工具电极（一般用黄铜丝做电极，虽然损耗大，但刚度和加工稳定性好），再进行分组、分割供电。加工完一排孔后移动工作台，再进行第二排孔的加工。由于工具电极丝较长，加工时离工件上表面 5~10mm 处应有一多孔导向板（导向板不宜过薄或过厚，以 5mm 左右为宜）。

某飞机发动机的不锈钢散热板厚 1.2mm，其上共有 2106 个 $\phi0.3$mm 的小圆孔，相邻小孔之间的中心距为 0.67mm。

现采用多电极丝电极夹头（刷状丝电极夹头）（图 10-5），分组进行排孔加工，一排孔共 702 个，分成 6 组，每组 117 孔（图 10-5），每组用 RC 电路脉冲电源作为分割电极进行加工（共用 6 组 RC 线路脉冲电源），加工时电极丝下部必须有导向板。

二、小方孔筛网的加工

有时需要在整块不锈钢板或耐热合金钢板（箔）上加工小孔，使之成为方形的筛网或过滤网，与用金属丝立体编织出的筛网相比，其在筛选精度、刚度、强度和使用寿命等方面

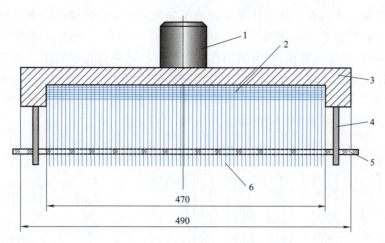

图 10-5　多电极丝电极夹头及导向器

1—电极夹柄　2—低熔点合金　3—电极托盘　4—导向销柱　5—有机玻璃导向板　6—钨丝电极（共 702 根）

有一定的优越性，其关键在于工具电极的制作。此时，工具电极可选用方形截面的纯铜或黄铜杆，其端部用线切割切出许多小深槽，再转过 90°重复切割一遍，就成为许多小的方电极，如图 10-6 所示。加工出一小块方孔筛网后，移动工作台，再继续加工其余网孔。要保证移动距离精确，并消除丝杠螺母间隙的影响，最好在数显或数控工作台上进行加工。

工具电极用钼丝线切割加工时，切出的缝宽比钼丝直径增大了 2 倍的单边放电间隙 S。在用小方形工具电极加工筛网孔时，四边也各有一个放电间隙 S，所以筛网肋条方形截面的宽度约等于钼丝的直径 d，如图 10-6 中的放大图形所示。

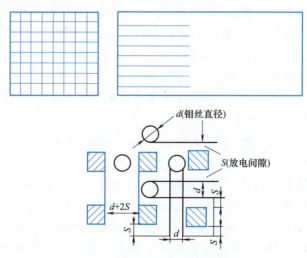

图 10-6　加工小方孔筛网用的工具电极

三、电解加工小孔

尺寸为 0.2~1mm 的小孔，也可以采用电解加工。

1. 小深孔束流电解加工

小深孔束流电解加工是电解加工的变种之一，是由美国一家公司研究成功的。电解液束流加工专门用于加工小深孔,加工孔是用玻璃毛细管或外表涂绝缘层的无缝钛合金钢管来进行的。采用稀释的硫酸作为电解液。工作电压为 250~1000V。此法(图 10-7)可以获得直径为 0.2~0.8mm、深度为直径 50 倍的小孔。这种方法与电火花、激光、电子束加工的不同之处在于,加工的表面不会产生具有细微裂纹的热变质层。

与叶片表面成 40°角和直径小于 0.8mm 的冷却孔道也是用此法加工的。阴极采用了内含导电心杆的玻璃锥管,如图 10-7b 所示。

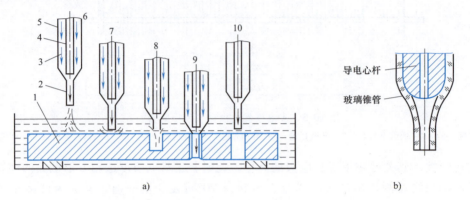

图 10-7 电解液束流加工

a) 电解液束流打孔程序图 b) 内含导电心杆的玻璃锥管示意图

1—工件 2—毛细管 3—电解液 4—导电心杆 5—玻璃管 6—检查有无电解液束流
7—毛细管向工件进给到规定距离(0.1~0.2mm) 8—加工孔 9—加工终止 10—阴极退回原始位置

2. 薄板上多个小孔的电解加工

在沸腾干燥器的制造中,要求在宽 1.6m、长 3.2m、厚 0.6mm 的不锈钢板上加工出 150 万个左右直径为 0.6mm 的孔,要求加工出无毛刺、翻边、倒角,尺寸误差在 ±0.03mm 范围内,内壁光滑的圆孔,可采用多个小针管内冲液电解加工的方法。此时,必须解决电极、电极绝缘、水保护、加工尾段工艺等几个关键性的问题,分述如下。

(1) 电极 根据工艺要求选用合适的电极是电解加工中的首要问题,加工孔径 D_1 为 0.6mm,加工电极的直径 D_2 应为

$$D_2 \leq D_1 - 2H = 0.6\text{mm} - 2 \times 0.06\text{mm} = 0.48\text{mm}$$

式中 H——回流液单边间隙(mm)。

选用医用 5 号不锈钢注射针头,经实测,外径为 0.40~0.42mm,小于计算值,刚好可外涂绝缘层。内孔直径在 0.16~0.18mm 之间,满足要求。

(2) 电极绝缘 电极的绝缘保护很重要,实验表明,用烧结珐琅绝缘电极加工出的孔,孔径为 0.58~0.62mm,内壁平滑、无毛刺、手摸无孔感,只是电极细弱,机械强度不高,加工中注意不要使电极受到机械力。

烧结珐琅是在 800~900℃ 的温度下采用多次分层烧结的方法制成的。绝缘层厚为 0.02mm 时要分 3~4 次烧结,且不可使烧结温度骤升骤降,以防珐琅层炸裂剥落。烧结后绝缘层厚度约为 0.02mm,绝缘等级在 500kΩ 以上,加绝缘层后电极最大外径为 0.45mm,而且珐琅层比较坚固,化学性能稳定,只要电极不受弯曲,珐琅层就不易剥落。

(3) 水保护 为控制散蚀半径和孔边倒角,经研究需加水保护腔,薄板上电解加工多

个小孔示意图如图10-8所示。在水保护下，在腔底钻直径为1mm的孔，电极从孔中穿出。当电解液压力为39.2~98kPa时，溶液密度为15~16°Bé（欧美常用的浓度单位）的保护水的压力为9.8kPa。保护水顺着电极轴向流下，使加工区内的电解液达到加工所需的浓度和压力，而在加工区外则使电解液的压力和浓度迅速降到钝化区工作范围内，这就有效地保证了孔的质量。

（4）加工尾段的处理　加工通孔较不通孔有其特殊性，即当孔已穿透，但远小于图样要求的孔径时，电解液就会从透孔外流而无回流液，此时加工作用自动停止，如再进给就会造成短路而使加工失败。为解决这一问题，可采用以下三种方法：

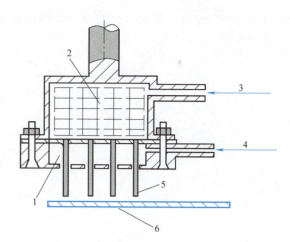

图10-8　薄板上电解加工多个小孔示意图
1—水保护腔　2—电解液腔过滤层
3—电解液（$NaNO_3$）入口
4—水入口　5—针管电极　6—薄板工件

1) 在加工板的背面加密封水腔，此法效果较好，但较复杂和繁琐。

2) 在加工板的背面垫上橡皮膜，但因电极较细弱，此方法对电极安全不利，易把细管电极顶弯。

3) 在加工板的背面涂以质量分数为6%的涂料绝缘膜，此法效果很好且很方便。涂料膜有一定的收敛性，能很好地密封、阻挡电解液外流，电极也很容易通过。

（5）基本参数　经多次实验，得到下面一组理想参数。

电解质：$NaNO_3$，16°Bé（波美度），电解液压力54kPa，保护水压力9.8kPa；电源：脉动直流，电压15.5V，电流密度$5A/mm^2$。

加工出的孔质量较高，内壁平滑，倒角尺寸极小，手感好，孔径为0.58~0.62mm，符合±0.03mm的要求。单孔加工时间为35s，一组孔加工时间为1min，加工时间和进给量很稳定。

第三节　薄壁、弹性、低刚度零件的特种加工

一、蜂窝结构、薄壁、低刚度工件的电火花磨削

航空发动机广泛使用的密封件——蜂窝结构环是典型的薄壁、低刚度工件。正六边形蜂窝的壁厚只有0.05~0.06mm（图10-9a），自身刚度极差，其材质多为耐热合金。采用常规机械加工方法（车削或磨削）时，在切削力的作用下，大部分材料无法从基体上切除而倒向一边，将蜂窝孔堵塞，不能满足使用要求。而电火花磨削时，电极与工件间作用力很小，不会引起低刚度工件的机械变形，而且蜂窝结构类型工件的蚀除余量很小，采用电火花磨削的加工效率还是较高的。实践证明，电火花磨削加工工艺对蜂窝结构的成形效果很好，其加工效率高于机械磨削。

图10-9b所示为航空发动机压气机机匣蜂窝密封环结构示意图。压气机有三层叶片，机

匣对应部位钎焊有三级蜂窝密封环（ϕ780mm、ϕ750mm、ϕ730mm），蜂窝密封环单边的加工余量为2~5mm。

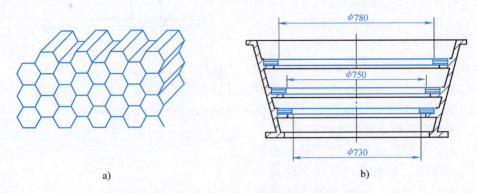

图10-9 蜂窝结构及蜂窝密封环结构示意图
a）蜂窝孔 b）蜂窝密封环

(1) 工具电极制备 为了提高加工速度，增加同时加工放电面积，工具电极包角θ通常大于30°，如图10-10所示。

(2) 工作液供给方式 为了防止火灾，不采用向放电部位喷液的供液方式，而是采用浸没式加工，放电部位浸没深度不得少于50mm。

(3) 粗加工 由于蜂窝密封环是由一块块蜂窝块钎焊而成的，各块在径向上位置相差较大，加工余量大多为2~5mm（单边）。为了提高加工速度，粗加工时常采用工件不旋转的分段加工法，即根据工具电极的弧长l（或夹角θ），分为$2\pi r/l$（或360°/θ）段（图10-10），每段相邻处重合2~5mm，防止接缝处产生飞边，影响精加工的顺利进行。每段均进给至同一坐标处（如X_c）。由于加工蚀除的金属体积很小，因此电极的损耗可忽略不计。X_c根据最终尺寸的X轴坐标X_z及精加工余量Δ_j确定，即

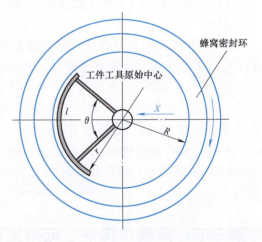

图10-10 蜂窝密封环加工示意图

$$X_c = X_z - \Delta_j$$

(4) 精加工 精加工前，应先清除工具电极上的炭屑等附着物，再缓慢地使工具电极与工件表面接触，记下X轴的坐标值X_1，然后在工件圆环内均匀地测5~6点，分别记下接触点的X_1，依最小的X坐标值确定精加工的起始进给位置。各点的X坐标值通常相差0.04~0.06mm。这个差值主要是因工具电极的圆弧半径r与工件半径R不同而产生的，此外，工具电极损耗也是差值产生的原因之一。

精加工余量通常单侧不宜大于0.20mm；若要求不高（如公差大于0.10mm，$Ra \geqslant$ 6.3μm），为提高加工效率，精加工余量为0.10mm即可。

当加工部位的形状公差要求较高（如圆度≤0.03mm）时，应增加精加工余量0.05~0.10mm，以免超差。

若工具电极圆弧半径 r 比 R 小 25mm 以上，则粗加工后的工件类似多棱圆，故精加工时，应将加工余量放大 0.10~0.15mm；如果 $R-r$≤5~10mm，则可不考虑这一因素。分段加工的段数越少，精加工的余量就应越大。

二、弹性、低刚度细长杆的电火花磨削

航空、航天、航海等的伺服阀中有一低刚度的弹性细长反馈杆，图10-11所示为某型号反馈杆的外形及主要技术要求。

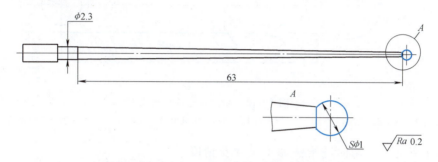

图10-11　某型号反馈杆的外形及主要技术要求

由于细长杆的刚度很低，加工精度、技术要求又很高，用车削、磨削加工会引起弹性弯曲变形，采用不接触、无切削力的电火花精密磨削，可避免上述缺点。电火花磨削细长杆可在专用精密电火花磨床上进行，也可在改装的高速走丝数控线切割机床上进行。图10-12所示为电火花磨削细长杆的示意图。为了提高加工效率，采用宽刃块状工具电极。

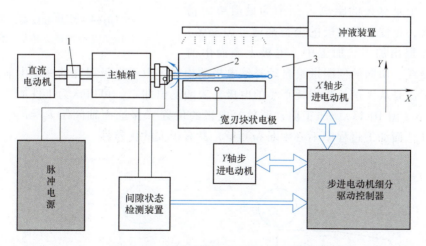

图10-12　电火花磨削细长杆的示意图
1—磁联轴器　2—工件　3—工作台

如果是单件、小批生产，加工时可采用径向进给，即宽刃块状电极在水平面上沿垂直于工件轴线的方向进给。对于中批量、大批量生产，则最好采用更优越的切向进给法。

切向进给法原理图如图 10-13 所示，该图是垂直于工件轴线的剖面图。图中以水平放置的工具电极的上表面为主要工作表面——加工尺寸的控制表面。R_S、R_E 分别为工件加工起始和加工结束时的半径；δ 为放电间隙。加工前应调整工具电极上表面与工件轴线之间的距离（简称面轴间距）h_0，令 $h_0 = R_E + \delta$，即使工具电极的上表面与半径为 h_0 的工件假想回转圆相切，工具沿着切线方向（水平方向）伺服进给，进行放电加工。图 10-14 所示为块状电极切向进给电火花磨削的立体示意图。

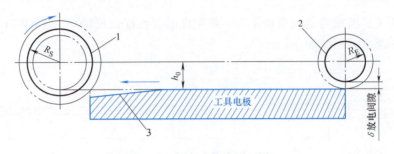

图 10-13　切向进给法原理图
1—加工起始位置（S）　2—加工结束时相对于工具电极的位置（E）　3—损耗后的表面

值得注意的是，切向进给法加工尺寸及精度的控制方式与径向进给法截然不同，如图 10-15 所示。径向进给法的电极工作表面是前端面，通过控制电极前端面进给的位置或距离来控制工件的尺寸。其尺寸精度受前端面损耗的影响，加工过程中往往需要多次中断加工，进行尺寸测量。而切向进给法的电极工作表面为上表面，是使工具电极进给一个足够长的距离（图中为最简单的精度控制方式，是使工具电极的全长都通过加工区）后，工件才退出加工。加工中，电极上表面由前

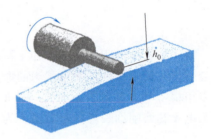

图 10-14　块状电极切向进给
电火花磨削的立体示意图

向后逐渐损耗，切向的伺服进给自动补偿电极的损耗。由于电极损耗的深度由前向后逐渐变小，因此工件是从无损耗或损耗很小的电极上表面退出加工，可以认为工件加工后的半径尺寸 $R_E = h_0 - \delta$（图 10-13）。加工前，调整好电极的位置（保证面轴间距 $h_0 = R_E + \delta$），即可加工多个工件，而加工过程中不必中断和测量，具有很大的优越性。

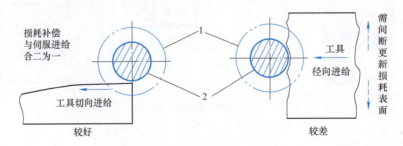

图 10-15　切向进给与径向进给的对比
1—加工前直径　2—加工后直径

知识扩展

特殊、复杂、典型难加工零件的特种加工图片集锦

【第十章 特殊、复杂、典型难加工零件的特种加工的图片集锦】

思考题和习题

10-1 在淬火钢上加工 ϕ2mm、深 10mm 的小孔和 ϕ0.2mm、深 0.1mm 的小孔,分别选用什么机床和什么工具电极?

10-2 要在高强度耐热合金钢上加工一个长 1mm、宽(0.05±0.001)mm、深 0.5mm 的窄槽(人工裂纹),如何决定加工用工具电极的尺寸?如何制造此工具电极?

10-3 电火花磨削精度、圆度很高的外圆时,对伺服进给系统有何要求?如何防止"久磨不圆"或"越磨越扁"?

10-4 试分析用块状电极电火花磨削精密圆柱表面时,工具电极径向进给法和切向进给法各自的特点及适用范围。

10-5 就你所知,还有哪些特殊、复杂、典型难加工零件有待人们去解决加工中的关键难题?

思政思考题

1. 精密群孔加工精度如何保障?
2. 阵列电极加工阵列结构有何优势?
3. 薄壁低刚度零件加工需要注意什么?

大国工匠:
大技贵精

重点内容讲解视频

第十一章　微细加工、精微机械加工及精微特种加工

本章教学重点

知识要点	相关知识	掌握程度
产生微细加工、精微机械加工及精微特种加工的社会需求	精密机械、仪器仪表微细零件的需求以及电子设备微型化和集成化要求	了解产生微细加工、精微机械加工及精微特种加工的社会需求
微细加工的特点、方法及应用	微细加工的主要特点、方法及相关应用	掌握微细加工的主要特点、方法及相关应用
精微机械加工	精微机械加工的方法及发展	了解精微机械加工方法
精微特种加工	精微特种加工的方法及应用	掌握精微特种加工的方法及应用
微细加工立体复合工艺	微细加工立体复合工艺流程	掌握各种微细加工立体复合工艺的流程
微细加工中的集成电路与印制电路板制作技术	集成电路制作技术及印制电路板制作技术	掌握集成电路制作及印制电路板制作的工艺流程

导入案例

《超级英雄》系列电影中，有一部影片《蚁人》令人印象深刻，影片中主角经常将自己缩小到比纳米数量级尺寸还小，置身于微观世界中完成任务的场景，让现实中的无数科学家心向往之。而随着科技发展到今天，人们也终于不用再沉迷于电影的虚幻之中，微型机器人（图 11-1）的出现，带领人们进入了一个全新的认知世界。微型机器人是一个典型的微机械电子系统（MEMS），其主要由微机械、微驱动器、微控制器、微传感器等组成，而微细加工技术是实现 MEMS 的重要保障。本章将以微细加工为引导，进而对精微机械加工及精微特种加工的特点、原理和工艺流程等进行介绍。

图 11-1　微型机器人

一般认为，微细加工主要是指 1mm 以下的微细尺寸零件、加工精度为 0.001~0.01mm

的加工,即微细度为 0.1mm 级(亚毫米级)的微细零件的加工;而提高一个数量级的超微细加工主要是指 1μm 以下的超微细零件、加工精度为 0.01~0.1μm 的加工,即微细度为 0.1μm 级(亚微米级)的超微细零件的加工。今后的发展趋势是进行微细度为 1nm 以下的纳米级的超微细加工[2,36]。

第一节 产生微细加工、精微机械加工及精微特种加工的社会需求

1. 精密机械、仪器仪表零件的微细加工

科学技术的发展使设备不断趋于微型化。现代的钟表、计量仪器、医疗器械、液压和气压元件、陀螺仪、光学仪器、家用电器等都在力求缩小体积、减轻重量、降低功耗、提高稳定性。特别是航空航天事业的发展,对许多设备和装置都提出了微型化减小质量的要求,因此出现了许多微小尺寸零件的加工方法。例如,微型电动机、微型齿轮、微型轴、红宝石(微孔)轴承、金刚石针、微型非球面透镜、金刚石压头、金刚石车刀、微型钻头等都需要用微细加工方法来制造,微细加工越来越受到广泛应用。

图 11-2 所示为放大 600 倍的利用微细加工手段制造的微型电动机,其轴径为 0.1mm,利用静电回转,转速为 1200r/min。图 11-3 所示为放大了 300 倍的微型齿轮,其外径为 125μm。典型的微小机械有微型电动机(图 11-4)、微型发电机(图 11-5)、各种微型传感器等,可用于测量血压、血液中的 pH 值等。

图 11-2 微型电动机

图 11-3 微型齿轮

2. 电子设备微型化和集成化

集成电路是电子设备微型化和集成化中的重要元件,微细加工技术的出现和发展与计算机等芯片的集成电路制造需求有密切的关系。

实现上述需求的关键技术之一是微细加工。微细加工不仅包括传统的机械加工方法,还包括许多特种加工方法,同时加工的概念不仅包含分离加工,还包含增材加工和变形加工等。

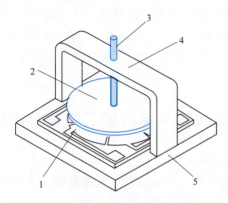

图 11-4 微细加工和组装出的微型电动机
1—薄膜多层线圈 2—转子（φ1mm）薄膜磁铁
3—轴（φ0.1mm） 4—框架 5—支持台

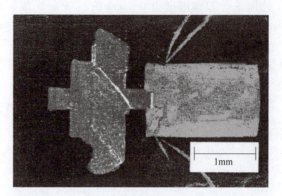

图 11-5 微细加工和装配的微型发电机

第二节 微细加工的特点、方法及应用

从广义上讲，微细加工包含了各种传统精密加工方法和许多新方法，如电火花加工、电解加工、化学加工、超声加工、微波加工、等离子体加工、外延生长、激光加工、电子束加工、离子束加工、光刻加工、电铸加工等。从狭义的角度来说，微细加工主要是指半导体集成电路制造技术，因为微细加工和超微细加工是在半导体集成电路制造技术的基础上形成并发展的，它们是大规模集成电路和计算机技术的技术基础。因此，微细加工方法多偏重于指集成电路制造中的一些工艺，如化学气相沉积、热氧化、光刻、离子束溅射、真空蒸镀以及整体微细加工技术。

一、微细加工的特点

1. 微细加工是一个多学科的制造系统工程

微细加工与精密加工和超精密加工一样，已不再是一种孤立的加工方法和单纯的工艺过程，它涉及超微量分离、结合技术、高质量的材料、高稳定性和高净化的加工环境、高精度的计量测试技术以及高可靠性的工况监控和质量控制等。

2. 微细加工是一门多学科综合的高新技术

微细加工技术的涉及面极广，如前所述，其加工方法包括分离、增材、变形三大类，遍及传统加工工艺和非传统加工工艺范围。

3. 平面工艺是微细加工的工艺基础

平面工艺是制作半导体基片、电子元件和电子线路及其连线、封装等的一整套制造工艺技术，它主要围绕集成电路的制作，现正在发展立体工艺技术，如光刻-电铸-模铸复合成形技术（LIGA）等。

4. 微细加工与自动化技术联系紧密

为了保证加工质量及其稳定性，必须采用自动化技术进行加工。

5. 微细加工应与检测一体化同时进行

微细加工的检验和测试十分重要，没有相应的检验、测试手段，就无法知道是否已达到加工要求，而且应尽量采用在位检测和在线检测。

微细加工的方法很多，其加工机理也各不相同。表 11-1 列出了各种微细加工方法的机理，而这些加工机理又可分为分离加工、增材加工、变形加工三大类。分离加工又称为去除加工，它是从工件上去除一块材料，可以用分解、蒸发、扩散等手段来完成。增材加工又称附着加工或结合加工，它是在工件表面上增加一层其他材料的方法。如果这层材料与工件基体材料不发生物理化学作用，只是覆盖在上面，就称为附着，也可称为弱结合，典型的加工方法是电镀、蒸镀等。如果这层材料与工件基体材料发生化学作用，生成新的物质层，则称为结合，也可称为强结合，典型的加工方法有氧化、渗碳等。变形加工又可称为流动加工，它是通过材料流动使工件产生变形，其特点是不产生切屑，典型的加工方法有压延、拉拔、挤压等。长期以来，人们对变形加工的概念停留在大型、低精度的认识上，实际上微细变形加工可以加工极薄（板厚为几微米）或极细（丝径为几微米）的成品材料。

表 11-1　各种微细加工方法的机理

加工机理		加工方法
分离加工（去除加工）	化学分解（气体、液体、固体）	刻蚀（光刻）、化学抛光、软质粒子机械化学抛光
	电解（液体）	电解加工、电解抛光
	蒸发（真体、气体）	电子束加工、激光加工、热射线加工
	扩散（固体）	扩散去除加工
	熔化（液体）	熔化去除加工
	溅射（真空）	离子束溅射去加工、等离子体加工
增材加工（附着加工、结合加工）	化学附着	化学镀、气相镀
	化学结合	氧化、氮化
	电化学附着	电镀、电铸
	电化学结合	阳极氧化
	热附着	蒸镀（真空蒸镀）、晶体生长、分子束外延
	扩散结合	烧结、掺杂、渗碳
	熔化结合	浸镀、熔化镀
	物理附着	溅射沉积、离子沉积（离子镀）
	注入	离子溅射注入加工
变形加工（流动加工）	热表面流动	热流动加工（气体火焰、高频电流、热射线、电子束、激光）
	粘滞性流动	液体、气体流动加工（压延、拉拔、压铸、挤压、喷射、浇注）
	摩擦流动	微粒子流动加工

二、微细加工方法的分类及应用

表 11-2 列出了常用的微细加工方法的分类及应用。

分离加工又可分为切削加工、磨料加工、特种加工和复合加工。

增材加工又可分为附着加工、注入加工、结合加工三类。附着加工是指附加一层材料；注入加工是指表层经处理后，发生物理、化学、力学性质变化（可统称为表面改性），或材料化学成分改变，或金相组织变化；结合加工是指焊接、粘接等。

变形加工主要指利用微冲、微压、气体火焰、高频电流、热射线、电子束、激光、液流、气流和微粒子流等的力、热作用使材料产生变形而成形，是一种很有前途的微细加工方法。

从上述微细加工方法的分类可以看出，除微细切削外，许多加工方法都与电子束、离子束、激光束（统称为三束加工）有关，它们是微细加工的基础，其原理和方法已在前面有关章节中论述，此处主要讲述其综合应用。微细加工的概念、特点、机理和加工方法等可参考文献［34］。

表11-2 常用的微细加工方法的分类及应用

分类		加工方法	精度/μm	表面粗糙度 Ra/μm	可加工材料	应用范围
分离加工	切削加工	等离子体切割			各种材料	熔断钼、钨等高熔点材料，合金钢，硬质合金
		微细切割	1~0.1	0.05~0.008	非铁金属及其合金	球、磁盘、反射镜、多面棱体
		微细钻削	20~10	0.3	低碳钢、铜、铝	钟表底板、油泵喷嘴、化纤喷丝头、印制电路板
	磨料加工	微细磨削	5~0.5	0.05~0.008	钢铁材料、硬脆材料	集成电路基片的切割，外圆、平面磨削
		研磨	0~0.1	0.025~0.008	金属、半导体、玻璃	平面、孔、外面加工，硅片基片
		抛光	1~0.1	0.025~0.008	金属、半导体、玻璃	平面、孔、外面加工，硅片基片
		砂带研抛	1~0.1	0.025~0.008	金属、非金属	平面、外面
		弹性发射加工	0.1~0.01	0.025~0.008	金属、非金属	硅片基片
		喷射加工	5	0.01~0.02	金属、玻璃、石英、橡胶	刻槽、切断、图案成形、破碎
	特种加工	电火花成形加工	50~1	2.5~0.02	导电金属、非金属	孔、沟槽、狭缝、方孔、型腔
		电火花线切割加工	20~3	2.5~0.16	导电金属	切断、切槽
		电解加工	100~3	1.25~0.06	金属、非金属	模具型腔、打孔、套孔、切槽、成形、去毛刺
		超声加工	30~5	2.5~0.04	硬脆金属、非金属	刻模、落料、切片、打孔、刻槽
		微波加工	10	6.3~0.12	绝缘材料、半导体	在玻璃、石英、红宝石、陶瓷、金刚石等上打孔
		电子束加工	10~1	6.3~0.12	各种材料	打孔、切割、光刻
		离子束去除加工	0.1~0.001	0.02~0.001	各种材料	成形表面、刃磨、割蚀
		激光去除加工	10~1	6.3~0.12	各种材料	打孔、切断、划线
		光刻加工	0.1	2.5~0.2	金属、非金属、半导体	刻线、图案成形
		化学加工	0.01	0.01	金属、半导体	平面或成形
	复合加工	电解磨削	20~1	0.08~0.01	各种材料	刃磨、成形、平面、内圆
		电解抛光	10~1	0.05~0.008	金属、半导体	平面、外圆孔、型面、细金属丝、槽
增材加工	附着加工	蒸镀			金属	镀膜、半导体器件
		分子束镀膜			金属	镀膜、半导体器件
		分子束外延生长	10~0.1	1.15~0.002	金属	半导体器件
		离子束镀膜			金属、非金属	干式镀膜、半导体器件、刀具、工具、表壳

（续）

分类		加工方法	精度/μm	表面粗糙度 Ra/μm	可加工材料	应用范围
增材加工	附着加工	电铸（电化学镀）			金属	电铸模、图案成形、印刷电路板
		电镀	10~0.1	1.15~0.002	金属	喷丝板、栅网、网刃、钟表零件
		喷镀			金属、非金属	图案成形、表面改性
	注入加工	离子束注入			金属、非金属	半导体掺杂
		氧化、阳极氧化	1~0.01	0.2~0.02	金属	绝缘层
		扩散			金属、半导体	掺杂、渗碳、表面改性
		激光表面处理			金属	表面改性、表面热处理
	结合加工	电子束焊接			金属	难熔金属、化学性能活泼的金属
		超声波焊接	10~1	1.25~0.3	金属	集成电路引线
		激光焊接			金属、非金属	钟表零件、电子零件
变形加工		压力加工	10~0.1	1.25~0.2	金属	板、丝的压延、精冲、拉拔、挤压、波导管
					金属、非金属	衍射光栅
		铸造（精铸、压铸）			金属、非金属	集成电路封装、引线

第三节　精微机械加工

精微机械加工是微型机械及微型机电系统中制造微型器件的重要方法，其特点是能加工复杂微结构，加工效率和加工精度都较高。现在已能用金刚石刀具车削直径为 10~20μm 的微针，使用精密磨削已加工出 φ8μm 的钨针，使用微钻头能加工出直径为 30~50μm 的微孔。现在国外已生产出主轴转速为 50000~100000r/min 的微型铣床和加工中心，能用微型立铣刀进行微结构的铣削。图 11-6 所示为微型立铣刀加工微结构的示意图。图 11-7 所示为铣制的端部微细极密齿件，端部的齿极细极密，精度要求严格，加工难度很大，加工微结构的立铣刀常用单晶金刚石磨成。图 11-8 所示为微细铣刀的不同结构，其中双刃形截面铣刀（图 11-8a）因磨制困难，很少使用；三角形截面铣刀（图 11-8b）现在用得较多，但因是负前角切削，使用效果不佳；半圆截形的单刃铣刀（图 11-8c）磨制方便，使用效果最好。微细铣刀根据加工要求，可以磨成圆柱形或圆锥形。加工曲面时，端刃可磨成圆弧形，以得到质量较好的加工表面。除微细刀具外，还有微细研磨工具（图 11-9a、b）和微细冲头（图 11-9c、d）。

图 11-6　微型立铣刀加工微结构的示意图

图 11-7 铣制的端部微细极密齿件

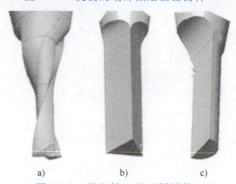

图 11-8 微细铣刀的不同结构
a) 双刃形截面   b) 三角形截面   c) 单刃形截面

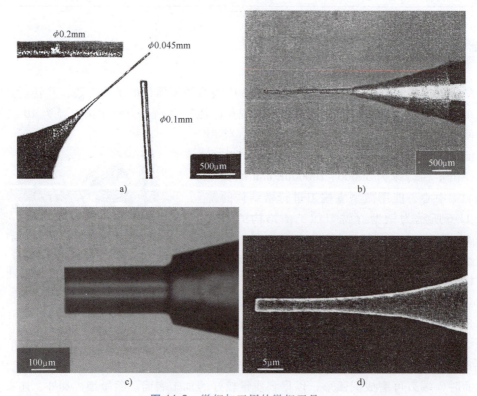

图 11-9 微细加工用的微细刀具
a) 电沉积的微细研磨棒   b) 超微粒度电沉积的微细研磨棒   c) 高纯度立方氮化硼（CBN）微细冲头
d) 凸模微细冲头（刃口直径 $2.6\mu m$，刃口长 $14\mu m$，超细粒度，硬质合金）

近年来国外新发展了多种加工自由曲面的小型多坐标联动加工中心。图 11-10 所示为日本 FANUC 公司生产的、加工微型零件的 ROBONANO Ui 五轴联动加工中心。主轴用空气轴承，回转精度为 $0.05\mu m$，转速为 $50000\sim100000 r/min$。直线运动的 X、Y、Z 方向的数控系统的分辨率为 $1nm$。工作台上回转台的 B 轴和铣削主轴倾斜的 C 轴均可转动 $360°$，分辨率为 $0.00001°$。

图 11-11 所示为用该加工中心加工出的不同截面形状的微沟槽。其中图 11-11a 中的 V 形槽，齿距 $25\mu m$，V 形角 $77°$，材料为含磷的镍；图 11-11b 中的 V 形槽，齿距 $100\mu m$，V 形角 $50°$，材料为无氧铜；图 11-11c 所示为平行的窄深槽，齿距 $35\mu m$，槽深 $100\mu m$，材料为黄铜，侧面倾斜 $1.5°$，加工件的齿距误差为 $80nm$，深度误差为 $9.4\mu m$。由图可见，用微型机床可以加工出表面光洁、精度很高、尖角很尖锐的微 V 形槽和窄深槽。

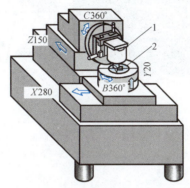

图 11-10 加工微型零件的五轴联动加工中心
1—空气轴承主轴 2—工件

用该五轴联动加工中心，使用微型单晶金刚石立铣刀可以加工自由曲面。图 11-12a 所示为该五轴联动加工中心在 $1mm$ 直径的表面上加工出的人面浮雕像，用单刃球面微铣刀加工，刃端 $R30\mu m$，人面长 $1mm$，凹凸 $30\mu m$。该加工中心还在 $1.16mm\times1.16mm$ 的硅表面上加工出了 4×4 阵列的凸面镜，如图 11-12b 所示，其中凸面镜直径为 $236\mu m$，高度为 $16\mu m$，镜面曲率半径为 $448\mu m$，加工表面光洁。用五轴联动加工中心还可以加工出任意三维多自由曲面微型工件。现在加工微型复杂精密工件的微型机床和加工技术已经达到了很高的水平。

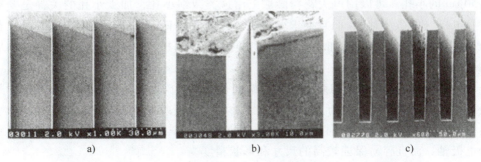

图 11-11 在加工中心上用微型铣刀加工出的不同截面形状的微沟槽
a）、b）V 形槽 c）窄深槽

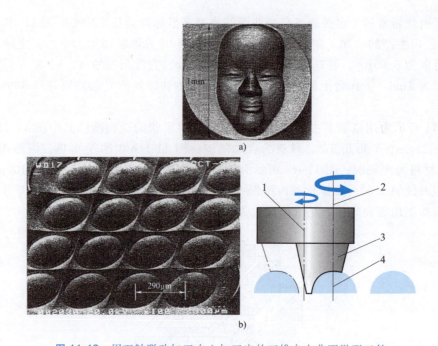

图 11-12 用五轴联动加工中心加工出的三维自由曲面微型工件
a）超精密机械加工的人面浮雕像 b）微型凸面镜阵列及其加工方法原理
1—工具回转中心（自转） 2—工具公转中心 3—金刚石成形刀具 4—凸面镜中心

第四节 精微特种加工

现在多种特种加工都发展了加工微型工件的加工技术，如电火花加工、电火花线切割加工、电火花线电极磨削加工、电解加工、超声振动加工、激光加工、电子束和离子束加工等，都已能加工尺寸很小的微型工件。一般常用的加工技术有以下几种。

1. 微细电火花和线切割加工技术

微细电火花和线切割加工在加工时应采用高频率、小脉冲能量、小进给量，这样可以在导电材料上加工出很小的微孔和微细成形零件。

（1）微轴和微孔电火花及线切割加工 光学系统中的光阑、喷墨打印机喷孔都是直径为 10~50μm 的小孔。可以用电火花精微加工出这类微细小孔，加工小孔的关键是要有直径小的工具电极（即微小轴），而且要求电极与工件表面具有较高的垂直度。微细电火花加工中，微小轴的制备和微小孔的加工往往要求在同一台专用机床上进行，制备出微细轴后再进行微细孔的在线加工。

1）微细轴（工具电极）的制作。实现微细孔电火花放电加工的首要条件之一，是微小工具电极的在线制作和安装。与金属丝矫直、毛细管拉拔或金属块反拷等方法相比，采用精密旋转主轴头与线电极放电磨削相结合制作微小轴（工具电极）的方法，更容易得到更小尺寸的电极轴，而且容易保证较高的尺寸和形状精度。

上述微细轴（工具电极）的加工原理如图 11-13 所示。图 11-13a 所示为块状电极电火花反拷磨削法（Block Electrical Discharge Grinding，BEDG），转动的毛坯电极通过向块状电极侧向移动和径向进给来实现放电磨削。图 11-13b、c 所示为线电极电火花磨削法（Wire Electrical Discharge Grinding，WEDG），该方法中微细轴的成形是通过线电极丝和被加工轴间的火花放电来实现的。线电极磨削时，电极丝沿固定导向器上的导槽面缓慢地滑移，被加工轴随主轴头旋转并做轴向进给。图 11-13d 所示为用电火花线电极磨削方法制作的 $\phi 4.5 \mu m$ 淬火钢针。

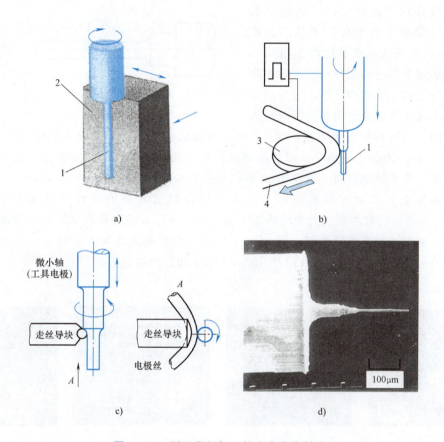

图 11-13 用于微细加工的电火花磨削法
a）块状电极电火花反拷磨削法 b）线电极电火花磨削法 c）微细轴加工原理 d）加工出的 $\phi 4.5 \mu m$ 淬火钢针
1—微细轴 2—块状电极 3—固定导向器 4—线电极

在加工过程中，被加工轴随主轴旋转，在保证轴加工圆度的同时，避免了集中放电或短路，使放电加工可以连续正常进行。线电极丝沿导槽面的移动补偿了自身的放电损耗，可确保被加工轴的尺寸精度。若主轴不旋转，仅利用线电极丝沿导槽面相对被加工轴的移动，也可实现非圆截面的加工。

值得注意的是，采用旋转主轴头与线电极放电磨削走丝机构相结合的方法制作微细轴时，旋转主轴的径向圆跳动、线电极磨削丝的直径均匀度以及走丝平稳性都直接影响轴的加工精度和可能达到的极限尺寸。

2）高深径比微细孔的加工。利用微细轴作为工具电极，如果加工时主轴和工具电极不转动，而只依靠轴向进给直接加工微细孔，则很难达到稳定的加工状态，加工效率极低。使工具电极随主轴旋转，利用微细轴（$d \leqslant 0.1mm$）进行微细圆孔加工，一般可顺利达到 0.4mm 左右的深度。当孔深达到 0.5mm 以上时，由于排屑不畅，加工状态趋于不稳定，加工效率急剧下降，甚至无法继续进行加工。加工微细孔时，利用工作液循环强制排屑很难奏效，切屑只能依靠放电时产生的微爆炸力和小气泡自动带出。工具电极的旋转虽然有助于排屑和提高加工稳定性，但由于侧向放电间隙较小，使得能够加工的孔深有限。

为实现高深径比微细孔的高效率加工，可采用修扁工具电极的方法。如图 11-14 所示，利用线电极放电磨削机构将电极轴两边对等削去一部分。实际单侧削去部分为轴径的 1/5~1/4，既不过分削弱轴的刚度和减小端面放电面积，又有足够

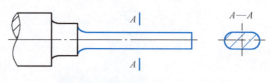

图 11-14 削边电极示意图

的排屑空间。用这种削边电极加工微小孔时，电极随主轴旋转，排屑效果得到了显著改善，在加工深径比达 10 以上的微小孔时，能够保持稳定的加工状态和较高的进给速度。用煤油作为工作液，在不锈钢材料上贯穿 1mm 深的微小孔所用的加工时间为 3~4min。

提高微细电火花加工的极限能力一直是微细电火花研究工作者追求的目标之一。图 11-15a、b 所示为日本东京大学增泽隆久加工出的 $\phi 5\mu m$ 微细孔和 $\phi 2.5\mu m$ 微细轴，代表了当前这一领域的世界前沿水平。图 11-15c 所示为微细电火花加工出的光纤连接器小孔矩阵。单孔直径为 $\phi 10\mu m$。图 11-15d 所示为 $\phi 11\mu m$ 的长微细轴。

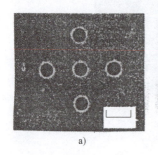
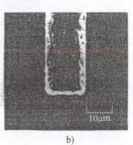
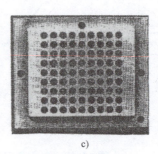
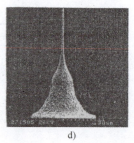

图 11-15 微细电火花加工的微小孔和微细轴
a) $\phi 5\mu m$ 微细孔　b) $\phi 2.5\mu m$ 微细轴　c) 微细电火花加工出的光纤连接器小孔矩阵
d) $\phi 11\mu m$ 的长微细轴（钨材料）

3) 微细电火花加工机床。为了提高机床的回转精度，早期的微细电火花加工机床采用卧式水平主轴，靠弹性压紧支承在 V 形块上，用高分辨率（细分）步进电动机进给驱动，如图 11-16 所示。为了进一步提高进给精度，又采用压电陶瓷微进给机构作为 0.01~1μm 级的微进给，步进电动机作为宏进给（大于 1μm 级），如图 11-16b 所示。近年来，微细电火花加工机床常采用立式主轴结构，图 11-17 所示精微电火花加工机床为 X、Y、Z、C 四轴数控机床。

4) 精密微细阵列孔的电火花线切割组合加工。精密微细阵列群孔，也是典型的难加工零件和工艺。除了采用上述电火花线电极磨削出微细轴，然后在位（线）加工出微孔外，还必须采用精确的点位制数控系统，以保证行、列间的精密坐标距离。

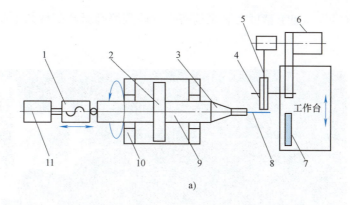

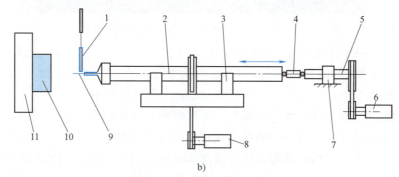

图 11-16 微细孔电火花加工示意图

a) 横轴布局微细电火花加工机床结构俯视示意图
1—丝杠与螺母 2—使工件转动的带轮 3—微型夹头 4—线电极的导向器 5—线电极
6—走丝电动机 7—表面需钻微孔的工件 8—被修圆的工具电极 9—主轴 10—V形导轨 11—轴向进给伺服电动机
b) 具有压电陶瓷微进给机构的微细电火花加工机床结构侧向示意图
1—电极反拷系统 2—主轴 3—V形导轨 4—微进给压电陶瓷 5—精密丝杠
6—宏进给步进电动机 7—螺母 8—转动工件的直流电动机 9—工具电极 10—工件 11—工作台

哈尔滨工业大学白基成教授承担的国家863项目"工业级精密微喷部件制造与应用",针对纺织、印刷、医疗器械及微电子技术领域中的喷墨、喷油、过滤以及相机测光系统、传感器和滤光器等部件上大量精密微细阵列群孔的批量高速、高精密加工需求,开展了精密阵列微细群孔电火花加工工艺与装备制造技术的研究,取得了长足的进步。利用研制的精密微细阵列群孔电火花加工装备,成功地实现了在线制作出长径比大于20的微细电极(图11-18),并利用在线制作的电极,在厚度为50μm的不锈钢微喷部件上加工出 256 个(128 个×2 排)群孔直径小于50μm、孔径误差不大于±1μm 的精密微细阵列群孔。图 11-19 所示为加工出的 16×16 微喷

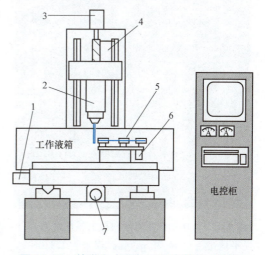

图 11-17 精微电火花加工机床结构示意图
1—X轴电动机 2—主轴 3—Z轴电动机 4—C轴电动机
5—线电极磨削机构 6—走丝电动机 7—Y轴电动机

阵列孔的扫描电镜照片，加工精度已满足精密微细阵列群孔微喷部件的工业化应用需求，实现了小批量生产。

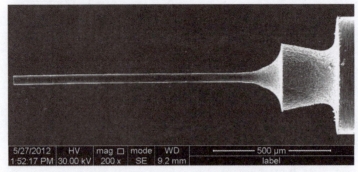

图 11-18　直径 43μm、长 950μm 的微细电极

利用该装置在线制作的单根电极，可连续加工直径小于 50μm，孔径误差不大于 ±1.5μm 的精密微细阵列群孔（1500 个），单孔加工时间约 10s，可加工出最小直径小于 20μm 的 8×8 微细阵列群孔，其平均直径为 18.3m，孔径误差小于 1μm。

（2）微缝（人工裂纹）、异形微细孔二维表面的电火花加工　微缝常用作断裂力学中的人工裂纹源，用以研究金属材料中的微裂纹在长期交变载荷及振动作用下，裂纹扩展、突然断裂的过程。由于人工裂纹微缝的宽度和深度都在微米级，因此常用电火花微细加工的方法来制造。

图 11-20 所示为电火花加工的长 250μm、宽 30μm、深 150μm 的微缝。作为人工微裂纹源，加工的关键是：

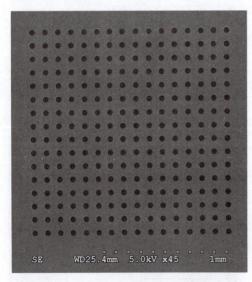

图 11-19　16×16 微喷阵列孔扫描电镜照片（平均孔径为 44.2μm，孔径误差为 1.1μm）

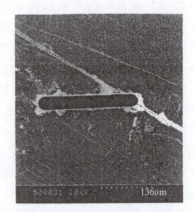

图 11-20　电火花加工的 250μm×30μm× 150μm 的微缝（碳素钢）

1) 先在精密电火花机床主轴上用反拷法制造薄片状的工具电极（常用 RC 电路脉冲电源）。

2)必须在线、在位加工微缝,以保证工具电极和工作表面垂直。

3)反拷和加工时必须控制精微电火花加工的单边(或双边)侧面放电间隙,以保证人工裂纹源的尺寸公差。

图 11-21 所示为电火花加工的微三角孔(图 11-21a)和四方孔(图 11-21b、c)。加工的关键也是在线制作三角形和方形的工具电极。图 11-22 所示为在小圆柱上加工出的 $\phi86\mu m$ 微孔(图 11-22a)、两个半圆弧形成的薄壁(图 11-22b)和微沟槽(人工裂纹,图 11-22c)。图 11-23 所示为电火花加工的微细硅模具和微细铜电极。

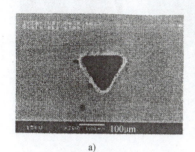
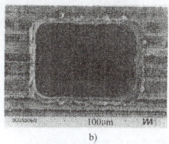

a) b) c)

图 11-21 电火花加工的微三角孔和四方孔

a)微三角孔($150\mu m \times 150\mu m$) b)微方形孔($25\mu m \times 38\mu m$) c)微型不通孔

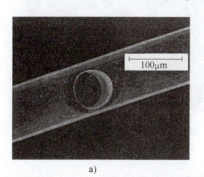

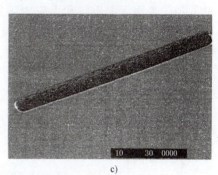

a) b) c)

图 11-22 用微细电火花加工制作的微细零件实例

a)在小圆柱上加工出的 $\phi86\mu m$ 微孔 b)两个半圆弧形成的薄壁 c)微沟槽(人工裂纹)

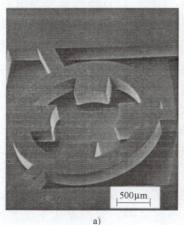
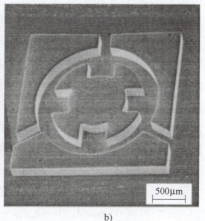

a) b)

图 11-23 电火花加工的微细硅模具和微细铜电极

a)硅模具 b)铜电极

（3）三维立体表面和零件的电火花微细加工　图 11-24 所示为电火花铣削加工的微细 1/8 球面型腔和三维长方形凹坑，是用多轴数控电火花铣削加工出来的。图 11-25 所示为线切割加工的钢制微推进器。

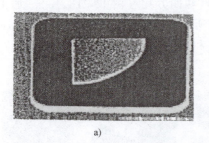 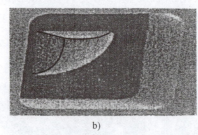 

a)　　　　　　　　　　　　b)　　　　　　　　　　c)

图 11-24　电火花铣削加工的微细 1/8 球面型腔和凹坑
a）俯视图　b）侧视图　c）长方形三维凹坑

2. 超短脉冲微细电化学加工

电化学加工是金属工件在电解液中发生阳极溶解的一种加工过程。电化学加工以其加工效率高、工具无损耗、加工表面无变质层和无应力等优点，而在航空、航天发动机零件制作等加工领域得到了极为广泛的应用。但同时，由于该方法存在杂散腐蚀、加工间隙不易精确控制、加工精度较差等缺点，限制了其在微细加工领域的发展。近年来，随着高频、窄脉冲电源等相关技术在电化学加工中的应用，使得电化学加工在复制精度、重复精度、表面质量、加工效率、加工过程稳定性方面有了很大的提高。

图 11-25　线切割加工的钢制微推进器（直径 1mm）

众所周知，任何一种加工方法实现微细加工的条件，是其加工单位尽可能小。而电化学加工过程是一种基于在溶液中通电，使离子从一个电极移向另一个电极，将材料去除或沉积的方法，是一种典型的离子方式去除（或生长）工艺。只要精细地控制电流密度和电化学发生区域，就能实现微细电化学溶解或微细电化学沉积，达到微细加工的目的。电解加工在离子去除机理上的优势已在常规电解加工中有所表现，如表面无变质层、无残余应力、表面粗糙度值小、无裂纹、不受加工材料硬度的限制等。

在微细电化学加工的研究与应用领域，国外学者利用持续时间以纳秒级的超短脉冲电压进行电化学微细加工，可成功地加工出微米级尺寸的微细零件，其加工精度可达几百纳米，高频窄脉冲电流加工为电化学加工在微细加工领域的应用提供了一个新的技术途径。这种加工方法不必加掩膜，通过控制具有一定形状的微细电极，就可进行三维结构的微细加工。

在纳秒级脉冲电源作用下，用超微电极进行无掩膜三维微细零件的电化学微米尺寸加工，是电化学微细加工的重要发展方向之一。图 11-26a 所示为使用直径为 $10\mu m$ 的圆柱电极在 0.1mol/L 的 $CuSO_4$ 和 0.01mol/L $HClO_4$ 的混合溶液中，在铜基体上加工的微三维结构。图 11-26b 所示为用直径为 $50\mu m$ 的 Pt（铂）圆柱电极在 1%（体积分数）HF 的溶液中，在 p-Si 基体上加工的试件。图 11-26c 所示为用 W（钨）电极在不锈钢基板上，在 0.2mol/L 的

HCl 溶液中加工出的 5μm 深的微螺旋结构，所加工的螺旋结构表面光滑，侧面加工间隙只有 600nm。

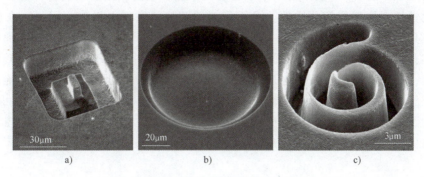

图 11-26　国外微细电化学加工实例

a）铜基体上的微三维结构　b）在 p-Si 基体上加工的试件　c）不锈钢基板上的微螺旋结构

微米尺度和纳米尺度的圆柱电极可利用化学侵蚀或光学刻蚀的方法来获得。用超微电极和超短脉冲宽度进行微细电化学加工是由电化学反应的基本性质决定的。在浸入电解液中的电极表面形成双电层，为发生电化学反应（如电解），通过外加电压，超微电极的双电层在几纳秒内极化，充电时间常数是很小的，且与电极间隙成正比，充电时间随电极间隙的增大而延长。因此，在极间双电层发生的电化学反应具有很强的距离敏感性，如何控制电极间隙是该方法的核心问题。微小电极在加工时与工件的距离通常不超过 1μm，用脉冲宽度为 10ns 的超短电压脉冲对双电层进行有效充电，由于电流脉冲只持续很短的时间，铜的溶解与沉积都只发生在非常靠近微细电极表面被极化的很小区域内，由双电层的空间约束控制电化学加工的形状精度与尺寸精度，加工精度极高。于是，工具电极可以垂直插入工件进行加工，圆柱电极就像一把小铣刀一样在工件上进行三维微细零件的加工。因为在加工过程中，Pt 圆柱电极不与铜基底相接触，不会产生力的作用，所以不会破坏加工出的微细结构。如果脉冲电压反转，则可以用有形状的微细平底 Pt 电极在 Au 金属片上沉积出相应形状的铜斑点，即可进行沉积加工。通过进一步减小脉冲宽度，能获得更高的加工精度。如图 11-27 所示，采用 φ2μm 的工具电极在 0.2mol/L 的 HCl 溶液中，用不同的脉冲宽度在镍金属表面上加工沟槽，从 SEM 图中可以看出，随着脉冲宽度的减小，加工精度越来越高。图 11-27b 所示为采用扫描隧道显微镜（STM）的探针作为工具电极加工 1μm 深的三角沟槽，在一定的溶液浓度下，用 0.5ns 的脉冲宽度能获得几十纳米的加工精度。

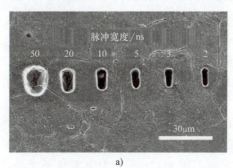
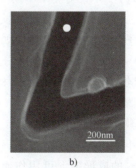

图 11-27　不同脉冲宽度下微细电解加工试验效果

a）不同脉冲宽度下沟槽的结构　b）STM 探针加工的三角沟槽

国内南京航空航天大学、哈尔滨工业大学等单位也开展了此方向的研究工作，并取得了良好的加工效果。图 11-28 所示为哈尔滨工业大学在自制的微细多功能特种加工平台上制得的微细电化学铣削加工的部分样件。采用简单的圆柱状微细电极作为阴极，在微电流作用下，利用工具电极没有损耗的特点，使高速旋转的微细工具电极侧壁像小铣刀那样加工微细结构，能够获得较好的微细形状特征和较高的加工精度。由于采用的是高速旋转的简单圆柱状微细电极，在加工准备阶段避免了复杂微细电极的制造，而且在加工过程中能改善微小加工间隙中电解液的供给条件，使微细电化学铣削加工顺利进行。复杂的微结构可在 UG 软件中按铣削加工方式自动编程，生成 G 代码加工程序，通过微细电化学加工数控系统，实现微细工具电极在 X 轴、Y 轴、Z 轴方向上的运动，从而可完成任意轨迹的加工。

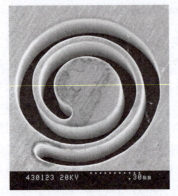 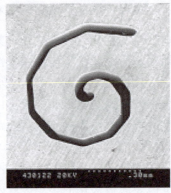 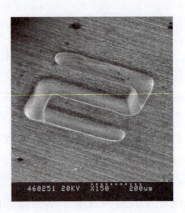

图 11-28　微细电化学铣削加工的部分样件

3. 超声振动精微加工技术

超声振动加工方法可以在石英、光学玻璃、陶瓷等脆性材料上加工不同截面形状的微孔。电火花加工方法只能加工导电材料，而超声振动加工方法则可以加工脆性非导电材料。图 11-29 所示为用超声振动加工工艺在石英玻璃上加工出的 $\phi 4.5 \mu m$ 微孔。

4. 准分子激光精微加工技术

激光有多种，用于加工的有 CO_2 激光、YAG 激光、准分子激光等，这几种激光因其波长不等而加工效果也不相同。准分子激光的波长很短，如 Xe_2 准分子激光的波长 $\lambda = 0.169 \sim 0.176 \mu m$，$Kr_2$ 准分子激光的波长 $\lambda =$

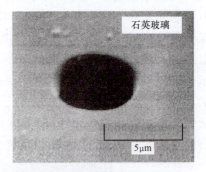

图 11-29　用超声振动加工出的 $\phi 4.5 \mu m$ 微孔

$0.1457 \mu m$。聚焦的束斑直径小，对材料的穿透性强，热作用区集中，且对周边的热影响小，适用于精密微器件的加工。

用准分子激光可以在薄板上加工微孔、切割微槽以及在工件表面进行微雕刻。用准分子激光进行极微小字或图形的微雕刻，可以用作防伪标志。图 11-30 所示为用准分子激光在细钛合金管上切割的成形槽，可用作血管支架。图 11-31 所示为用准分子激光在头发上刻出的字体。

图 11-30　用准分子激光在细钛合金管上切割的成形槽　　图 11-31　用准分子激光在头发上刻出的字体

第五节　微细加工立体复合工艺

过去集成电路多采用平面工艺，由于微机械的发展需求，出现了立体结构，产生了立体加工技术，如沉积和刻蚀多层工艺技术以及光刻-电铸-模铸复合成形技术（LIGA）等。

1. 沉积和刻蚀多层工艺技术

本来沉积和刻蚀都是半导体加工中的平面工艺，但利用沉积和刻蚀的多层交替工艺方法就可以制作立体结构。

图 11-32 所示为利用顺序交叉进行沉积和刻蚀的多层工艺方法制作多晶硅铰链的例子。以多晶硅为结构层材料，以磷硅酸盐玻璃（PSG）为牺牲层材料，最后去除所有磷硅酸盐玻璃层，即可得到可转动的多晶硅转臂。

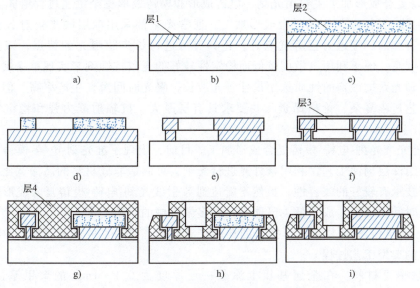

图 11-32　多晶硅铰链的制作
a）硅基片　b）沉积磷硅酸盐玻璃层　c）沉积多晶硅层
d）刻蚀轴承外环　e）刻蚀轴承外环支承面　f）全部层面覆盖磷硅酸盐玻璃薄层
g）沉积多晶硅　h）刻蚀转臂　i）蚀除层 2 与层 4 之间的磷硅酸盐玻璃薄层

多晶硅铰链的制作过程如下：

1) 在硅基（图 11-32a）上沉积一层磷硅酸盐玻璃，作为层 1（图 11-32b）。

2) 在层 1 的磷硅酸盐玻璃上沉积多晶硅膜，作为层 2（图 11-32c）。

3) 用离子束刻蚀将多晶硅膜 2 加工成环状，作为轴承外环（图 11-32d）。

4) 用刻蚀的方法蚀除层 1 上的磷硅酸盐玻璃，形成轴承外环的支承面（图 11-32e）。

5) 用全部层面覆盖磷硅酸盐玻璃薄层，作为层 3，其厚度即为以后的转动间隙（图 11-32f）。

6) 用化学沉积法沉积多晶硅，形成一定的厚度和形状，作为层 4，该层为转臂的毛坯（图 11-32g）。

7) 用离子束刻蚀将层 4 加工成要求的转臂形状（图 11-32h）。

8) 用氢氟酸（HF）水溶液蚀除层 2、层 4 多晶硅之间的磷硅酸盐玻璃，转臂即可自由转动（图 11-32i）。

最终形成的多晶硅铰链是一个立体的可动结构。

2. 光刻-电铸-模铸复合成形技术（LIGA）

LIGA 技术是最具有代表性的制作精细三维结构的技术，它是 20 世纪 80 年代中期由德国人发明的。LIGA 是由深度同步辐射 X 射线光刻、电铸成形和模铸成形等技术组成的综合性技术。它是 X 射线光刻与电铸复合立体光刻，反映了高深宽比的刻蚀技术和低温融接技术的结合，可制作最大高度为 1000μm、槽宽为 0.5μm、高宽比大于 2000 的立体微结构，加工精度可达 0.1μm，可加工的材料有金属、陶瓷和玻璃等。

（1）光刻-电铸-模铸复合成形加工方法　光刻-电铸-模铸复合成形加工可分为 X 射线光刻-电铸-模铸复合成形加工和紫外光准光刻-电铸-模铸复合成形加工，如图 11-33 所示。光刻-电铸-模铸复合成形加工主要由光刻、电铸成形和模铸成形三个工艺过程组成。

1) X 射线光刻-电铸-模铸复合成形加工。通常光刻都采用深层同步辐射 X 射线，除有波长短、分辨率高、穿透力强等优点外，还具有可进行长焦距曝光的特点，减少了几何畸变；辐射强度高，便于利用灵敏度较低而稳定性较好的光致抗蚀剂来实现单涂层工艺；可根据掩膜材料和光致抗蚀剂的性质选用最佳曝光波长；曝光时间短，生产率高。但其加工时间比较长、工艺过程复杂、价格昂贵，并要求具有层厚大、抗辐射能力强和稳定性好的掩膜基底。

2) 紫外光准光刻-电铸-模铸复合成形加工。目前，出现了准光刻-电铸-模铸复合成形加工方法，采用深层刻蚀工艺，利用紫外光进行光刻，可制造非硅材料的高深宽比微结构，并且与微电子技术有较好的兼容性，虽然不能达到 X 射线光刻-电铸-模铸复合成形加工的高水平，但加工时间比较短、成本低，已能满足许多微机械的制造要求。

（2）光刻-电铸-模铸复合成形技术的典型工艺过程　图 11-34 所示为光刻-电铸-模铸复合成形技术的典型工艺过程。

1) 涂敷感光材料。在金属基板上涂敷一层厚度为 0.1~1mm 的聚甲基丙烯酸甲酯（PMMA）等 X 射线感光材料。

2) 曝光和显像。放置工作掩膜版，用同步辐射 X 射线对其进行曝光（图 11-34a）。由于 X 射线具有良好的平行性、显影分辨率和穿透性，对于数百微米厚的感光膜，其曝光精度高于 1μm。经显像后，可在感光膜上得到所要求的结构（图 11-34b）。

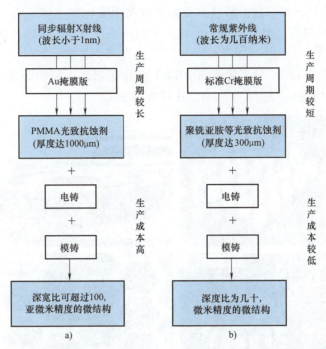

图 11-33 光刻-电铸-模铸复合成形加工和准光刻-电铸-模铸复合成形加工
a) 光刻-电铸-模铸复合成形加工 b) 准光刻-电铸-模铸复合成形加工

3) 电铸。在感光膜的结构空间内电铸镍、铜、金等金属，即可制成微小的金属结构（图 11-34c）。

4) 去除感光膜。用化学方法洗去感光膜，便可得到所要求的金属结构（图 11-34d）。

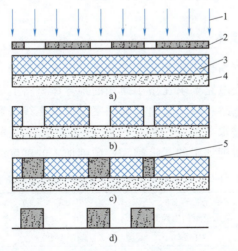

图 11-34 光刻-电铸-模铸复合成形技术的典型工艺过程
a) 涂敷感光膜、曝光 b) 显像 c) 电铸 d) 去除感光膜
1—同步辐射 X 射线 2—工作掩膜版 3—聚甲基丙烯酸甲酯 4—金属基板 5—电铸镍

5) 制作成品。以金属结构作为模具，即可制成成形塑料制品。例如，用这种方法可以制作深度为 350μm、孔径为 80μm、壁厚为 4μm 的蜂窝微结构。

光刻-电铸-镆铸复合成形技术的特点是能实现高深宽比的立体结构,突破了平面工艺的局限。虽然光刻成本较高,但可以在一次曝光下制作多种结构,应用范围较广,对大量生产意义较大。

图 11-35 所示为用 LIGA 工艺制成的 PMMA 模和微器件,图中的微齿轮高度为 $100\mu m$,蜂窝结构的高度为 $180\mu m$、壁厚为 $8\mu m$、孔径为 $80\mu m$。

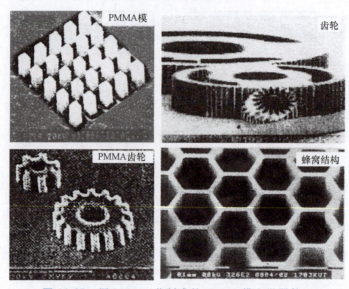

图 11-35 用 LIGA 工艺制成的 PMMA 模和微器件

第六节 微细加工中的集成电路与印制电路板制作技术

一、集成电路制作技术

集成电路一般按集成度与最小线条宽度来分类。集成度是指一块规定大小的单元芯片上所包含的电子元件数。集成电路要求在微小面积的半导体材料上能容纳更多的电子元件,以形成功能复杂而又完善的电路。减小电路微细图案中的最小线条宽度是提高集成度的关键技术,同时也是衡量集成电路水平的一个标志。表 11-3 列出了各类集成电路的集成度和最小线条宽度,线宽越小,对微细加工的要求越高,微细加工的难度就越大。

表 11-3 各类集成电路的集成度和最小线条宽度

参数与性能	单元芯片上的 单元逻辑门电路数	单元芯片上的 电子元件数	最小线条宽度/μm
小规模集成电路(SSI)	10~12	<100	≤8
中规模集成电路(MSI)	12~100	100~999	≤6
大规模集成电路(LSI)	100~10^4	1000~10^5	6~3
超大规模集成电路(VLSI)	≥10^4	≥10^5	2.5~0.1

2021 年初,集成电路芯片的最小分度值(分辨率)已达到 $0.002\mu m$(取 2nm),但这一关键技术只掌握在少数国家中。

1. 集成电路的主要制作工艺

集成电路的主要制作工艺有外延生长、氧化、光刻、选择扩散和真空镀膜等。

（1）外延生长　外延生长（图 11-36b）是在图 11-36a 所示基片半导体晶片表面，沿原来的晶体结构轴方向生长一薄层单晶外延层，以提高晶体管的性能。外延层厚度一般在 10μm 以内，其电阻率与厚度由所要制作的晶体管性能决定。外延生长的常用方法是气相法（化学气相沉积）。

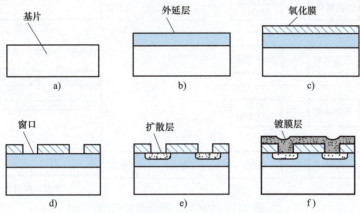

图 11-36　集成电路中的微细加工方法

a）基片　b）外延生长　c）氧化　d）光刻　e）选择扩散　f）真空镀膜

（2）氧化　氧化（图 11-36c）是在半导体晶片表面生成绝缘的氧化膜，这种氧化物薄膜与半导体晶片附着紧密，是良好的绝缘体，可作为绝缘层来防止短路和电容的绝缘介质。常用的是热氧化法工艺。

（3）光刻　光刻（图 11-36d）是在基片表面上涂覆一层光致抗蚀剂，经图形复印曝光、显影、刻蚀等处理后，在基片上有目的地局部去除绝缘氧化膜，形成所需的精细图形。

（4）选择扩散　基片经氧化、光刻处理后，置于惰性气体或真空中加热，并与合适的杂质（如硼、磷等）接触，在光刻中去除了氧化膜的基片表面受到杂质扩散，形成扩散层，这种微细加工称为选择扩散（图 11-36e）。扩散层的性质和深度取决于杂质种类、气体流量、扩散时间、扩散温度等因素。扩散层的深度一般为 $1\sim3\mu m$。

（5）真空镀膜　真空镀膜（图 11-36f）是在真空容器中加热导电性能良好的金属（如金、银、铂等），使其成为蒸气原子而飞溅到基片表面，沉积形成一薄层金属膜，从而解决集成电路中的布线和引线制作问题。

2. 集成电路的制作流程

图 11-37 所示为集成电路的制作流程，可分为基片制作、基区生成、发射区生成、引线电极生成、划片、封装、老化、检验等工序。如需进一步了解，可参阅有关专著。

二、印制电路板制作技术

1. 印制电路板的结构和分类

印制电路板是用一块板上的电路来连接芯片、电气元件和其他外接设备的，由于其上的电路最早是采用丝网印制技术来实现的，因此称为印制电路板。图 11-38 所示为单面、双面和多层普通印制电路板。

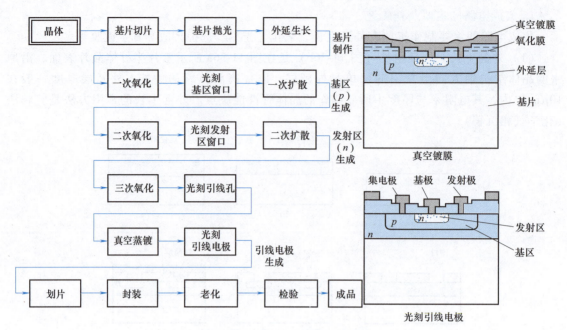

图 11-37 集成电路制作流程图

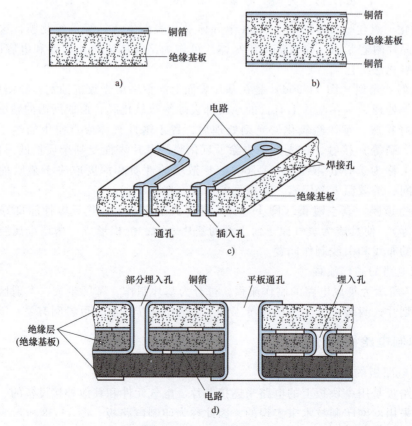

图 11-38 印制电路板

a) 单面印制电路板　b) 双面印制电路板　c) 双面印制电路板的电路结构　d) 三层印制电路板

(1) 单面印制电路板　单面印制电路板是最简单的印制电路板，它是在一块厚 0.25~2mm 的绝缘基板上粘以一层厚 0.02~0.04mm 的铜箔而构成的。绝缘基板是通过将环氧树脂注入多层薄玻璃纤维板中，再经热镀或辊压的高温和高压，使各层固化并硬化所形成的，是既耐高温又抗弯曲的刚性板材，能够保证芯片、电气元件和外部输入、输出装置等接口的位置及连接。

(2) 双面印制电路板　双面印制电路板是在基板的正、反（上、下）两面均粘有铜箔，这样两面均有电路，可用于比较复杂的电路结构。

(3) 三层和多层印制电路板　由于电路越来越复杂，因此又出现了多层印制电路板，现在层数已达到 16 层，甚至更多。这样可以节省空间，减轻重量，尤其适用于航天、卫星等产品。

2. 印制电路板的制作

(1) 单面印制电路板的制作　一块单面印制电路板的制作过程可分为以下几个工序：

1）剪切。得到规定尺寸的电路板。

2）钻定位孔。通常在板的一个对角边上钻出两个 $\phi 3mm$ 定位孔，以便以后在不同工序加工时采用一面两销定位。同时加上条形码以便于识别。

3）清洗。表面清洗去油污，以减少或避免以后加工出现缺陷。

4）电路制作。早期的电路制作是先画出电路放大图，经照相精缩成要求大小的图形，作为原版。然后在印制电路板上均匀地涂上光致抗蚀剂，照相复制原版，腐蚀掉不需要的部分，清洗后就可得到所需的电路。现在多采用光刻技术来制作电路，在微型化和质量上均有很大提高。

5）钻孔或冲孔。用数控高速钻床或压力机加工出通道孔、插件孔、附加孔等。

6）镀保护层。在印制电路板的接插件等插口处，为了保证接触，通常最好镀金，而其他部分都要喷一层通常为绿色的清漆等保护层。

7）测试。主要是检查电路的通断情况，最好在装上芯片、电阻、电容等元件后一起检查，这样更为可靠。

(2) 双面印制电路板的制作　双面印制电路板的制作过程与单面印制电路板基本相同。首先在绝缘基板两面的铜箔上制作出相对位置准确的印制电路，这样才能保证其通孔和插入孔的位置；由于绝缘基板上加工出的孔是不导电的，因此在钻孔或冲孔后，根据需要对通道孔或插件孔进行电镀，通常用非电解电镀的方法（在含有铜离子的水溶液中进行化学镀）将铜沉积在通孔内的绝缘层表面上。

(3) 多层印制电路板的制作　多层印制电路板的制作是在单层印制电路板的基础上进行的，首先制作所需数量的单层印制电路板，然后将它们粘合在一起形成多层印制电路板。图 11-37d 所示为三层印制电路板，其中有通孔、埋入孔和部分埋入孔等。多层印制电路板的关键制作技术有各层板间的精密定位、各层板间的通孔连接以及绝缘层通孔的电镀等。光学曝光技术和电子束曝光技术可参考文献 [33] 第二、第三章，电子束光刻技术可参考文献 [33] 第四章，X 射线光刻技术可参考文献 [33] 第五章，远紫外线技术可参考文献 [33] 第六章。

知识扩展

微细加工、精微机械加工及精微特种加工的图片集锦

【第十一章 微细加工、精微机械加工及精微特种加工的图片集锦】

思考题和习题

11-1 试论述微细加工的含义。

11-2 试论述微细加工与精密加工的关系。

11-3 微小尺寸加工和一般尺寸加工有哪些不同？

11-4 论述分离、增材、变形三大类微细加工方法的含义及其常用加工方法的特点和应用范围。

11-5 何谓 LIGA 技术？其原理和用途如何？其创新性表现在何处？

11-6 你所知道的生活和工作中电器的印制电路板哪些是单面的？哪些是双面的？哪些是三层或多层的？

11-7 汽车用芯片和手机用芯片的分辨率各是多少？国内和国际上哪些国家及公司的设计、制作水平最高？

思政思考题

1. 国外精密微加工设备快速发展对我们有何启发？
2. 集成电路领域中微细加工方法有哪些？
3. 微细电火花加工机床由卧式主轴演化为立式主轴说明什么？

北斗：想象无限

重点内容讲解视频

第十二章 纳米技术和纳米加工

本章教学重点

知识要点	相关知识	掌握程度
纳米技术概述	纳米技术的特点和主要内容	掌握纳米技术的特点和主要内容
纳米级测量和扫描探针测量技术	纳米级测量方法及扫描隧道显微测量技术	了解纳米级测量方法,掌握扫描隧道显微测量原理
纳米级精密加工和原子操纵	纳米级精密加工的物理实质及加工精度,STM 原子操纵技术及 SPM 微结构加工技术	掌握纳米级精密加工的物理实质,了解 STM 原子操纵方法及 SPM 微结构加工方法
微型机械、微型机电系统及其制造技术	微型机械和微型机电系统的概念及相应的制造技术	掌握微型机械和微型机电系统的概念,了解微型机械和微型机电系统的制造方法

导入案例

自古以来,荷叶享有"出淤泥而不染"的美誉,即使经过一场倾盆大雨,荷叶的表面也总能保持干燥而不沾水,而且滚动的水珠会把灰尘和污泥一起带走,达到自我洁净的效果。这是因为荷叶表面有许多复杂的微小乳突,而每个乳突是由许多直径为纳米级尺寸的突起组成的,如图 12-1 所示。此外,众多研究成果表明,在纳米级加工尺度,被加工对象的物理、化学和力学性能都会发生显著改变。随着科技的进步,如今纳米加工技术逐步得到发展。纳米加工是通过哪些技术实现的?加工完成后,又如何对被加工对象进行准确的测量和表征?本章将对这些问题进行介绍。

图 12-1 纳米加工

第一节 纳米技术概述

一、纳米技术的特点和重要性

纳米技术一般是指针对纳米级(0.1~100nm)的材料,进行设计、加工制造、测量、控制，最终形成产品的技术。

纳米技术是科技发展的一个新兴领域。人类对自然的认识从微米层深入到分子、原子级的纳米层次，所面临的绝不仅是几何上的相似缩小问题，而是一系列新的现象和新的规律。在纳米层次上，也就是原子尺寸级别的层次上，一些宏观的物理量（如弹性模量和密度）、阿基米德几何、牛顿力学、宏观热力学和电磁学等都已不能正常描述纳米级的工程现象和规律，而量子效应、物质的波动特性和微观涨落等已不可忽略的，甚至成为主导因素。

纳米技术不断发展，将在精密机械工程、材料科学、微电子技术、计算机技术、光学、化工、生物、医学和生命技术以及生态农业等方面产生新的突破。这种前景使得众多工业先进国家，如美国、日本、德国、英国、法国、瑞士、瑞典等，对纳米技术给予了极大的重视，并投入了大量人力、物力进行研究开发，我国也在奋起直追。

二、纳米技术的主要内容

纳米技术主要包括：纳米级精度和表面形貌的测量，纳米级表层物理、化学、力学性能的检测，纳米级精度的加工和纳米级表层的加工——原子和分子的去除、搬迁和重组，纳米材料，纳米电子学，纳米级微传感器和控制技术，微型和超微型机械，微型和超微型机电系统和其他综合系统，纳米生物学等。本书将重点讲述纳米级测量技术、纳米级精密加工和原子操纵、微型机电系统及其制造技术[34]。

第二节　纳米级测量和扫描探针测量技术

一、纳米级测量方法简介

由于常规的机械量仪、机电量仪和光学显微镜等已不易达到要求的测量分辨率和测量精度，而且接触法测量很容易损伤被测表面，因此，许多领域越来越多地开始采用纳米级测量技术。目前，纳米级测量技术主要有以下两个发展方向。

1. 光干涉测量技术

光干涉测量技术利用光的干涉条纹提高测量分辨率。可见光和紫外光的波长较长，干涉条纹间距达数百纳米，不能满足测量精度要求。纳米级测量使用波长很短的激光或 X 射线，故可以达到很高的测量分辨率。光干涉测量技术可用于长度和位移的精确测量，也可用于表面显微形貌的测量。利用这种原理的测量方法有双频激光干涉测量、激光外差干涉测量、超短波长（如 X 射线等）干涉测量等。

2. 扫描显微测量技术

扫描显微测量技术主要用于测量表面的微观形貌和尺寸。它的原理是用极尖的探针（或类似的方法）对被测表面进行移动扫描（探针和被测表面不接触或准接触），借助纳米级的三维位移定位控制系统测出该表面的三维微观立体形貌。利用这种原理的测量仪器有扫描隧道显微镜（Scanning Tunneling Microscope，STM）、原子力显微镜（Atomic Force Microscope，AFM）、磁力显微镜（Magnetic Force Microscope，MFM）、激光力显微镜（Laser Force Microscope，LFM）、热敏显微镜（Thermosensitive Microscope，TSM）、光子扫描隧道显微镜（Photon Scanning Tunneling Microscope，PSTM）、扫描近场声显微镜、扫描离子导电显微镜等。

为了更好地了解这些纳米级测量方法的测量分辨率、测量精度、测量范围等性能，在表 12-1 中列出了几种主要纳米级测量方法的对比。

表 12-1　几种主要纳米级测量方法的对比

项目	分辨率/nm	测量精度/nm	测量范围/nm	最大速度/(mm/s)
双频激光干涉测量法	0.600	2.00	1×10^{12}	5×10^{10}
光外差干涉测量法	0.100	0.10	5×10^{7}	2.5×10^{3}
F-P 标准具测量法	0.001	0.001	5	5~10
X 射线干涉测量法	0.005	0.010	2×10^{5}	3×10^{-3}
衍射光学尺	1.0	5.0	5×10^{7}	10^{6}
扫描隧道显微测量法	0.050	0.050	3×10^{4}	10

二、扫描隧道显微测量技术

1. 扫描隧道显微镜（STM）简介

STM 是 1981 年由瑞士苏黎世实验室首创和发明的。它可用于观察、测量物体表面 0.1nm 级的表面形貌，也就是说，它能观察、测量物体表面单个原子和分子的排列状态以及电子在表面的行为，为表面物理、表面化学、生命科学和新材料研究提供了一种全新的研究方法。随着研究的深入，STM 还可用于纳米尺度下单个原子的搬迁、去除、添加和重组，构造出具有新结构的物质。这一成就被公认为 20 世纪 80 年代世界十大科技成果之一，发明者因此荣获了 1986 年诺贝尔物理学奖。

STM 的基本原理是利用量子力学的隧道效应。在正常情况下，互不接触的两个电极之间是绝缘的，然而，当把这两个电极之间的距离缩小到 1nm 以内时，由于量子力学中粒子的波动性，电流会在外加电场的作用下穿过绝缘势垒，从一个电极流向另一个电极，犹如不必爬过高山，而是穿越隧道从山下通过一样。当其中一个电极是非常尖锐的探针时，由于尖端放电将使隧道电流更敏感。用探针在试件表面进行扫描，将它"感觉"到的原子高低和电子状态信息采集起来，经过计算机数据处理，即可得到纳米级三维表面形貌。

2. STM 的工作原理、方法及系统组成

当探针的针尖与试件表面的距离 d 约为 1nm 时，将形成图 12-2 所示的隧道结。当在探针和试件间加偏压 U_b，隧道间隙为 d，势垒高度为 φ，且 $U_b<\varphi$ 时，隧道电流密度 j 为

$$j=\frac{e^2}{h}\frac{k_a}{4\pi^2 d}U_b e^{-2k_o\varphi}$$

$$\varphi=(\varphi_1+\varphi_2)/2$$

式中　h——普朗克常数；

　　　e——电子电量；

　　　k_a、k_o——系数。

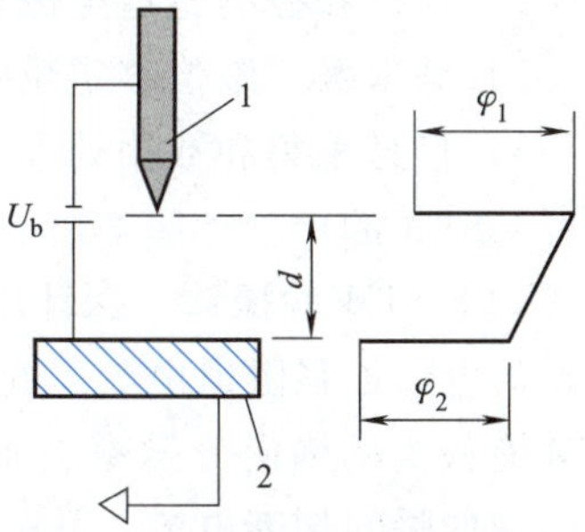

图 12-2　STM 的隧道结示意图

1—STM 探针　2—试件

由上式可知，隧道电流密度 j 对针尖与试件间的距离 d 非常敏感。距离 d 每减小 0.1nm，隧道电流密度 j 将增大一个数量级。这种隧道电流对隧道间隙的极端敏感性就是 STM 的

基础。

STM 有等高测量和恒电流测量两种模式。

（1）等高测量模式　它的原理如图 12-3a 所示。采用这种模式时，探针以不变的高度在试件表面进行扫描，隧道电流将随试件表面的起伏而变化，因此，测量隧道电流的变化就能得到试件的表面形貌信息。这种测量方法只能用于测量表面起伏很小（<1nm）的试件，且隧道电流的大小与试件表面高低的关系是非线性的。上述限制使得这种测量模式很少使用。

（2）恒电流测量模式　它的原理如图 12-3b 所示。探针在试件表面扫描时，要保持隧道电流恒定不变，即使用反馈电路驱动探针，探针将随试件表面的高低起伏而上下移动，并跟踪其高低起伏，从而使探针与试件表面的距离（即隧道间隙）在扫描过程中保持不变。记录反馈的驱动信号，即可得到试件表面的形貌信息。这种方法避免了等高测量模式时的非线性，提高了纵向测量的测量范围和测量灵敏度。现在 STM 大都采用这种测量模式，纵向测量分辨率最高可以达到 0.01nm。

获得表面微观形貌的信息后，通过计算机进行信息的数据处理，最后得到试件表面微观形貌的三维图形和相应的尺寸。

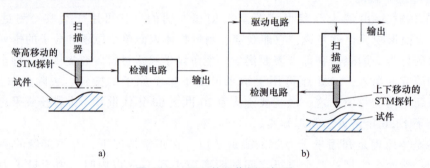

图 12-3　STM 的工作原理框图
a）等高测量模式　b）恒电流测量模式

一般情况下，STM 的隧道电流通过探针尖端的一个原子，因而 STM 的横向分辨率最高可以达到原子级尺寸。

从上述 STM 的工作原理可知，它由以下几部分组成：

1）探针和控制隧道电流恒定的自动反馈控制系统。

2）纳米级三维位移定位系统，用于控制探针的自动升降和形成扫描运动。

3）信息采集和数据处理系统，这部分主要由计算机软件完成。

3. STM 的探针和隧道电流控制系统

（1）STM 的探针　探针用金属制成，要求尖端极为尖锐，这是因为顶端尖时可以形成尖端放电以加强隧道电流。此外，还希望隧道电流通过探针顶端的一个原子流出，这样可使 STM 有极高的横向分辨率。制造探针时，一种方法是用金属丝经电化学腐蚀，在金属丝腐蚀断裂的瞬间切断电流，从而获得极为锋锐的尖端。另一种制造方法是金属丝（带）经机械剪切，在剪断处自然形成尖端，要求针尖曲率半径为 30~50nm 或以下。现在多使用碳纳米管制造探针，针尖曲率半径可小到几纳米，从而大大提高了 STM 测量的横向分辨率。

（2）STM 的隧道电流控制系统　在探针和试件间加上不同（变化）的偏压 U_b 来形成预定的隧道电流。所加偏压必须小于势垒高度 φ，一般情况所加偏压为数十毫伏。

现在的 STM 都采用恒电流测量模式，其隧道电流反馈控制系统使探针升降，以保证在隧道间隙和偏压变化时隧道电流不变。扫描时的探针升降值，即试件表面的微观形貌高度值，与偏压的大小成正比。

4. STM 的使用

（1）探针的预调　STM 都有精密的探针预调机构，并用低倍显微镜监测针尖，当探针很接近试件表面时，启动 Z 向微位移驱动系统，直到探针尖端有隧道电流。

（2）STM 的环境保证条件　STM 要求有很好的隔振系统，以防止外界振动对测量工作的干扰。STM 工作时要求恒温和防止气流干扰，某些测量工作要求在真空条件下进行。

（3）STM 测量的表面形貌图　检测时，先得到表面的线扫描图，经消影和图像处理后得到被测表面的彩色立体形貌图。可以调节不同的放大倍数。图 12-4 所示用 STM 测得的试件表面形貌图（原图为彩色）。图中的放大倍数大，是铂晶体表面吸附碘原子的情况，可看到有一处缺了一个原子。

（4）STM 的扩大应用　研究发现，在探针和试件间加一定的偏压，可以将试件表面的原子吸附在探针针尖上且跟随探针移动，这使得 STM 不仅可用于原子级表面的测量，而且可用于试件表面单个原子的去除、搬迁、增添、重组，实现原子级的加工，使 STM 的应用扩大到一个全新的宽广领域。

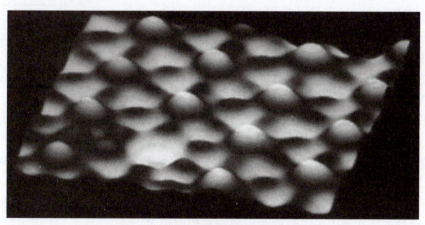

图 12-4　STM 测得的试件表面形貌图

三、原子力扫描探针测量和其他扫描测量技术

扫描隧道显微镜虽然有极高的测量灵敏度，但它是靠隧道电流进行测量的，因此不能用于非导体材料的测量。1986 年发明了依靠探针尖和试件表面间的原子作用力进行测量的原子力显微镜（AFM），后来又研制成功利用磁力、静电力、激光力等进行测量的多种扫描探针显微镜，解决了不同领域的微观测量问题。

1. AFM 的测量原理

当两原子间的距离缩小到 0.1nm 数量级时，原子间的相互作用力就会显示出来。先是两者之间产生吸引力，当这两个原子的距离继续减小到原子直径数量级时，由于原子间电子云的不相容性，两原子间作用力表现为排斥力。在 AFM 中，探针与样品之间的原子间吸引力和排斥力的典型值在 10^{-9}N，即 nN 左右。

AFM 常利用原子间的排斥力（即当探针针尖和试件表面间的距离小于 0.3nm 时产生的排斥力）进行测量，其分辨率很高，在微距离上可以达到原子级的尺寸。

AFM 的测量原理：探针扫描试件表面，保持探针与被测表面间的原子排斥力恒定，探针扫描时的纵向位移变化即为被测表面的微观形貌。

2. AFM 的结构和工作原理

可以通过不同方法保持探针和试件表面原子间的排斥力恒定。常用的方法是将探针用悬臂方式装在一个微力传感弹簧片上，该弹簧片非常软，弹性系数为 0.01~0.1N/m。探针在试件表面扫描时，将随被测表面的起伏而升降。G. Binning 研制的 AFM 是用扫描隧道显微镜来检测探针的纵向位移，其结构原理如图 12-5 所示。从图中可以看到，试件装在能做三维扫描的 AFM 扫描驱动台上，AFM 探针装在软弹簧片的外端。STM 驱动只能做纵向（一维）微进给，STM 探针检测出 AFM 探针上弹簧片的纵向起伏运动。测量时，AFM 探针被微力传感弹簧片压向试件表面，探针尖端和试件表面间的原子排斥力将探针微微抬起，达到力的平衡。AFM 探针在试件表面进行扫描时，因微力传感弹簧片的压力基本不变，故探针将随被测表面的起伏面上下波动，AFM 探针弹簧片后面的 STM 探针和弹簧片间产生隧道电流，控制隧道电流不变，则 STM 探针和 AFM 探针将做同步的纵向位移运动，即可测出试件表面的微观形貌。

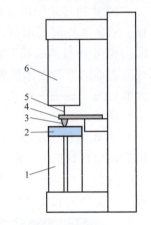

图 12-5　AFM 的结构原理
1—AFM 扫描驱动　2—试件
3—AFM 探针　4—微力传感弹簧片
5—STM 探针　6—STM 驱动

现在有多种方法用于测量 AFM 探针和弹簧片的位移值，如位敏光电元件法、激光法、电容法等，其中激光反射偏移法因灵敏度高而得到较多采用。

微力传感弹簧片将探针压向试件表面的力很小，在 10^{-9}N 左右，因弹簧力不超过原子间的排斥力，故不会划伤试件表面。

AFM 不仅可以检测非导体试件的微观形貌（横向分辨率达原子级，纵向分辨率达 0.05nm），而且可以在液体中进行检测，故现在用得较多。

3. 其他扫描探针显微镜和多功能扫描探针显微镜

AFM 测量时，针尖和试件原子间的相互作用力不仅有相互吸引力和相互排斥力，同时还存在摩擦力、磁力、静电力、化学力等，于是又发展了新的摩擦力显微镜（FFM）、磁力显微镜（MFM）、静电力显微镜（EFM）、化学力显微镜（CFM）等。因这些显微镜工作时，都是用探针进行扫描检测的，故又统称为扫描探针显微镜（SPM），它们在不同的情况下发挥着重要作用。

第三节　纳米级精密加工和原子操纵

一、纳米级精密加工的物理实质分析

纳米级精密加工和传统的切削、磨削加工完全不同，传统的切削、磨削方法和规律已不

能用于纳米级加工。

要得到 1nm 的加工精度，加工的最小单位必然在亚纳米级。由于原子间的距离为 0.1~0.3nm，因此，纳米级精密加工实际上已达到加工精度的极限。纳米级精密加工中试件表面的一个个原子或分子将成为直接的加工对象，因此其物理实质就是要切断原子间的结合，实现原子或分子的去除。各种物质是原子以共价键、金属键、离子键或分子结构的形式相互结合而组成的，要切断原子或分子的结合，就要研究材料原子间结合的能量密度，提供切断原子间结合所需的能量密度。不同材料的原子间结合能密度见表 12-2。

表 12-2　不同材料的原子间结合能密度

材料	结合能密度/(J/cm³)	备注	材料	结合能密度/(J/cm³)	备注
Fe	2.6×10^3	拉伸	SiC	7.5×10^5	拉伸
SiO_2	5×10^2	剪切	B_4C	2.09×10^6	拉伸
Al	3.34×10^2	剪切	CBN	2.26×10^8	拉伸
Al_2O_3	6.2×10^5	拉伸	金刚石	$1.02\times10^7 \sim 5.64\times10^8$	晶体的各向异性

在纳米级精密加工中，要切断原子间的结合需要很大的能量密度，其值的范围为 $10^5 \sim 10^6 J/cm^3$，或 $10^{-21} \sim 10^{-16} J$/原子。传统的切削、磨削加工消耗的能量密度较小，而且刀具、工具的尺寸太大，无法进行加工。因此直接利用光子、电子、离子等基本粒子进行加工，必然是纳米级精密加工的主要方向和主要方法。如何有效地进行控制以达到原子级的去除，是实现原子级加工的关键。近年来纳米级精密加工已有很大的突破，例如，用电子束光刻加工超大规模集成电路时，已实现 $0.1 \sim 0.002 \mu m$ 线宽的加工；离子刻蚀已实现微米级和纳米级表层材料的去除；扫描隧道显微技术已实现单个原子的去除、搬迁、增添和原子的重组。纳米级加工技术现在已成为现实的、有广阔发展前景的全新加工方法。

二、纳米级精密加工精度

纳米级精密加工精度包括纳米级尺寸精度、纳米级几何形状精度、纳米级表面质量。对于不同的加工对象，这三方面各有偏重。

1. 纳米级尺寸精度

1）较大尺寸的绝对精度很难达到纳米级。零件材料的稳定性、内应力、本身质量造成的变形等内部因素和环境的温度变化、气压变化、测量误差等都将产生尺寸误差。1m 长的实用基准尺，其精度要达到绝对长度误差 $0.1 \mu m$ 已非常不易了。因此，现在已不采用标准尺作为长度基准，而是采用光速和时间作为长度基准。

2）较大尺寸的相对精度或重复精度有时也需达到纳米级，如某些特高精度孔和轴的配合、某些精密机械中精密零件的个别关键尺寸、超大规模集成电路制造过程中要求的重复定位精度等。现在使用激光干涉测量和 X 射线干涉测量法都可以达到 $0.1 \mu m$ 级的测量分辨率和重复精度。

3）微小尺寸在精微加工时经常希望达到纳米级精度，无论是加工或测量都需要继续研究和发展。

2. 纳米级几何形状精度

例如，精密轴和孔的圆度和圆柱度；精密球（如陀螺球、计量用标准球）的球度；制造集成电路用的单晶硅基片的平面度；光学、激光、X 射线的透镜和反射镜上要求非常高的平面度或要求非常严格的曲面形状。

3. 纳米级表面质量

纳米级表面质量不仅指表面粗糙度，还包含内在的表面物理状态。例如，超大规模集成电路的单晶硅基片不仅要有很高的平面度、很小的表面粗糙度值和无划伤，而且要求无表面变质层（或极小的变质层）、无表面残余应力、无组织缺陷。

三、使用 STM 进行原子操纵

1. 使用 STM 搬迁拖动原子和分子

（1）使用 STM 搬迁移动气体 Xe 原子 1990 年，美国 IBM 公司首次在超真空和液氦温度（4.2K）的条件下，用 STM 将吸附在 Ni（110）表面的惰性气体氙（Xe）原子逐一拖动搬迁，用 35 个 Xe 原子排成 IBM 三个字母。每个字母高 5nm，原子间距离为 1nm，如图 12-6 所示。该方法是将 STM 的探针靠近试件表面吸附 Xe 原子，原子间的吸引力使 Xe 原子随探针的水平移动而被拖动到要求的位置。

（2）使用 STM 搬迁移动金属 Fe 原子 使用 STM 还可以搬迁移动表面吸附的金属原子。1993 年实现了在单晶铜 Cu（111）表面上吸附的 Fe 原子的搬迁移动，将 48 个 Fe 原子移动围成一个直径为 14.3nm 的圆圈，相邻两个 Fe 原子间的距离仅为 1nm。这是一种人工的围栅，可以把圈在围栅中心的电子激发成美丽的电子波浪，如图 12-7 所示。

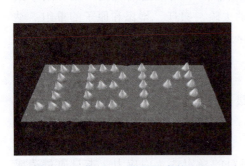

图 12-6 搬迁 Xe 原子写成的 IBM

图 12-7 搬迁 Fe 原子形成的圆量子围栅

后来又在铜 Cu（111）表面上成功地移动了 101 个吸附的 Fe 原子，写成中文的"原子"两个字（图 12-8），这是首次用原子写成汉字，也是最小的汉字。

（3）使用 STM 搬迁 CO 分子 1991 年美国人实现了使用 STM 移动在铂单晶表面上吸附的 CO 分子，将 CO 排列构成一个高度仅 5nm 的世界上最小的小人图像，如图 12-9 所示。该图像中 CO 分子间的距离仅为 0.5nm，人们称它为一氧化碳小人。

2. 使用 STM 提取去除原子

（1）从 MoS_2 试件表面去除 S 原子 1991 年日本日立公司成功地在 MoS_2 表面去除了 S 原子，并用这种去除 S 原子留下空位的方法，在 MoS_2 表面上用空位写成"PEACE'91HCRL"的字样，如图 12-10 所示。写成的字很小，每个字母的尺寸不到 1.5nm。该方法是将 STM 的针尖对准试件表面某个 S 原子，施加电脉冲而形成强电场，使 S 原子电离成离子而逸飞，留下 S 原子的空位。

 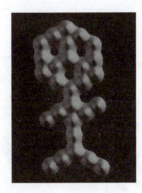 

图 12-8　搬迁 Fe 原子写成汉字"原子"　　图 12-9　搬迁 CO 分子画成小人图像　　图 12-10　在 MoS_2 表面去除 S 原子

（2）在单晶 Si 表面去除 Si 原子　黄德欢用 STM 在 Si（111）-7×7 表面上去除了 Si 原子。将 STM 针尖对准 Si 晶体表面某个预定的 Si 原子，施加一个-5.5V、10ms 的电脉冲，使 Si 原子被离子化而蒸发去除。图 12-11a 所示为原来 Si 表面的图像，图 12-11b 所示为 Si 原子被去除后的图像。

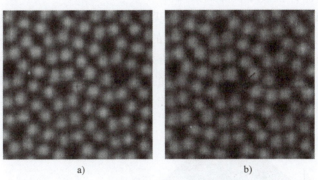

图 12-11　在 Si（111）-7×7 表面去除 Si 原子
a）Si 原子去除前　b）Si 原子去除后

3. 使用 STM 在试件表面放置原子

（1）将 STM 针尖的原子放置到试件表面　1988 年黄德欢成功地将 Pt 针尖原子放置到 Si（111）-7×7 试件表面，形成 Pt 的纳米点。先将 STM 的 Pt 针尖移动到非常接近试件表面的地方，施加一个 3.0V、10ms 的电脉冲，针尖与试件间的电流急剧增大，使针尖顶端温度迅速升高而熔化，Pt 原子留在试件表面形成多原子的 Pt 纳米点，直径约为 1.5nm，如图 12-12 所示。

（2）从试件表面摄取原子并放置到试件表面预定的位置（即原子搬家）　用 STM 从试件表面摄取原子，使该原子暂时吸附在针尖表面，移动针尖将该原子放置到试件表面的预定位置。这完全不同于用针尖拖动表面吸附原子的方法。可以用这种原子搬家的方法来修复试件表面的缺陷。

（3）向试件表面放置异质材料的原子　此法的第一步是用电脉冲将新原子吸附到针尖表面，第二步再用电脉冲将针尖表面吸附的异质原子放置到试件表面。图 12-13 所示为黄德欢用放置 H 原子法制成的微结构图形。STM 的钨探针自周围的氢气中提取氢原子，并吸附到针尖表面，再用电脉冲连续将 H 原子放置到 Si（111）-7×7 表面，Si 表面上的异质 H 原子构成了黑色线条表示的三角图形。

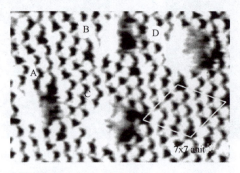

图 12-12 用 Pt 针尖在 Si（111）-7×7 表面放置 Pt 原子形成 Pt 纳米点

图 12-13 在 Si（111）-7×7 表面连续放置 H 原子形成的微结构图形

四、使用 SPM 加工微结构

1. 使用 SPM 的探针直接雕刻加工微结构

AFM 使用的高硬度金刚石或单晶硅探针尖，可以对试件表面直接进行刻划加工。改变 AFM 针尖作用力的大小可控制刻划深度（深的沟槽可刻划数次），用 SPM 探针可以刻划出极小的三维立体图形结构。图 12-14 所示为哈尔滨工业大学纳米技术中心用 AFM 探针雕刻出的 HIT 图形结构，该微结构具有较窄而深的沟槽。用这种方法可以雕刻出凹坑和其他较复杂的立体微结构。它的缺点是试件材料不能太硬，且探针尖易于磨损。

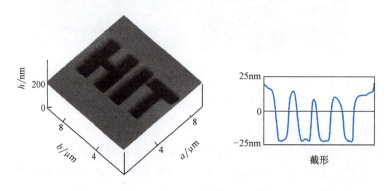

图 12-14 用 AFM 探针雕刻出的 HIT 图形结构

2. 使用 SPM 进行电子束光刻加工

用 SPM（AFM）可进行光刻加工，其方法是使用导电探针并在探针和试件之间加上一定的偏压（取消针尖和试件间距离的反馈控制），使其产生电流。由于探针极尖，控制偏压大小，可以使针尖处的电子束聚焦到极细的程度，电子束使试件表面的光致抗蚀剂局部感光，去除未感光的光致抗蚀剂，进行化学腐蚀，即可获得极精微的光刻图形。图 12-15 所示为美国斯坦福大学在 Si 表面用 AFM 光刻得到的连续纳米细线微结构。实验中 AFM 发射的电流为 50pA，获得的纳米细线宽度为 32nm，刻蚀深度为 320nm，高宽比达到 10∶1。美国

IBM 公司用 AFM 在 Si 表面进行光刻加工，获得了线条宽度仅为 10nm 的图形。

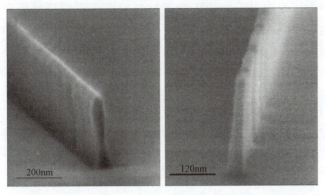

图 12-15　在 Si 表面用 AFM 光刻得到的连续纳米细线微结构

3. 使用 SPM 进行局部阳极氧化加工微结构

使用 SPM 对试件表面进行局部阳极氧化的原理如图 12-16 所示。在反应过程中，针尖和试件表面之间存在隧道电流和电化学反应产生的法拉第电流。电化学阳极反应中针尖为阴极，试件表面为阳极，吸附在试件表面的水分子（H_2O）提供氧化反应中所需的 OH^- 离子。阳极氧化区域的大小和深度，受到针尖的尖锐度、针尖和试件间偏压的大小、环境温度以及扫描速度等因素的影响。控制上述因素，可加工出很细致且均匀的氧化结构。

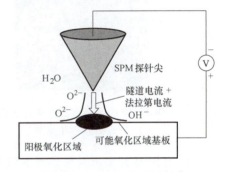

图 12-16　使用 SPM 对试件表面进行局部阳极氧化的原理

图 12-17a 所示是 H. Dai 等人用 STM 在氢钝化的 Si 表面，用阳极氧化法加工出的 SiO_2 细线微结构，所用的探针尖为多壁碳纳米管，针尖的负偏压为 $-7 \sim -15V$，得到的 SiO_2 细线宽度为 10nm，线间距离为 100nm。图 12-17b 所示为用此法加工出的由 SiO_2 细线组成的"NANOTUBE"和"NANOPENCIL"等很小的英文单词。

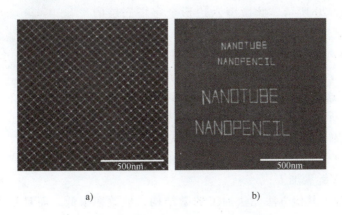

a)　　　　　　　　　　b)

图 12-17　Si 表面阳极氧化成的 SiO_2 微结构
a）细线微结构　b）英文单词微结构

4. 使用 SPM 进行的纳米点沉积加工微结构

前述在一定脉冲电压的作用下，SPM 针尖材料的原子可以迁移沉积到试件表面，形成纳米点。改变脉冲电压和脉冲次数，可以控制所形成纳米点的尺寸大小。H. Mamin 等人用 Au 针尖的 STM，在针尖上加 $-4 \sim -3.5\text{V}$ 的脉冲电压，在黄金表面沉积加工出直径为 $10 \sim 20\text{nm}$、高 $1 \sim 2\text{nm}$ 的 Au 纳米点。用这些 Au 纳米点描绘成直径约 $1\mu\text{m}$ 的西半球地图，如图 12-18 所示。

5. 使用 SPM 连续去除原子加工微结构

在 Si 表面连续去除 Si 原子，形成沟槽加工微结构图形　1994 年原中国科学院真空物理实验室在 Si（111）-7×7 表面用 STM 针尖连续加电脉冲，移走 Si 原子后产生沟槽，形成"中国"字样（图 12-19）。

图 12-18　Au 纳米点在黄金表面形成的西半球地图

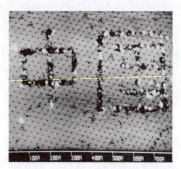

图 12-19　在 Si 表面连续去除 Si 原子形成微结构

6. 使用 SPM 针尖电场聚集原子组装成三维立体微结构

当温度升高后，SPM 针尖下的强电场可以将试件表面的原子聚集到针尖下方，聚集自组装成三维立体微结构。日本某电子公司通过增大 STM 针尖和试件 Si（111）表面之间的负偏压，并将环境温度控制在 600℃，使试件表面的 Si 原子在针尖强电场的作用下，聚集到 STM 的针尖下，自组装形成一个纳米尺度的六边形 Si 金字塔，如图 12-20 所示。此微型六边形金字塔底层的直径约为 80nm，高度约为 8nm。

美国惠普公司利用 STM 将分布在 Si 基材表面上的 Ge 原子集中到针尖下，实现了 Si 表面上 Ge 原子的搬迁而形成三维立体结构，这些 Ge 原子自组装形成四边形金字塔微结构，如图 12-21 所示。该 Ge 原子组成的微型金字塔，塔底宽约 10nm，高约 1.5nm。这是用 SPM 针尖的电场将 Si 表面的异质 Ge 原子聚集到一起，自组装形成的微型三维立体结构。

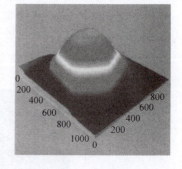

图 12-20　自组装形成的 Si 六边形金字塔

7. 使用 SPM 多针尖加工

用 SPM 虽可加工其他方法无法加工的微结构，但效率很低，而且最大加工尺寸受到限制。最近国外采用多针尖的 SPM 进行纳米级精密加工，各针尖能独立工作，能成倍地提高加工效率和扩大加工尺寸范围。图 12-22 所示为斯坦福大学研制成功的带 5 个针尖的 5×1 平行阵列微悬臂结构，各微悬臂都带有 Si 压敏电阻偏转传感器和 ZnO 压电扫描器，故 5 个针尖可同时独立地进行扫描工作，针尖间距为 100μm，每个针尖的扫描范围也是 100μm，5 个针尖同时工作，最大加工尺寸达到 500μm，加工效率和最大加工尺寸都是单针尖时的 5 倍。

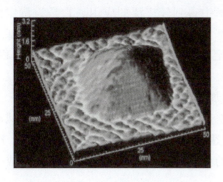

图 12-21　在 Si 基材表面自组装形成的 Ge 原子四边形金字塔

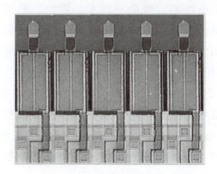

图 12-22　带 5 个针尖的 5×1 平行阵列微悬臂结构

第四节　微型机械、微型机电系统及其制造技术

一、微型机械、微型机电系统

微型机械根据其特征尺寸，可以划分成为三个等级：1nm～1μm 的是纳米机械，1μm～1mm 的是微型机械，1～10mm 的是最小型机械。广义的微型机械包含上述三个等级的微小机械。微型机电系统（MEMS）是将微型机械，信息输入的传感器、控制器，微型机械机构等都微型化后集成在一起的微系统，它有较强的独立运行能力，并具有能完成规定工作的功能。

微型机械和微型机电系统常用的结构材料有单晶硅和多晶硅、Si_3N_4、不锈钢、钛合金、陶瓷、有机聚合物等；常用的功能材料有单晶硅、记忆合金、压电材料、热敏双金属等。

1. 微型机械

（1）微型机械构件　现在已研制成功多种三维微型机械构件，如微膜、微梁、微针、微齿轮、微凸轮、微弹簧、微喷嘴、微轴承等。已制成直径为 20μm、长 150μm 的铰链连杆，210μm×100μm 的滑块机构，直径为 50μm 的旋转关节，微型齿轮驱动的滑块等。

（2）微型传感器　现在已研制成功多种微型传感器，用于检测位置、速度、加速度、压力、力、力矩、流量、磁力、温度、气体成分、温度、pH 值、离子浓度等。

微加速度传感器有多种不同结构，其中微硅加速度计体积小、集成制造、工作可靠、频率响应高。

（3）微型致动器（包括微电动机）　微型致动器一般是接收微传感器输出的信号（电、光、热、磁等）而做出响应，给出如力、力矩、尺寸变化、状态变化或各种运动，完成由微传感器控制的预先设定的各种操作。

1989 年美国加州大学研制成功转子直径为 60μm 的静电电动机，曾轰动一时。我国清华大学已研制成功硅基集成微静电电动机，其转子半径为 40μm，转子和定子由厚度为 4.2μm

的多晶硅膜制成，驱动电压为 50~176V，最高转速约为 600r/min。

2. 微型机电系统

（1）专用集成微型机电系统　集成微型仪器（ASIM）是简单但完整的微型机电系统，已在机电控制、微电子技术、航空、航天等尖端技术中得到较广泛的应用。它是为特定的用途而将若干简单微型机电系统的部件组装在一块硅基片上，或者说它相当于若干微型基本模块的组合件。由于它的用途单一，仅能完成某项特定的功能，因而系统相对简单、体积小、工作可靠。

（2）微型惯性仪表　微型惯性仪表是三向微型加速度表和微型陀螺仪等的集成，是高技术水平的微型机电系统。由于它被大量使用在航空航天领域，故应尽可能微型化和减轻质量。现已有多种微型加速度表、微型陀螺及微硅加速度计阵列系统等。还可以将 X、Y、Z 方向的三个微型加速度表、三个微型陀螺仪和相应的处理电路集成在一个芯片上，组成一个微型惯性仪表系统。

（3）微型机器人　微型机器人是能自己行动的微型机电系统，近年来发展迅速，已研制成功多种不同功能的微型机器人，以满足不同领域的需求。图 12-23a 所示为瑞士 EPFL 公司于 1999 年研制成功的微型轮式机器人小车，它的体积很小，比一个大蚂蚁大不了多少，该小车可以按设定的程序走规定的曲折路程，能够自动变速并转弯。图 12-23b 所示为 2001 年美国研制成功的侦察用履带式微型机器人小车，它可以在不平的地面上行走。该微型车的体积约为 $4.1 cm^3$，质量小于 28.4g，车上装备了微型数码照相机、微型信息传输系统，能将侦察到的信息输送回指挥控制中心。其体积小、隐蔽性好，能进入狭小的通道空间。此外，还有用脚行走的微型机器人、微型管道机器人等。

（4）微型飞行器　图 12-24 所示为日本精工爱普生（Epson）公司于 2004 年展示的直升机型微型飞行器，它的质量为 12.3g，长 85mm，受一台使用蓝牙无线电技术的计算机控制。机上载有一台 32 位的微控制器、超薄发动机、微型数码相机和能发射简单图像信息的信息传输系统。

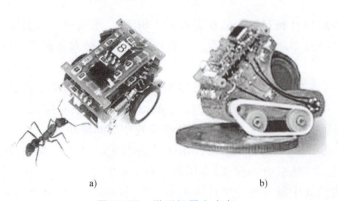

图 12-23　微型机器人小车
a) 轮式小车　b) 履带式小车

图 12-24　直升机型微型飞行器

（5）微型小人造卫星　微型小人造卫星上都装有多套微型机电系统。现在国际上正在研制的小型卫星的质量为 10~100kg，将开发研制的微型卫星质量为 1~10kg，纳米卫星质量将小于 1kg。清华大学和英国合作研制的清华Ⅰ号微型实验卫星重 50kg，于 2000 年成功发射。哈尔滨工业大学研制成功小型卫星，重 204kg，于 2004 年 4 月 20 日成功发射。

二、微型机械和微型机电系统的制造技术

微型机械和微型机电系统在国防和航空航天领域需求的促进下,日益受到重视,但其制造有很大的难度。

微型机电系统将微型机械机构和微电子系统集成在一起,经常是把几个系统集成在一块硅基片上,或是把几个带有集成系统的硅基片键合而集成在一起,成为多功能的复合微型机电系统。为加工微型器件,已开发了新的微型精微机械加工和微细加工设备与工艺,并采用了能束加工、精密电铸、电化学加工等新的加工技术和方法。

当前微型机械和微型机电系统所使用的有特点的主要制造工艺技术有:大功率集成电路制造技术;薄膜制造技术;光刻技术,包括平面光刻和立体光刻;LIGA 制造工艺技术;牺牲层工艺技术;基板的键合技术;精微机械加工技术;精微特种加工技术;装配技术;封装技术。表 12-3 归纳了上述精微加工方法及其加工特征。

表 12-3 微型机械与微型机电系统中使用的精微加工方法及其加工特征

加工技术		加工材料	批量生产	集成化	加工自由度	加工厚度	加工精度
硅工艺	硅表面光刻	单晶硅、多晶硅	◎	◎	2 维	数微米	≥0.2μm
	硅立体光刻	单晶硅、石英	○	○	3 维	500μm	≥0.5μm
	硅蚀除工艺	单晶硅	◎	○	2.5 维	20μm	≥0.2μm
	外延生长、氧化掺杂扩散、镀膜	单晶硅	◎	◎		数微米	≥0.2μm
LIGA 工艺		金属、塑料、陶瓷	○	△	3 维	1mm	≥0.1μm
准 LIGA 工艺		金属	○	○	2.5 维	150μm	≥1μm
能束加工		金属、半导体、塑料	○	△	3 维	100μm	≥1μm
激光加工		金属、半导体、塑料	△	△	3 维	100μm	≥1μm
电火花加工、电火花线切割加工		金属等导电材料	△	×	3 维	数毫米	≥1μm
光成形加工		塑料	○	×	2.5 维	数十毫米	≥2μm
SPM 加工		原子、分子	×	×	2 维	原子,nm	≥1μm
键合加工		硅、石英、玻璃、陶瓷	○	×	2 维		
封装		硅、塑料	◎	○			

注:◎良好,○一般,△稍差,×不可。

关于纳米加工技术的更多内容可参考文献 [33] 第八章。

知识扩展 ∨

纳米技术和纳米加工的图片集锦

【第十二章 纳米技术和纳米加工的图片集锦】

思考题和习题

12-1 何谓原子、分子加工单位?

12-2 试述纳米技术对国防工业、尖端技术以及整个科技发展的重要性。

12-3 简述纳米级测量的主要方法及各种方法的对比。

12-4 说明扫描隧道显微镜(STM)的工作原理、方法和系统组成。

12-5 说明原子力显微镜(AFM)的工作原理和测量分辨率。

12-6 简述多种扫描探针显微镜(SPM)的发展和多功能扫描探针显微镜的出现。

12-7 简述原子操纵中移动原子和提取去除原子的原理及方法。

12-8 简述使用SPM针尖雕刻加工微结构的方法。

12-9 简述使用SPM进行光刻和局部阳极氧化加工微结构的原理及方法。

12-10 简述微型机电系统的组成、功能和最新发展。

12-11 说明微型机械和微型机电系统(MEMS)包含的内容。

12-12 简述精微机械加工技术制造微器件的方法和最新进展。

12-13 简述精微特种加工技术制造微器件的方法和最新进展。

12-14 在日常生活和工作中,你能感受到哪些有关纳米技术和纳米加工的事物?

12-15 从仿生学角度思考问题,蚊虫吸食人血时,能用一根细小的软管插入皮肤,血浆和红细胞可顺利地从管孔中通过,人们怎样才能测量这种吸血管的内径?如何制造出这种微管?又如花草上的小飞虫(俗称"小咬"),其头眼、翅膀、身体不足0.5mm,却能进退自如地飞行,人们怎样才能仿生制造出这类小型的"微机器飞虫"?

思政思考题

1. 纳米结构为何表现出许多特有的物理化学特性?
2. 纳米技术发展历程表明什么?
3. 微机电系统主要应用在哪些高端科技领域?

数字技术的世界

重点内容讲解视频

参 考 文 献

[1] 赵万生,刘晋春,等. 实用电加工技术[M]. 北京:机械工业出版社,2002.
[2] 金庆同. 特种加工[M]. 北京:航空工业出版社,1988.
[3] 苏州电加工机床研究所. 机械工程手册:第49篇 特种加工[M]. 北京:机械工业出版社,1982.
[4] 余承业,等. 特种加工新技术[M]. 北京:国防工业出版社,1995.
[5] 赵万生. 先进电火花加工技术[M]. 北京:国防工业出版社,2003.
[6] 孙昌树. 精密螺纹电火花加工[M]. 北京:国防工业出版社,1996.
[7] 卢存伟. 电火花加工工艺学[M]. 北京:国防工业出版社,1988.
[8] 郭永丰,等. 电火花加工技术[M]. 2版. 哈尔滨:哈尔滨工业大学出版社,2005.
[9] 中国机械工程学会电加工学会. 电火花线切割加工技术工人培训、自学教材[M]. 哈尔滨:哈尔滨工业大学出版社,1989.
[10] 张学仁. 数控电火花线切割加工技术[M]. 2版. 哈尔滨:哈尔滨工业大学出版社,2004.
[11] 王至尧. 电火花线切割工艺[M]. 北京:原子能出版社,1986.
[12] 复旦大学,等. 数字程序控制线切割机床[M]. 北京:国防工业出版社,1974.
[13] 哈尔滨工业大学机械制造工艺教研室. 电解加工技术[M]. 北京:国防工业出版社,1979.
[14] 王建业,徐家文. 电解加工原理及应用[M]. 北京:国防工业出版社,2001.
[15] 《电解加工》编译组. 电解加工[M]. 北京:国防工业出版社,1977.
[16] 集群. 电解加工[M]. 北京:国防工业出版社,1973.
[17] 集群. 电解磨削[M]. 北京:国防工业出版社,1972.
[18] 吕戊辰. 表面加工技术[M]. 张翊凤,等译. 沈阳:辽宁科学技术出版社,1984.
[19] 中国科学院电工所. 电蚀加工[M]. 北京:人民交通出版社,1985.
[20] 朱企业,等. 激光精密加工[M]. 北京:机械工业出版社,1990.
[21] 卢清萍. 快速原型制造技术[M]. 北京:高等教育出版社,2001.
[22] 苏州电加工机床研究所,中国机械工程学会特种加工分会. 电加工与模具[J]. 1993(1)-2003(6).
[23] 斋藤长男. 实用放电加工法[M]. 于学文,译. 北京:中国农业机械出版社,1984.
[24] 向山芳世. 形彫ワイヤ放電加工マニュアル[M]. 東京:大河出版,1989.
[25] 包比洛夫 лн. 电加工手册[M]. 谷式溪,梁春宜,译. 北京:机械工业出版社,1989.
[26] VLADIMIR S. Effects of Electrode Tools Shape on Optimum Electrical Conditions of EDM Roughing of Cavitics and Holes[C]. ISEM XI Sept. 1995:191-199.
[27] SNOEYS R, KRUTH J P. Niet-Koventionele Bewerkings methoden[D]. Leuven:Katholieke Universiteit Leuven,1982.
[28] 曹凤国. 电火花加工技术[M]. 北京:化学工业出版社,2005.
[29] 朱树敏. 电化学加工技术[M]. 北京:化学工业出版社,2005.
[30] 曹凤国. 超声加工技术[M]. 北京:化学工业出版社,2005.
[31] 袁哲俊,王先逵. 精密和超精加工技术[M]. 2版. 北京:机械工业出版社,2010.
[32] 杨志伊. 纳米科技[M]. 2版. 北京:机械工业出版社,2007.
[33] 刘明,谢常青,等. 微细加工技术[M]. 北京:化学工业出版社,2004.
[34] 徐家文,云乃彰,等. 电化学加工技术[M]. 北京:国防工业出版社,2008.
[35] 白基成,郭永丰,杨晓冬. 特种加工技术[M]. 2版. 哈尔滨:哈尔滨工业大学出版社,2015.
[36] 胡传炘. 特种加工手册[M]. 北京:北京工业大学出版社,2001.
[37] 于家珊. 电火花加工理论基础[M]. 北京:国防工业出版社,2011.

[38] 王至尧. 中国材料工程大典 第24卷 材料特种加工成形工程［M］. 北京：化学工业出版社，2005.

[39] 中国机械工程学会. 2018—2019机械工程学科发展报告：机械制造［M］. 北京：中国科学技术出版社，2020.

[40] 中国机械工程学会特种加工分会. 特种加工技术路线图［M］. 北京：中国科学技术出版社，2016.

[41] 刘志东. 特种加工［M］. 2版. 北京：北京大学出版社，2017.

[42] 李勇，等. 微细倒锥孔电火花加工机构设计及其实验研究［J］. 电加工与模具，2010（05）：11-15.